シュメールの宇宙から飛来した神々⑤

DIVINE ENCOUNTERS

神々アヌンナキと文明の共同創造の謎

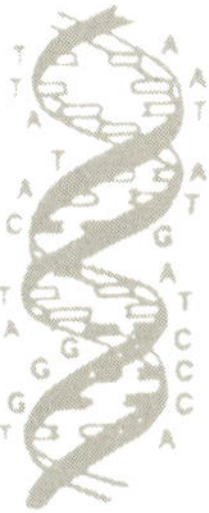

ゼカリア・シッチン

竹内 慧［訳］

ヒカルランド

――本書で明らかになる超古代史の謎――

◎アダムとイブは紀元前何年頃に誕生したのか？

◎アダムとイブを創った神はどこから来たのか？

◎ネアンデルタール人やクロマニョン人は聖書のアダムやエノシュと関係があるのか？

◎古代シュメールのエディンと聖書のエデンとの関係は？

◎古代神話の巨神伝説と不老不死伝説の関係は？

◎不老不死を追い求めた英雄ギルガメシュが見たものは？

◎歴代ファラオやマケドニのアレキサンダー大王はなぜ神の子とされるのか？

◎死海文書で何が明らかになったか？

◎ソドムとゴモラはなぜ滅ぼされたのか？

◎エジプトやバビロニアの神々、とくにアヌ神とユダヤ・キリスト教の唯一神ヤハウエとの関係は？

◎神ヤハウエの姿が見えないこと、偶像崇拝が禁じられている理由とは？

◎天使にはなぜ羽根が生えているのか？

◎マラキム、ケルビムら天使たちの役割とその正体は？

◎堕天使はどのような罪を冒したというのか？

◎「神の永遠の計画」の具体的な内容とは？

緒言　すべてはシュメールから始まった

竹内　慧

「神々」は、太古の昔から人間の身近にいた。その証拠に、伝統的な祭りや新年のお祝いは、神や仏への祈願にほかならない。しかし、科学文明の申し子である現代人は、大きなジレンマに陥っている。「神は本当に存在するのか？　それとも、科学の教えるように、単なる人間の想像の産物なのか？」

このジレンマを解決すべく、颯爽《さっそう》と登場したのが、名探偵シャーロック・ホームズならぬ、古代史研究家のゼカリア・シッチンである。もっとも、シッチンの風貌《ふうぼう》は、どちらかというと、灰色の脳細胞をもつエルキュール・ポアロに似ているような気がする。

シッチンは、神々の実在の証《あか》しとして、古代エジプト文明よりもさらに古い「古代シュメール文明」の巨神伝説に注目した。そして、シュメール文明の遺産である円筒印章に刻まれた「楔型文字《くさびがた》」の解読を通じて、驚くべき推論に達したのである。

古代シュメール文明は謎のベールに包まれている。我々は、太陽系に全部で九つの惑星が存在する（冥王星を含む）ことを知っている。これに太陽と月をあわせると、全部で11の天体がある勘定になるが、シュメールの円筒印章には、さらに、ニビルという名の不思議な「12番目の惑星」が描かれている。また、地球は7番目の惑星とされるのだが、それは、古代シュメールの人々が、冥王星、海王星、天王星、土星、木星、火星、地球という具合に太陽系を外側から内側へ向けて数えていたことを意味する。これらの天体は、神々として崇《あが》められ、数字による階級があった。たとえば、未知の惑星ニビルに住む偉大な神アヌは、最高位の60であった。

我々はふだん意識していないが、1週間が7日で1年が12カ月で1時間が60分であるのは、すべてシュメール神話の基本的な数字の7と12と60が起源になっている。このような無意識の伝統の継承は、じつは、ほかにもたくさんある。旧約聖書のエデンの園は、シュメールの古文書「エヌマ・エリシュ」に出てくるエディンが起源であるし、ノアの洪水の原型もシュメール神話にある。世界各地に残る巨人伝説も、シュメールの神々がもとになっている。文明も神々も「すべてはシュメールから始まった」のである。

本書では、古代シュメール、バビロニア、エジプトの神々、さらには、旧約聖書の神ヤハウエの起源と正体を推理する「神々の謎解き」が行われる。シッチンは、実際に古代シュメール語、アッカド諸語、エジプト語、ヘブライ語を判読して、語源的なつながりを詳細に追求した上で、天文学、生物学、人類学を含む現代科学の成果と比較することにより、古代の神々の正体を次々と解明していく。シッチンの著述スタイルは、重厚なミステリー小説をほうふつとさせるが、事件の容疑者は、エンキ、ニヌルタ、女神イシュタル、天使ガブリエルといった、古代の神々と天使なのである。

はたして、古代の神々は実在したのか？　神々は、なぜ巨大で不老長寿であったのか？　神々は、何のために、どこから来て、どこへ去っていったのか？

それでは、ゼカリア・シッチンの「神々の謎解き」事件簿、ごゆっくりお楽しみください。

シュメールの宇宙から飛来した神々⑤

神々アヌンナキと文明の共同創造の謎——目次

DIVINE ENCOUNTERS

カバーデザイン　三瓶可南子
本文仮名書体　文麗仮名（キャップス）

古代メソポタミア・エジプト周辺図

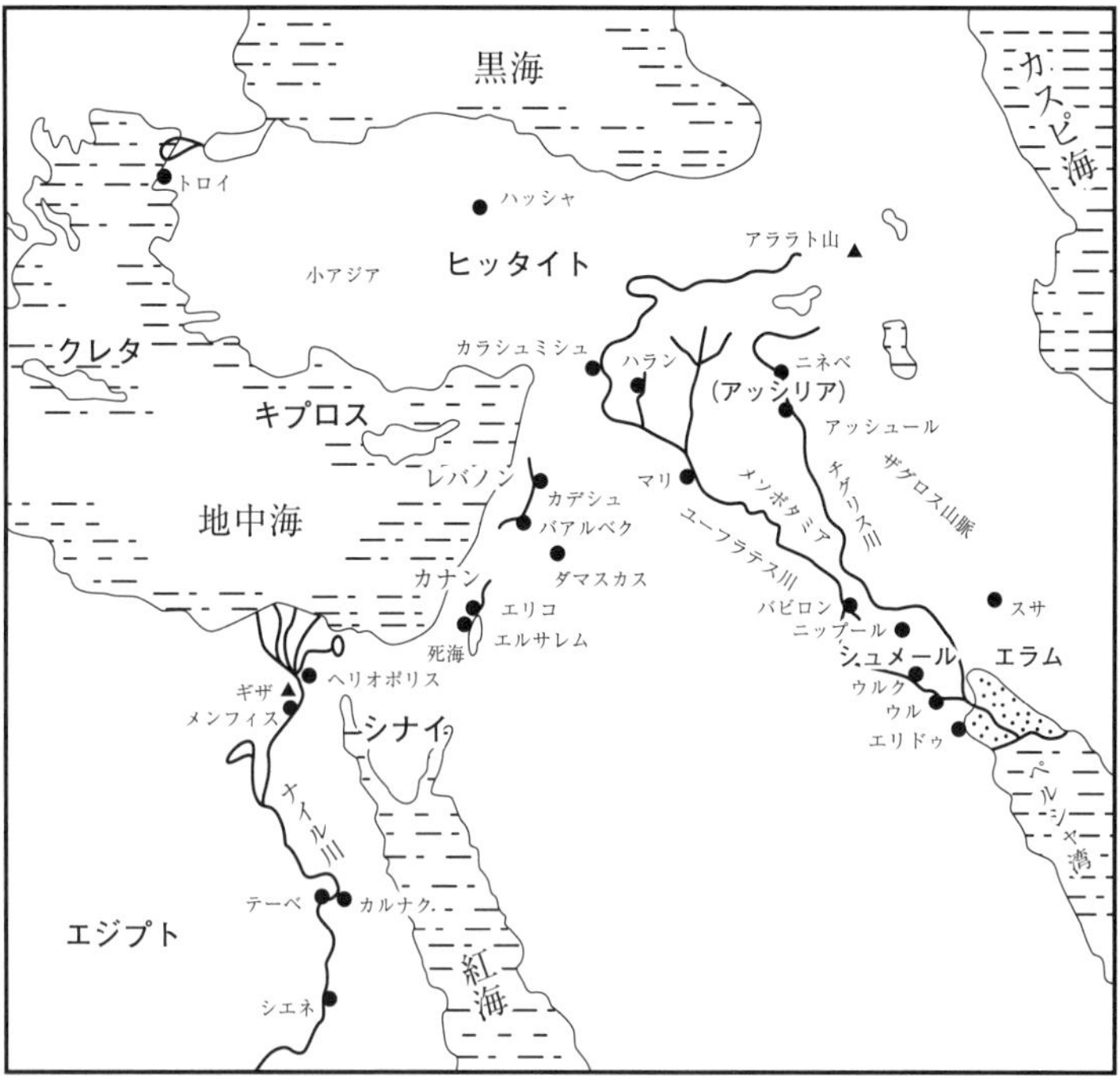

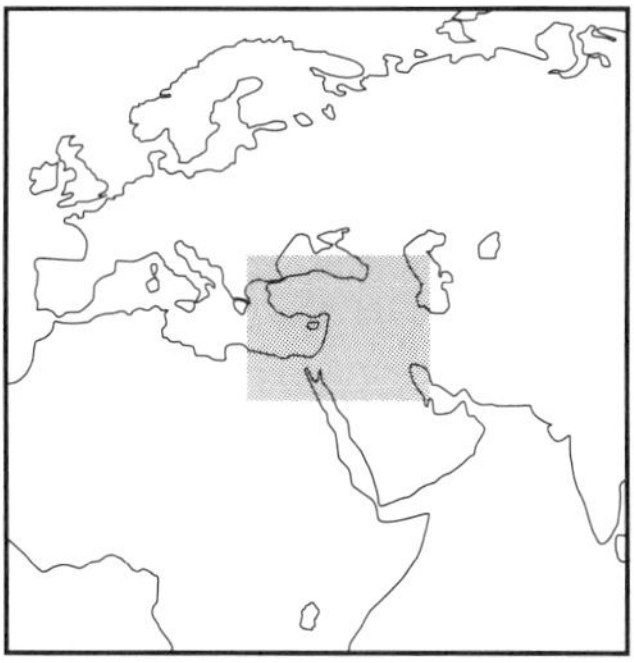

人類を創成した神々の系図

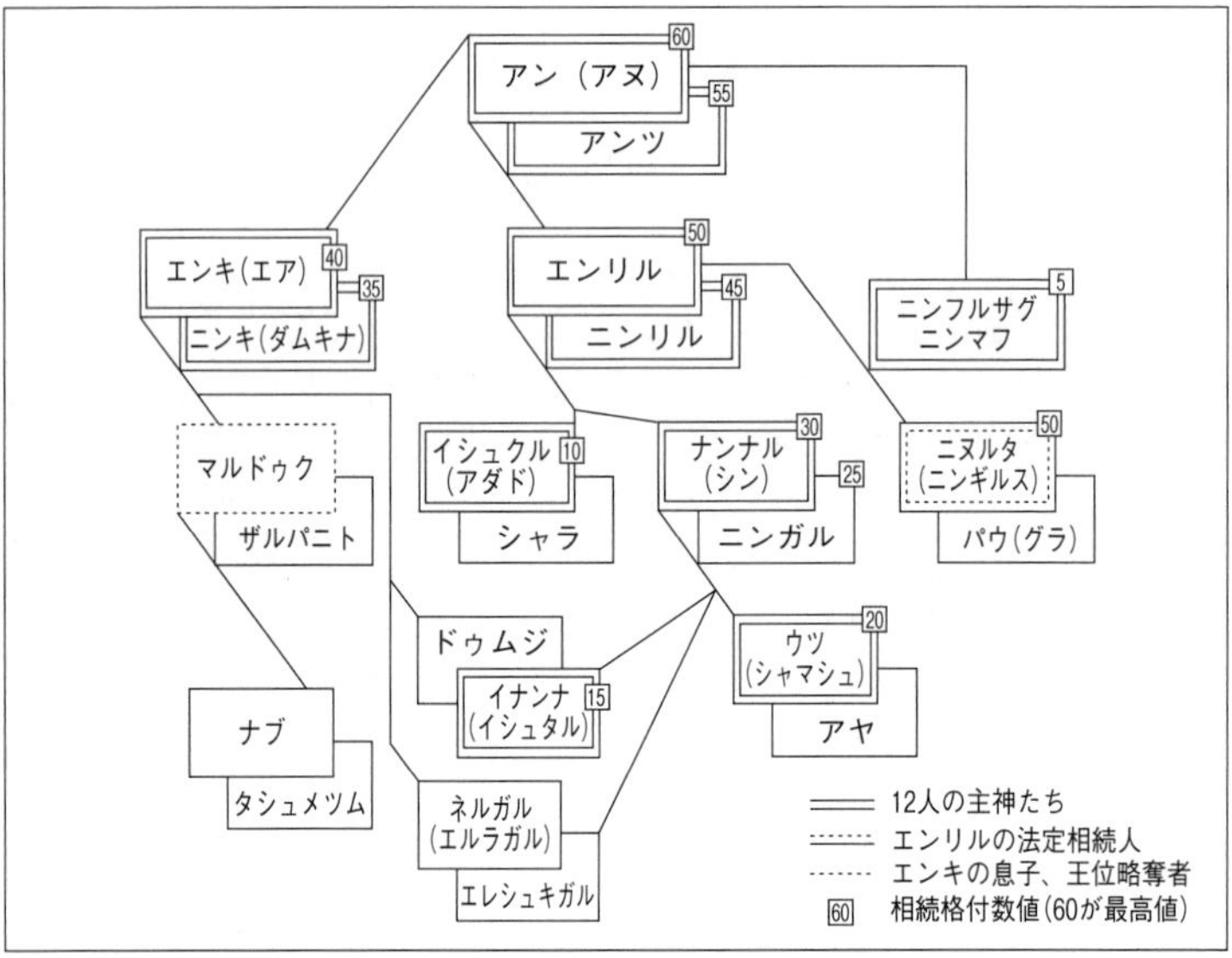

シュメールの神々の父は天神アン（アヌ）で、その息子に地神エンリルと水神で智の神エンキ（別名エア）がいる。エンリルの子に月神ナンナル（愛称ナンナ）と太陽神ウツがあり、エンキの息子が後のバビロニアの主神マルドゥクである。ナンナルからは金星神で愛の神イナンナが生まれた。これら神々の集団を総称で「ネフィリムまたはアヌンナキ（労働の神々）」と呼ぶ。個々の神々の呼び名は、場所や時代によっても変化し、アッカド人（アッシリア、バビロニア）は、アヌ、シン、シャマシュ、イシュタルなどの呼び名を使っている。

太陽系と第12惑星

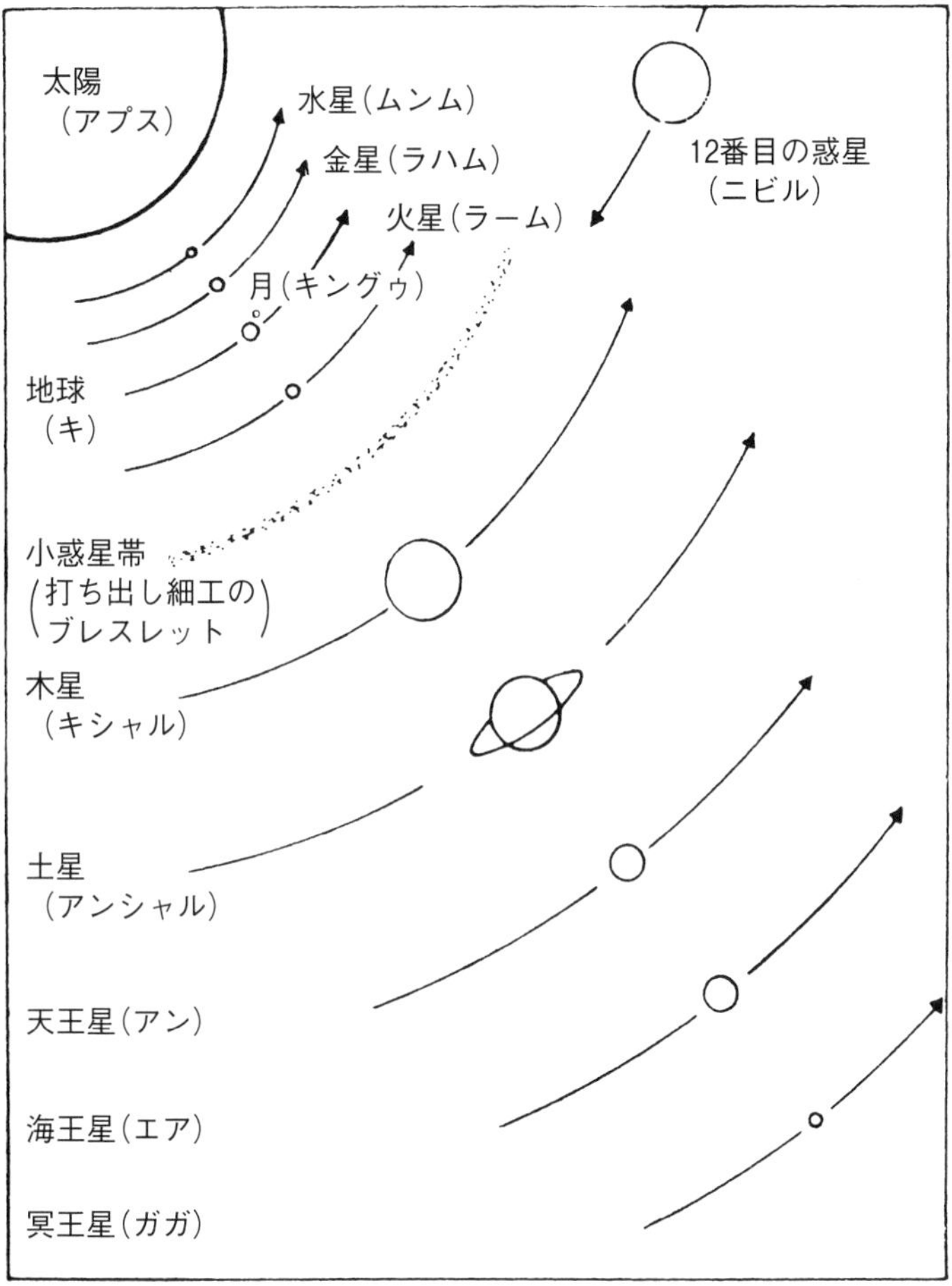

太陽系の惑星と太陽と月の位置関係を図式的に表したもので、縮尺は正確ではない。９つの惑星と太陽と月のほかに「12番目の惑星」（古代神々の故郷）が出ているが、この惑星は公転周期が3600年で、離心率も大きい。古代シュメール人は、太陽系の恒星と惑星を区別していなかったので、本書でも「12番目の惑星」あるいは「第12惑星」と呼んでいるが、現在の常識的な呼び方では、「10番目の惑星」あるいは「惑星Ｘ」である。

「宇宙からの神々」による人類創成史

（年　代）	（出　来　事）
44万5000年前	・アヌンナキがエンキ（エア）に導かれ、第12惑星より地球に降り立った。エリドゥ８（地球第１基地）が南メソポタミアに建設された。
43万年前	・大きな氷の広がりが小さくなり始める。近東の地域では良い気候が続いた。
41万5000年前	・エンキが内陸を踏査し、ラルサをつくった。
40万年前	・長期の間氷河期が地球規模で広がった。エンリルが地球に到達し、ニップールに派遣団司令（宇宙飛行管制）センターをつくった。 エンキが南アフリカに行く海路をひらいた。
36万年前	・アヌンナキが金属を溶解し精製するための冶金工場を建設した。 シッパールをはじめとする神々の都市に、宇宙港がつくられた。
30万年前	・アヌンナキの反乱。人―原始人がエンキとニンハルサグによってつくられた。
25万年前	・初期のホモ・サピエンスが多数、大陸へ移住した。
20万年前	・新氷河期の間、地球上の生命が後退した。
10万年前	・気候が再び暖かくなり始めた。 神々の子たちは人間の娘を妻に迎えた。
７万7000年前	・聖なる親から生まれた人間ウバルツツとラメクがシュルバクで、ニンハルサグの庇護の下、統治を始めた。
７万5000年前	・地球受難の時代―新氷河期が始まった。退化した人間が地球を放浪していた。
４万9000年前	・忠実な下僕ジウスドラ（ノア）の統治が始まった。
３万8000年前	・７期間も続いた過酷な気候で人が死に始めた。 ヨーロッパのネアンデルタール人は滅び、クロマニョン人だけが近東の地域で生き延びた。 エンリルが人間を抹殺しようとした。
１万3000年前	・アヌンナキは、第12惑星の接近が引き金となる洪水が来ることを知っていながら、人間には知らせず、滅亡させてしまおうと誓った。 大洪水が地球を襲い、氷河期が突然終わった。

その後の人類史

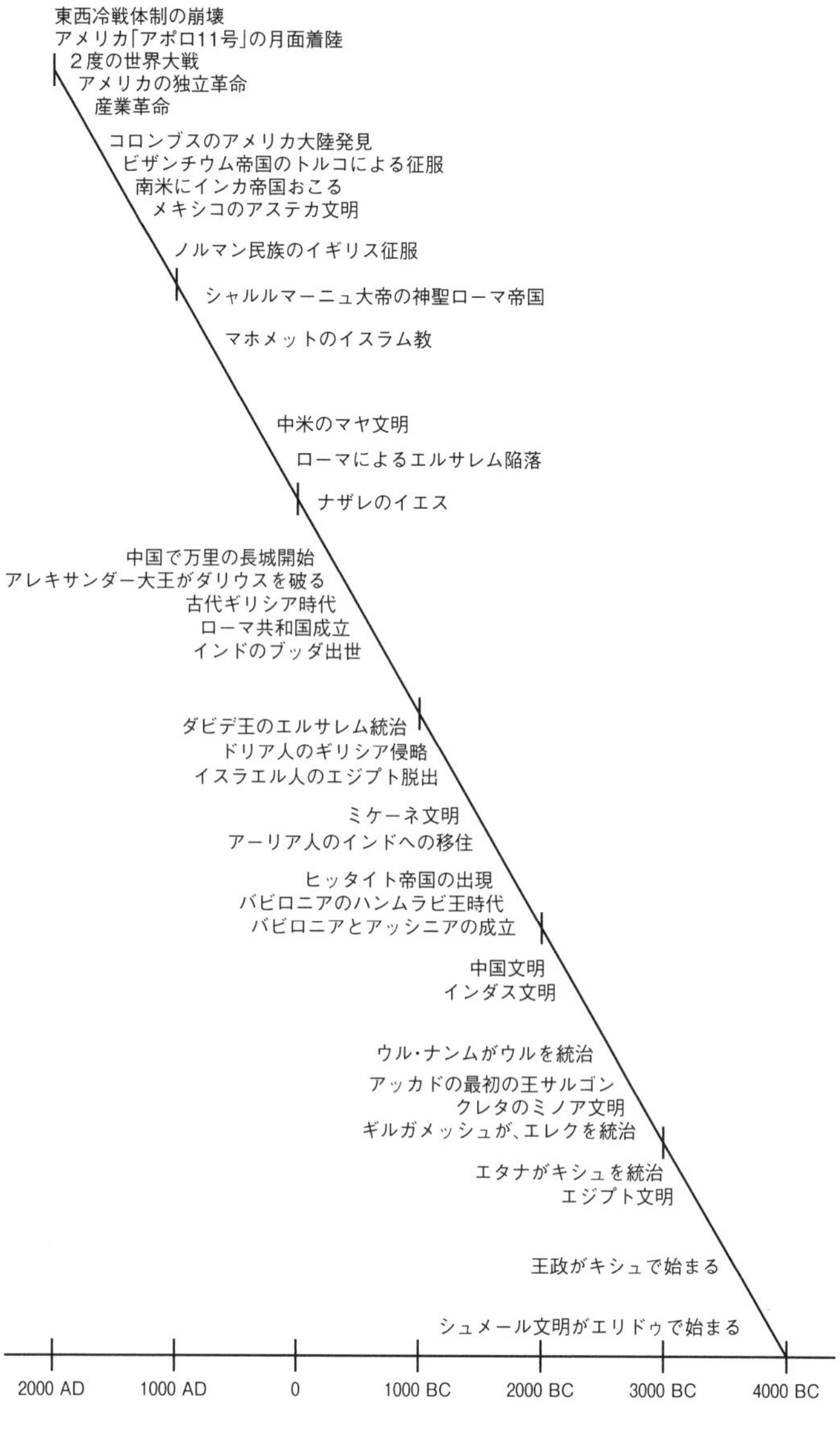
東西冷戦体制の崩壊
アメリカ「アポロ11号」の月面着陸
２度の世界大戦
アメリカの独立革命
産業革命
コロンブスのアメリカ大陸発見
ビザンチウム帝国のトルコによる征服
南米にインカ帝国おこる
メキシコのアステカ文明
ノルマン民族のイギリス征服
シャルルマーニュ大帝の神聖ローマ帝国
マホメットのイスラム教
中米のマヤ文明
ローマによるエルサレム陥落
ナザレのイエス
中国で万里の長城開始
アレキサンダー大王がダリウスを破る
古代ギリシア時代
ローマ共和国成立
インドのブッダ出世
ダビデ王のエルサレム統治
ドリア人のギリシア侵略
イスラエル人のエジプト脱出
ミケーネ文明
アーリア人のインドへの移住
ヒッタイト帝国の出現
バビロニアのハンムラビ王時代
バビロニアとアッシニアの成立
中国文明
インダス文明
ウル・ナンムがウルを統治
アッカドの最初の王サルゴン
クレタのミノア文明
ギルガメッシュが、エレクを統治
エタナがキシュを統治
エジプト文明
王政がキシュで始まる
シュメール文明がエリドゥで始まる
2000 AD
1000 AD
0
1000 BC
2000 BC
3000 BC
4000 BC

第Ⅰ部

人類の起源と宇宙から移植された超古代文明

シュメールの古代都市ウルのジッグラト（高層神殿）

第1章

遺伝子操作による人類創造
――宇宙人はエデンの園でアダムとイブをこうして誕生させた

聖書には、エデンの園をとりまく四つの川が登場する。その名は、ピション川、ギホン川、ヒデケル川、プラス川。

ヒデケルとプラスは、今のチグリスとユーフラテスだ。ところが、不思議なことに、ピションとギホンに当たる川は発見されていない。

この章では、これら「幻の川」の正体を科学的に解明してごらんにいれよう。

人間の究極の体験は「神々との遭遇」である。

それは、モーゼがシナイ山で主に見《まみ》えたように、命あるものにとっては至高の出来事であり、エジプトのファラオたちが神の住居で神々とともに過ごす不滅の来世を夢見たように、死に際しての最終目的でもある。

古代近東の教典や文献に記《しる》されている「神々との遭遇」の記録は、他に類のないすばらしい歴史物語を織り成している。一方では崇拝と献身、真理と道徳をうたい、もう一方では愛と性、嫉《しっ》妬《と》と殺人を取り上げ、宇宙に舞い上がり地獄へ旅する、まさに天と地をまたに掛けた、一つの力強いドラマだ。舞台に登場するのは神々、女神、天使、半神、人間、人造人間。予言や幻影の形をとって、夢や前兆、神託、啓示《けいじ》が語られる中、創造主から分かたれた人間が、神との太古の「へその緒」を回復し、そうすることによって願いをかなえようとする物語である。

人間が最初に体験したこと、という意味においても、「神々との遭遇」は究極の体験といえる。神が人を創造したまさにその最初の瞬間に、人は神と出会ったのだから。旧約聖書（ヘブライ語聖書）の創世記は、最初の人間「アダム」が創られた経緯を、こう記している。

ここで、神はこう仰せられた

「われわれにかたどり、われわれに似せて

人間をつくろう」……

神はご自分にかたどってアダム（人間）を創造された

神はエロヒムにかたどって創造された

生まれたばかりの、まさにその瞬間に、人間が初めての「神々との遭遇」の本質や重要性に気づいたとは思われない。アダムがその後の一連の遭遇について完全には意識していなかったことは、次のことからも明らかである。主なる神（創世記ではヤハウエ）がアダムのために女性の伴《はん》侶《りょ》を創り出そうと決めたくだりにこうあるのだ。

ヤハウエ・エロヒムはそこで
アダムを深い眠りに落とされた。人間は眠りに入った
神は人間のあばら骨の一本を取りだし
肉をもとのように閉じた
ヤハウエ・エロヒムは
アダムから取りだしたあばら骨で女をつくった

つまり、初めての人間は一連の処置が行われている間、麻酔をかけられていたのだ。そのため、主なるヤハウエが外科手術の手腕をふるった、この重大な「神々との遭遇」に気づかなかった。何が起こったのかアダムが理解できたのは、主なる神がすぐに「女を男のもとに連れてこられた」からである。聖書はここで、なぜ男性と女性が結婚して「一つの肉」となるのか、手短に説明し、この男と妻は「裸であったが、恥ずかしがりはしなかった」と述べている。男と女の仲人《なこうど》役の神も、別段、人間が裸でいることを気にかけていないようなのに、なぜ聖書は裸と恥について執拗《しつよう》に記述しているのだろうか？「野の獣と空の鳥」といった、エデンの園を歩き回る他の生き物たちが服を着ていないのに、いったい何がアダムとイブが裸でいることを恥じいらせるというのか？　それは、アダムを創り出すモデルとなった者たちが服を着ていたからではないだろうか？　この点に留意したい。これは聖書がなにげなく記した手がかりなのだ。

後にも先にも、アダムとイブはまさに地球上の初めての人間であり、初めて「神々との遭遇」

を経験した人間でもある。エデンの園で起こったことは、今日に至るまで、我々人間の憧れであ（あこが）る。選ばれた預言者たちでさえ、エデンの園でのように神に直接話しかけられる特権を熱望しているに違いないのだ。エデンの園では、神が初めての人間に、何を食べたらよいか、直接話しかけている。彼らは園のすべての果実を食べられた。智恵の木の果実以外は！

楽園からの追放に至る一連の出来事は、不変の疑問をなげかけている。それは、アダムとイブがどうやって神の言葉を聞いたのか、ということだ。神は「神々との遭遇」の時に、どうやって人間たちとコミュニケートするというのだろうか。人間たちは神である話し手を見ることができるのか、あるいは単にメッセージを聞くだけなのか？　そして、そのメッセージはどのように伝えられるのだろう。面と向かってなのか、テレパシーによってなのか、あるいはホログラフィーの映像によって？　夢という媒体《ばいたい》を通してだろうか？

答を見つけるためには、古代の証拠を検証すべきだろう。エデンの園での出来事に関する限り、聖書は、神が物理的に実在したことを示唆《しさ》しているが、その場所は人間本来の生息地ではなかった。それは、神の住まい、「東のエデンに」計画的に植林された果樹園であり、神はそこに「耕し、管理するため」の庭師として仕えさせるべく、「自分が形づくったアダムを投入した」のである。

アダムとイブが神の蛇にそそのかされて、「賢くなる」智恵の木の果実を食べた後に自分たちの性別を発見したのは、この園でのことである。その禁じられた果実を食べて、「彼らは自分たちが裸であることを知り、そしてイチジクの葉を縫い合わせて前掛けをこしらえた」のだ。

ここで、主なる神（ヘブライ語聖書ではヤハウエ・エロヒム）が舞台に登場する。

さて、彼らは日中のそよ風のとき
園を歩かれる主なる神の足音を聞きつけた
そこでアダムと彼の妻は主なる神の御前をさけて
園の木々の間に逃げ隠れた

神はエデンの園に物理的に存在し、人間たちは神が園を散歩する音を聞くことができたのだ。では彼らはその神を見ることができたのだろうか？　聖書の物語は、この点について触れていないが、神が彼らを見ることができたこと（この場合はアダムとイブが隠れていたために見ることはできなかった）は明らかである。そこで神は彼らに届くように声を使ったのだ。「そして主なる神はアダムを呼んでこう言われた。あなたたちはどこにいるか？」

３人の対話はさらに続くのだが、この物語は非常に重要な問題を多く提起している。まず、アダムというものが最初から話すことができたことを示しており、神と人がどうやって（どの言語で）話をしたかという疑問が浮かび上がってくる。さしあたっては、聖書の物語を順に追ってみよう。神が近づいてくる音を聞いて「私は裸なので」隠れました、というアダムの説明を聞いて、神は人間の夫婦に質問をすることになる。それに続く会話の中で、真実が露見《ろけん》し、禁じられた果実を食べた罪が告白されるのだ（アダムとイブは、その行為を蛇のせいにして言い訳した）。そこで、主なる神は懲罰《ちょうばつ》を宣告する。女は苦痛の中で子供を生み、アダムは食べ物を得るために骨を折り、額に汗して生計をたてねばならない、と。

この時まで、遭遇は明らかに面と向かってのものである。というのも、ここで主なる神はアダムと彼の妻に皮の衣を作ってやるだけでなく、それを着せてもやるのだ。読む者に、「神」のように服を着ていることの重要性、もしくは人間と野獣とを分ける主要な要素として、着衣を印象づけようとしているのは疑いようもないが、この聖書上の出来事を単に象徴的に扱うべきではないだろう。それは明らかに、最初、アダムがエデンの園にいた時、人間たちは彼らの創造主と直接、面と向かって遭遇した、ということを我々に知らせているのだ。

ここで不意に、神は心配し始める。ヤハウエ・エロヒムは名前の記されていない仲間の神々に再び話しかけ、「もはやアダムは善と悪を知り、われわれの一人のようになってしまった。彼が生命の木にも手を伸ばし、それを食べて永遠に生きるようにならないだろうか？」と心配するのだ。

このように、聖書は話の焦点《しょうてん》があまりにも唐突に次へとうつるため、その重要性をうっかり見落としてしまいがちだ。創造、出産、住居、犯罪など、人間のことを扱っていたと思ったら、突如として主の心配事に話をうつす。その過程で、ほとんど神に近づいた人間の性質がもう一度強調されている……。

アダムを創り出そうという決定は、創造主たる神々に「似せて、そのイメージで」形づくればよいという助言をうけて下されたものだ。その結果の生き物、つまりエロヒムの手作業の作品は「エロヒムの生き写し」に生まれた。そして、今、智恵の果実を食べて、人はさらにもう一つ決定的な点で神のようになったのだ。神の視点から見てみると、不老不死の特権を除いて、「アダムはわれわれの一人のようになった」のである。そこで、アダムとイブをエデンの園から放逐《ほうちく》し、人間たちが帰ってこようとしても入らせないように「回転して火を吹く剣」を携えたケルビム（天使童子）に警備をさせる、という決定が（神々の）全員一致で承諾《しょうだく》された。

こうして、人を世に送り出した、まさにその主が、人の死すべき運命を定めたのである。しかし、人は剛胆にも、それ以来「神々との遭遇」という経験を通して、不老不死を探し求めたのだ。

これは本当に起こった出来事の回想なのか、それとも単なる神話に基づいた幻想物語なのだろうか？　聖書の物語のうち、どれくらいが事実で、どれくらいがフィクションなのだろう？

聖書には、初めての人間たちの創造に関連した部分にいくつかのバージョンがあること、そして創造主（たち）を示す複数形のエロヒム（神々）と単数形のヤハウエ（神）が入れ替わっていることは、ヘブライ語聖書の編者たちや改訂者たちの目の前に、この主題を扱っている、より初期の原典がいくつか存在していたことを示す兆候の一つとなろう。実際、創世記の第5章の出だしで、アダムに続く数世代の簡単な記録は「アダムの系図の書」（「エロヒムが自分に似せてアダムを創造した日」という一筋で始まる）をもとにしていると述べているし、民数記第21章14節ではヤハウエの「戦いの書」に言及している。ヨシュア記第10章13節では、数々の超自然的な出来事の詳細については「ヤシャルの書」を参照するように読者にすすめている。「ヤシャルの書」はサムエル記下第1章18節にも原典として挙げられている。しかし、これらは、さらにもっと初期の貴重な文献が大規模に発見されたことに比べたら、些細な事柄にすぎない。

天地創造の物語、大洪水とノアの箱船の物語、アダムからノアまでの大祖たちの物語、出エジプトの物語など、ヘブライ語聖書（旧約聖書）の信憑性《しんぴょうせい》は、19世紀に疑いの目にさらされたが、その懐疑主義と不信の多くは、すぐに沈静化された。聖書上の記録とデータを逆方向に、近い過去からより初期の時代へとさかのぼらせ、有史を通り越して有史前の時代まで確証づけた考古学的発見によって、聖書が正しいことが次々に証明されていったからだ。エジプトとアフリカのヌビアからアナトリア（今日のトルコ）にあるヒッタイトの遺跡まで、西は地中海沿岸とクレタ、キプロス両諸島から東はインドの国境まで、そして特にメソポタミア（今日のイラク）から始まりカナン（今日のイスラエル）を取り囲むようにカーブする肥沃な三日月地帯の国々において、次から次へと（多くはそれまで聖書のみで知られていた）古代の遺跡が発掘され、粘土板やパピルスに記された文書や石壁や記念碑に彫られた碑文が、聖書に挙げられた王国や王たち、出来事、都市を生き返らせたのである。さらに、多くの場合、ラス・シャムラ（カナン語のウガリット）や、もっと最近ではエブラのような遺跡で見つかった文書は、聖書が頼ったものと同じ原典に通じていることを示した。

とはいえ、古代近東のイスラエル人の隣人たちの文書は、ヘブライ語聖書の一神教の制約に邪魔されずに、聖書上のエロヒムの正体とその名前を「われわれ」と複数形で綴《つづ》った。それによって、これらの文書は、有史前の時代のパノラマを鮮烈に描き出し、様々な「神々との遭遇」における、神々と人間たちとの魅惑的な記録の幕を開けるのだ。

本格的な考古学的発掘が「川と川（チグリス川とユーフラテス川）の間の国」メソポタミアで150年ほど前に始まるまでは、旧約聖書のみが、アッシリアとバビロニアの帝国、それらの巨大な都市、傲慢《ごうまん》な王たちについて伝える唯一の情報源だった。この発掘より以前の学者たちは、聖書の記述をそのまま信じて、3000年前に大帝国が実在した、との結論に達した。また、王権がニムロド（「ヤハウエの恩寵《おんちょう》をうけた力強い猟師」の意）から始まり、その首都が「シンアルの国」にあった、と信じていた。聖書には、人類が泥煉瓦《どろれんが》を使って「天にも届く塔」の建設に乗り出したという、驚くべきバベルの塔の記述もあった（創世記11章）。この場所は「シンアルの国」の平地であった。

その「架空の」土地が見つかり、その都市が考古学者たちによって掘り出され、その言語と文書がヘブライ語の知識と親言語であるアッカド語の助けによって解読され、その記念碑と彫像と美術品が世界の主要な博物館に秘蔵された。今日我々はこの国をスメール Sumer と呼ぶが、その民はそれをシュメール Shumer（「守護者たちの国」）と呼んでいた。聖書の創世記の物語と古代近東の「神々との遭遇」の記録を理解するためには、古代シュメールにたちかえる必要がある。なぜなら、これらの出来事の記録が始まったのは、シュメールだったからだ。

シュメール（聖書のシンアル）は、大洪水の後に一挙に芽吹いた、知られている限り、人類にとって初めての、そして完全に実証された文明である。6000年ほど前、突如現れたのである。それは高度な文明に不可欠な構成要素となる、ほとんどすべての「最初」を人類にもたらしたのだ。それは、（前述したように）初の煉瓦造りや初めての窯《かま》だけではなく、初めての高層の寺院や宮殿、初めての僧侶や王たち。初めての車輪、初の炉《ろ》、初の医学と薬学、度量衡《どりょうこう》。初めての音楽家や踊り手たち、職工や職人たち、商人や隊商たち、法典や裁判官たちなどであった。最初の天文学者たちと観測所もあり、初の数学者たちもいたのだ。そして、その中でもおそらく最も重要なものもそこにあった。はやくも紀元前3800年に書くことが始まり、シュメールでは、その最初の書記たちが神々と人間たちの驚くべき物語を（図1の「人の創造」の平板のように）

楔型文字で粘土板に記した国となったのだ。学者たちはこれらの文書を「神話」と見なしている。しかし、我々はそれを本質的には実際に起こった「事実の記録」と考える。

考古学者たちの賢明な鍬《くわ》はシンアル／シュメールの存在を確かめただけではなかった。聖書の天地創造と大洪水の物語と酷似《こくじ》したメソポタミアの古代文書を白日の下《もと》にさらしたのである。1876年、大英博物館のジョージ・スミスはニネベ（アッシリアの首都）の王立図書館で発見された壊れた石板をつなぎ合わせ、著書『カルデアの創世記』を出版して、聖書の天地創造の物語が、それより約1000年も前にメソポタミアで最初に書き記されたことは疑う余地がないことを示した。

1902年、同じく大英博物館のL・W・キングは、『天地創造の七つの平板』と題して、古代バビロニアの言語で、七つの粘土板からなる膨大《ぼうだい》で詳細にわたる文書全部を出版した。「創造の叙事詩」あるいはその最初の文句から「エヌマ・エリシュ」として知られているその最初の6枚の粘土板は天と地球、そして人間を含めた地球上のすべてのものの創造を描写しており、聖書の創造の6日間という「日にち」と一致している。7番目の粘土板は、自らの驚くべき作品を見渡すバビロニアの最高神マルドゥクを賛美するのに費やされている（神が「すべての仕事を休んだ」7日目の「日」という聖書の記述と類似している）。今日、学者たちは、この文書を含め、他のアッシリア語とバビロニア語版の「神話」が、それ以前のシュメール語の文書を（アッシリアとバビロニアの最高神たちを称《たた》えるように修正して）翻訳したものだということを知っている。歴史は、偉大な学者サミュエル・N・クレーマーによる1959年刊行のすぐれた解説書のタイトル通り、「シュメールで始まった」のだ。

［図１］ シュメールではすでに紀元前3800年に、神々と人間たちの物語＝「事実の記録」を、楔型文字を使って粘土板に書き記していた―― 〝人の創造〟。

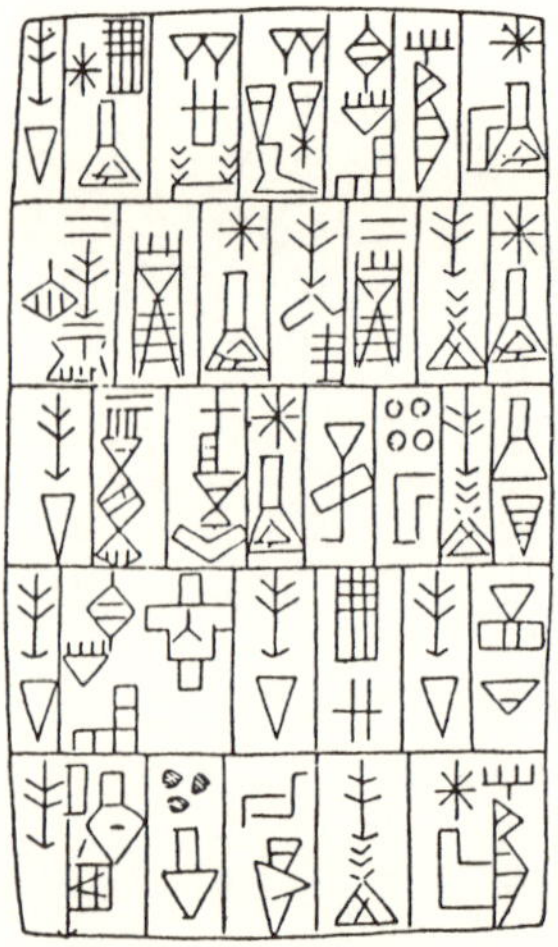

象形文字のシュメール語碑銘。石に刻まれ、当初は縦書きであったが、やがて横書きになり柔らかい粘土板（タブレット）上に書かれるようになった。その後、古代近東諸国に広がった楔型文字の原形にもなった。

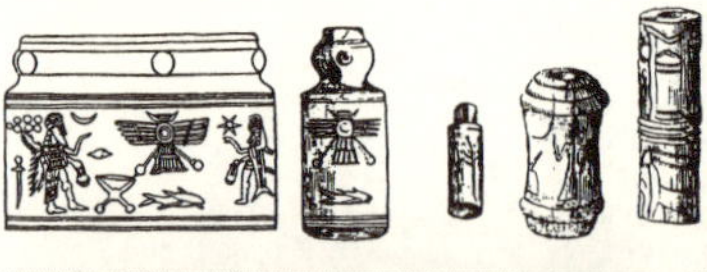

シュメール人の卓越した印刷技術。輪転機の役割を果たした円筒印章と刻印された粘土の平板。〔出典：宇宙船基地はこうして地球に作られた〕

すべては、様々な文書から学んだように、太古の昔、50人のアヌンナキ（文字通りの意味は「天から地球へやってきた者たち」）の一団がペルシャ湾かアラビア海に着水して始まった。彼らは才能あふれる科学者エア（「水の家の彼」）の指揮のもと、歩いて上陸し、地球に初めての植民地を造り、それをエリドゥ（「遠くに建てた家」）と呼んだのだ。訪問者としての使命に従事するために、他の移民たちが続いた。その使命とは、ペルシャ湾の海水を蒸留して金《きん》を得ることであった。このアヌンナキの母星（ニビルと呼ばれた）では、減少する大気を、金の粒子をエアゾル状にしたシールドにして保護するために、金が差し迫って必要だったのだ。遠征隊が拡張され、作業が始動すると、エアはエンキ（「地球の支配者」）というさらなる肩書き、あるいはあだ名を獲得した。

　しかしすべてが上手くいったわけではない。海水からの蒸留では母星に必要な金は十分に得られなかったのだ。すぐに計画の変更が決まり、金を得るために過酷な方法が命じられた。アブズ（南東アフリカ）で採掘する方法である。さらに多くのアヌンナキが地球に到着し（最終的には６００名を数えた）、別のグループであるイギ・ギ（「観測し見る者たち」）は、空中に留《とど》まってシャトルと宇宙船、宇宙ステーションを操作していた（彼らの人数は、シュメールの文書が断言しているところでは３００名）。今回は絶対にしくじらないようにするために、ニビルの統治者アヌ（「天空の聖なる者」）はエンキ／エアの異母弟であるエンリル（「指揮権の支配者」）を地球へ送った。彼は厳格な規律励行者であり堅実な管理者であった。そして、エンキがアブズでの金鉱石の採掘の監督に左遷《させん》され、エンリルがエディン（「正義の者たちの家」）にある七つの神々の都市の指揮を受け継いだのだった。このエディンは、40万年以上も後に、シュメールの文明が花咲いた場所である。神々の都市は、それぞれ特定の機能を担《にな》っていた。指令コントロールセンター、宇宙空港、冶金《やきん》センターといったもので、エンキとエンリルの異母姉妹であるニンマフ(「偉大な女性」)の監督下には医療センターさえもあった。

『地球年代記《アース・クロニクルズ》』のシリーズ第1巻〜第5巻の中で指示し、分析した証拠によって、惑星ニビルの巨大な楕円軌道は、地球の年で3600年周期であることが判明している。そしてこの3600年という期間は、シュメール語でサールと呼ばれたのだ。「王のリスト」と呼ばれる有史前の時代についてのシュメールの記録は、アヌンナキに当てはめられた時の経過をサールで測定している。これらの文書を掘り出して翻訳した学者たちは、任命されたアヌンナキ司令官たちの勤務期間の長さがほとんど「伝説的な」あるいは「空想的な」ものであることを発見した。個々の「治世」は2万8800年、あるいは3万6000年、4万3200年におよぶものさえあったのだ。しかし実際に、このシュメールの「王のリスト」は、司令官が植民地を8、あるいは10、12サールの間預かっていた、と述べている。地球の年に換算すると、これらは2万8800年(8×3600)などという「空想的な」数字となる。しかしアヌンナキの言葉では、彼らの年にしてほんの8年か10年であり、完璧に筋の通った(短くさえある)時の長さなのだ。

その点で、サールには古代の「神々」の見かけ上の不死の秘密が横たわっているのだ。1年とは、定義によれば、「そのものが住む惑星が太陽のまわりを1周する軌道を完成させるのに要する時間」である。ニビルの軌道は地球の年にして3600年続くが、しかしニビルに住む人たちにとって、彼らの年のたった1年にすぎない。シュメールと他の近東の文書は、これら「神々」の誕生と死の両方について言及している。ただ人間(Earthlings:文字通りにはヘブライ語でアダム――「地球の彼」――を意味する）の目から見ると、アヌンナキは実際上「不老不死」なのである。

アヌンナキは、大洪水より120サール前に地球にやってきた。つまり、地球の年にして、自然の法則を超えた分水線の出来事、あの大洪水より43万2000年前である。アヌンナキがやってきた時、人、アダムはまだ地球に存在していなかった。アブズに送られたアヌンナキは、40サールの間、金の採掘に骨を折ったが、それから彼らは反乱を起こしたのだ。「アトラハシスの叙事詩」と呼ばれるアッカド語（バビロニア語、アッシリア語、そしてヘブライ語の祖語）のある文書には、その反乱と原因が鮮明かつ詳細に記述されている。エンリルは、このアヌンナキに引き続き採掘をさせ、反乱の扇動者たちへの懲罰を要求した。エンキは寛大だった。アヌは意見をあおがれたが、彼はこの反乱者たちに同情的だった。この袋小路はどのように解決されたのだろうか？

科学者のエンキが解決策を見いだした。「原始的な労働者を創ろう」と彼は言った。それに重労働を肩代わりさせるのだと。他のアヌンナキのリーダーたちは疑問をぶつけた。どうやってそんなことができるのか？　どうやってアダムを創り出すというのか？　エンキは次のように答えた。

あなたたちが口に出したその生き物は存在しているではないか！

彼はその「生き物」（地球での進化の産物である猿人）を南東アフリカ、「アブズの上流」で見

つけた。エンキは付け加えた。それを利口な労働者にするために我々がしなければならないのは、
それに神々の姿（イメージ）を結びつけることである。

会合に集まった神々（アヌンナキのリーダーたち）は熱狂して賛成票を投じた。エンキの助言で、彼らは主任医師であるニンマフをこの任務を助けるために招喚した。「あなたは神々の助産婦役である」。彼らは言った。「人間を創造せよ！ くびきを負う異種を混ぜ合わせたものを創造せよ、彼にエンリルからあてがわれたくびきを負わせるのだ、その原始的な労働者に神々のための労役をさせるのだ！」

創世記の第1章で、こうした決定を導いた会議のことは次の一節に要約されている。「そしてエロヒムは言われた。われわれに似せて、われわれにかたどって（我々のイメージで）アダムを創ろう」。そして、集まった「われわれ」の同意を暗にほのめかせて、その仕事は実行された。「そしてエロヒムは自らにかたどってアダムを創られた。エロヒムをかたどって彼はアダムを創ったのだ」

イメージという言葉――存在する「生き物」をアヌンナキの望むレベル、つまり「知ること」（子をもうける能力）と不老不死を除いた能力に引き上げることができる要素あるいはプロセス――は、その存在する「生き物」がどんなものだったかを知ることによって、最もよく理解できるだろう。他の文書（たとえば学者たちが、「家畜と穀物の神話」と題したもの）には次のように説明されている。

人間が初めて創られた時
彼らはパンを食べることを知らなかったし
服を着ることも知らなかった
彼らは羊のように、口で直接草をはんだ
彼らはどぶから水を飲んだ

これは他の獣たちと一緒に野性的に歩き回る猿人にぴったりの表現だ。石の円筒（「円筒印章」と呼ばれる）に彫られたシュメール人の描写は、そのような猿人が動物たちと一緒に暮らしているが2本足で立っているのを示している。これは直立し始めた猿人の実例（残念なことに現代科学者たちに無視されている）である（図2）。エンキが「それらに神々の姿を結びつけ」遺伝子操作をして、人間、ホモ・サピエンスを創ろうと言ったのは、すでに存在していたその生き物を使ってのことだったのだ。

その遺伝子の改良に伴うプロセスのヒントが（学者たちが呼ぶところの）ヤハウエ資料版の創世記第2章にある。そこにはこう記されている。「ヤハウエ・エロヒムは地球の土でアダムを形づくり、その鼻孔に生命の息を吹き込んだ。そしてアダムは生命ある生き物となったのだ」。アトラハシスや他のメソポタミアの文書には、この生き物にまつわる、もっとはるかに複雑なプロセスが描かれている。その創造プロセスは、手順が完璧に上手くいってエンキとニンマフ（ある文書では、彼女の記憶すべき役割を称えて、ニンティ――「生命の淑女」――というあだ名を授けている）が期待した結果を得るまで、まさに試行錯誤の連続であった。

ビット・シムティ（「生命の風が吹き込まれる家」）と呼ばれる実験室で仕事は進み、若いアヌンナキの男性の血の「エキス」が猿人の卵子と混ぜられた。それから、受精した卵子がアヌンナキの女性の子宮に挿入されたのだ。緊張した待ち時間の後、「モデル人間」が生まれると、ニンマフはこの新生児をかかげて叫んだ。「私は創り出した！　私がこの手で創ってのけたのよ！」

シュメールの彫刻家たちは、ニンマフ／ニンティが新しい生き物を皆が見られるように持ち上げている、その息を飲む最後の瞬間を円筒印章に描いた（図3）。このように、小さな石の円筒の彫刻に描かれたのは、最初の「神々との遭遇」の映像的記録なのだ！

神々がネテル（「守護者たち」）と呼ばれて、採掘用の斧《おの》というヒエログリフのシンボルと同一視されていた古代エジプトでは、初めての人間を粘土から創ったのは雄羊の頭をもった神クヌム（「仲間になった彼」）の行為とされ、数々の文書が神々クヌムについて次のように記している。「人間たちの製造者……最初の父」と。エジプト人の画家たちもまた、それ以前のシュメール人たちのように、最初の遭遇の瞬間を絵によって描いた（図4）。それにはクヌムが、彼の息子トト（科学と医学の神）の助力を得て、新しく創られた生き物をかかげているのが描かれている。

このアダムは、創世記のある版では、実際に一人だけ創られた。しかしいったんこのモデル人間が「試験管ベビー」を創るプロセスの有効性を証明すると、神々は大量複製のプロジェクトに乗り出した。両性の原始的な労働者たちを創るために遺伝子的に操作したティイト（「生命とともにあるもの」、聖書でいう「粘土」）の混合物をもっと多く準備し、ニンマフは「粘土」の七つのかたまりを「男性の鋳型《いがた》」に、もう七つのかたまりを「女性の鋳型」に当てはめた。そして

[図2] 南東アフリカ〝アブズの上流〟に生息していた〝生き物＝猿人〟への遺伝子操作でホモ・サピエンスは創られた。

[図3] 円筒印章には、ニンマフ／ニンティ（〝生命の淑女〟）によって創られた〝モデル人間〟の誕生の瞬間が描かれている。

[図4] 古代エジプトでは、雄羊の頭をもつ神クヌムが息子トトの助けを借り、粘土から初めての人間を創ったとされている。

受精した卵子が女性のアヌンナキ、「誕生の女神たち」の子宮に植えつけられた。創世記のエロヒム資料版（と学者たちは呼ぶ）が、エロヒムによって人類が創られた時「彼は女性と男性を創り出した」というくだりで言及しているのは、それぞれ1回の処理で7人の男性と7人の女性の「混ぜた者たち」を生むこのプロセスのことなのだ。

しかし他のハイブリッド（雄ロバに雌馬を掛け合わせたラバのように）と同様、この「混ぜた者たち」は子をもうけることができなかった。この新しい生き物がどのようにして「知ること」、つまり聖書用語で子をもうける能力を手に入れたかについての聖書の物語は、遺伝子操作の第2幕を寓話《ぐうわ》的見せかけで覆《おお》っているのだ。この劇的な進展の主人公は、ヤハウエ・エロヒムでも、創られたアダムとイブでもなく、決定的な生物学的変化の扇動者、蛇である。

創世記での「蛇」を示すヘブライ語はナハシュである。この言葉には二つの別の意味があった。「秘密を知っている、あるいは秘密を解決する彼」という意味と、「銅の彼」という意味であった。この二つの意味は、エンキのシュメール語のあだ名ブズルに由来しているようだ。ブズルとは「秘密を解決する彼」と「金属鉱山の彼」の両方を意味した。実際に、エンキを表すのにしばしば使われたシュメールのシンボルは蛇であった。以前の『地球年代記』シリーズで、我々は、今日まで治療のシンボルとして残っている絡まった蛇たち（図5a）の組み合わせシンボルからすでに古代シュメールにおいて、二重らせんDNA（図5b）によって、すなわち遺伝子操作が行われていたことを示唆した。後で示すように、エデンの園でのエンキの遺伝子操作の駆使《くし》は、生命の木の描写における二重らせんのモチーフをも導いている。エンキはこの知識とシンボルを自分の息子のニンギシッダ（図5c）に伝えた。彼こそは我々がエジプトの神トトと見なすもので、

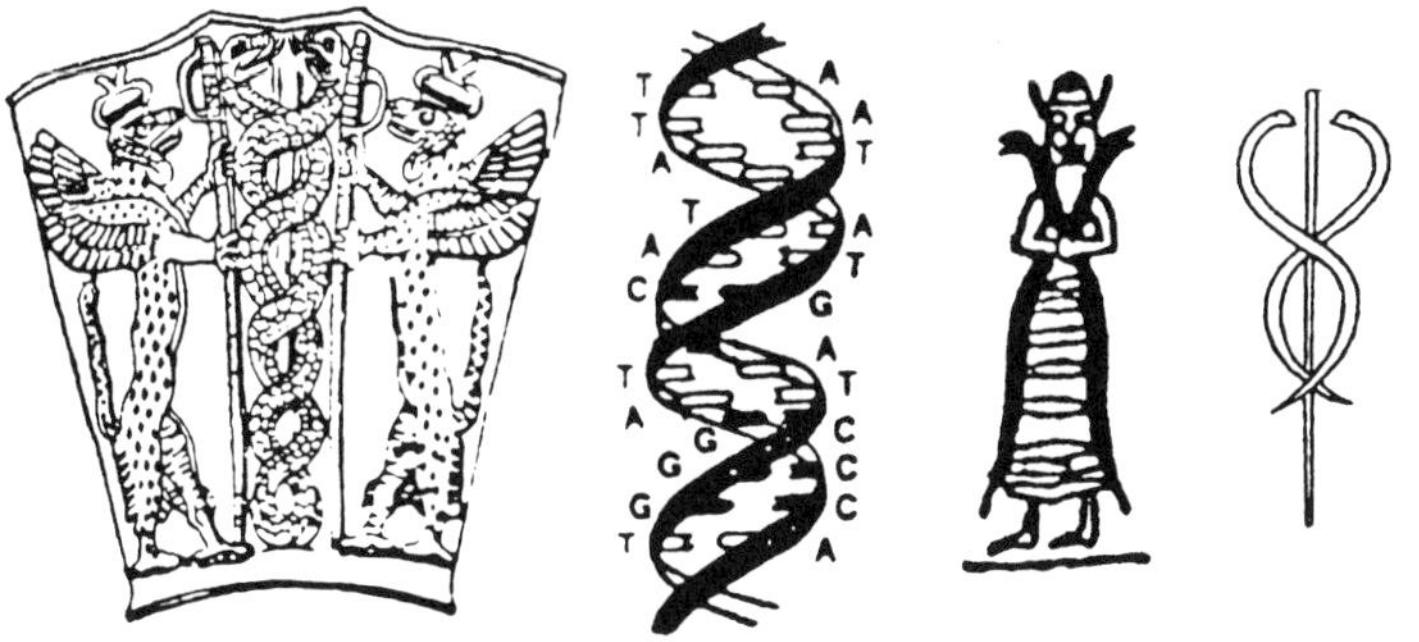

a　b　c　d

［図５］神エンキの遺伝子操作にまつわる〈蛇—銅—治療—遺伝子〉のモチーフ。治療のシンボル（a）、二重らせんDNA（b）、エンキの息子ニンギシッダ（c）、絡まった蛇のエンブレム（d）。

a

b

［図６］〝エデンの園〟での出来事を表す円筒画。アダムとイブ、一匹の蛇（a）、蛇から突き出た玉座に座るエンキとエンリル（b）。

ギリシャではヘルメスと呼ばれ、絡まった蛇たちのエンブレム（図5d）がマークになっている。

　エンキのあだ名にまつわるこれら二重、三重の意味（蛇―銅―治療―遺伝子）をなぞる時、我々はシナイの荒野をさまよっているイスラエル人たちに降りかかった疫病《えきびょう》についての聖書の物語を思い出さなければならない。その疫病は、モーゼが「銅の蛇」をこしらえて神の助けを請うためにかかげた後、おさまったのだ。

　この人間が子をもうける能力を与えられた時の、2度目の「神々との遭遇」が古代の「写真家たち」によって描かれ、我々に残されているのは、驚くべきことだ。小さな石の円筒に彫った彫刻家たちはその場面を反転させ、濡れた粘土の上にこの印章を転がした後で陽画としてその画像を見せたのである（現代の写真のネガとポジの関係！）。その一つには、「アダム」と「イブ」が一本の木の傍《かたわ》らに座っており、蛇がイブの後ろにいる（図6a）。別のものでは、偉大なる神が2匹の蛇が突き出した玉座のような小丘の頂上に座っているが、これは間違いなくエンキである（図6b）。彼の右傍らにはペニスの形をした枝が芽吹いた一人の男、左傍らには膣の形の枝が芽吹いた女が一本の小さな果物の木（たぶん智恵の木から得た）を持っている。事の成り行きを見ているのは、一人の偉い神で、おそらく、怒れるエンリルである。

　このように、聖書の物語を補う文書と描写のすべてがあわさって、「神々との遭遇」という歴史物語の中心人物たちが登場する、詳細な絵の構図ができあがっているのだ。それにもかかわらず、学者たちは全般的に、そのような証拠すべてを「神話学」として括《くく》ることを主張し続けているのだ。彼らにとって、エデンの園での出来事は単なる神話であり、実在しない場所で起こった絵空事でしかないのだ。

しかし、そのような楽園、計画的に果物がなる木を植えた場所が、どこもかしこも自然のままで木々が生い茂っていた時代に本当に存在していたとしたら？　太古の昔「エデン」と呼ばれる場所、その出来事が本当に起こった実在の場所があったとしたら？

アダムがどこで創られたのか、誰に聞いても、その答はきっと「エデンの園」であろう。しかし人類の話が始まったのは、そこではない。

メソポタミアの物語は、最初にシュメール人によって記録されたのだが、その最初の段階を「アブズの上流」――金の鉱山があった場所のはるか北――の位置に置いている。いくつかのグループの「混ぜた者たち」が生まれ、鉱山での重労働を担うという、彼らが本来創られた目的のための労役が強《し》いられると、エディンにある七つの神々の都市のアヌンナキたちは、「自分たちにもそのような助っ人をよこせ」と執拗《しつよう》に要求した。南東アフリカのアヌンナキたちが反発し、争いが勃発した。学者たちが「つるはしの神話」と呼ぶ文書は、エンリルに先導されたエディン（エデン）のアヌンナキたちが、力ずくで「創造された者たち」の何人かを捕え、自分たちに仕えさせるためにエデンに連れてきた一部始終を描写している。「雄牛と穀物の神話」と呼ばれる文書は、「天の頂上から地球へ、アヌがアヌンナキを来させた時」、成長する穀物や子羊、子山羊はまだ生まれていなかった、とはっきり述べている。アヌンナキが「創作部屋」で自分たちの食べ物を形づくった後でさえも、満ち足りることはなかった。それはやっと、

アヌ、エンリル、エンキとニンマフが

黒い頭の人々を形づくった後
彼らは、よく実を結ぶ植物をその土地に繁殖させた
……エディンに彼らはそれらを設置したのだ

聖書も、これと同じ話を物語っている。「エヌマ・エリシュ」にあるように、聖書の順序（創世記第2章）は、最初に天と地の形成、次にアダムの創造（聖書はどこでかは述べていない）となっている。エロヒムはそこで「（アダムが創られた地の）東方、エデンの園に木を植えた」。実はそしてその後で、エロヒムは「彼が形づくったアダム」を「そこ（エデンの園）」に置いたのである。

そしてヤハウエ・エロヒムはアダムを連れて来て
耕し護らせるために
彼をエデンの園に据えた

「ヨベルの書」によって、興味深い光が「天地創造の地理学」に当てられ、その結果主な「神々との遭遇」にそそがれていく。第二寺院の時代にエルサレムで編纂《へんさん》されたこの書は、当時は「モーゼの誓約書」として知られていた。というのも、「人類はどうやって自らの創造に先んじた初期の出来事までわかったのか？」という質問に答える形式で始まっているからである。その答は、シナイ山ですべてがモーゼに明かされたということで、神の命により心霊の天使がモーゼに書き

取らせたのだ。「ヨベルの書」という名前はギリシャ人の翻訳者たちによって当てはめられたもので、この書が、「日」とか「週」と呼ばれた「ヨベル」年数による年代順の構造をもっていることに由来する。

「ヨベルの書」は、明らかに聖書が言及している本やメソポタミアの図書館が目録にのせていたものの未発見の他の文書など、（正典の創世記に加えて）その当時手に入った資料を参考にしている。というのも、この書は、不可思議な「日数」の数え方をしていて、アダムは「彼が創られた土地で40日終えた後に」天使たちによってエデンの園に連れてこられ、「彼らは彼の妻を80日目に連れてきた」と述べている。アダムとイブは、言い換えれば、どこか別の場所で生み出されたのである。

「ヨベルの書」は、後のエデンからの追放を描写して、別の貴重な情報の一片を提供している。それは我々に、「アダムと彼の妻はエデンの園から外へ出て、そして〝誕生の国〟、彼らの創造の地に住んだ」ことを知らせている。言い換えれば、彼らはエデンから南東アフリカのアブズに戻ったのだ。そこに行ってから、第2ヨベルに、アダムは彼の妻イブを「知り」、「第2ヨベルの第3週に彼女はカインを生み、第4週にアベルを生み、そして第5週に娘のアワンを生んだ」（聖書は、アダムとイブはその後、他の息子たちと娘たちを得たと述べている。外典は、全部で63人を数えたと記述している）。

一人の原始の母親から人類の増殖が始まったのは、メソポタミアのエデンではなく、南東アフリカにあるアブズに戻ってからのことだ。この場所を定める出来事は、今や科学的発見によって完全に確証され、人類の起源と広がりに関する「アフリカ起源」説を導いた。最も初期の猿人の化石化した遺骨の発見だけでなく、ホモ・サピエンスの決定的な系列に関連した遺伝子の証拠も、人類が源を発した場所として南東アフリカを追認している。そしてホモ・サピエンスに関する限り、人類学と遺伝子の研究者たちは、「イブ」――今日のすべての人間たちの起源である一人の女性――も同じ地域に25万年ほど前にいたとしている（この発見は、最初は母親によってのみ受け継がれるDNAに基づいていたが、1994年に両親から受け継がれる核DNAに基づいた遺伝子の研究によって確証され、1995年にはおよそ27万年前の「アダム」にまでさかのぼった）。その場所から、ホモ・サピエンスの様々な枝（ネアンデルタール人、クロマニョン人）が後にアジアとヨーロッパに渡ったのである。

聖書のエデンが、アヌンナキによって入植されたその同じ場所であり、彼らがアブズから原始的な労働者たちを連れてきた場所とも一致することは、言語学上ほとんど自明である。エデンという名前がその中間にアッカド語（アッシリア語とバビロニア語、ヘブライ語の祖語）のエディンヌを介してシュメール語のエディン（E.DIN）に端を発していることを疑う者は現在ではほとんどいない。さらに、その楽園の水の豊富さを描いている箇所（短い冬季の雨にもっぱら頼るしかない近東の地域なので、読者にとっては印象深いはず）で、聖書はメソポタミアを指すいくつかの地理的指標をも提示している。それは、エデンの園が、四つの川が合流する所にあったと述べたのだ。

そしてエデンからは
園を潤す一つの川が流れ出て

そしてそこから分かれ
四つの主な流れになった
第1の名前はピション
ハビラの地のまわりを曲がりくねり
その地は金がある――
この地の金は良質であり――
そこにはまた琥珀《こはく》と縞瑪瑙《しまめのう》石がある
そして第2の川の名前はギホン
それはクシュの土地全部を
取り巻いている
そして第3の川の名前はヒデケル
アッシリアの東を流れている
そして第4がプラスである

明らかに、「楽園の川」のうちの二つ、ヒデケルとプラスはメソポタミア（この地に与えられた名前で「川の間の土地」を意味する）の2本の主流、英語で言うところのチグリス川とユーフラテス川である。これら2本の川の聖書上の名称がそのシュメール語の名前、イディルバトとプランヌに（途中アッカド語を介在して）由来することは、すべての学者たちの間で完全に一致した見解である。

この2本の川は別々のコースを取っているが、いくつかの地点ではほとんど一緒になり、その他の地点でははっきりと分かれていて、どちらもメソポタミアの北、アナトリアの山脈に端を発している。この場所がチグリスとユーフラテスの源であるため、学者たちは他の2本の川をこの「源流地点」で探してきた。しかし、ギホンとピションとしてその山脈から流れ出て、他の条件にも当てはまる残りの2本の川の候補は見つからなかった。そのため、探査はもっと遠くの土地へと広がった。クシュはアフリカのエチオピアかヌビアを意味するものととられ、そしてギホン（「ほとばしり出るもの」）はいくつもの大滝をもつナイル川とされた。ピション（おそらく「休むために来た者」の意）を指す有力な推測はインダス川で、そのためハビラはインド亜大陸、もしくは陸地に囲まれたルリスタン（Luristan）と同一視されている。そのような説の大きな問題点は、ナイル川もインダス川もメソポタミアのチグリス川、ユーフラテス川と全く合流しないことにある。

クシュとハビラという名前は、地理的用語として、また、民族国家の名前として、聖書の中で再三見受けられる。「民族の系図」（創世記第10章）では、ハビラはセバ、サブタ、ラマ、サブテカ、シェバ、デダンと一緒に列挙されている。それらはすべて、聖書の様々な節でアブラハムが侍女ハガルに生ませた息子イシュマエルの支族と結びつけている民族国家であり、それらの領地がアラビア半島にあったことは間違いない。これらの伝承は、現在の研究者たちがその種族の所在地をアラビアに同定したことによって確証された。ハガルという名前は、アラビア半島東部にあった一つの古代都市の名前であったことさえわかった。E・A・クノウフによる論文（「イスマエル」、1985年）は、ハビラという名前がヘブライ語の「砂の国」であるとはっきり解読し、それがアラビア半島南部の地理的名称だと結論を下した。

このような説得力のある結論の問題点は、聖書の川ピションと見なすことができる川がアラビア半島にないことだった。それはただ、アラビア半島全体が乾燥しており、巨大な砂漠の地であるという単純な事実によるのだ。聖書は間違っていたのだろうか？　エデンの園の話もすべて、ということはその中での様々な出来事や「神々との遭遇」も単なる神話だというのだろうか？

聖書の正確性を確固として信じてかかると、以下の疑問が我々の心に浮かんだ。なぜ聖書の説話は相対的にくどくどとピションが流れる国（ハビラ）の地理と鉱物学を説明しているのだろうか？　その土地の名を挙げてギホン川の円形のコースを説明しているのに、ヒデケルの位置は単に「アッシリアの東」とだけ記し、4番目の川にいたっては、そっけなくプラスというだけである。徐々に説明が簡潔になっていくのはなぜなのか？

我々に浮かんだ答は、創世記の読者には、ユーフラテスがどこにあるかを知らせる必要は全くなく、チグリス川（ヒデケル）がそれとわかるには単にアッシリアの名を挙げるだけで十分だった。一方で、ギホン——明らかに当時あまり知られていなかった川——がクシュの国を取り囲む川であることを説明する必要があったということだ。そして全く知られていなかったと思われる川、ピションはハビラと呼ばれる国にあり、その国は陸標《りくひょう》のかわりに、そこでとれる産物によって、それとわかるように詳しく説明する必要があったのだ。

これらの予測は、1980年代後半になって理解され始めた。衛星からの地球の土壌透視レーダーやスペースシャトルのコロンビア号が搭載した最新鋭の機器によって、サハラ砂漠（北アフリカとエジプト西部の）をスキャンしたところ、砂漠のいくつもの層の下に、かつてこの地域を流れていた川床が見つかったのだ。その後の調査で、この地域がおそらく20万年前からおよそ4000年前に気候が変化するまでの間、大きな主流とたくさんの支流によって十分に潤《うるお》っていたことが確証された。

このサハラ砂漠での発見は、我々を興奮させた。同じことがアラビアの砂漠でも起こったのではないのか？　創世記の第2章の部分が書かれた当時――明らかに当時アッシリアはすでに知られていた――、ピション川は過去数千年の気候の変化に伴って、砂の下に完全に消えてしまっていたのではないのか？

この説の信憑性は、1993年の3月に非常に劇的な形で確証された。ボストン大学遠隔感知センターの局長ファロウク・エルバズが、アラビア半島の砂の下に埋もれた川を発見したのだ。それはアラビア西部の山脈から東方のペルシャ湾まで530マイル以上にもわたって流れる一本の川であった。ペルシャ湾あたりで、今日のクウェートの大部分を覆い、現代のバスラ（イラク）の町まで届くデルタ地帯を形成し、チグリスとユーフラテスの両川とまじって――「合流」――しているのだ。ほぼ全長にわたって深さが約50メートルで、いくつかの地点では幅が3マイル以上に達する大河であった。

ボストン大学の研究は以下のように結論づけている。最後の氷河期の後、1万1000～6000年前の間、アラビアの気候は、そのような大河を維持するのに十分なほど、湿度もあり雨も降っていた、と。しかし5000年ほど前に、気候の変化によって半島が乾燥して砂漠のようなコンディションになってしまったために、この川は干上がった。時とともに、風によって舞い集まった砂がこの川の流床を覆い、かつて力強く流れた川のすべての痕跡を消し去ったのだ。しかし、ランドサット衛星による高解像度画像（図７）が、その砂丘のパターンは数百マイルにわたって伸びる１本の線と交差するところで変化していることを明らかにした。その線はクウェートとバスラ付近にある不可思議な砂利の堆積《たいせき》——西部アラビアのヒジャズ（Hijaz）山脈で生じた岩の砂利——のところで終わっていた。さらに、土壌レベルの検査がこの古代の川の存在を確かめた。

エルバズ博士は、この失われた川をクウェート川と名づけた。我々はそれが太古の昔ピションと呼ばれ、実際に古代の金や宝石の産地だったアラビア半島を横切って流れていた、と推測する。

それでは「クシュの土地全部を取り巻いている」川、ギホンについてはどうだろう？　クシュは「民族の系図」の中で２度取り上げられている。最初はエジプトのハム族の子孫として、アフリカの国、プト（ヌビア／スーダン）とカナンと一緒に、２度目はニムロドが君主であったメソポタミアの土地の一つとしてである。ニムロドの「王国の主な町はバベル（バビロン）、ウルクとアッカドで、すべてシンアル（シュメール）の地にあった」。メソポタミアのクシュはおそらくシュメールの東、ザグロス山脈のあたりであった。それは紀元前２０００年にザグロス山脈から降りてきてバビロンに住んだクシュシュ人たち——カッシートのアッカド語——の母国であった。その古代の名称はスサ（聖書のエステル記では「シュシャン」）の地方をクシャンと呼ぶように、ペルシャ、さらにはローマの時代まで形を残していた。

ザグロス山脈のその部分には注目すべき川がいくつかあるが、どれもチグリスとユーフラテス（数百マイルも北東から始まっている）と上流を分かち合っていないので、学者たちの注目を引かなかった。しかし、ここで発想を転換してみよう。古代人たちは、上流ではなく、ペルシャ湾

NASA の宇宙船から撮影されたシナイ半島・近東付近の画像。

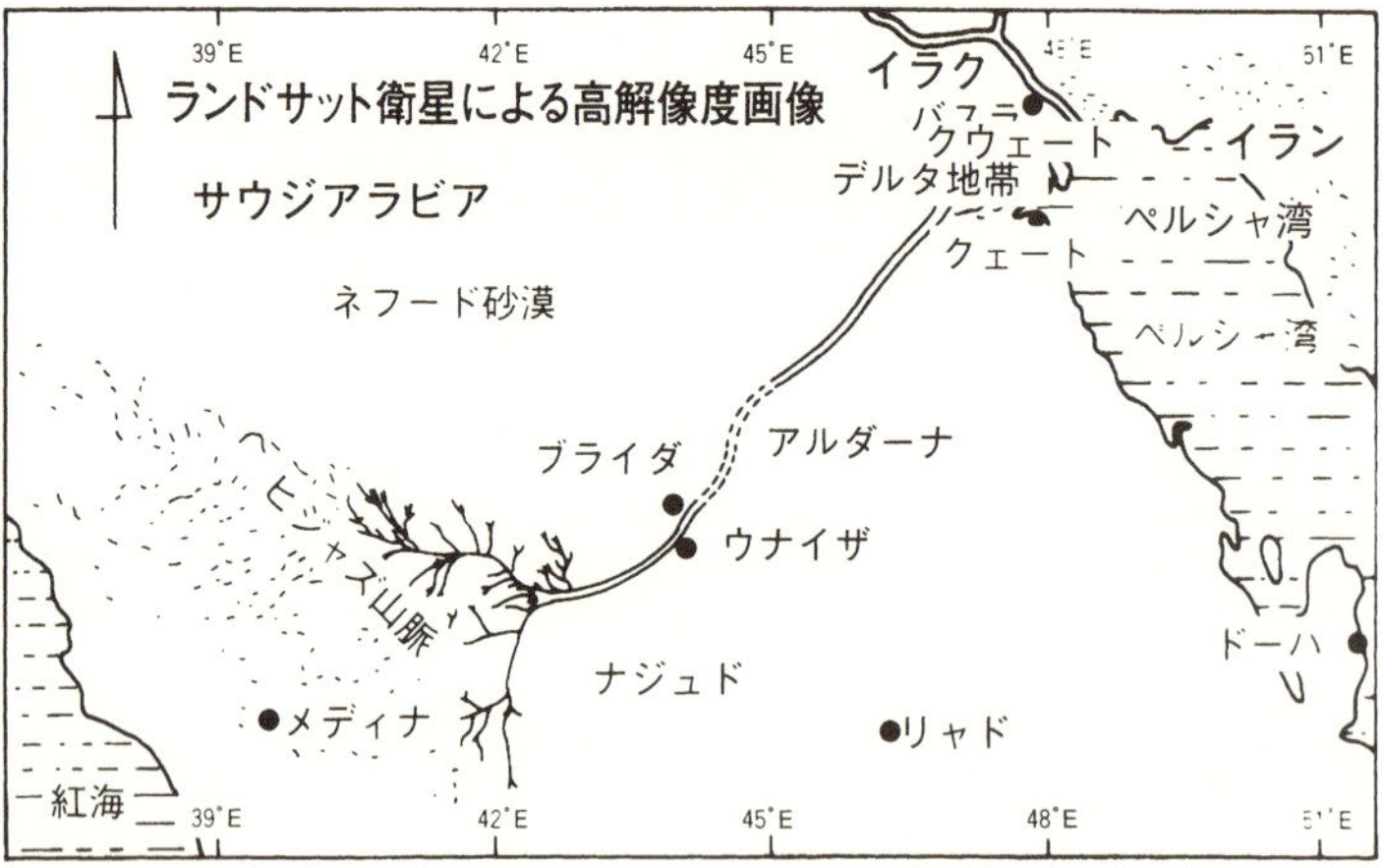

[図 7]

への合流地点で一緒になる川のことを言っていたのではないのか？　もしそうなら、ギホン――エデンの2番目の川――は、ペルシャ湾の突端でチグリス、ユーフラテス、そして新しく発見された「クウェート川」と合流することになる！

このように見方を変えてみれば、ギホンの明らかな候補が登場する。それは、実際に古代の国クシュシュの主要な川、カルン川である。長さはおよそ500マイルで、珍しいループを形づくり、現在のイラン南西部にあるザルデク（Zarde-Kuh）山脈でもんどりうって曲がった流れが始まっている。ペルシャ湾に南下して流れるかわりに、それは「上方へ」（現代の地図で）北西の方向へと深い渓谷《けいこく》を通って流れている。そしてザグロス山脈の高い山々を後に、ループを描いてジグザグに南方に流れ始め、ペルシャ湾へと下降を始めるのだ。最終的に、その最後の100マイルかそこらで、やわらかく穏やかに曲がりくねって、ペルシャ湾の突端の湿地デルタ地帯（シャット・エル・アラブと呼ばれている）にある、ほかでもないチグリス川とユーフラテス川との合流地点に向かうのだ。

その場所といい、環状のコースといい、ほとばしりといい、他の三つの川とペルシャ湾の突端で合流することといい、すべてが、我々にこのカルン川はクシュの土地を取り巻く聖書の川ギホンにふさわしいことを示してくれている。ピション（クウェート川）、ギホン（カルン川）、ヒデケルとプラス（チグリス川、ユーフラテス川）の四つの正体が判明した現在、聖書の記述通り、その合流点がエデンの園に違いない。そこは南部メソポタミアであった。

南部メソポタミア、古代シュメールが聖書のエデンの由来となるエディンだという確証は、シュメールの文書と聖書の説話が地理的に完全に一致することを裏付けている。そればかりではない。人類が「神々との遭遇」を経験した相手グループをも確定するのだ。エディン（E.DIN）は、DIN（「正義の者／神の者たち」）の住まい（「E」）であった。彼らの総称はディン・ギル（DIN.GIR）で、「宇宙船の正義の者たち」を意味し、絵文字では、着陸のために司令船が切り離される2段ロケットとして描かれた（図8a）。筆記文字が、絵文字からくさびのような楔型文字へ進化すると、この絵文字は「天空の者たち」を意味する星のシンボルに取ってかわった。後にアッシリアとバビロンで、このシンボルは交差するくさびに簡素化され（図8b）、その読み方はアッカドの言語でイル――「そびえ立つ（高尚な）者たち」――へと変化した。

メソポタミアの天地創造の文書は、一神教の立場で書かれた聖書に複数形のエロヒム（「神の者たち」）を採用し「われわれは人をわれわれのイメージでわれわれに似せて創ろう」という文の中で「われわれ」を残した。そのアダムの創造に関わった数名の神たちが誰であったかというパズルの答を天地創造の文書は示すだけではなく、この試みの背景をも知らせてくれるのだ。

この証拠は、創世記のエロヒムがシュメール語でいうディン・ギルだったのではないかと思わせる痕跡を残している。アダムを創り出すという偉業を成し遂げたのは彼らであり、初めてのホモ・サピエンスたちが最初に遭遇したのは彼らのそれぞれの（そしてしばしば敵対する）リーダーたち（エンキ、エンリル、ニンマフ）だったのだ。

エデンの園からの追放が、〝神と人間〟の関係の第1章に終止符を打った。楽園を失ったが知識と子をもうける能力を得て、人類はこれから地球につながれる運命となった――。

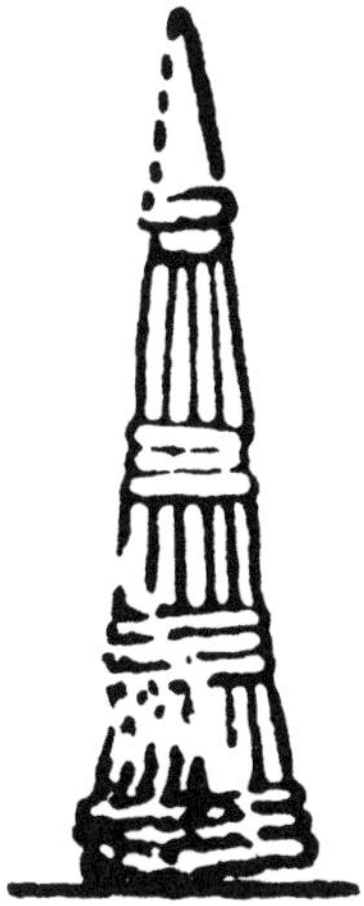

ウルクのアヌ神殿で発見された多段式宇宙ロケットの絵図。〔出典：地球人類を誕生させた遺伝子超実験〕

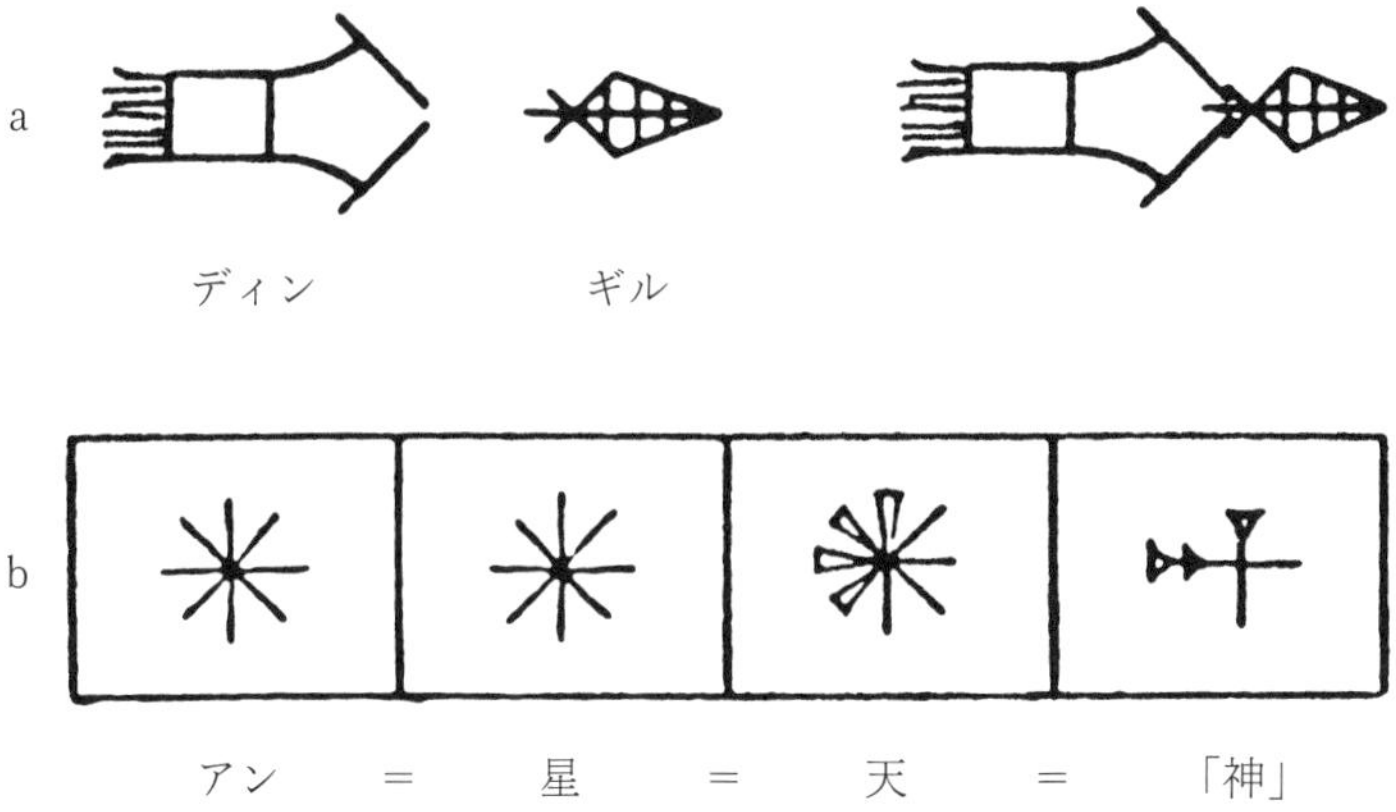

［図８］シュメール語で「神々」の総称はディン・ギルだが、これを文字にすると、ロケットと着陸船をドッキングさせたかのようになる（a）。四重の意味を示す星のシンボル（b）。シュメールからアッシリアの時代になってもその意味は同じだった。

神がロケットの中にいるところを刻んだ彫刻（フィラデルフィア大学博物館）。

古代権力者たちも、空飛ぶ「神の部屋」に入れることを祈って自らを刻んだ。

古代エジプトの「口あけの儀式」。ファラオは死に際し、永遠の命を保つ「神の神殿」に行けることを願った。〔以上すべて出典：地球人類を誕生させた遺伝子超実験〕

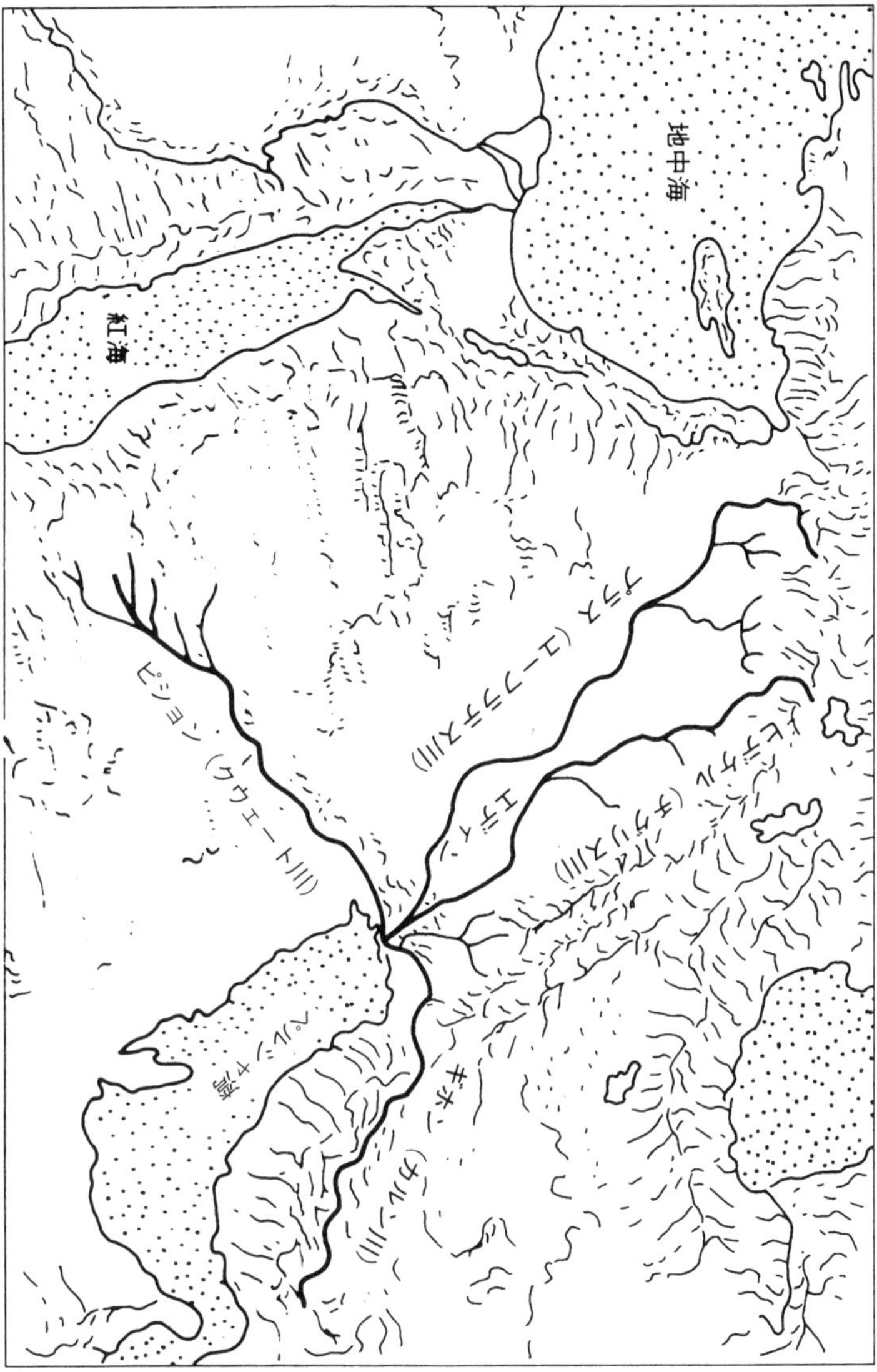

聖書に記されているエデンの園（エディン）と四つの川の位置関係。南部メソポタミア、古代シュメールに聖書のエデンの由来となるエディンが存在していた。

汝《なんじ》の額に汗して
パンを食べねばならない
地に戻る時まで
汝は地から取れたからである
汝は地のちりであるゆえに
地のちりへと戻るのだ

しかし、これは人類が見たその運命のヴィジョンではない。人はディン・ギル／エロヒムの姿と遺伝子操作によって創られたため、自分たちもまた天（他の惑星、星、宇宙）の一部であると見なし、その天の住まいで神々の仲間に入り、不老不死を得ようと奮闘していくことになるのだ。古代の文書は我々に教えている。人は武装したケルビム（天使童子）に行く手を阻《はば》まれることなく神と遭遇する方法を探し求め続けたと……。

コラム

人類最初の言語――アダムとイブはどのように会話したか

アダムとイブは話せたのだろうか？　そして神とはどのような言語で会話したのだろうか？

数十年前まで、現代の学者たちは、人間の言葉はおよそ3万5000年前にクロマニョン人によって始まり、その言語が様々な種族の間で局部的に発展したのはわずか8000年から1万2000年前のことだと考えていた。

これは、アダムとイブが理解できる言語で言葉を交わし、バベルの塔の事件より以前は「全地球は一つの言語で、１種類の言葉であった」という聖書上の見解とは違う。

1960年代と1970年代に、学者たちは言語比較によって、すべての幾千もの異なる言語（ネイティブ・アメリカンのものも含めて）が三つの基本言語にグループ分けできる、という結論を導き出した。後のイスラエルでの化石の発見によって、６万年前にネアンデルタール人たちが、すでに我々のように話すことができたということが明らかになった。実際に一つの祖語が10万年ほど前にあった、という結論は、1994年にカリフォルニア大学バークレイ校での最新の研究によって確かめられた。

遺伝子研究の進歩は、今や話すことと言語に応用され、人間と猿を区別している言語能力が遺伝子に起因することを示している。遺伝子研究は、たった一人の人類の母親、「イブ」

が実際にいたこと、そして彼女が20万年から25万年前に現れ、「口が達者」だったことを指摘している。

聖書の創造説を堅持して進化論を否定するファンダメンタリストたちの中には、神聖な聖書の言葉、ヘブライ語こそ祖語であると信じるものもいる。ことによるとそうかもしれないが、おそらく違うだろう。ヘブライ語はアッカド語（初めての「セム語系の」言語）から起こっているし、そのアッカド語の前にはシュメール語があったのだ。それではシンアルに植民した人々の言語、シュメール語が祖語だったのだろうか？　しかしそれは大洪水の後のことであり、メソポタミアの文書が大洪水前の言語について言及しているのと相反するのである。ヒューストンにあるテキサス大学の人類学者キャスリーン・ギブソンは、人間は言語と数学を同時に獲得したと信じている。だとすれば、人類最初の言語はアヌンナキ自身のもので、他のすべての知識のように人類に教えられたのだろうか？

第２章

聖書と人類進化の系譜 ——カインとアベルの悲劇は二人の宇宙人の軋轢《あつれき》を反映したものだった

アダムとイブのエデンの園からの追放は、一見したところでは、創造者が彼らとのつながりを断ち切るために熟慮した結果、断固とした態度をもって行われたことのように思われるが、結局は決定的な別れではなかったのだ。もしそれが最終だったのなら、「神々との遭遇」の記録はちょうどその時点で終わっていたはずだ。むしろこの楽園からの追放は、直接の遭遇から、神が幻影や夢を媒体として活用する「かくれんぼ」のような関係への、新たな第一歩にすぎなかったのである。

この楽園以降の人と神の関係は、幸先よくというのとは程遠く、実際には最も悲劇的な形で始まった。それは、知らず知らずのうちに、新たな人類（ホモ・サピエンス・サピエンス）の出現を引き起こし、意外な展開から、ある悲劇とその予期せぬ結果が、神に人類への幻滅の種を植えつけてしまった。

大洪水によって人類を地球の表面からぬぐい去ってしまおうという計画の根底にあったのは

「人類の堕落《だらく》」を説教するために後生大事にされてきた、あの「楽園からの追放」という事件ではなかったのだ。その根底にあった不信感を引き起こしたのはむしろ、兄弟殺しという信じ難い行為であった。全人類がたった4人だった時（アダム、イブ、カイン、アベル）、兄が弟を殺したのだ！

殺人事件は、いったいどうして起こったのか？　それは「神々との遭遇」に関係があるのだ。聖書に語られているこの話は、ほとんど牧歌的な書き出しで始まる。

そしてアダムは彼の妻イブを知った
彼女は身ごもってカインを生み
「ヤハウエの傍らに、私は一人の人間をもうけた」
と言った
彼女はまた彼の弟アベルを生んだ
そしてアベルは羊の群れの羊飼いに
カインは地を耕すものになった

わずかこれだけの言葉で、聖書は全く新しい段階における人間の経験を読者に紹介し、次の「神との遭遇」への舞台を整えているのだ。神と人の絆《きずな》は断ち切られたかに見えたのに、ヤハウエは依然《いぜん》として人類を監視している。穀物と家畜がいつのまにか飼い慣らされていて――その経緯を聖書は詳しく述べていない――、カインは農民になりアベルは羊飼いになるのだ。この兄弟が初めてしたことは、初の収穫物と羊の初子《ういご》たちを感謝の気持ちをこめてヤハウエに捧げることである。この行為は、食べ物を得るための二つの方法が可能になったことに対する神への感謝を暗示している。二人は「神との遭遇」の恩恵に浴することを期待したが……。

ヤハウエはアベルとその供え物に心を留められたが
カインとその供え物には、心を留められなかった
そこでカインはとても憤慨し
むっつりとして黙りこくった

おそらくこの展開に危惧《きぐ》の念を抱いて、神は直接カインに話しかけ、彼の怒りと失望を晴らそうとしたのだが、役には立たなかった。兄弟が野原で二人きりの時、「カインが弟アベルを不意に襲って殺してしまった」のだ。

ヤハウエはすぐにカインに説明を求めた。「お前はなんということをしたのだ?」。主は怒り、絶望して叫んだ。「そなたの弟の血の声が、大地から私に叫んでいる!」。カインは罰せられ、地上をさまよう放浪者になるが、大地もまた、肥沃でなくなるように、と呪《のろ》われてしまった。自分の犯した罪の重大さを認識して、カインは復讐者《ふくしゅうしゃ》たち（誰のことかは名指しされていない）に殺されるのを恐れた。「そこでヤハウエはカインに印《しるし》をつけ、彼を見つけたものが誰であれ、彼をとがめて殺せないようにした」

この「カインの印」とは何だったのだろう?　聖書は何も語らず、いくら考えてみても、推測

は単なる憶測のままである。私自身の推測（『The Lost Realms』）は、このしるしが、カインの末裔《まつえい》たちの顔の毛を薄くするというような――彼らを見つけた者なら誰でもすぐに気づくであろうしるし――遺伝子の変化だったに違いないというものだ。これはネイティブ・アメリカンを見分けるしるしと同じであることから、カインが「ヤハウエの前から去って、エデンの東、ノドの地に住んだ」という記述とあわせて、彼と彼の子孫がさらにアジアや極東に流れ、やがて太平洋を渡って中央アメリカに植民した、と私は推理した。放浪が終わった時、カインにはエノクと名づけた息子があり、「彼の息子の名前で呼ばれた」町を築いた。私は、アステカ人の伝説の中で彼らの首都を、太平洋からやってきた先祖たちを記念してテノクティトラン（Tenochtitlan）、「テノクの町」と呼んだことを指摘した。彼らは多くの名前の前に「T」という音を加えたことから、この町は本当にエノクにちなんで名づけられたのかもしれないのだ。

カインの運命やそのしるしの種類がどんなものであったにせよ、このカインとアベルの劇の最終幕が、神がカインに「しるし」をつけることができるほど近い接触、つまり「神々との遭遇」を必要としたことは明らかである。

直接遭遇は、人と神の関係の記録をひもとくに連れてわかるように、楽園からの追放後、めったにない出来事である。創世記によると、大洪水以前の（アダムから始まってノアで終わる系譜の）7番目の大祖までは、エロヒムは直接の「神々との遭遇」には関わらなかった。7番目の大祖とはエノクのことで、彼は齢《よわい》365（1年間の日数と同じ年数）で「エロヒムと共に歩み」、そして「エロヒムが自分たちの住まいに彼を連れて」いったため、エノクは消えてしまったという。

神は自らの姿をほとんど現さなかったにもかかわらず、人間たちはなお——聖書によれば——引き続き彼の言葉を「聞いて」いたとすれば、直接遭遇の通信チャンネルは何だったのだろうか？

　これら太古の時代に関する答を見つけるには、聖書の外典から情報を取り出さねばならない。「ヨベルの書」はその一つである。アルメニア語やスラブ語から古代シリア語、アラビア語、古代エチオピア語までにわたる（オリジナルのヘブライ語はないが）いくつかの翻訳版で生き残った「アダムとイブの書」が含まれている。この情報源によれば、アベルがカインに殺されることは、夢の中でイブに予告されていたのである。その夢で、彼女は「アベルの血が兄カインの口の中にそそがれている」のを見たのだ。そこで、夢が現実になるのを防ぐため、「それぞれ別々に住むようにし、カインを農民に、そしてアベルを羊飼いにする」ことが決められた。

　しかしこの分離は功を奏さなかった。イブは再びそのような夢（文書は、それを「幻影」と呼んでいる）を見た。彼女に起こされたアダムは、「彼らに何が起こったのか見に行こう」と提案した。「そして彼らは二人で行き、アベルがカインの手に掛かって殺されたのを見つけた」。「アダムとイブの書」に記録されているように、その後で「アベルのかわりに」セト（ヘブライ語で「交換」の意）が誕生し、アベルが死んでカインが追放された今となっては、セトがアダムの跡継ぎであり家長継承者であった。アダムは病にかかり死が間近になった時、セトに「おまえの母と私が楽園から追い出された後、私が何を見聞きしたか」を明かしたのだ。

そこで神の使者

大天使ミカエルが私のほうへやってきた
私は二輪戦車が風のように走り
そしてその車輪が燃えている炎のようだったのを見た
私は正義の者たちの楽園へと
運びあげられ
そして私は主が座っているのを見た
しかし彼の顔は火に縁取られ
目で見ていることはできなかった

彼はその恐ろしい光景を直視することはできなかったが、彼はエデンの園で罪を犯したので死ぬ運命となったと告げる神の声は聞くことができた。その後で大天使ミカエルはこの楽園の幻影からアダムを連れ出し、もといた場所へと連れて帰った。アダムはこの話を終えるにあたって、罪を避けて正義を重んじ、「主が炎に包まれて現れ」セトと彼の子孫たちに下される神の戒律《かいりつ》と法則を遵守《じゅんしゅ》するように、とセトに忠告した。

アダムの死は人類最初の自然死だったので、イブとセトはどうしたらよいかわからなかった。彼らは死にかかっているアダムを「楽園の境」に運び、アダムの魂《たましい》がその体を離れるまで楽園の門のところでうろたえ、嘆き、泣きながら座っていた。すると太陽と月と星が暗くなり、「天が開いて」イブは天界の幻影を見た。視界を上に向けると、「天国から光の二輪戦車が、4羽の輝く鷲《わし》に伴われてやってくる」のが見えた。そして彼女は、主が天使ミカエルとウリエルに亜麻布を持ってきてアダムをアベルと同じように（アベルはまだ埋葬されていなかった）包むように指示するのを聞いた。アダムとアベルは埋葬のために清められ、その後で二人はこの天使たちに運ばれ、「神の戒律に従って、アダムを創るために主が土のちりを手に入れた場所に」葬られた。

この話は適切な情報の宝庫である。予言的な夢、つまりテレパシーや他の潜在意識に働きかける方法を通しての「神々との遭遇」が、神の啓示を伝えるチャンネルであることを立証している。「神々との遭遇」の領域における媒介者、「天使」を登場させている。この天使という言葉はヘブライ語聖書から知られており、文字通りの意味は「密使、使者」であった。そしてまた、さらに別の「神々との遭遇」の形態を活躍させている。その形態とは、「主の二輪戦車」が目撃されたという「幻影」である。アダムが見た時はその「車輪が燃えている炎のような二輪戦車の恐ろしい光景」であり、イブが見た時には「４羽の輝く鷲に伴われた光の二輪戦車」としての幻影であった。

この「アダムとイブの書」は他の文書と同じように西暦紀元前の数世紀に書かれたので、夢と幻影に関する情報は大洪水以前の出来事に基づいているというより、むしろ作者たちにもっと近い時代の知識や信仰に基づいているのではないか、と主張することも可能だ。しかし、そうした時代考証は、予言的な夢に関していうなら、歴史上、首尾一貫して、そうした夢が実際に神々と人間たちとの間の明白なチャンネルと思われていたという事実をさらに強調するだけのことである。

神の二輪戦車の幻影に関しても、「アダムとイブの書」の作者が、有史以前——大洪水の前の時代や、メソポタミアとエジプトの文書にあるような空中の乗り物などから広範囲に得た知識や、もっと後の出来事を反映していると主張することもできよう。しかし、じつは今日我々がＵＦＯ

と呼ぶものの幻影や目撃という問題に関して、大洪水より前の時期にそのような物体が実際に目撃されていたという物理的な証拠――確実な絵の証拠――が存在するのである。

ここではっきりさせておこう。私は、（ギル〝GIR〟を表す象形文字で始まっている）シュメールの描写や大洪水以後の古代近東での他の描写のことを言っているのではなく、大洪水（我々の計算によれば、およそ1万3000年前に起こった）よりさらに前の時代、それも短い期間ではなく何千年、何万年も先んじた時代の実際の描写――線画や彩画――のことを話しているのである！

そのようにはるか有史以前の絵の存在は秘密でも何でもないことだ。しかし、実質的に秘密になっているのは、それらの絵が、動物たちや何人かの人間の姿の他に、今日我々がUFOと呼んでいる物体をも描いていたという事実である。

我々は、クロマニョン人が居を構えたヨーロッパの洞穴で見つかった、洞穴芸術として知られている多くの絵について言っているのだ。学者たちが「装飾的洞穴」と呼ぶそのような洞穴は、特にフランス南西部とスペイン北部で発見された。似たような装飾的洞穴は70以上も発見され（その一つは、現在では入り口が地中海の水に没してしまっているが、つい最近1993年に見つかった）、そこでは、石器時代の芸術家たちが洞穴の壁を巨大なキャンバスにして、壁の自然な形や隆起を利用して3次元的効果を作り出す才能を見せている。また時には鋭い石を用いて画像を彫ったり、時には粘土で形作ったりしているが、ほとんどは限られた顔料の組み合わせ――黒、赤、黄色、くすんだ茶色――で驚くべき美しい芸術作品を作り上げている。時折、人間たちを狩人《かりゅうど》として描いたり、その武器（矢とヤリ）を描いたりもしているが、全体的に氷河期の動物たちの描写が多い。バイソン、トナカイ、野生山羊、馬、雄牛、雌牛、ネコ科の動物、そしてそこかしこに魚と鳥も見られる（図9）。こうした線画、彫刻、彩画は時として実物大で、常に写実主義的であることから、作者不明の芸術家たちが実際に見たものを描いたことは確かである。時代的にはおよそ3万年前から1万3000年前のものである。

多くの場合、もっと複雑で鮮やかに色づけられ、生き生きと真に迫った描写は、洞穴のさらに奥深い部分にある。そこはもちろん最も暗い部分でもあり、つまり、芸術家たちが洞穴の奥を照らしていたことを意味するが、誰にもその真偽のほどはわからない。炭やたいまつやそれに類似したものの遺物が見つかっていないからだ。遺物がないことから判断して、これらの洞穴は住まいでもなかった。そのため、多くの学者たちはこれらの装飾された洞穴を聖堂と判断している。その洞穴芸術は原始的宗教を表し、来《きた》る狩猟遠征が成功するように、動物たちと狩猟シーンを描いて、神々に懇願《こんがん》したと見るのだ。

洞穴芸術を宗教的な芸術と見る傾向は、塑像《そぞう》の発見物からも拍車をかけられている。これら塑像は主に「ビーナス」小立像――およそ2万5000年前のものであるウィレンドルフ・ビーナスとして知られる女性の小像たち（図10ａ）――である。古代の芸術家たちは、フランスで発見されたおよそ2万4000年前の像が示すように（図10ｂ）、女性の姿を完璧に自然に描写することもできたので、生殖器が誇張された像は繁殖力を探し求める――「祈願する」――もしくは象徴するつもりで作られたと信じられている。つまり、自然な像が「イブたち」を表す一方で、誇張された像（「ビーナスたち」）は女神たちへの崇拝を表したのだ。

フランスのロセールで発見された別の「ビーナス」は、同じ時期のものだが、やはりその像が人間よりむしろ神と同一であることを示唆している。なぜならこの女性は右手に三日月のシンボルを持っているからだ（図11）。彼女は単にバイソンの角を持っているにすぎないと言う人たちもいるが、その三日月がどんな材料で作られたかには関係なく、天体と関連した神の象徴性（ここでは月との）は否定できない。

多くの研究者たち（たとえば『有史以前の人間の神々』の中でJ・マリンガー）は、「女性の小立像は、遊牧民ではなかった後期石器時代のマンモス狩人たちによって行われた〝偉大なる母――信仰の偶像〟であった可能性が高いようだ」と信じている。マーリン・ストーン（『神が女性だった時』）のような他の研究者たちは、この現象を「石器時代のエデンの園の夜明け」と見なし、この崇拝の対象である「母なる女神たち」を後のシュメールのパンテオンの女神たちに結びつけた。人を創造するに当たってエンキを補佐したニンマフのあだ名の一つはマンミであり、このマンミが、ほとんどすべての言語の「母親」という言葉のもとであることは疑いようがない。彼女がおよそ3万年前にすでに崇められていたことは何の不思議でもない――アヌンナキはさらにもっと昔から地球にいて、ニンマフ／マンミも彼らとともにいたのだから。

それでもなお不思議なのは、石器時代の人間が、もっと明確にはクロマニョン人が、どうやってこれら「神々」の存在を知ったのか？　ということだ。

ここで、石器時代の洞穴で見つかった別のタイプの絵に注目してみよう。それらは言及されることはめったになく、単なる「模様」とされている。しかしこれらは単なるひっかき跡や支離滅裂な線ではなかったのだ。これら「模様」は、はっきりと定義された形――今日、ＵＦＯと呼ばれる物体の形――を描いているのである。

［図９］地中海沿岸で発見された洞穴に残る氷河期の動物たちの絵。

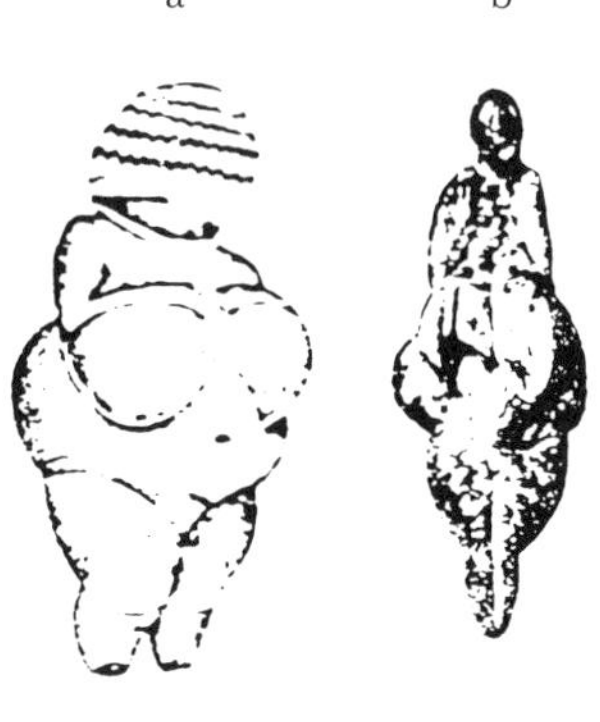

［図10］女性の姿を誇張する塑像は、女神たちへの崇拝を意味していた。

［図11］右手に神の象徴である三日月を持つ〝ビーナス〟像。

この主張が正しいことを示す一番の方法は、これら「模様」を複写してみせることであろう。図12は、スペインのアルタミラ、ラ・パシエガ、エル・カスティロの洞穴、そしてフランスのフォン・ド・ゴーム、ペア・ノン・ペアの洞穴での石器時代の芸術家たち——彼らの時代の挿絵画《さしえ》家——の描写を複写したものである。これが、この種の実例のすべてというわけではないが、我々の見解では、天の二輪戦車を最も明白に描いた石器時代の描写の集まりなのだ。装飾的な洞穴の他の描写はすべて、動物たちなど、洞穴の芸術家たちが実際に目撃したものを非常に正確に描いていることから、この「模様」の場合に限って彼らが空想上の想像物である物体を描いたと仮定する理由は見当たらない。もしこの描写が空飛ぶ物体だとすれば、古代の芸術家たちは実際にそれらを見たに違いないのだ。

古代の芸術家たちとその作品のおかげで、我々は、アダムとイブが——大洪水以前の時代に——「天の二輪戦車」を見たという主張は、記録された事実であり、フィクションではなかったと考えることができる。

聖書と聖書の外典の記録をシュメールの原典と照らし合わせて読むことは、有史以前の出来事の理解に非常に役立つ。我々はすでに、アダムとイブの創造とエデンの園の話に関連した原典を考察した。ここではカインとアベルの悲劇を考えてみよう。この二人はなぜ恩義を感じて、初めての収穫物と羊の初子をヤハウエに捧げなければならないと思ったのか、そしてヤハウエは何故《なにゆえ》羊飼いアベルの供え物だけに心を留《と》めたのか、さらに、なぜ主はカインがアベルを支配するだろうと約束することで軽率にカインをなだめたりしたのだろうか？

その答は、創造の物語と同様に、聖書が大勢のシュメールの神々をたった一人の、一神教的な神へ圧縮していることを認識することから得られる。

シュメールの文献は、農業と牧羊との間の軋轢《あつれき》とその抗争に二人の神が関わっていたとしている。彼らはともに、穀物や家畜の飼い慣らし以前の時代、「穀物がまだ生じておらず、成長せず……子羊がまだ生まれ落ちておらず、雌羊がいなかった時代」にさかのぼって、いったい何が起こったのかを理解するための鍵をにぎっている。その頃「黒い頭の人々」はすでに形づくられてエディンに置かれていたので、アヌンナキはナム・ル・ガル・ル（「文明化した人類」）に「土地を耕す」ためと「羊を飼う」ための知識と道具を与えることにした。それはしかし、人類のためではなく「神々のため」であり、自分たちの飽食を確実にするためであった。

二つの形態の飼い慣らしの実を結ばせるという課題は、エンキとエンリルの手にゆだねられた。彼らはドゥ・ク（「浄化場所」、「神々の創造の部屋」）へ行き、ラアル（「羊毛の家畜」）とアンシャン（「穀物」）を生じさせた。「ラアルのために彼らは羊小屋を建て……アンシャンには鋤《すき》とくびきを授けた」。シュメールの円筒印章には、人類へのそれまでで初めての鋤の贈呈――たぶん、農民アンシャンを創り出したエンリルによって（「農民」とあだ名されたエンリルの息子ニヌルタによる贈呈、の可能性も否《いな》めないが）――の様子（図13ａ）とその鋤が雄牛によって引かれている、耕作の場面（図13ｂ）が描かれていた。

最初ののどかで平穏な日々の後、ラアルとアンシャンは争い始めた。学者たちによって「家畜と穀物の神話」と名づけられた文書には、「アンシャン（農民）には一つ所に落ち着いた静かな暮らしを、そしてラアルのために羊小屋を草をはむ牧草地に建て」、それぞれに「家を建てて」

この二人を別々に分けようと努力したにもかかわらず、そして豊作と恵まれた羊小屋であったにもかかわらず、この二人は諍《いさか》いを始めたとある。争いは、二人がそれら豊穣《ほうじょう》を「神々の貯蔵庫」に献上したことから始まったのだ。初めのうちは、それぞれが自分自身の偉業を賞賛し、相手の成功をけなしていただけであったが、議論の収拾がつかなくなって一触即発の状態になり、エンリルとエンキが仲裁に入らなければならなくなった。このシュメールの文献によると、彼らはアンシャン――農民――のほうがより勝っているという結論を宣告した。

この二人の食物生産者たちの間の優劣とその2種類の暮らし方については、「エメシュとエンテンの間の争い」として知られる文書にさらに明白に書かれている。その中では、どちらが重要であるか決定してもらうために、二人がエンリルのところへやってくる。エメシュは「広い牛舎と羊小屋を作る」者であり、エンテンは土地を灌漑《かんがい》するために運河を掘る者で、自分は「神々の農民」であると主張する。自分たちの供え物をエンリルのところへ持っていき、それぞれが一番のお墨付きを授かることを求める。エンテンは自分がいかにして「農地を丹念に耕し」、灌漑運河が「水を豊富にもたらすように」したか、どうやって「あぜに穀物を増やし」「穀物倉に高く積み上げる」ことができたかを自慢した。エメシュは、自分が「雌羊に子羊を生ませ、雌山羊に子山羊を生ませ、雌牛に子牛を生ませ、脂肪とミルクを増やした」こと、そしてまた自分がいかに上手に鳥たちの巣から卵を得、海から魚を獲ったかを声高に主張する。

しかしエンリルはエメシュの言い分を退《しりぞ》けたばかりか、彼を叱責《しっせき》さえする。「兄弟エンテンと自分を比べようなどとは、おこがましい！」、なぜならエンテンこそ「すべての土地の命を創り出す水を預かっている」からだと彼は言う。水は命を意味し、成長、豊穣をもたらすのだ。エメ

[図12] スペインとフランスの石器時代の洞穴から見つかった〝模様〟の模写の数々。この当時、天の二輪戦車（〝宇宙船〟）が人々に目撃されていることを証明している。

a

b

[図13] シュメールの円筒印章に、神々のために始まった農業の様子が描かれている。エンリルから人類への鋤の贈呈の場面（a）、その鋤を雄牛が引いている耕作場面（b）。

シュはこの裁断を受け入れる。

強い口調で発せられたエンリルの言葉
その意味は深遠である
評決は不変であり
誰もそれに背《そむ》くことはできない！

従って、「エメシュとエンテンの間の争いでは、神々に忠実な農民、エンテンが勝者としてのお墨付きを受け、エメシュはエンテンの前でひざまずいて、彼に祈りを捧げた」、そして彼にたくさんの贈り物をしたのだ。

先に引用した詩句の中で、エンリルがエンテンのことをエメシュの兄弟と呼んでいるのは注目すべきことだ。これはカインとアベルと同じ関係である。シュメールの話と聖書の話の間の様々な類似点は、前者が後者にインスピレーションを与えたことを示している。エンリルが羊飼いよりも農民をひいきしたことは、エンキが家畜の飼い慣らしを担当した一方、エンリルが農業を導入した張本人であったという事実が原因と見られる。学者たちは、シュメール語の名前エンテンを「冬」、エメシュを「夏」と訳しがちだが、厳密に言えばエン・テンは「休憩する主」を意味し、収穫の後の時期、つまり冬であり、ある特定の神との明白な類似点はない。一方、エ・メシュ（「メシュの家」）は明らかにエンキと関連している、彼のあだ名はメシュ（「増殖」）であり、つまり牧羊の神だったのである。

大体において、カインとアベルの敵対がこの二人の神の兄弟の敵対関係を反映したものだということに、ほとんど疑いはないだろう。その軋轢は、たとえばエンリルがエンキから指令権を引き継ぐために地球に到着した時（そしてエンキはアブズに左遷された）に始まり、そしてその後、事あるごとに争いは急激に再燃したのだ。その根源はしかし、彼らの母惑星ニビルにさかのぼる。両者ともニビルの統治者アヌの息子であるが、エンキは最初に生まれた長男だったので本来の王位継承者であった。しかしエンリルは後に生まれたにもかかわらず、アヌの公式の配偶者（たぶんアヌの異母姉妹）との間の子だった。この事実によって、エンリルが正式な法律上の王位継承者になったのである。長子相続権が相続規定に打ち砕かれたのだ。エンキはその結果を受け入れたが、敵対心と怒りがしばしば表面化した。

めったに耳にしないのは次の質問だ。カインはいったいどこで殺害という概念を得たのか？エデンの園でのアダムとイブは菜食主義者で、木々の果物しか食べなかった。彼らは動物を殺さなかったのだ。園を離れてからも、人間はたった4人しかおらず、誰かが死んだことはまだなかった（間違いなく凶行の結果としての死もなかった）。そのような環境下で、何がカインに「アベルを突然襲って殺させた」のだろうか？

その答は、人間たちにではなく神々の中に横たわっているように見える。この人間の兄弟の敵対が、神の兄弟の敵対を反映したように、一人の人間がもう一人を殺したのも、一人の「神」がもう一人に殺害されたことを真似たのだ。エンリルによるエンキ殺し、あるいはエンキによるエンリル殺しではないが――彼らの敵対は決してそこまで熾烈《しれつ》にはならなかった――ともかくアヌンナキのリーダーがもう一人を殺したのだ。

この話はシュメールの文献に詳しく記されている。学者たちはそれを「ズウの神話」と呼んでいる。それは地球での指令権の再編が行われた後に起こった出来事を物語っていて、エンキの指示によるアブズでのあり余るほど十分な金鉱石の産出と、エンリルの監督下、エディンでのそれらの加工、溶解、精錬作業の様子を描いている。600人のアヌンナキが地球でのこれらすべての作業に従事し、別の300人（「観測し見る者たち」であるイギ・ギ）が上に留まって、精製した金をニビルへ輸送するシャトル船と宇宙船に乗り込んでいた。指令コントロール・センターは、ニップールにあるエンリルの本部に置かれ、ドゥル・アン・キ（「天と地の絆」）と呼ばれている。そこには、掲げられた台の頂上に、極めて重要な器具、天体図と軌道データのパネル（「運命の平板」）が特定の者しか入れない機密の神聖な場所、ディル・ガに保管されていた。

イギ・ギは、自分たちが軌道上での任務に休みがもらえないことに不満を漏らし、エンリルに使者を送った。その使者がアン・ズウ（「天を知る者」）で、略してズウと呼ばれていた。ディル・ガへの入室を許可された彼は、その「運命の平板」が指令全体の鍵であることを発見する。すぐに彼は、その「運命の平板」を盗んで「神々のさだめを支配する」という「侵略をたくらむ」邪悪な考えをめぐらせ始める。

好機を捕えて、彼はその策略を実行し、「彼の鳥で」飛び立って「空の部屋の山」に隠れた。ドゥル・アン・キでは、すべての機能が停止した。ニビルとの交信は途絶え、すべてが大混乱をきたした。平板を奪還しようという試みが次々に失敗に終わると、エンリルの「第一子」で戦士のニヌルタが危険な任務を引き受けた。続いて、光り輝く光線を発射する武器を使っての空中戦がくりひろげられ、ついにニヌルタはどうにかズウの保護シールドを破り、ズウの「鳥」を撃ち落とした。ズウは捕えられ、「審判を下す7人のアヌンナキ」の前に引き出された。彼は有罪の評決をうけ、死刑を宣告され、彼を倒したニヌルタが刑を執行した。

ズウの処刑の様子は、中央メソポタミアで発見された古代の彫刻レリーフに描かれていた（図14）。それはすべて、人類が創られるはるか以前に起こったことだが、これらの文書が示すように、この話は記録されて後世に伝えられていたのだ。もしそこからカインが殺害の概念を得たとすれば、ヤハウエの激昂《げっこう》も理解できるだろう。ズウは審判をうけて命を絶たれたが、アベルは有無を言わさず単に殺されたのだから。

創世記の数々の物語のヒントとなりその源泉であるシュメールの文書は、単に聖書のバージョンに細部を肉付けするだけではなく、そこでの出来事を理解するための背景も与えてくれるのだ。人間の体験のもう一つの様相は、ここまでは神の記録によって説明できる。アダムとイブの、そしてカインの罪は追放以上の厳罰には処されなかったが、それもまた、アヌンナキの処罰の形態を、創られた人間たちに当てはめたようだ。追放は、かつてエンリル自身も若いアヌンナキの娘（最後には彼の妻となった）に「デートで暴行」したかどでうけた罰なのである。

ここで、聖書とシュメールのデータをあわせて、人類の始まりの記録を現代科学に裏打ちされた時間枠に置き換えるべきところだろう。

シュメールの「王のリスト」によれば、アヌンナキが地球に到着してから大洪水までに、120サール（「神の年数」あるいはニビルの軌道周期）、地球年にして43万2000年が過ぎた。創世記の第6章、ノアと大洪水の話の序文では、「百と二十年」という数字が与えられている。そ

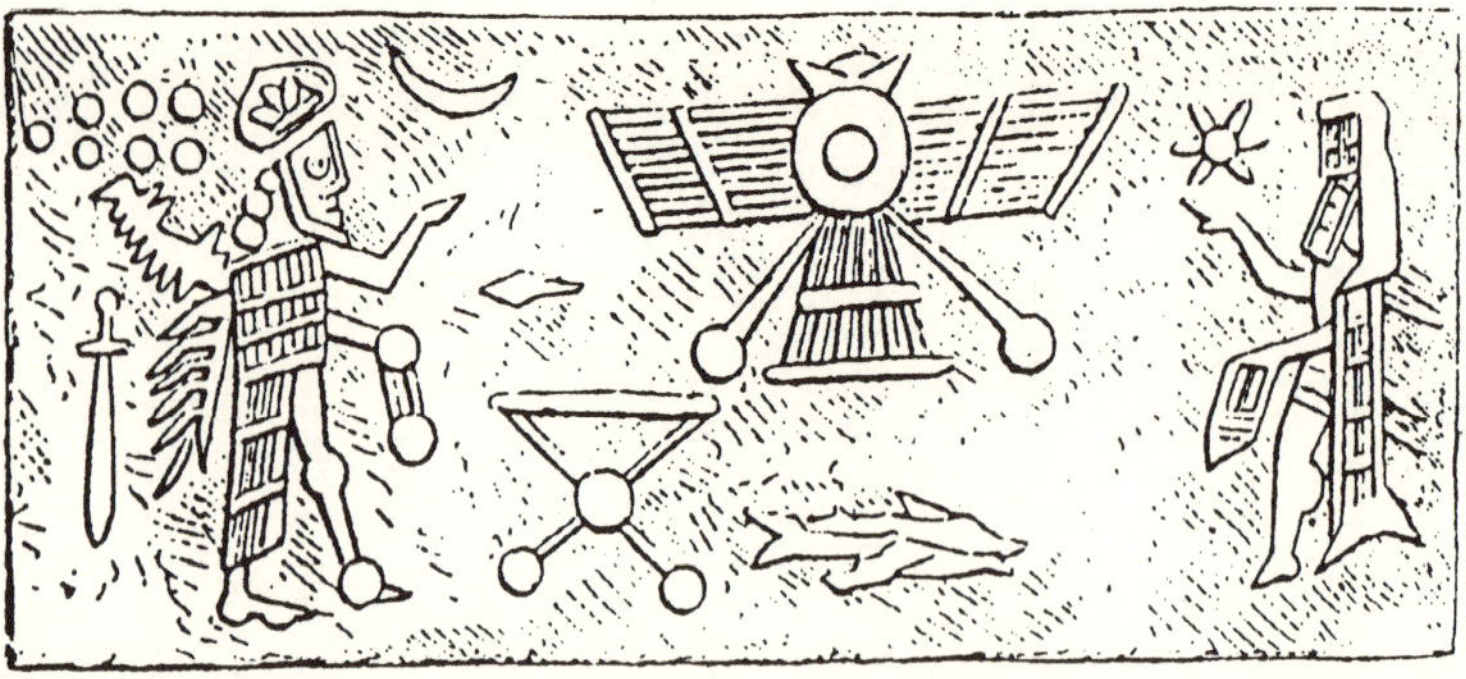

地球の指令コントロールと交信するネフィリム宇宙船の絵図。〔出典：地球人類を誕生させた遺伝子超実験〕

［図14］中央メソポタミアで発見された古代の彫刻レリーフに描かれているズウの処刑の様子。「ズウの神話」によれば、策略を実行し有罪となったズウ（〝天を知る者〟）は、エンリルの第一子ニヌルタによって殺された。

れは神が人の命にもうけた限度のことを言っていると考えられているが、私が『地球人類を誕生させた遺伝子超実験』の中で指摘したように、大祖（族長たち）は大洪水の後もっと長く生きたのだ。ノアの息子セムは600年、彼の息子アルパクシャドは438年、その息子シェラは433年、などと続いて、最後のアブラハムの父親テラは205歳まで生きた。聖書のヘブライ語文を注意深く読むと、実際には120で完了する神の年数――地球の人間たちの年数ではなく神の年数の数え方――であることを私は示した。

それら43万2000地球年のうち、40サールの間アヌンナキたちだけが地球に存在し、反乱が勃発した。そこで、大洪水の28万8000地球年ほど前、すなわちおよそ30万年前に彼らは原始的な労働者を創り出した。そしてある期間の後、彼らはこの新しい生き物に子をもうける能力を与え、「最初のカップル」を南東アフリカへ戻した。

通常は見落とされがちだが非常に重要であると私が気づいた点は、人間の創造、エデンの園のエピソード、そして――最も好奇心をそそられる――カインとアベルの誕生の話に関連した物語すべてを通じて、聖書は人間を「ジ・アダム（The Adam）」と定冠詞Theをつけて、アダムという個人ではなくある一定の種を定義する属名、で呼んでいることである。「これはアダムの系図の書である」という言葉で始まる創世記第5章で、ようやく聖書は「The」をはずす。それからやっと、特定の個人としての人類の代々の父祖を扱い始めるのだ。しかし、このリストはカインとアベルを省いて、アダムと呼ばれる人物から生じた先は直接彼の息子でエノシュの父親セトにつながっている。セトの息子エノシュに対してだけ、「人間」を意味するヘブライ語が用いられており、そのためにエノシュは「人間である彼」を意味するのである。今でも、「人間」のへブライ語は「エノシュに似て、エノシュに由来している」エノシュトなのである。

聖書の物語とそのシュメール語の原典の間の結びつきは、アダムの子孫エノシュの名前に最も興味深く表れている。聖書は彼を古代近東で暮らすようになった「人間」の本当の先祖と見なしている。月の名前とそれらに関連ある神々のリスト（Ⅳ　R　33と知られている）は、アヌとエンリルに関連した月、ニサンで始まり（アッシリア―バビロニアの1年の最初の月）、次のアヤル月を「sha Ea bel tinishti」（「人類の主、エアの」）という注釈とともにリストアップしている。アッカド語、tinishti はヘブライ語のエノシュト（アッカド語に由来している）と同じ意味をもっており、シュメール語でこれに対応するのは「仕える人々」と訳される AZA.LU.LU である。これはエノシュについて、その名前の意味と彼の時代について詳細に説く聖書の記述を説明している。

エノシュに関して、聖書（創世記第4章26節）は人類が「ヤハウエの名を呼び始めた」のは彼の時代であると述べている。それは重要な展開、人類の歴史の新しい段階に違いなかったので、「ヨベルの書」はほとんど同じ言葉で「地球の主の名を呼び始めたのは」エノシュであったと述べている。人間はついに神を発見したのだ！

この新しい人間、「エノシュ人」は、科学的視点から見ると誰なのだろうか？　彼は我々がネアンデルタール人と呼ぶ、初めての本物のホモ・サピエンスの祖先だったのか？　あるいはすでに、現代の人間として今でも地上を歩いている初めての本物のホモ・サピエンス・サピエンス、クロマニョン人の前身だったのか？　クロマニョン人（その骸骨《がいこつ》の遺物が見つかったフランスの場所にちなんで名づけられた）はおよそ3万5000年前にヨーロッパに現れ、そこで10万年前までさかのぼって存在していたネアンデルタール人（ドイツの発見場所にちなんでそう名づけられた）に取ってかわった。しかし、近年イスラエルの洞穴で発見された骸骨の遺物が、ネアンデルタール人たちは少なくともおよそ11万5000年前に近東を通って移住し、クロマニョン人たちはその地域にすでに9万2000年前に住んでいたことを明らかにしている。最初に創られた人間たち「ジ・アダムとイブ（「アダムとイブ属」）」、そしてセトとエノシュの先祖「アダムとイブ」はこれらのどれに当てはまるのだろうか？　シュメールの「王のリスト」と聖書はこの問題にどのような光を当て、すべては現代科学の発見とどのように関連しているのだろうか？

アフリカ、アジア、ヨーロッパで発見された〝化石になった遺物〟が、アフリカ南東部で初めて猿人が現れて、それからおそらく50万年前に他の大陸へと枝分かれしたことを示している。一方、今日の人間の本当の先輩たちはそれより少し後に南東アフリカに現れたのである。ホモ・サピエンスの遺伝標識は、最初、女性だけによって受け継がれるミトコンドリアDNAを通して研究され、次に両親から遺伝する核DNAの研究を通して（1994年4月に開催されたアメリカ自然人類学会の定例会で報告された）、我々すべてが25万年から20万年前に南東アフリカに住んでいた一人のクロマニョン人、「イブ」から発生していることが示された。1995年に発表されたY染色体についての研究論文は、およそ27万年前に一人のクロマニョン人、「アダム」という先祖がいたことを示している。

我々が結論づけたように、シュメールのデータは「ジ・アダム」の創造を29万年くらい前と位置づけており、今、現代の科学が示している二つの祖先たちのタイムスケールの範囲内によくおさまっている。エデンの園での滞在、子をもうける能力の獲得、南東アフリカへの送還、そしてカインとアベルの誕生が起こるのに、どれくらいの時が流れたのだろうか？　古代の文書は述べていない。4万年か？　あるいは10万年だろうか？　正確な時間経過がどうであるにせよ、南東アフリカに戻った「イブ」が「ジ・アダム」の子供を生んだというのは、現代の科学的データと年代記的によく合うことは明白なようだ。

それら初期の人間たちが舞台からいなくなり、特定の個人アダムと彼の系譜が現れる時がやってきた。聖書によれば、大洪水以前の大祖たちはほとんどの場合、1000年近くにわたる人生を楽しんでいたが、それをもとにすればにアダム（特定の個人）から大洪水までは1656年だったことになる。

アダムがセトをもうけた歳……………………130歳
セトがエノシュをもうけた歳…………………105歳
エノシュがケナンをもうけた歳………………90歳
ケナンがマハラレエルをもうけた歳…………70歳
マハラレエルがエレドをもうけた歳…………65歳
エレドがエノクをもうけた歳…………………162歳
エノクがメトシェラをもうけた歳……………65歳
メトシェラがレメクをもうけた歳……………187歳
レメクがノアをもうけた歳……………………182歳
大洪水が起こった時のノアの歳………………600歳

アダムの誕生から大洪水までの合計年数……………１６５６年

この１６５６年とシュメールの43万２０００年の共通点を探す試みはいろいろと行われている。特に、聖書はアダムからノアまで10人の大洪水以前の大祖をリストしていて、シュメールの「王のリスト」もまた、大洪水の英雄であったジウスドラで終わる大洪水以前の統治者たちを10人挙げているのだ。１世紀以上も前、たとえば、ユリウス・オッペルト（「創世記の日付」と題した論文の中で）は、１６５６と43万２０００という二つの数字が72という因数を共有している（43万２０００÷72＝６０００、そして１６５６÷72＝23）と主張し、曲芸的に複雑な数字を駆使してこの二つの共通の源にたどり着いた。それからおよそ1世紀後に、「神話学者」ジョセフ・キャンベル（『神のマスク』）は、72というのは地球が太陽を回る軌道が１度遅れる（歳差《さいさ》運動と呼ばれる現象）年数であり、それによって、それぞれが２１６０年続く黄道《こうどう》上の十二宮との関連（72×30＝２１６０）も合点がいくと主張した。これらや他の巧妙な解釈は、すべての古代の文書を単なる「神話」として扱ったために、43万２０００と１６５６を比べることが誤りであることに気づかなかったのだ。もし古代の記録が頼りになるデータとして扱われたなら、原始的な労働者（まだ単なる「ジ・アダム」）は大洪水の１２０サール以前ではなく、この洪水による過酷な試練のわずか80サール前、つまり大洪水の28万８０００地球年前に生じさせられたことに気づいたに違いない。さらに、この章の初めのほうでも示したように、「ジ・アダム」と特定の人物アダムとは同一のものではないことにも気づいたであろう。最初にエデンの園の合間のエピソードがあって、それから失楽園が起こったのだ。その合間がどれくらいの期間だったのか、聖書は語っていない。

我々がすでに示したように、聖書の話はシュメールの原典をもとにしているので、この問題については最も単純な解釈こそが最も当たっているのだ。シュメールの60進法（「60に基づく」）の数学的体系では、「1」を示す楔型文字が、その位置によって1を意味することも60を意味することもできた。これは10進法で桁《けた》の位置によって「1」が一や十、百を意味することができるのと同じだ（ただし、我々は区別を簡単にするために、「0」を使って、1、10、１００……と書いている）。ヘブライ語聖書の編者がシュメール語の原典を見ながら「1」という楔型文字を間違って、60ではなく1を意味するととっていたとしたらどうだろう？

そのような仮定に基づくと、数字１６５６（アダムの誕生）、１５２６（セトの誕生）、そして１４２１（エノシュの誕生）は、おのおの９万９３６０、９万１５６０、８万５２６０に換算される。それが何年前だったかを測定するためには、大洪水からの年数１万３０００年を足せばよい。そうするとその数字は以下のようになる。

アダムは11万２３６０年前に生まれた
セトは10万４５６０年前に生まれた
エノシュは９万８２６０年前に生まれた

我々がここで示した解釈は、驚くべき結果を導くのだ。それによれば、アダム―セト―エノシュの系譜が、ネアンデルタール人と、続くクロマニョン人がアジアとヨーロッパに分かれて広がっていく際に聖書の国々を通り過ぎた時間枠にぴったりおさまるのだ。（ジ・アダムではなく）個人としてのアダムこそが、我々がネアンデルタールと名づけている人類の最初の「人」である。そして、その名が「人間」を意味する聖書のエノシュこそ、我々がクロマニョン人と呼ぶもの――最初のホモ・サピエンス・サピエンス、今日の人間、つまりエノシュトの実際の父祖――に当たるのだ。

聖書は、そこで、こう主張する。人間は「ヤハウエの名を呼び始めた」と。人は新たな「神々との遭遇」の準備ができたのだ。そしてそれから起こったいくつかの遭遇は、本当に驚くべきものであった。

コラム

最初のアメリカ人たちはどこからやって来たのか

アメリカに最初に移住したのは、最後の氷河期の間に凍ったベーリング海峡を渡ってきた狩人たちだ。この長く信じられてきた考えは、どこか胡散臭《うさんくさ》く見える。なぜなら、「最初」という定義によって、当然「アメリカ」の存在を知らなかったはずなのに、数千マイルも離れた場所から凍らない、もっと温暖な猟のできる大陸を予測する必要があるからだ。これは、どうやら、誰か別の人々が先に来ていたに違いない！

初めてのアメリカ人たちが太平洋岸を下ってきて初めての植民地を北アメリカのクローヴィスと呼ばれる場所にたてた、という説は、今や完全に信用を失っている。特に、北アメリカの東部で、もっと初期の植民地が発見されたこと、そして2万年、2万5000年、さらには3万年もさかのぼった年代のそのような植民地が、南アメリカの太平洋、大西洋両海岸の近くで見つかったことにより決定的になった。

これはアフリカ人やフェニキア人（確かに中央アメリカに来ている）、バイキング（おそらく北アメリカにたどり着いた）といったような候補者たちよりも以前のことであり、実際、大洪水の前、大洪水以前のアダムの子孫たちの時間枠での出来事である。

地方の伝承によれば、到着は海からであった。最新の見積もりでは、およそ3万年前にアジアから太平洋を経由してきており、ということはそのような初期の時代に航海知識が必要だったのだ。このことは科学者たちによってもはや突拍子もないこととは見なされなくなっている。なぜなら現在までに、オーストラリアの初めての移民たちは、およそ3万7000年前にボートでやってきたことが証明されたからである。今やオーストラリアと太平洋諸島は、アジアからアメリカへ向かう途上の、論理的な飛び石と見なされているのだ。

オーストラリアの先住民アボリジニによる岩石芸術にはボートの描写が含まれている。同じことがヨーロッパのクロマニョン人による壁画にもいえるが、それは次の章でお目にかけよう。

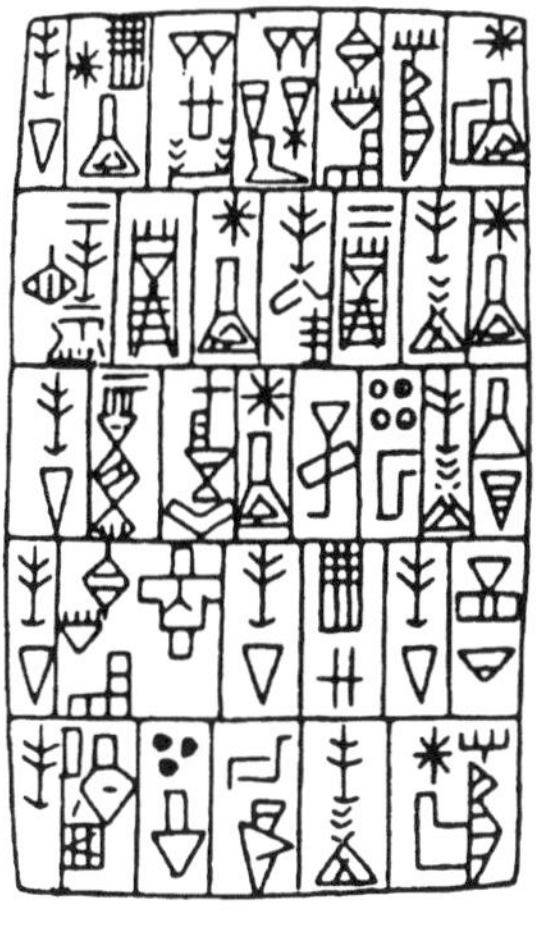
古代シュメール王朝の碑銘。こうした碑銘には、膨大な情報が記録されている。

第3章

有史以前の失われた超科学文明
――宇宙船に乗って天界を訪問した人類初の記録

人類の最初の体験が示したように、神々との遭遇には、いろいろな形がある。それは、直接の遭遇、使者たちを介しての遭遇、夢や幻影の中で声を聞いただけの遭遇と、様々な形をとる。しかし、ずっと語り継がれてきた多くの体験の中に、共通する現象が一つだけある。それは、すべて、地球上での遭遇だった、ということだ。

しかしながら、厳密に言えば、ほんの一握りの選ばれた人間だけが体験した、もう一つの形があったのだ。天の神々に遭《あ》うために、空高く連れていかれた、というケースである。ずっと後の時代になるが、エジプトのファラオたちは、死後の神の世界への旅を夢見て、死者の霊を念入りに弔ったという。しかし、大洪水の前の時代では、選ばれた者だけが、天に昇り、生き続けて、その様子を語ったのだ。天に昇った一人のことは、創世記に記されている。そして、二人のことは、シュメールの古文書に綴られている。

この3人の話を理解するには、大洪水の前に、進化した文明があったとするシュメール人の主張を文字通り受け入れる必要がある。その文明は、メソポタミアをのみ込んだ、荒れ狂う大洪水によって、跡形もなくなり、何百万トンもの泥の下に、奥深く埋まってしまったのだ。このシュメール人の主張は、その後の世代の人たちからも、疑われることはなかった。アッシリア王アシュルバニパルは、「大洪水の前から石に彫られていた、謎の言葉が理解できる」と自慢していた。そして、アッシリアとバビロニアの古文書には、大洪水前のずっと昔に、今とは違う、すぐれた文明があって、都市生活も営まれていたと、何回も述べられている。聖書にもまた、カインについての文章の中で、この進んだ文明の、都市や、船舶、工芸のことが記述されている。セトについての文章では、こうした詳細は述べられていないが、ノアが、箱船を造ったという話自体が、その頃すでに、航海する船が造れたことを、裏書きしている。

このような文明は、メソポタミアの都市（進歩の中心地）で栄えていたとされるが、ヨーロッパを拠点としたクロマニョン人のすぐれた才能が記録を残した可能性が高い。事実、洞穴の芸術家たちによって描かれたいくつかの絵の中に、何とも説明がつかない構造の物体が見受けられるのだ（図15）。こうしたものも、もし、クロマニョン人たちが、マストのついた海洋船を見ていた（あるいは、それに乗っていた）と考えれば、説明がつくのである。もし、そうならば、2万年か3万年も前に、古代の世界から、人間が、どのようにして、二つの大洋を渡ってアメリカに着いたか、説明がつくのである（有史前に、太平洋を渡って人類がアメリカにやってきたという、古来の多くの伝説がある。その中の一つに、バルサ材で造った小艦隊のリーダーだった、ナイムラップの話がある。彼は、自分の先導船に、緑色をした石を積み込んでいたが、それによって、航海の方法や陸地発見の方位について、神からの指示を聞くことができたと、いわれている）。

天に昇った、二人の選ばれた人間の話は、人類の文明の起源に関係している。そしてまた、その由来についての（大洪水前の文明の）説明にもなっている。その初めの話は、学者たちが「アダパの伝説」と呼んでいる物語に、詳しく述べられている。この物語の中で、特に、興味を惹《ひ》かれるのは、次のような点である。つまり、アダパは、天に昇る前に、自分の船がコースから吹き流されたために、心ならずも、海を渡り、見知らぬ土地に着いたというのだ。おそらくこのエピソードが、初期のアメリカ人たちの回想として残り、クロマニョン人の洞穴画にも影響したと思われる。

古代の文書によると、アダパは、神エンキの庇護《ひご》をうけていたという。そして、エンキの都市、エリドゥ（アヌンナキの地球での最初の入植地）に住むことを許され、「毎日、エリドゥの神の幕屋に出入りしていた」。エンキ（この古文書では、彼の最初の通り名のエア〝E・A〟と呼ばれている）は、アダパを「人間のモデル」として選び、「彼に知恵を授けたが、永遠の生命は、与えなかった」という。多くの学者たちが、このアダパの話を、エデンの園のアダムとイブの物語の原型と考えているのは、アダパとアダムの名前が、よく似ているだけでなく、次のような記述が残っているからである。つまり、アダムとイブも、「知恵の木の果実を食べることは許されたが、生命の木の果実を食べることは許されなかった」のだ。古文書によるとアダパは、エディンの地に連れてこられた原始的労働者たちの世話をする仕事をしていたという。彼はまた、パンを焼く者たちを管理し、水の供給を確保し、エリドゥに供する魚を釣る者たちを管理する一方で、「手のきれいな、香油を塗る聖職者」として、お供え物の準備をし、定められた儀式の進行を司《つかさど》っていた。

竪琴を奏でる演奏者。音楽から医学、天文学までその急激な進化には目をみはるものがある。これらすべてが、寺院や神事から発生したという事実も「神の御業」として見逃せない。

シュメール時代の服装。この他にも様々なパターンがあった。

髪型。

〔出典：地球人類を誕生させた遺伝子超実験〕

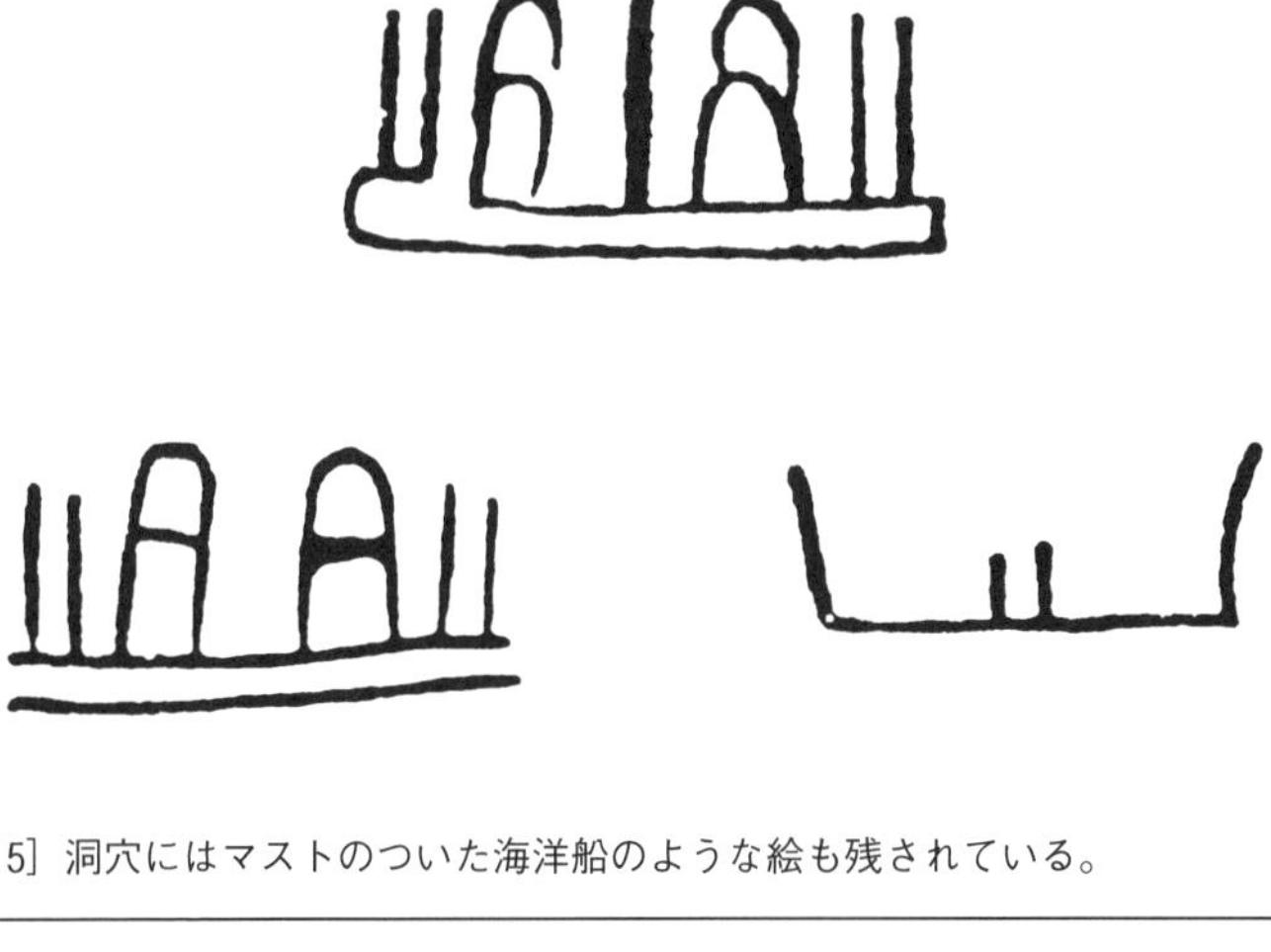

[図15] 洞穴にはマストのついた海洋船のような絵も残されている。

ある日、「新月の埠頭」（月は、当時、エア／エンキの天体の分身だった）と呼ばれる、聖なる波止場から、「アダパは、帆船に乗って海に出た」。おそらく、魚を獲ろうとしていたのだ。その時、突然、災難が彼に降りかかった。

その時、強風が、かなたから、吹きつけ
彼の船は、舵を失って、海に漂った
オールで、船を操ったが
大海原へと、流されていった

アダパが、「大海原」（ペルシャ湾）の中を、漂流していた時、何が起こったか、その詳細は、この粘土板の文章の、次の行が破損しているので、知ることができない。しかし、その行のいくらか文字が読めるようになった箇所には、この嵐は、強い南風が吹いて始まったと、記されていた。明らかに、この南風が、船を思わぬ方向へ向かわせてしまったのだ。つまり、風は、いつものように、海から陸へ吹いたのではなく、逆に、海のほうへ吹きつけたのだ。7日間、嵐は吹き荒れて、アダパを遠い未知の地域に運んでしまった。そこで船は坐礁《ざしょう》し、「魚がたくさんいる場所に、彼は、仮の住まいをたてた」という。どのくらいの間、彼が、この南の地方にいて、最後にどのようにして救助されたかは、わかっていない。

この物語によると、天の住居にいた神アヌは、なぜ南風が、「7日間も陸のほうへ吹かなかったか」不思議に思った。彼の大臣、イラブラトは、アヌにその理由を答えて、こう言った。「エアの子孫、アダパが、南の風の翼を破ってしまったからです」。これを聞いて、困惑したアヌは（玉座から立ち上がって）言った、「その男をここへ連れてこい！」と。
「この時、エア／エンキは、天界で何が起こったかを知って」、アダパが天に旅する準備を引き受けた。「彼は、アダパの頭を、もじゃもじゃのままにさせておき、喪服を着せた」。それから、アダパに次のような忠告を与えた。

お前は、わが主神、アヌの前に行くことになった
お前は、天への道を連れて行かれるだろう
そして、アヌの宮の門に近づくと
神々ドゥムジとギズジダが
アヌの門の前に立っているだろう
彼らが、お前を見た時、こう聞くだろう
「男よ、お前は、なぜ、そんな格好をしているのだ
一体、誰のために、お前は喪服を着ているのか？」と

この質問に対して、お前はこう答えなければならないと、エア／エンキはアダパに指示した。「二人の神々が、私たちの国から去ってしまったからです。それが、私がこんな姿をしている理由です」。そして、彼らが、その二人の神々とは誰のことかと、聞いてきたら、次のように答えなさいとエアの指示は続いた。「その二人とは、神、ドゥムジとギズジダのことです」。そして、

お前が、そのために喪に服しているという、二人の立ち去った神々の名前は、まさしく、アヌの門を守っている二人のことなのだと、エアは説明を加えた。「彼らは、お互いに目配せをして、笑いだすだろう。そして、アヌにお前のことをよく伝えてくれるだろう」
この策略でアダパは門を通り抜けられるし、「アヌが、優しい顔で迎えてくれることにもなろう」とエアは説明した。しかし、アダパが中に入ってから本当の試練が始まるのだと、エアは警告した。

お前が、アヌの前に立つと
みんなが、パンをくれるだろう
死ぬので、それを食べてはいけない
みんなは、水もくれるだろう
やはり、死ぬので、飲んではいけない
そして、着物をくれるだろう
それを身に着けなさい
さらに、香油をくれるだろう
それで自分の体を浄《きよ》めなさい

「こうした細かい指示のすべてを、おろそかにしてはいけない」と、エアは、アダパに、重ねて注意した。そして、「わたしが、話したことを、すぐ、頭に入れなさい!」と命令した。

そのすぐ後で、アヌの使者が到着した。その使者は、アヌの言葉として、次のような指示を伝えた。「アダパは、南の風の翼を破ったかどにより、わがもとに、出頭せよ！」と。そして、言い伝えのように……、

神の使者は、アダパを天の道にいざない
彼は、天を目指して昇っていった

「彼が、天に着いた時」と、この古文書は、続いている。「そして、アヌの門に近づいていくと」、エアが言ったように、ドゥムジとギズジダが、そこに立っていた。彼らは、アダパに、あらかじめ、教えられた通りの質問をしてきた。そして、アダパが、指示された通りに答えると、二人の神々は、彼を「アヌの前に連れていった」。彼が近づいてくるのを見ると、アヌは、大声で聞いた。「アダパよ、もっと、近くに寄れ。なぜ、お前は南の風の翼を破ったのか？」。これに答えて、アダパは、自分の、思わぬ、海の旅の話をして、それが、エアの仕事をしているうちに起きたことを、はっきりとアヌに説明した。この話を聞いて、アダパに対するアヌの怒りは、やや静まったが、今度は、エアに対する怒りが爆発した。「こんなことをしたのは、エアだったのか！」

長々と、しつこいほど続く、この物語は、航海の本当の状況については明快さに欠けている。遠い土地への漂流は、進路を誤らせた不意の突風のせいだったのか、あるいは、何か仕組まれたものだったのか？　この出来事の、核心部分を述べている箇所の粘土板の文字が破損しているので、どうもはっきりしない。しかし、この古文書を何回も読み返してみると、すべてを南風の破

れた翼のせいにしているのは、エアの周到な計画を隠すための策略だったように思われてならない。アヌも、その場で明白な疑いをもったので、アダパの話を聞いた時、困惑して次のように尋ねた。

何故、エアは、それに値しない人間に
天への道を教え
地球の計画を知らせたのか？
その人間に名をなさしめるために
彼のために一台の「シェム」を造ったのか？

そして、こうした言葉のやりとりを続けてから、アヌが質問した。「さて、われわれは、この男をどう扱おうか？」

アダパは、すべての出来事について責任のないことがはっきりしたので、アヌは彼に褒美を与えることにした。アヌは、「命のパン」と呼ばれる、例のパンをアダパに与えるように命じた。しかしアダパは、エアから、それは「死のパン」だと言われていたので、食べるのを断った。彼らは、「命の水」と呼ばれる水を持ってきたが、それは「死の水」になるだろうと、エアから予告されていたので、アダパは、飲むのを断った。しかし、彼らが、着物を持ってくると、彼はこれを着た。彼らが、香油を持ってくると、彼は、これで、自分を浄めた。

こうした、アダパの変わった振る舞いを見て驚いたアヌは、「彼を見て、微笑《ほほえ》みかけた」。そして、「さてさて、アダパよ、なぜ、お前は食べたり飲んだりしないのか？」と聞いた。アダパは、これに対して、「私の主人、エアが、〝食べてはいけない、飲んではいけない〟と、命じたからです」と答えた。

「アヌは、これを聞いて、体中で、怒りを表した」という。アヌは、早速、神エアとこの件について話し合うために、「偉大なるアヌンナキの考えがわかる」一人の使者を送った。一部、破損している古文書には、この神の使者が、繰り返し、この事件について、天の言葉で話し合っている様子が、記述されている模様である。この後の古文書は破損がひどくなり、文字も全く読めなくなって、エアのこの奇妙な指示について、彼自身の釈明を聞く機会はなくなってしまった（しかし、その意図は、アダパに、知識は与えても、不死の力は授けないことだったと、思われる）。

ところで、この話し合いの結果がどうだったにせよ、アヌは、アダパを、地球に送り返すことに決めた。そして、アダパが、香油を使って自分の体を浄めたことから、アヌは、エリドゥに帰るアダパに、病を治すことに熟練した、聖職者の家系を作る役目を与えた。帰ってくる途中で……、

アダパは、天の地平線から
天界の頂きを眺めた
そして、彼は、畏敬の念にうたれた

ところで、アダパが、天との往復旅行を果たし、その途中で、天界の畏敬するばかりの、広が

りを見たというが、いったいその交通手段は、何だったのだろうか。この興味ある疑問は、古代の文書によって、ただ間接的に答えられているにすぎない。それは、なぜ、エアが、アダパのために「一台のシェムを造ったのか」という、アヌの、あの疑問の言葉である。このシェムというアッカド語は、これまで、「名前」と訳されてきた。しかし、我々が以前、『地球人類を誕生させた遺伝子超実験』で考察したように、この言葉（シュメール語では、ムー〝MU〞）の意味は、王の名を記念するために建てられた石碑の形からきたものである。その形は、アヌンナキの、先の尖った「飛ぶ部屋」の形に酷似している。そうすると、アヌの疑問の言葉は、「なぜ、エアは、宇宙船をアダパに与えたか？」といったことになる。

メソポタミアの絵画には、「鷲人間《わし》」たち——制服を着たアヌンナキの宇宙飛行士たち——が、ロケットのようなシェムのそばに立って礼拝している姿が描かれている（図16ａ）。別の絵には、二人の「鷲人間」が、アヌの宮殿の門を守っている情景が描かれている（おそらく、アダパの物語の神々、ドゥムジとギズジダの描写だと思われる）。その門の上の横木（図16ｂ）は、ニビルの天体のシンボルである、翼の付いた円盤で飾られており、ここが、その門の存在場所であることを示している。また、そこには、エンリルの天体のシンボル、地球（外側から内側に数えて7番目の地球を表す、七つの点）や、エンキのシンボルの三日月が、全太陽系を表す絵（一人の中心にいる神が、11の惑星の家族に囲まれている）とともに描かれており、これで、天の構図が、完成されている。また、後世の、翼をもった天使たちの発想のもとになったと思われる、翼のある「鷲人間」たちが、「生命の木」のそばに立っている絵も発見されている。この生命の木の絵が重要な意味をもつのは、それが、エデンの園の物語を思い出させる、ＤＮＡの二重らせん構造を連想させるからである（図16ｃ）。

メソポタミアの王たちは、自分たちの博識を自慢して、「われこそは、賢人アダパの子孫である」と主張した。王たちが、先を争ってこう主張したのも、伝説によると、アダパが、聖職者としての地位を認められただけでなく、古代では、聖職者の特権たる科学知識も与えられたからである。こうした知識は、至聖所の中で、一つの世代の聖職者たちから、次の世代の聖職者たちへと、受け継がれていった。ニネベのアシュルバニパルの図書館の書棚にあった、文学作品を列挙した古文書の中には、その傷んでいない部分に、アダパの知識に触れている「書物」が、少なくとも2冊はあった。その1冊は、表題が傷んでいたが、「大洪水前からの書物」と題された古文書の隣の棚にあったもので、その2行目に、「……それはアダパが、口述によって書いたもの」と、判断できる箇所があった。アダパが、神から口述された知識を、書き取っていたという話は、シュメール出典の、アダパのものとされている、別の表題の作品からも確認できる。その表題は、「U.SAR Dingir ANUM Dingir ENLILA」となっており、直訳すると、「神アヌと神エンリルの時代についての書」という意味になる。この作品が、アダパは、エア／エンキに仕込まれただけではなく、アヌやエンリルの教えも受けていたこと、そして、アダパの知識は、病気の治療から天文学まで、さらに、時間の記録から暦に至るまで、極めて広範囲にわたっていたことを確認している。

ニネベの図書館の書棚に並んでいた、アダパの手になるもう1冊の本（正確にはいくつかの粘土板）には、「アダパが与えられた、アヌの天界の知識」という表題がついていた。アダパの伝説の古文書には、彼が地球から、アヌの宮殿のある天界に行けるように、「天への道」を教えられたと、繰り返し、述べられている。アダパが、天の進路図を見せられたという、事実に基づく証拠が欲しいのだが、信じられないことに、このような進路図が、少なくとも、1枚、残っているのだ。それは、間違いなく、初期の工芸品を複製したものと思われる、粘土の円盤の上に、描かれていた。これもまた、ニネベの王立図書館の遺跡から発見されたもので、今も、ロンドンの大英博物館に保存されている。それは、八つに区切られており、他の古代の工芸品には全く見られない、楕円形の、明らかに幾何学的な図形や、進路を示す矢印が、描かれている（損傷していない部分から、はっきりわかるように。図17a）。さらに、それには、いろいろな惑星、恒星や、星座を表すアッカド語の注釈もついている。その中でも、特に興味深いのは、ほとんど傷ついていない部分（図17b）の宇宙飛行案内の注釈で、それには、巨大惑星（ニビル）から地球への、エンリルのルートが、はっきりと示されている。地球の空の（エンリルの道の）向こうには、四つの天体（他の古文書では、太陽、月、水星、金星とされている）が記されている。その間、この飛行ルートは、七つの惑星のそばを通り過ぎることになっている。

ところで、七つの惑星の数え方には、重要な意味が隠されている。私たちは、地球が、太陽から数えて、3番目の星だと思っている。水星、金星、地球という順である。しかし、太陽系のはるか外側からやってくる者にとっては、冥王星から数え始めて、次に海王星、3番目に天王星、土星と木星は、それぞれ4番目と5番目、火星は6番目、そして、地球が、7番目ということになるだろう。実際に、地球は、そのように、（七つの点のシンボルで）円筒印章や、記念碑の上に描かれている。また、それと一緒に、六つの点の火星（6番目）や、八つの点の金星（8番目）も、よく描かれている。

a

b

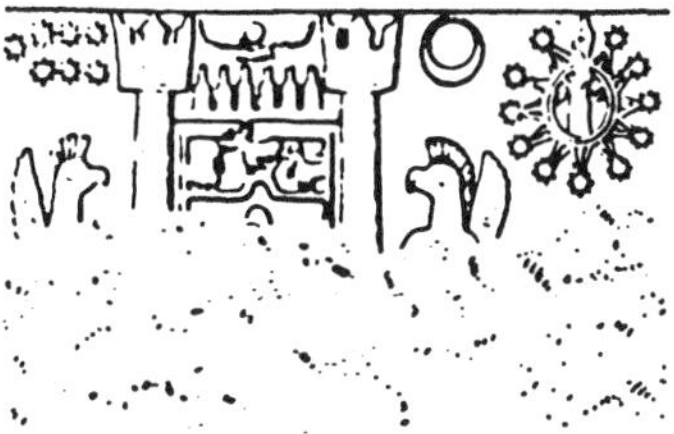

c

[図16] 古代メソポタミアの絵画にはシェム（宇宙船）に礼拝する鷲人間が描かれている（a）。古代メソポタミアの人々が、すでに太陽系と惑星の存在を知っていたことを示す絵画（b）。「生命の木」のそばに立ち、手に「命の食物」と「命の水」を持つ鷲人間（c）。

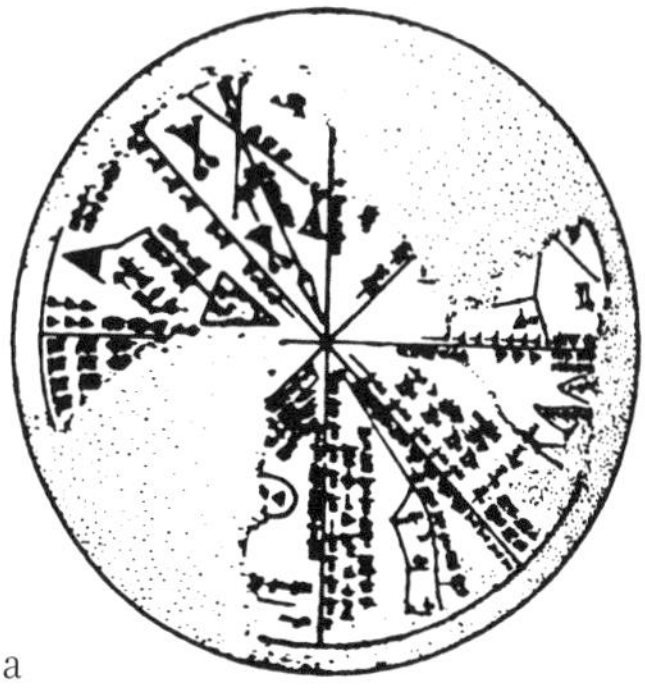

a

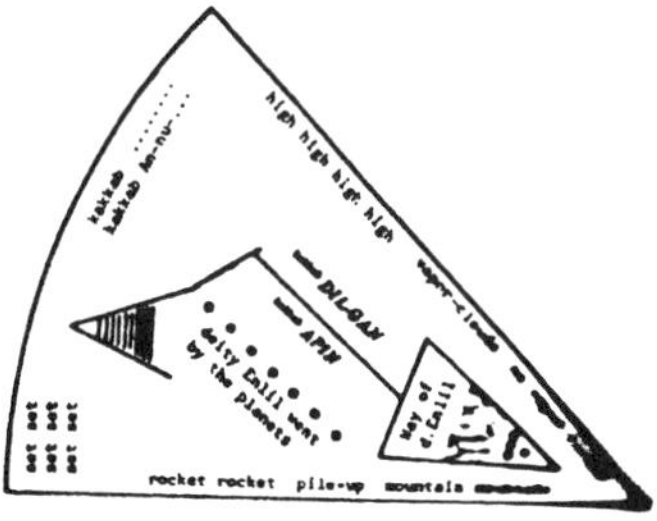

b

[図17] ニネベの遺跡から発見された円形盤には、天の進路図（a）と、巨大惑星ニビルから地球までの飛行ルートが示されている（b）。

ここで、もう一つ別の面で、重要な事実が浮かび上がってくる。それは、このルートが、シュメール語の、GAN（木星）とAPIN（火星）の間を、通っていることだ。メソポタミアの天文学の古文書では、火星は、「正しいコースが決められるところ」と説明されており、確かに、発見された進路図のこの部分にも、方向転換の場所と記されている。以前『謎の惑星「ニビル」と火星超文明』の中で、私は、ある一つの結論を裏付ける、考察に値する古代と現代の証拠を提示してきた。その驚くべき結論とは、古代の宇宙基地が、火星にあった！　ということである。

アダパの伝説の古文書がなくなったり、一部、損傷しているため、この物語の謎めいた部分が、明らかにされないままになっている。たとえば、もし、エアに、天界で起きることが事前にわかっていたとすれば、いったい何のために、アダパを天に昇らせて、結局は、永遠の生命を授けられないように仕向けたのか？　という点である。

大洪水後の（ギルガメシュのような）物語からは、人間と神（あるいは女神）の間にできた子孫たちは、不死の生命を最も価値のあるものと見なし、それを得んがために、こぞって神々のもとへ馳せ参じたことが窺《うかが》われる。アダパも、このような「半神半人」で、エアに、不死の生命を与えてほしいと、執拗にせがんだのだろうか。アダパは、「エアの子孫」と説明されているが、直訳では、エア／エンキが、人間の女性との間にもうけた「エアの息子」とされている。これが事実だとするならば、アダパの願いを聞き入れたと見せて、実際にはそうならないように仕掛けた、エアの策略も理解できるのである。

アダパはまた、「エリドゥの息子」という称号をもっていた（エリドゥは、エンキの中心拠点だった）。これは、エリドゥの有名なアカデミーで教育され、知識を身につけたことを意味する、名誉ある称号だった。シュメール時代には、「エリドゥの賢人たち」は、特別に偉大な学者を意味したものだった。彼らの名前と専門分野は、大きな尊敬と敬意をこめられて多数の古文書に記録されている。

こうした多くの出典によると、エリドゥの賢人は、全部で7人だったといわれている。アッシリアの古典を研究したR・ボルゲは、（近東研究誌の、エノクの昇天に関する論文で）この7人目の賢人が「天に昇った者」と、ある古文書で述べられていることに、特に関心を示していた（その古文書には、リストに挙げられている全員の名前と、それぞれの主な呼称が、記載されていた）。このアッシリアの古文書では、彼をウツ―アブズと呼んでいる。ボルゲ教授は、彼こそアッシリアの「エノク」に違いないという結論を下している。その理由は、聖書の記録では、やはり、7番目の、大洪水前の族長のことをエノクと呼んでおり、彼もまた、神によって、天界の宮殿に連れていかれたからである。

聖書の物語では、エノクより以前の、大洪水前の族長たちと、エノクより後の者たちの名前や、彼らの長男が生まれた時の年齢や、彼らが死んだ時の年齢などが記録されているが、特に、7番目の族長のエノクについては、次のように述べている。

そして、エノクは、65年、生きた
そして、跡継ぎの、メトシェラをもうけた
エノクは
メトシェラが生まれた後

300年神と共に歩み
それから、多くの息子や娘たちをもうけた
こうして、エノクが送った日々は、全部で
365となった
つまり、エノクは、神と歩いて去り
神が、彼を連れて行ってしまったからだ

この短い聖書の記録には、翻訳された言葉から汲み取れる以上の深い意味があるのだ。なぜならば、もとのヘブライ語では、「エノクが、エロヒム（Elohim）と一緒に行った」。そして、「エロヒムによって、空高く飛んでいった」と述べられているからだ。このエロヒムというヘブライ語は、シュメールの原典では、ディン・ギル（DIN.GIR）という意味である。つまり、エノクが、一緒に行き、ともに空高く昇ったのは、アヌンナキとだったのだ。この語句の解釈が、シュメールの60進法の計算方式と、ニップールが起源のシュメールの暦だけが頼りの科学的データとともに、古代の文章の謎を解く鍵になっている。そのためにも、簡潔な聖書の言葉だけでなく、さらにもっとエノクについての深い解釈ができる、多くの古文書の原典があることは大きな助けとなる。

こうした古代の文章の、まず初めに、すでに前述した「ヨベルの書」がある。10人の大洪水前の族長のことを扱っている聖書の簡単な説明を補うように、この古文書では、状況が詳しく述べられている。それによると、エノクが、「エロヒムとともに歩いた」というのは、「彼が、6回のヨベルの年（50年）の間（３００年）、神の天使たちと一緒にいて、地球と天界にあるすべての物を見せてもらった」という意味だ。

彼は、地球で生まれた者の中で、初めて
書くことを学び、知識と知恵を授けられた
そして、彼は、天のしるしを
その月の順に従い、一冊の本に書き記した……
そして、彼は、初めて、宣誓書をしたためて
そして、彼は、地球上何世代にもわたる
アダムの息子たちに誓わせ、安息日の週について
詳しく述べ、年々の日々の数え方を教え……
各月をその順に並べ、天使たちから教わったように
年々の安息日について、詳しく述べた
そしてまた、彼は、夢の中で見た幻影によって
起きたことと、これから起きること
各世代を通じて、何が人類の上に起きるかを
知ることができた

エノクの神々との遭遇を扱っている、この文章によれば、「彼は、人々の注視の中、天使たち

によって連れ去られた」という。そして、天使たちは、「彼を、荘厳にして、誉れ高きエデンの園に導いて行った」。「ヨベルの書」によれば、エノクは、そこで、「世界に対する、罪の宣告と、神の裁きの内容を、書き記しながら」時を過ごした。それは、「神が、エデンの全土を大洪水で洗い流そうとする」ものだった。

聖書の外典である「エノクの書」には、さらに、詳しい状況が述べられている。この外典は、エノクの物語を、他の族長たちの話の一部として扱っているのではなく、一つの作品の主題として取り上げている。キリスト紀元が始まる、すぐ前の数世紀にわたって創作された、この作品は、古代メソポタミアの古文書や聖書に出てくる昔の話を、その作者の時代に受け入れられていた天使論の感覚で、美しく修飾して仕上げられている。この「エノクの書」のヘブライ語の原典は、失われてしまったが、それが存在していたことは、確かである。なぜなら、その原典の断片が、当時、使われていたアラム語のものと混ざって、死海で発見されたからである。しかし、この原典は、広く引用され、ギリシャ語とラテン語に翻訳されて、ほとんどすべての新約聖書の執筆者たちから、由緒ある聖典と考えられていた。そのおかげで、この原典は、主にエチオピア語(「エノクの書一」)と、スラヴォニア語(「エノクの書二」、「エノクの秘密の書」)に翻訳されたものとして、残されたのだ。

このエノクの書には、1回だけでなく、2回の天への旅行について、詳しく記されている。最初の旅は、天の秘密を学び、再び帰ってきて、彼の息子たちに、天界で得た知識を伝えるためのものだった。そして、2回目の旅は、片道だけだった。エノクは、その旅行から帰ることはなかった。そうして、聖書の言葉のように、エロヒムがエノクを連れていってしまい、彼は二度と帰らなかったのだ。エノクの書は、この神が定めた使命を果たしたのは、天使たちの幹部の一人だったという。

聖書は、エノクが空を飛んで連れていかれるはるか以前に、「エロヒムとともに歩いていった」と述べている。エノクの書は、この天に昇る前の期間に焦点を当てて、詳しく述べている。その中では、エノクは予言する力をもった書記だとされている。そして、次のように述べられている。「このような出来事が起きる前に、エノクは、隠されていた。アダムの子らも、エノクが、どこに隠されて、どこに住んでいるのか、知らなかった。……彼は、聖なる者たちと一緒に、日々を過ごしていたのだ」。彼の神々との遭遇は、夢と幻影から始まった。「私は、眠っている間に、今でもすべて、生々しく話せるような夢を見た」と、エノクは、神々との関わり合いの始まりを説明している。それはまさしく、夢以上のものだった。それは、もっとはっきりした、一種の幻影だった。

そして、幻影は、私には、こう映った
その幻影の中で、雲が私を招き
ぼんやりした、霧のようなものが、私を呼んだ
星々の光と稲妻が、進路を示し
私を急がせた
幻影の中の、風が、私を飛ばし
私を、巻き上げ

天に向かって、私を運んだ

天界に到着して、彼は、とある城壁にたどり着いた。その壁は、「水晶で造られており、めらめら燃える炎に包まれていた」。彼は、炎をものともせず、これも水晶で造られた宮殿へと登っていった。その宮殿の天井は、星をちりばめた空のようになっていて、星々の軌道が示されていた。幻影の中で、彼は、最初のものよりもずっと大きく荘厳な、2番目の宮殿を見た。そのまわりを囲んでいる炎を恐れずに、内を覗《のぞ》いてみると、燃え盛る火の流れの上に、水晶の王座が置かれていた。「その外見は、水晶のように透き通っていて、そこから車輪が、太陽のように輝いて、突き出していた」。その王座には、「大いなる栄光に包まれた神」が座っていたが、その栄光が、あまりにも荘厳で眩《まぶ》しかったので、天使たちでさえも、近づいて神の顔を見ることができなかった。エノクは、ひれ伏して、自分の顔を隠して震えていた。しかし、この時、神が自ら、エノクに呼びかけた。「エノク、もっとそばに来て、私の言葉を聞きなさい」と。そこで、一人の天使が、彼を神の近くへ導いた。そして、彼は、お前は正当な書記なので、人間たちとの仲介者となり、天の秘密を教えることができるだろうという、神の言葉を聞いた。

エノクが実際に旅立ったのは、こうした夢の中の幻影を見た後だった。彼は、自分の365回目の誕生日を迎える90日前の、ある夜、天への旅に出たのだった。この時の様子をエノクは後に、息子たちにこう伝えている……。

そのとき、私は家に一人でいた。私はとても悲しんでいた

泣きはらした目をした私は、そこに横たわった
そして、寝椅子の上で、私は眠りにおちた
すると、二人の男が、私の前に現れた
彼らは、地球では見たことがないほど、大きかった
彼らの顔は太陽のように輝き、目は燃える火のようだった
そして、彼らの口からは、火が吹き出ていた
彼らの着物は、外見が紫色で、二人とも違う服装だった
そして、彼らの腕といえば、黄金の翼のようだった
彼らは、私の枕元に立ち
私の名前を呼んだ

こうして、眠りから覚まされて、とエノクは、続けた。「私は、はっきりと、目の前に立っている二人を見た」。最初に見た夢の中の幻影と違い、今度は、夢のような幻影以上のものだった。今度は、現実のことだった！

「私は、寝椅子の脇に立ち上がって、二人に頭を下げた」と、エノクの説明は続いた。「そして、私は、あまりの恐ろしさから、自分の顔を覆ってしまった」。すると、二人の天使たちが話し始めて、こう言った、「エノクよ、勇気を出して！　恐れることはない。永遠の神が、我々を、お前のところに遣わされたのだから。さあ、今日、お前は、我々と一緒に天に昇るのだ」。

そして、彼らは、エノクに、天への旅の準備として、彼の息子たちや召使いたちを集めて、自

分が留守の間の家の仕事をすべて言いつけ、「神が、お前をここに戻すまでは」誰も自分を探さないよう、言い置いておくように指示した。エノクは、二人の、上の息子たち、メトシェラとレギムを呼んで、こう言った。「私は、自分がどこに行き、自分の上に何が起きるのか、わからない」。そこで、彼は、二人に、いつも正義をもって事に処し、ただ一人の全能の神への忠誠を尽くすように命じた。「二人の天使たちが、翼の上に彼を乗せて、最初の天界に連れていこう」とした時まで、エノクは、息子たちに話し続けていたという。その最初の天界は、雲の中にあった。彼は、そこで、「地球のどの海よりもはるかに大きい海を見た」。この最初の逗留《とうりゅう》地で、エノクは、気象学の秘密を見せられた。そこから彼は、2番目の天界に連れていかれたが、そこで、彼は、責められている囚人たちを見た。その囚人たちの罪は、「神の命令に従わなかった」というものだった。二人の天使たちが、彼を連れていった3番目の天界で、エノクは、生命の木がある楽園を見た。4番目の天界は、最も長い逗留地だったが、そこでエノクは、太陽や月、多くの星や十二宮の星座、そして、暦についての秘密を教えられた。5番目の天界は、「天と地の果てに」あった。そこは、「女たちと関係した天使たちを罰する場所だった」。それは、「騒がしく、また恐ろしいところ」だった。そして、そこからは「天の七つの星」が、「一緒に縛られている」のが見えた。そこが、天への旅の、最初の行程が終わるところだった。

旅の次の行程では、エノクは、徐々に位が高くなっていく、種々な階級の天使たちに遭うことができた。それは、ケルビム（天使童子）、セラピム（熾天使《してんし》）、アークエンジェル（大天使）、そして、七つの位のすべての天使たちに及んでいた。6番目の天界と7番目の天界を通り過ぎて、エノクは、8番目の天界に着いた。そこからは、星座を構成する星々を眺めることができた。そして、エノクが、さらに昇っていくと、「黄道帯の十二宮の星座の、天の住居」がある、９番目の天界にたどり着いた。最後に、彼は、10番目の天界に到着したが、ここで、彼は「大いなる神の目の前に連れ出された」。それは、畏敬に満ちた光景だったと、後にエノクは、述懐している。

恐れおののいたエノクは、「平伏して、神の前に、頭を垂れた」。その時、神が、彼に言うのが聞こえた。「エノク、起きなさい。恐れることはない。わたしの前に立ち上がって、永遠のしるしを受けなさい」。そして、神は、大天使のミカエルに命じて、エノクが着ていた地球の着物を脱がせて、天の衣を着せて、彼に香油を注いで浄めた。それから、神は、大天使のプラブエルに命じて、「神の書庫から、本を持ってこさせ、速く書ける葦《あし》の茎も用意させて、それをエノクに渡した。こうして、大天使が読み上げるすべての戒律と教えを、エノクが書き取ることになった」。30日と30夜の間、プラブエルは、口述を続け、エノクがすべての秘密を書き取った。その内容は、「天と地と海の働きや、その原理の過程や結果、雷の稲妻、太陽と月、星々の進路と軌道の変化、季節、日、時間」など、様々な分野にわたっていた。そして、さらに、「人間についてのすべてのこと、人間のすべての歌の言葉……そして、その他の学べることのすべて」も含まれていた。こうして、書き留めたものは、３６０冊の本になった。

そして、神自身が、自分の左側の大天使ガブリエルの隣にエノクを座らせて、天と地と、その上にあるすべてのものが、どのようにして創造されたかを彼に説明した。それから、神は、エノクに彼が学んだすべてを息子たちに伝えて、代々伝える手書きの本を渡すために、一度、地球に帰らせようと伝えた。しかし、彼が地球にいられるのは、30日間だけで、「30日たったら、わたしは、天使をお前のもとに送り、再び地球とお前の息子たちから、お前を、わたしのもとへ連れ戻そう」と神は告げたのだった。

そういうわけで、天界での滞在が終わると、二人の天使たちが、エノクを自分の家に帰し、夜のうちに、彼の寝椅子の上に戻した。早速エノクは、自分の息子たちと、家中の者を呼んで、彼らに、自分が経験してきたことを話し、持ってきた本の内容を説明した。その内容は、星の大きさと種類、太陽の周期の長さ、夏至《げし》（冬至）と春分（秋分）などの季節の変化、その他の暦についての秘密にまでわたるものだった。そして、エノクは、自分の息子たちに、忍耐強く優しくすること、貧しい者に施し物をすること、常に正しく誠実であること、そして、神の戒律のすべてを守ることを指示した。

エノクは、最後の瞬間まで、語り続けた。やがて、彼が天界を訪問して、多くの知識をもって帰ったとの噂が町中に広がり、2000人もの群衆が、彼の話を聞こうと集まってきた。そこで、神は、地球上に暗黒をもたらし、その暗闇で、群衆とエノクの近くにいた者たちを包んだ。そして、この暗闇に乗じて天使たちは、素早くエノクを持ち上げて、「空高く」連れ去ってしまった。

そして、すべての人々が見ていたが
エノクが、どのようにして、連れ去られたか
よく、わからなかった
そして、この出来事を見て
神の栄光に触れた人たちは
それぞれの家路についた

そして、メトシェラと仲間たちや
エノクのすべての息子たちは、急いで
祭壇を、エノクが天に連れて行かれた
場所の前にしつらえた

第2の、そして、最後のエノクの昇天は、「エノクの書」の結びに述べられているように、彼が365歳の時、彼が生まれた日の、彼が生まれた正確な時間に、起きたのだった。

このエノクの昇天の物語は、シュメールのアダパの物語と同じものか、あるいは、その影響を受けたものなのか？

両方の物語に出てくる細部にわたる内容が同じことから、その可能性が高い。このエノクの物語に登場する、人間を「神の目の前に」連れていった二人の天使たちは、アダパの伝説に登場する、二人の神々ドゥムジとギズジダに符合している。さらに、訪問者の着物が、地球のものから神のものに替えられた点も共通している。香油を注がれて、聖別されたことも、似ている。最後に、エノクも、アダパのように、大いなる知識を与えられて、それを「本に」まとめたという。どちらの場合も、訪問者は、口述されたものを書き留めている。こうした詳細な共通点から、大筋としては、間違いなく、エノクの「伝説」の起源は、シュメールだったと考えられる。

我々が、すでに指摘したように、エノクの神々との遭遇が、「エロヒム」に遭ったと表現されていたことから、この聖書の記述は、シュメールから由来したものと思われる。また、シュメールの60進法の影響も、エノクの物語の要所要所に見受けられる。たとえば、最初の天界での滞在日数は60日であったし、エノクが書き取った本（文書板）の数は、360冊だった。ところで、こうした数字の中で、最も不思議に思われるのは、至高の神との出会いを果たした神の宮殿が、10番目の天界にあったと、されている点である。この10という数字は、七つの神の天界とか、7人の至高の神々というように、よく使われてきた、7という数字とは違うからである。もともと、7という概念が生じたのは、昔の人々が、地球を取り囲む空から観察できた七つの天体だけを知っていたためだと仮定されてきた（七つの天体とは、太陽、月、水星、金星、火星、木星、土星のことである）。しかしながら、ギリシャ人やローマ人より、ずっと昔のシュメール人は、すでに太陽系の全貌を知っていたのだ。彼らの言によれば、太陽系は12の天体によって構成されていた、とされている。つまり、太陽と月、水星、金星、地球、火星、木星、土星、天王星、海王星、冥王星（現代の名称で）、そして、10番目の惑星ニビルが、これに加わる。この惑星こそ、アヌンナキの神々の「王」や「君主」である神アヌの住まいがあったところなのだ。

注目すべきことに、カバラとして知られる、中世のユダヤ神秘思想では、全能の神の住まいは、10番目のセフィラ〝Sefira〟、「光輝」あるいは、天の場所、つまり10番目の天界にあったとされている。このセフィロット〝Sefirot、Sefira の複数形〟は、よく同心円で描かれている。そして、たびたび「古代の神」カドモンの姿と重ね合わせて描かれている（図18）。その絵の中心は、イエソド（基礎）で、10番目の円がケッテル（至高の神の場所）と呼ばれる。そこから先は、エインソフ〝Ein Soff〟、無限大、無限の空間が広がっているという。

こうしたことすべてが、シュメールの原典とのつながりをはっきり示している。しかし、果た

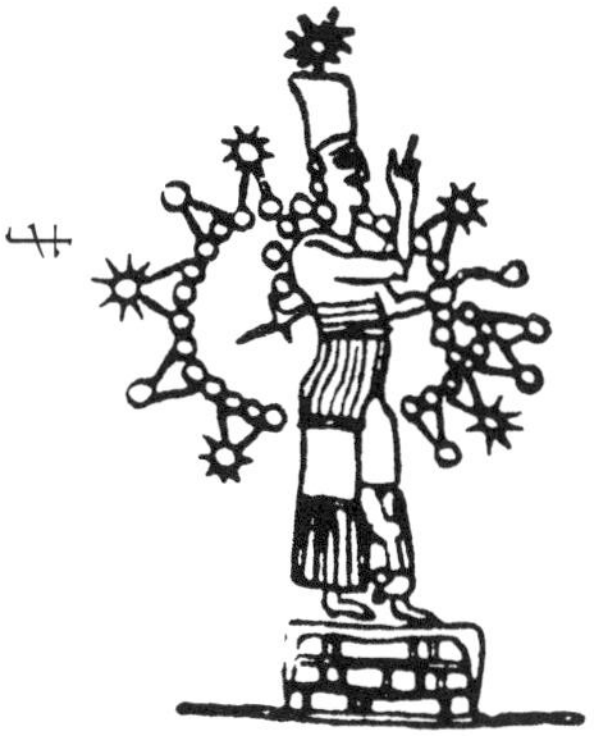

太陽のまわりを11の惑星が回っている様子を描いた約6000年前の円筒印章。

11の天体に囲まれて大きな光を発する太陽の絵図。

〔出典：宇宙船基地はこうして地球に作られた〕

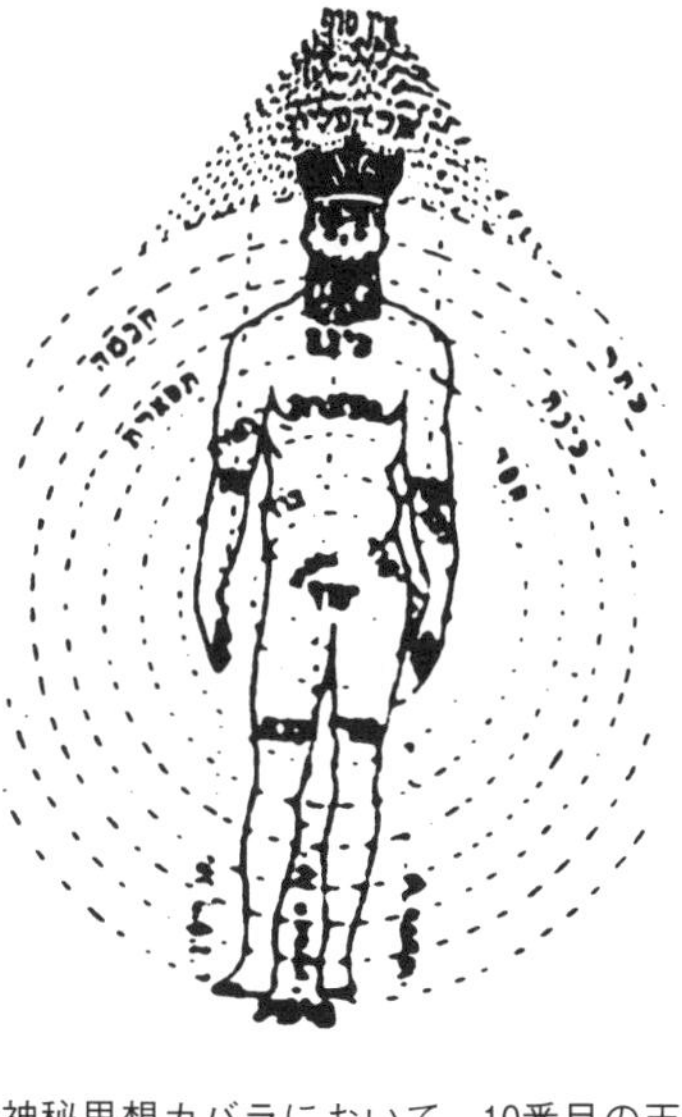

［図18］中世のユダヤ神秘思想カバラにおいて、10番目の天界（セフィラ）に全能の神は住んでいた。これに古代の神カドモンの姿を重ね合わせ、よく同心円で描かれる。

して、エノクの記録に反映されているのが、アダパの物語そのものだったかどうかまでは明確ではない。それというのも、エノクと、大洪水前の第2のシュメール人、エンメドゥランナ（天の盟約の、神々の目録の主）との相似点のほうが多いと思われるからである。彼はまた、エンメドゥランキ（天と地の盟約の、神の文書板の主）とも呼ばれていた。

聖書の、大洪水前の10人の族長たちの統治リストと同じように、初期のシュメールの王のリストにも、大洪水前の10人の統治者たちの名前が挙げられている。聖書のリストでは、エノクは7番目に挙げられている。シュメールのリストでは、エンメドゥランキが7番目に挙げられている。そして、エノクの場合と同じように、エンメドゥランキも二人の神の付き添い人によって天界に連れていかれ、種々な科学的知識を与えられている。また、アダパの場合（前にも述べたが）、じつは、彼が7人目の賢人だったことは、絶対に確実なことではない（あるメソポタミアの原典は、彼をエリドゥの7賢人の最初の一人に挙げている）。これに対して、エンメドゥランキが7番目の位置にいたことは、はっきりしている。それゆえに、学者の意見では、このシュメールのエンメドゥランキこそ、聖書のエノクと同一人物だとされている。彼は、シッパールの出身だった。そこは、大洪水前の時代に、アヌンナキの宇宙空港があったところで、エンリルの孫のウツ（後のシャマシュ）が、その司令官をしていた。

シュメールの王のリストには、エンメドゥランキが、このシッパールを、2万1600年間（6サール、1サールは、地球の3600年に当たる）「統治」したことが記録されている。これは、些細なことのようだが、極めて重要である。その理由は、まず第1に、その時代のある時に、選ばれた人間が大洪水前の一つの居住地を（この場合シッパールを）EN——「長」——として管理する能力をもっていると、アヌンナキの神々が考えていたことの証明になるからである。これも、半神半人の登場がもたらした、一つの現象だった。第2の理由は、我々が、シュメールの古文書と、聖書における、大洪水前の族長たちの生存期間が、一致するのではないか、と考えている線を裏付ける証拠にもなるからである。ここで大切な点は、２万１６００を60で割ると３６０になることである。聖書には、エノクが地球上で生きていたのは３６５年だったと、記されているが、エノクの書は、彼が与えられた知識を記録した本の冊数を３６０としている。こうした事実が、エノクとエンメドゥランキの、細かい相似点を浮き彫りにするだけでなく、シュメールの古文書と聖書が扱っている、大洪水前の統治者たちの期間が同じであるという、我々の考えを裏書きしてくれる。

ところで、エンメドゥランキの昇天と訓練の模様を詳細に述べている古文書は、大部分がニネベの王立図書館から発見された粘土板の破片を集めて、W・G・ランバート（「エンメドゥランキと関係資料」）によって、再編集されている。その主な原典は、あるバビロニアの王が、王位に対する自分の権利を主張するために、大洪水前の出来事を粘土板に刻み込んだものだった。その王は、自分が、「正式な王位継承者の末裔《まつえい》で、洪水の前からの家系を受け継いだ、シッパールを統治していたエンメドゥランキの子孫である」と、主張した。このように、大洪水前の統治者との深い結びつきを主張して、このバビロニアの王は、エンメドゥランキの物語を記し続けたのだ。

エンメドゥランキは、シッパールの王子として

アヌ、エンリル、そしてエアの寵愛《ちょうあい》を受けた
輝ける神殿にいたシャマシュは
彼を、聖職者に任命した
シャマシュとアダドは、彼を
神々の集まりに、連れて行った

シャマシュは、エンリルの孫で、大洪水前のシッパールの宇宙空港の司令官だった。そして、その後、シナイ半島全体の司令官になっていた。シッパールは、大洪水の後、再建されたが、もはや、宇宙空港ではなかった。しかし、それにもかかわらず、天の正義を示す、ディン・ギル（DIN.GIR――宇宙船の公平な神々）に関係した場所として、崇められていた。そして、ここに、シュメールの最高裁判所があった。アダド（シュメール語では、イシュクル）は、エンリルの一番下の息子で、小アジアの領土を与えられていた。古文書では、アダドは、姪のイシュタルや甥のシャマシュと親しかったと、述べられている。エンメドゥランキに付き添って、神々が集まっていた場所に連れていったのは、このアダドとシャマシュだった。おそらく、彼を評価してもらい、認めてもらうためだったのであろう。そこで……、

シャマシュとアダドは、彼に衣《ころも》をまとわせ
彼を、謁見室の大きな黄金の椅子に座らせた
神々は、エンメドゥランキに

水の上の油の状態で、予見する方法を教えた
アヌ、エンリル、そして、エアの秘密を
神々は、彼に、神の文書板、ギブドゥを与えた
それには、天と地の秘密が書かれていた
神々は、彼の手に、ヒマラヤスギの道具を持たせ
大いなる神々の秘蔵の弟子として……
数字を使って、計算する方法も教えた

特に、医学と数学に重点をおいた、「天と地の秘密」を教わってから、エンメドゥランキは、特別の指示をうけて、シッパールに帰された。その指示というのは、多くの民衆に、彼が、神と遭ったことを明かして、彼の得た知識が、人類に役立つように、その秘密を、聖職者の一つの世代から、次の世代に、永遠に親子代々伝えよ、というものだった。

多くの知識を蓄えた学者として
偉大なる神々の秘密を守るため
シャマシュとアダドの前で
いとしき息子に誓いをたてさせよ
そして、神の文書板と尖筆をもって
その息子に神々の秘密を伝えよ

この古文書の文字板は、現在、ロンドンの大英博物館に保存されているが、その後記には、

こうして、聖職者の家系が、生まれ
彼らは、シャマシュとアダドに
近づくことを許された

エンメドゥランキの昇天についての、こうした解釈に従えば、彼の住まいは、シッパール（大洪水後のシャマシュの礼拝センター）にあった。そして、彼が神の文書板を使って、後継者の聖職者たちに、秘密の知識を教えたところは、まさに、このシッパールだった。この事実は、私たちに、大洪水の出来事との関連を夢想させる。なぜならば、ベロッソス（紀元前2世紀のバビロニアの聖職者で、ギリシャ語で「世界史」を集大成した）によって紹介されたメソポタミアの古文書の記述によれば、大洪水の前にアヌンナキによって人類に明かされた、秘密の知識をおさめた神の文書板は、安全を期すため、シッパールに埋められたとされているからだ。

しかし、実際には、この二つの物語（シュメールのエンメドゥランキと聖書のエノク）は、大洪水との関わりよりも、それ自体に共通の、大きな意味合いをもっている。なぜならば、我々が、この二つの物語の裏に隠された意味を探そうとする時、一連の出来事に共通した動機があることに気づくからである。その動機とは「神のセックス」のことで、それが最高潮に達した時、人類を抹殺《まっさつ》しようという謀略が進められたのだ。

コラム

NASAも証明！　驚異のシュメール宇宙天文学

ニコラス・コペルニクスの『天球の回転について』と題する本が、１５４３年に発行されるまで（実際には、その後も、長年にわたって）、太陽や月と他の惑星は、すべて、地球のまわりを回っている、という考え方が定着していた。その異端説のために、コペルニクスを破門したカトリック教会は、ようやく、４５０年後の１９９３年になって、公式に、誤りを認めた。

望遠鏡が発明されてから、初めて発見された天体は、木星の４つの大きな衛星で、１６１０年にガリレオが、見つけたものだった。

地球から、裸眼では見えない、土星の向こうの天王星は、改良された天体望遠鏡の助けを借りて、１７８１年に発見された。その天王星の向こうの海王星は、１８４６年に発見されている。そして、いちばん外側の惑星、冥王星が発見されたのが、ごく最近の１９３０年だった。

しかし、シュメール人たちは、今から数千年も前に、完全な太陽系の絵を描いていた（図16ｂと、詳細は、次ページ図ａ参照）。その中心には、地球でなく、太陽が描かれている。そして、天王星、海王星、冥王星も、すでに、含まれている。もう一つの大きな惑星とされている、「ニビル」も、木星と火星の間に描かれている。

ＮＡＳＡの探査衛星が、我々の近くの惑星のクローズアップ画像を送ってきたのは、１９７０年代に入ってからだった。そしてようやく、１９８６年と１９８９年になって、ボイジャー12号が、天王星と海王星のそばを飛んだ。しかし、シュメールの古文書には（『地球人類を誕生させた遺伝子超実験』で述べたように）、ＮＡＳＡがその存在を確認したこれら外惑星のことが、すでに記されていたのだ。

土星を囲んでいる輪も、１６５６年まで発見されなかった。しかし、アッシリアの円筒印章が粘土の平板の上に押し残した絵の背景には、太陽、三日月と、金星（八つの尖った形の星）の他にも、大きな星（木星）から、（アステロイドを表している？　ストローのようなもので）区分された、小さな惑星の火星が、描かれている。そして、さらに驚くことには、大きな輪をつけた土星の姿まで描かれているのだ！（図ｂ）

a

b

第4章
巨神と半神半人伝説の時代
——惑星結婚の掟により宇宙人と人間女性の間に次々と子供が生まれた

エノクに続く世代の、有史前の人間たちの目まぐるしい動きが、聖書に記録されている。彼の息子メトシェラは、後継ぎのレメクをつくり、そのレメクは、ノア（「休息」の意）をつくった。いよいよ舞台は巡って、メインイベントの幕が切って落とされようとしていた。その題名は、「大洪水」だった。この大洪水は、今のニュースキャスターであったら、そのほとんどの場面を、神と人にまつわる、比類なき地球規模の重大な危機が迫っている、と解説したことだろう。しかし、この大洪水の物語の裏には、全く新しい形の神々との遭遇のエピソードがあったのだ。もし、このエピソードがなければ、大洪水の物語は、聖書の理論的解釈の根拠を失ってしまうだろう。

聖書の大洪水の物語は、創世記第6章の、謎めいた出だしで始まっている。これらの話は、未来の世代に、その原因は何だったのか——どうして起きたのか——を伝える目的で創られたと思われる。もっと具体的に言えば、人類を創造した神自身が、いったいどうして態度を変えて、地球上から人間を抹殺しようとしたのかを伝えているのだ。5節が、その原因と正当な理由を説明している。「そして、主、ヤハウエは、地球上で人間の不正な行いが増え、人間に邪悪な心が大きく芽生えてくるのを見た」。そのために（6節にあるように）、「神は、地球上に人間を創ったことを後悔し、それを心から嘆いた」。

しかし、人間を非難の的にしている、こうした説明は、創世記第6章の初めの4節との矛盾を大きくするだけである。なぜなら、この最初のテーマは全く人間に関係なく、神々自身のことを扱っており、その焦点は、「神の息子たち」と「アダムの娘たち」との結婚に絞られているからである。

それならば、どうして大洪水のすべての言い訳を、人類を罰するため、としているのか？　その答は、ただ一言「セックス」……にある。それも、人間のセックスではなく、神のセックス。性的な交わりを狙った、神々との遭遇のせいだったのだ。

聖書の大洪水の幕開けの節は、古代の「罪」と痛々しいまでの懲罰《ちょうばつ》をうたい、説教師に満足を与えてきた。この時代のことは、見せしめのための絶好の材料となっていた。この時代のことは、次のように述べられている。「当時もその後も地球上には、巨人たちがいた。そして、その神の子たちは、人間の娘たちの間に入り込み、自分たちの子供を生ませた」

この引用文は、英語版によるものである。しかし、これは、聖書の言葉の意味を正確に表していない。この言葉は、「巨人」を表すのではなく、「ネフィリム」を意味しているのだ。ネフィリムとは、文字通り「天から下ってきた者たち」、天界から地球にやってきた「エロヒムの子たち」（抽象的な「神の子たち」ではない）のことを指している。そして、（多くの学者の見解では）もっと長い原作の一部と思われる初めの4節の難解なところも、ひとたび、この筋のテーマが人類ではなく神々自身であると気づけば、極めてわかりやすくなるのだ。大洪水に先立ち、大洪水に至った背景を記述している聖書の言葉も、正確に訳すと次のようになる。

次のようなことが起きてきた
地球上の人間の数が
増え始め、娘たちが生まれたのだ
その時、神エロヒムの子たちは
異国の、人間の娘たちと
交わり合えることを発見した
そして、彼らは、手当たりしだい
好きな娘を選んで
自分たちの妻にした

ネフィリムは、その当時と、その後も
ずっと、地球上にいた
このエロヒムの子たちは
アダムの娘たちと同棲した
彼らの子供を生ませた

当時、地球上にいたエロヒムの息子たち、「ネフィリム」という聖書の言葉は、シュメールの「アヌンナキ」（天から地球に来た者たち）と同じだと、思われる。聖書自体にも（民数記第13章33節に）、ネフィリムは「アナクの息子たち」のことだと説明されている。アナクとは、アヌンナキのヘブライ語訳である。このように、大洪水に先立つ時代は、アヌンナキの男性たちが、人間の若い女性たちとセックスを始めた時だった。そして、うまく和合し、子供たちができたのだ。死ぬべき人間と、不死の「神」との間にできた子孫、半神半人の誕生である。このような半神半人が、地球上に現存していたことは、多数の近東の古文書で、証明されている。たとえば、個人としてはシュメールのギルガメシュ、長く続いた王朝の例としては、エジプトのファラオの前の、30人の半神半人の王が支配した伝説の王朝が挙げられる。この二つの例は、大洪水後の時代のものである。だが、聖書の大洪水の物語の序文に、はっきりとした証拠が記されている。それによれば、「エロヒムの息子たち」――ディン・ギル〝DIN.GIR〟（宇宙船の神々）の息子たち――が、人間の女性の「妻を娶《めと》る」ことは、大洪水の前から始まっていたと、述べられているのだ。

　大洪水前の出来事と人類の文明の起源を扱っているシュメールの古文書には、アダパの物語が含まれている。その中で私たちはすでに、一つの疑問に触れてきた。それは、アダパが「エアの子孫」と呼ばれていたのは、単に、エアが創るのを手伝ったアダムの後裔という意味だったのか、あるいは（多くの学者たちが考えているように）、もっと現実的に、エアと人間の女性との性交によって生まれた本当の息子で、結局、アダパは半神半人だったのか？――という疑問だ。もしそれが、本当に、エア／エンキが、自分の正妻である女神ニンキ以外の女性とセックスをした結果だったとしたら、またか！　と、もう、眉をひそめる気にもならない。いくつかのシュメールの古文書には、エンキのセックス武勇伝の詳細が報じられている。その一例として、彼が、自分の腹違いの弟であるエンリルの孫娘、イナンナ／イシュタルの尻を追いかけた有名な逸話がある。他の常軌を逸した性的行為として、次のような話もある。エンキは腹違いの妹であるニンマフに自分の息子を生ませようと決め、娘しか生まれないと知るや、彼は、その次の、そして、その次の、さらにまた、その次の世代の女神たちと、延々と性的交渉を持ち続けたという。

ところで、エンメドゥランキは、大洪水のはるか前の、7代目（最後の10代目でなく）の、神々の都市の統治者だったが、彼は、半神半人だったのか？　この点は、シュメールの古文書では、明らかにされていないが、我々は、そう考えている（その場合、彼の父親は、ウツ／シャマシュだったことになる）。もし、そうでなければ、彼の前任の6人の統治者たちが、すべて、神々アヌンナキのリーダーであったのに、なぜ、彼が、神々の都市の（この場合、シッパールの）統治を任せられたのか？　そして、もし彼がアヌンナキと同じ「不死」の遺伝子の恩恵をうけていなかったならば、いったいどうして、2万1600年間もシッパールを統治できたのか？

聖書そのものは、いつから神と人間との結婚が始まったかには触れず、「地球上の人間の数が増え始めると」、としか述べていない。しかし、多くの聖書の外典には、エノクの時代には、若い神々が人間の女性たちと性的行為に走ることが、問題になっていたと記録されている。それは、大洪水のずっと前の時代になる（なぜならば、エノクは全部で10人いる大洪水前の族長たちの中の、7人目だったからだ）。「ヨベルの書」によれば、エノクが言い残していたことの一つに、罪を犯した天使たちについてのものがあったという。それには、次のように述べられている。「神の天使たちの一部は、地球に降りてきて、人間の娘たちと罪を犯した。つまり、彼らは、人間の娘たちと一緒になり、その純潔を奪った」と。この古文書によれば、「神の天使たち」が犯した罪の中で、いちばん大きな罪は、「淫《みだ》らな交わり」だったという。「彼らの掟《おきて》に反して、やたらに人間の娘たちの尻を追い、選んだ娘のすべてを自分たちの妻にしてしまった。こうして、淫らな不貞の習慣が始まった」

「エノクの書」は、何が起こったかをさらにはっきりと述べている。

そして、こんなことが起きた……
人間の子供たちが、増え始め
美しく端正な娘たちが生まれていた
そして、天使たち、神の子たちは
その娘たちを見て、色情を催し
お互いに話し合った
「さあ、人間の娘たちから、好きな
妻を選んで、子を生ませよう」

この原典によれば、こうした成り行きは、あちこちから、欲望に我慢できなくなった若いアヌンナキたちが、集まって引き起こしたというような、個人的な行動の結果ではなかった。むしろ、アヌンナキの一団が、子孫を残したいという気持ちから、性的衝動を増大させ、人間の妻を選ぶことも、計画的に一斉に決めたと思われるふしがある。事実、この原典をさらに熟読すると、そうした彼らの野望が、垣間見《かいまみ》えてくる……。

彼らの指導者、セムヤザは、皆に言った
「みんなが、こうした行動には、賛成してくれず
わたしだけが重罰を受けるのではないかと危惧《きぐ》している」
すると、彼らのすべてが、これに答えて、こう言った
「みんなで、誓い合おう、みんな一緒になって
お互いに祈ろう。この計画を諦めず、やり遂げることを」

そこで、彼らは集まって、「彼らの戒律」を破ってまでも「計画を実行する」と、満場一致で決めたのだった。こうした陰謀を企てた天使たちは、我々が読んで知ったところでは、レバノンの山脈の南端にある、ヘルモン山（誓いの山）の上に降り立った。「彼ら一行の人数は200人で、全員が、エレドの時代に、ヘルモン山の頂上に降りてきた」というのだ。200人は、10の小さな集団に分かれた。「エノクの書」には、各集団のリーダーの名前が、「10のチーフたち」として記録されている。このように、この事件は、セックスする機会がなく、子供もいない、「エロヒムの息子たち」が、現状を打開するために、組織的に計画したものだった。

いずれにせよ、多くの聖書の外典には、神々が人間の女性たちと性的関係をもった結果は、欲情、姦淫《かんいん》、汚辱の繰り返しだったと、はっきり述べられている。「堕《お》ちた天使たち」の罪は、明らかなのだ。一般的に信じられているのは、聖書の原典の見解だが、事実はそうではない。こう

した罪の責任をとらされて、抹殺されようとしていたのは、アダムの子としての人間たちであって、神、エロヒムの息子たちではなかったのだ。それなのに、エロヒムの息子たちは、ごく優しく、人間たちの記憶に残っているのだ。4節は、彼らのことを、「強いオラム（Olam）の者たち、シェム（Shem）の人々――宇宙船の人々」と、回想している。

　この異人種間の結婚に至る、動機、憶測、心の動き、そして、それがどのように判断されたかを察するに役立つ出来事が、聖書に載っている（士師記第21章）。ベニヤミンの部族の男たちが、ある女性旅行者に性的虐待《ぎゃくたい》を与えたことが原因で、他のイスラエルの部族たちが、ベニヤミンの一族に戦いを仕掛けたという事件である。結果として、多数の民が殺され、子供を生める女性もほとんどいなくなった、この部族は、絶滅に瀕《ひん》していた。他のすべての部族たちが、「自分たちの娘は、決してベニヤミンの一族にはやらない」と、誓いをたてていたので、この部族の男たちは、他の部族の娘たちと結婚することもできなかった。そこで、彼らは、一計を案じて、国の祭りの日を選んで、シロの町に続く道路沿いに身を隠し、シロの娘たちが踊りながら出てきたところを、「あたり構わず、取っ捕えて、自分の妻にして」ベニヤミンの領地内に連れ去ったという。しかし、驚くことに、この誘拐事件では、誰一人罰せられることがなかったのだ。それというのも、この誘拐劇は、すべて、イスラエルの長老たちが仕組んだものだったからだ。長老たちは、ボイコットの誓いがあったにもかかわらず、このベニヤミンの一族を救おうとしたのだ。

　このような、「見て見ぬふりをするから、やるべきことをやりなさい」式の策略が、ヘルモン山頂の誓いの儀式の裏に隠されていたのだろうか？　そのためには、見て見ぬふりをしたアヌンナキの長老が、少なくとも一人はいたはずだ。もしかすると、それはエンキで、もう一方のエンリルは、ひどく怒っていたのかもしれない。

あまりよく知られていないシュメールの古文書が、こうした疑問に対する答を与えてくれるだろう。Ｅ・キエラ（『シュメールの宗教文』）によって紹介された、ある「神話の文書板」に次のような話が記されている。マルツという一人の若い神が、妻がいない生活に不平をつのらせたという。この、ひとくだりの物語から、当時、人間の女性たちとの結婚は、よく行われたことで、必ずしも罪ではなかったこと、ただし、それには許しが必要で、しかも、相手の若い女性の同意なしには行われなかったことを、我々は、知ることができる。

私の町には、友人たちがいるが
彼らは、みんな、妻をもっている
仲間もいるが
やはり、妻をもっている
町では、私だけが、友だちと違い
一人の妻さえいない
私には、妻も子もいない

マルツが、私の町、と言っていたのは、ニナブのことで、「広い入植地の中の町」だった。シュメールの古文書に記録されているように、この時代は、はるか遠い昔のことで、「ニナブの町はあったが、シェドタブはなかった。聖なる教皇の冠はあったが、聖なる王の冠はなかった」。

言い換えれば、祭司制はあったが、王制はまだなかった。しかし、「同棲が盛んで、子供たちが、たくさん生まれた時代だった」。

この町の高僧は、すぐれた音楽家だったと、この古文書は伝えている。彼には、妻と娘がいた。人々が、祭りのために集まり、神々に、生《い》け贄《にえ》の羊の焼いた肉が運ばれてきた時、マルツは、その高僧の娘を見た。そして、彼女に、ぞっこん惚れてしまった。

当然、彼女を妻にするためには、特別の許可が必要だった。それは、このような行為は、「ヨベルの書」の言葉を借りれば、「神々の掟に反する」と考えられていたからだ。彼は、前述のような不平の言葉を、女神である自分の母親に伝えて、許しを乞うた。彼女は、息子の惚れたその娘が、「見初《みそ》められて、喜んだ」かを、知りたがった。そうだとわかると、神々は、マルツに必要な許可を与えた。この古文書の後の部分は、他の若い神々が、この結婚の祝宴の準備をしている様子や、ニナブの住民たちが、結婚式の合図の銅の太鼓の音を聴いて集まってくる様子などを、こと細かに伝えている。

これと同じ有史前のことを記録した、入手できるかぎりの古文書を読んでいくと、これといった解決策がない若いアヌンナキの男性たちの苦境が、痛いほどわかってくる。地球に来たアヌンナキは、総勢600人で、別に300人が、スペースシャトルや宇宙船や宇宙ステーションのような他の施設で働いていた。彼らの中には、女性はほとんどいなかった。その少ない女性の中には、アヌの娘で、エンキとエンリルの腹違いの妹に当たる、ニンマフがいた(三人とも、違う母親から生まれていた)。ニンマフは、主任医師で、彼女と一緒に女性のアヌンナキの看護師の一団が来ていた(シュメールの円筒形封印の絵――図19)。その中の一人が、結局、エンリルの正

人類創造の仕事を進める母なる女神ニンフルサグとエア（エンキ）。

エンキとエンリルの妹ニンハルサグの絵図。看護師長でナツメヤシの女神とも言われ、雌牛の角とともに描かれた。

母なる女神ニンフルサグのシンボルは、へその緒を切るカッター。

〔出典：地球人類を誕生させた遺伝子超実験〕

[図19] エンキとエンリルの腹違いの妹ニンマフとともに、看護師としてアヌンナキの女性たちが地球を訪れていた。

式の配偶者になった（そして、ニンリル「司令官夫人」の称号を受けた）。しかし、それも暴行事件の末に、やっと手に入れたのだ。そのために、エンリルは、司令官であるにもかかわらず、罰せられている。この一つの事件をとってみても、最初に地球に来たアヌンナキの集団が、いかに女性の不足に悩んでいたかが、如実《にょじつ》にわかるのだ。

アヌンナキの故郷、ニビルの性習慣については、シュメールとそれに続く国々が保存していた神々のリストにある、アヌ自身についての記録から、窺い知ることができる。アヌは、正妻アンツとの間に14人の息子と娘をもうけた。それ以外に6人の内妻がいたが、アヌが生ませた（たぶん大勢の）その子孫たちの名前は、記録されていない。エンリルは、ニビルで、彼の異母妹であるニンマフとの間に一人の息子をもうけた。彼の名前は、ニヌルタと言った（ちなみにニンマフは、人類創造の物語の中ではニンチ、後にニンフルサグとしても、知られている）。ニヌルタはアヌの孫であったが、その配偶者のバウ（通り名はグラ、「大いなる神」の意）は、アヌの娘の一人だった。つまり、ニヌルタは、叔母と結婚したことになる。地球では、エンリルは、ひとたびニンリルを娶ると、厳格に一夫一婦の習慣を守った。二人には、全部で6人の子供ができた。4人の娘たちと二人の息子たちだった。いちばん若い息子の名前は、シュメール語でイシュクル、アッカド語でアダドと呼ばれ、また、ある神々のリストでは、マルツと呼ばれていた。彼の正妻のシャラは、「マルツの結婚」の物語が報じたように、高僧の娘で、正真正銘の人間だった。

エンキの配偶者は、ニンキ（地球の貴婦人）と呼ばれ、また、ダムキナ（地球に来た配偶者）という名前でも知られていた。彼女は、ニビルに里帰りして、エンキの息子、マルドゥクを生んだ。母親と息子は、次の旅行で、地球にいるエンキと合流した。しかし、エンキは、彼女がいない間、禁欲することはなかった……学者たちによって、「エンキとニンフルサグ：楽園の神話」と名づけられている、ある古文書がある。そこには、エンキが彼の腹違いの妹をつけまわし、自分の息子を生ませようとして、「精液を、彼女の陰部に注ぎ込んだ」と、生々しく濡れ場が描かれている。しかし、彼女が娘しか生まないので、今度は、その娘たちとも体を重ねて、目的を果たそうとした。見かねたニンフルサグが、エンキを呪術で麻痺《まひ》させて、ようやく若い女神たちに婿をとらせるのに協力させることができた。それでもまだ、エンキは、性懲りもなく、「褒美をもらった」と称して、強制的に、エンリルの孫娘のエレシュキガルを、船で彼の南東アフリカの領土に連れてこさせたりした。

こうしたすべての事例は、地球に来ていたアヌンナキたちの間で、極度に女性が不足していた実態を浮き彫りにしている。大洪水後、シュメールの王のリストでわかるように、2代目、3代目のアヌンナキの時代になって、初めて、男女の人口のバランスが、改善されたのだ。しかし、長い大洪水前の時代の、女性不足の悲惨な状態には、目を覆うものがあった。

アヌンナキの指導者たちの側では、原始的な労働者を創ろうと決めた時も、アヌンナキの男性たちのセックスの相手を創ろうなどとは、考えていなかった。しかし、聖書の言葉のように、「地球上の人間の数が増え始め、娘たちが生まれると」、若いアヌンナキたちは、何回もの遺伝子操作の結果、人間の女性たちが自分たちと性的な結合ができるようになったことを発見した。そして、彼女たちと同棲するようになり、その結果として、子供が生まれたのだ。

国際結婚ならぬ、「惑星結婚」には、特に厳しい許可が必要だった。アヌンナキの習慣的な掟では、暴行は、極めて重大な違反だった（最高司令官のエンリルでさえも、若い看護師を暴行した時には、追放の罰を宣告された。そして、彼女と結婚してから、初めて許されたのだ）。この新しい形の神々との遭遇は、厳しく規制され、条件付きで許可を与えられていた。その条件とは、シュメールの古文書によれば、その人間の女性が、若い神の「一目惚れを、心から喜んで受け入れる」場合だけ、許可を与えるという、厳しいものだった。

そこで、200人の若いアヌンナキたちが、事を解決すべく、誓いをたてて、一斉に、空から人間の娘たちに飛びかかり、自分たちの妻にしてしまう事件が起きたのだ。その結末は、――アダムが創られた時には、全く予想もしなかった――新しい種別の人々、半神半人が生まれたのだ。

自分自身が、半神半人の父親であったエンキは、エンリルよりも寛大に事の成り行きを見守った。エンキとともにアダムを創ったニンマフも、明らかに寛大だった。それは、シュメールの大洪水の英雄が住んでいたのが、シュルッパクという、ニンマフの医療センターのある町だったことからも推察できる。この英雄が、シュメールの「王のリスト」に、大洪水前の10代目の統治者として記録されていたという事実は、神々と人間の仲介者としての役割が、こうした半神半人たちに課せられていたことを示している。その役割を担っていたのは、王と聖職者たちだった。大洪水後に再び、この役割が復活し、王たちは、特に自分たちが、神々の「血筋」を引いていると、自慢していた（そして、ある者は、事実はそうでなくても、彼らの王位継承を正当化するために、そう主張していた）。

こうして、人間たちの中に新人種を加える結果となり、この全く新しい形の神々との遭遇は、アヌンナキの指導力の在り方について問題を残しただけでなく、人類にとっても、大きな問題を残した。聖書は、アヌンナキと人間の性交を、大洪水に先立ち、そして、大洪水に導いた最も重大な出来事として捕えている。そのために、異人種間の結婚の様子を述べている節を、大洪水の物語の冒頭にもってきたと思われる。確かに、この新しい出来事は、神にとって、頭を抱える問題だった。そして、神は、人間を創ったことを嘆き、後悔したのだ。しかし、聖書の外典で詳しく述べられているように、この新形態の神々との遭遇は、神のセックスの相手方とその家族たちにも、様々な、憂慮《ゆうりよ》すべき問題を引き起こしたのだ。

その問題の一つとして、はやくから伝えられてきたのが、大洪水の英雄と彼の家族についての話である。つまり、ノアと彼の親たちの話である。この話から、大洪水の英雄は、本当に、半神半人だったのか、という疑問も湧《わ》いてくる（ちなみに、この大洪水の英雄は、シュメールの古文書ではジウスドラ、アッカド版ではウトナピシュティム、と呼ばれている）。

学者たちは、長い間、「エノクの書」の原典の中には、「ノアの書」と呼ばれていた、失われた古文書が存在していたと信じていた。その存在は、種々の、初期の記録からも予測されていた。そして、エリコから遠くない、クムランの洞窟にあった死海写本の中から、この「ノアの書」の断片が発見されて、予測が確認された。その書物の、関係する箇所から、次のような話の全貌が、明らかにされた。

レメクの妻のバスエノシュがノアを生んだ時、その赤ん坊が、あまりにも変わっていたので、レメクの心の中に、自分の妻に対する、ぬぐいがたい疑いが、沸々《ふつふつ》と湧いてきた。

その子の体は、雪のように白く
そして、咲いているバラのように、赤かった

そして、彼の頭の毛と、うなじの、巻き毛は
羊毛のように、白く、目はブロンドだった
そして、彼が、目をあけると
家中が、太陽のように、輝いた
そして、家全体が、とても明るくなった
それから、その赤ん坊は、助産婦の手の中に立って
口を開き、正義の神と、話し始めた

ショックを受けたレメクは、自分の父親、メトシェラのもとに駆けつけて、こう言った。

変わった息子が生まれた。人間とは、違う人種のようで
天の神の息子たちに、よく似ている
そして、性格も違うようで、私たちのようではない……
私には、この子は、私の血を引いておらず
神の天使たちの血を引いているように思われる

言い換えれば、レメクは、彼の妻が妊娠したのは、彼のせいではなく、「天の神の息子たち」の一人、「神の見張り人」の誰かのせいではないか！　と、疑ったのだ。
取り乱したレメクが、父親のメトシェラのところに行ったのは、この問題を話し合うだけでな

く、具体的に助けを求めるためだった。ところで、我々も知っているように、エロヒムの神によって連れ去られたエノクは、元気に暮らしていて、「天使たちの中の住居」に住んでいた。その場所は、遠い天界ではなく、「地球の端のほう」にあった。そこで、レメクは、自分の父親に、そこまで行ってもらい、祖父のエノクに会って、神の見張り人の誰かが、レメクの妻と性交しなかったか、調べてほしいと頼んだ。メトシェラは、その場所に到着したが、中に入ることは禁じられていたので、外からエノクに呼びかけた。すると、しばらくして、エノクは、その呼び声を聞いて、応答してきた。メトシェラは、この異常な子供の誕生について、エノクに説明し、ノアの本当の父親は誰かという、レメクの疑問についても話した。半神半人の子供ができる、神と人の結婚が、すでにエレドの時代に始まっていたことを認めながらも、エノクは、生まれた子ノアは、確かにレメクの子であることを保証した。そして、ノアの異常な容姿と明晰な頭脳は、「大洪水が1年続き、大きな被害が起きる」予告であると告げた。さらに、ノアと彼の家族は救われるだろう、と伝えた。彼が、このことを知っているのは、「神が、それを知らせてくれて、自分も神の文書板で読んだ」からだと、エノクは説明した。

死海文書の中から発見された、ヘブライ—アラム語（正方形文字）の粘土板の断片によれば、極めて異常な赤ん坊を見た、レメクの最初の反応は、自分の妻、バスエノシュ（エノシュの娘）に対する疑いだった。T・H・ガスター（『死海文書について』）とH・デュポンソメール（『クムラン遺跡の古文書』）に翻訳されたように、その粘土板の断片の2列目は、レメクが、生まれてきたノアを見た時の、驚きの言葉で始まっている。

私は心の中で、この子は、「神の見張り人たち」
つまり、神の息子たちの誰かの子ではないかと、疑った……
そして、その子のために、自分が、心の底から変わっていった
それで、私、レメクは、急いで、妻バスエノシュの所に行った
そして、彼女に言った。最高の神、至高の神、世界中の王たち
神の息子たちの支配者の名にかけて
本当のことを、私に言うと誓いなさい、もしも……

しかし、ここで、ヘブライ―アラム語の原典を、よく調べて見ると、現代の翻訳者たちが、Watchers（見張り人たち）と訳している箇所は、もとの古文書（図20）では、「ネフィリム」と、はっきり書かれている（このヘブライ―アラム語の古文書が発見されるまで、「見張り人たち」と誤訳していた一つの理由は、ギリシャ語の文献を信頼してしまったためだった。つまり、アレキサンドリアの、ギリシャ語―エジプト語の翻訳者が、このネフィリムという単語を、エジプト語の「神」NeTeRと同じ意味だと誤解したのだ。そのNeTeRが、たまたま「守護者」Guardianという意味ももっていたからだ。これはまた、守護者の国という意味の、Sumer、正確には、Shumerにも関係がないとはいえない言葉だった）。

こうしてレメクは、生まれた赤ん坊が、自分の子ではないと疑ったのだ。そして、彼の妻に、本当のことを言うように迫ったが、彼女は、嘆願するように、こう答えるだけだった。「わたしが、繊細な心の持ち主だということを、知っているくせに、そんなことを言うなんて」。この曖《あい》

1 הא באדין חשבת בלבי די מן עירין הריאנתא ומן קדישין הו[א] ולנפילין

2 ולבי עלי משתני על עולימא דנא

3 באדין אנה למך אתבהלת ועלת על בתאנוש אנ[ת]תי ואמרת

4 [ ]אנא ועד בעליא במרה רבותא במלך כול עולמים

[図20] 死海文書の中から発見されたヘブライ―アラム語の粘土板の断片。〝見張り人たち〟と誤訳された箇所は、古文書でははっきりと〝ネフィリム〟と記されていることがわかる。

昧《まい》な当たり障りのない答を聞いて、レメクは、かえって、「興奮し、動揺した」。そこで彼は、しつこく、自分の妻に、嘘をつかないで、「ありのままを言う」ように、懇願した。すると、彼女は、「それでは、繊細な心なんて捨てて、はっきり言います。私は、神聖にして、偉大なる神、天と地の神に誓って、言います。この子の種は、あなたから授かり、あなたによって、この子を身籠《みごも》り、その結果、あなたが蒔《ま》いた種から、この子が生まれたわけです。決して、誰か見知らぬ人とか、『見張り人たち』の誰かや、神々の誰かによって、生まされたわけではありません」と、答えた。

この物語の、残りの部分から推察すると、こうした念押しにもかかわらず、レメクの疑念は晴れなかった。おそらく彼は、妻バスエノシュが、彼に答える中で、「繊細な心」と、口を滑らしたのを変な意味にとったのかもしれない。果たして、彼女は、本当のことを隠していたのか？すでに述べたように、レメクは、父メトシェラのもとに駆けつけて、エノクの助けを借りて、奥に隠された謎を解こうとしたのだった。

この外典の記録では、ノアの父親はレメクだったことが確認され、ノアの変わった容貌とすぐれた知性は、やがて彼が果たす人類の救世主としての役割を象徴するものだったとして、物語を締めくくっている。しかし、我々にとっては、この疑問は解決されていない。なぜならば、この物語を記しているシュメールの原典によれば、あらゆる面から考えて、この大洪水の英雄ノアは、やはり、半神半人だったと思われるからである。

セックス志向の「神々との遭遇」は、前述のいろいろな古文書によれば、エノクの父、エレドの時代から始まっていた。エレドという名前の語源そのものが、Ｙｒｄで、それは「降り立つこと」を意味している。そのことは、企みを一つにした神の息子たちが、ヘルモン山に降り立った情景を思い起こさせる。ここで、前に使った年代順方式で、いつ、その事件が起きたかを計算してみよう。聖書の記録によれば、エレドは、大洪水の１１９６年前に生まれている。彼の息子エノクは、大洪水の１０３４年前に、メトシェラは、大洪水の９６９年前に、その息子レメクは、大洪水の７８２年前に、そして最後に、レメクの息子ノアが、大いなる洪水の６００年前に生まれている。これらの数字に、60を掛けて、１万３０００年を加えると、次のような年代表ができる。

エレドの誕生　８万４７６０年前
エノクの誕生　７万５０４０年前
メトシェラの誕生　７万１１４０年前
レメクの誕生　５万９９２０年前
ノアの誕生　４万９０００年前

これらの、大洪水前の族長たちが、後継者を生んでからも、長く生きていたことを考えると、この数字は、地球の年を基準にすると、「驚異的な年数」（学者たちの言い分では）である。しかし、サールの単位で数える、惑星ニビルの年を基準にすると、ほんの僅《わず》かな年数になる。実際、シュメールの王のリストが記録されている粘土板の一つに示されている数字が、「この大洪水の英雄」（シュメール語で、ジウスドラ）の大洪水までの統治期間、10サール、または3万6000地球年に一致するのだ（この粘土板は、W—B62と名づけられ、英国のオックスフォードにあるアッシュモリアン博物館に保存されている）。これは、聖書が大洪水の時のノアの年齢を600歳だとしていることにも、正確に一致している。つまり、600に60を掛けると3万6000になるからだ。この事実から、二つの数字が同じであることが確かめられる。また、聖書とシュメール古文書の両方に記録されている、族長／統治者の年齢が、じつは、同じだという、我々の推論も裏付けられるのである。

そこで、こうした資料を組み合わせて、年代順に整理していくと、この新しい形の「神々との遭遇」は、8万年前のエレドの時代から始まったことが、わかってくる。そして、エノクの時代にも、この形の「神々との遭遇」が続いていた。そして、ノアが4万9000年前に生まれた時に、家庭危機の原因にもなったのである。

ノアの父親は、本当は、誰だったのか？　彼は、レメクが、疑ったように、半神半人だったのか？　あるいは、気を悪くした彼の妻、バスエノシュが、何回も確認したように、やはり、レメクの子だったのか？　聖書の一般的な翻訳では、彼は、「その世代の中で、神に従う無垢《むく》な人であった。ノアは神と共に歩んだ」と述べている。もう少し、原文の字句にこだわって、訳して見ると、「完全な血筋を引いた、正当な権利のある男で、エロヒムの神と歩いていた」となる。この最後の、生い立ちについての説明が、聖書のエノクが述べた言葉と、そっくりなのだ。一見、無味乾燥に見える、聖書の言葉にも、表面的に目に触れる以上のものが、隠されている場合があるのだ。

いずれにせよ、自分たちのタブーを破ってまで、若いアヌンナキ／ネフィリムが、皮肉なこの事件の口火を切ったことは、確かである。人間の娘たちが、遺伝的に和合できるようになっていたので、彼らは、その人間の娘たちを奪って、妻にしたのだ。そして、何回もの、遺伝子操作が、あまりにも、上手くいきすぎたので、それが、皮肉にも、人類を滅亡に追い込むことになったのだ……。

つまり、若いアヌンナキを追いかけたのは、人間ではなかったにもかかわらず、皮肉にも激しい処罰の矢面にたたされたのは、人間のほうだったのである。

それは、「主ヤハウエが、地球上に人を創ったことを、後悔した」からだという。神は、「自分が創ったアダムの子たちを、地球上から抹殺して」事の解決を図ろうとしたのだ。しかし、「最後の神々との遭遇」になるはずだったこの企ても、神々の兄弟喧嘩によって、完全には実行されなかったと、シュメールの原典は、その裏話を紹介している。また、聖書には、地球から人類を抹殺しようと誓った、まさにその同じ神が、神の計画を台無しにしようとするノアの努力を、見て見ぬふりをしたと、述べられている。メソポタミアの原典にも、この事件についての、エンリルとエンキの反目の様子が記されている。「カイン」と「アベル」の反目劇は、神のバージョンとして続いていたのだ。ただし、二人のうちどちらかが犠牲になるのではなく、今度は、神が創った人間が狙われる羽目になっていたのだ。

この新しい種類の——セックスにまつわる——「神々との遭遇」は、人類を滅亡へと追い込んでいた。そして、それに続く「全く別の形の——しくまれた——神々との遭遇」が、人類の救済のための大事件に発展するのだ。

第5章

大洪水による人類絶滅の危機
――ノア一族（人類）を救おうとした宇宙人と抹殺しようとした宇宙人

ノアの大洪水の物語は、世界中に残る言い伝えと太古の記憶を集めたものである。この物語の基本部分は、版が違ったり、登場人物の呼び名が変わっていても、すべて同じである。怒った神々は、地球規模の大洪水を利用して、人類を地球上から抹殺しようとするが、一組の夫婦だけが見逃されて、彼らが人類を救うのである。

この記念すべき出来事の記録は、ヘブライ語聖書（旧約聖書）以外には、紀元前3世紀のカルデアの僧侶ベロッソスがギリシャ語で書いたものしかない、と思われていた。それは、ギリシャの歴史家たちが断片的に記したものを集めたものだった。しかし、1872年に、ジョージ・スミスが、英国聖書考古学会の講演で、「ヘンリー・レアードにより、ニネベの王立図書館から発見された、〝ギルガメシュの叙事詩〟の中に、聖書のものと似ている、いくつかの大洪水の物語があるのを見つけた」と発表した（図21）。1910年までに、他の校訂本も発見された（学者たちは、それぞれ、古代近東の言語で、題名をつけている）。こうした古文書は、もう一つのメ

シュメール王朝５番目の君主ギルガメシュ。３分の２神で、３分の１人間だった伝説の王。

ギルガメシュの母・女神ニンスン。ギルガメシュの父方は偉大な神シャマシュの血を引く。〔出典：宇宙船基地はこうして地球に作られた〕

[図21] ニネベの王立図書館で発見された〝ギルガメシュの叙事詩〟。

ソポタミアの物語「アトラハシスの叙事詩」を再編集するのに役立った。この叙事詩は、人類の創成から、大洪水で絶滅しそうになるまでの物語を述べている。これらの古文書の言葉や話の筋から、その原典がシュメールの古文書であることがわかる。その大部分は、すでに発見され、1914年になって公にされ始めた。完全なシュメールの古文書の発見は、まだ続いている。だが、聖書などの他のすべての物語の元になっているシュメールの原本の存在については、今では、疑う者はいない。

聖書は、ノアを大洪水の英雄として紹介し、ただ一人、家族とともに救われた、「完全な血筋の、正当な権利のある男で、エロヒムの神と歩いていた」と、述べている。しかしメソポタミアの古文書は、ノアの人物像を、もっとわかりやすく紹介している。それによれば、彼は半神半人の子孫で、たぶん、彼自身も、(レメクが、疑っていたように)半神半人だったと思われる。そして、「エロヒムの神と一緒に歩いていた」という表現が意味するものを、さらに詳しく述べている。メソポタミアの多くの古文書の詳細な記述によれば、「神との遭遇」の手段としては、夢が重要な役割を果たしていたことが明らかになっている。懇願する人間に対して、神が、かたくなに姿を見せることを拒絶した先例もある。神の声は聞こえても、見ることはできないのが普通だった。そして、ここに、古代近東のあらゆる年代記の中でも他に例を見ないほど独特の「神との遭遇」を果たした、一人の人物の生々しい記録がある。神が、自分の手で、人間の額に触れて、祝福したのだ。

聖書によれば、地球上から人類を抹殺しようと決めた神と、大洪水の英雄ノアとその家族を助ける方法を考え出して人類を全滅から救おうとした神は、同じ一人の神である。何とも矛盾した行動である。しかし、シュメールの古文書の原典や、その後のメソポタミアの校訂本によれば、同じ一人の神ではなく、実際は、複数の神が関わっていたと伝えられている。たとえば、エンリルとエンキが、その主役として登場する。厳しいエンリルは、人間の娘たちとの結婚に腹を立て、人類にとどめを刺そうとする。一方、寛大なエンキは、人類は、自分たちが「創造したもの」だと考えていたので、選ばれた一家族を通して、人類を救う計画をたてるのだ。

このことから考えると、大洪水は、一人の怒った神がもたらした、宇宙的な大災害ではなく、自然の災害であり、怒ったエンリルが目的を達成するためにそれを利用したのが、事の真相だと思われる。この大災害の前には、気候がどんどん悪くなる期間が続いていた。寒さは増し、降雨量は減り、穀物の収穫は減っていった。以前私が、『地球人類を誕生させた遺伝子超実験』で明らかにしたように、これは、ほぼ７万５０００年前に始まり、約１万３０００年前に突然終わった。この時期は氷河期に当たり、地球環境は激変していた。私は、次のように指摘した。南極の上に溜まった氷の層が、それ自体の重さで、下の氷層を溶かし始め、氷塊全体が、南極大陸から滑り落ちようとしていた。それが、南方からの大津波を引き起こし、北方の陸地を飲み込んだのだろうと。地球を回る軌道から監視を続けているイギ・ギ（IGI.GI　見て調べる者たち）と、アフリカの先端にある科学ステーションの情報から、アヌンナキたちは、当然、その迫り来る危険を察知していたに違いない。そして、次に惑星ニビルの軌道が地球に近づく時、その引力が引き金となって大惨事を起こすだろう、ということもわかっていたはずである。

氷河期の気候が、厳しくなるに従い、人間たちの苦難は増し続けたが、エンリルは、他の神々に、人類を助けることを禁じた。その意図は、「アトラハシスの叙事詩」からもわかるように、人類を飢餓《きが》によって死滅させようとするものだった。それでも、人間たちは、何とか生き延びていた。それは、雨が降らなくても、朝の露や、夜の露によって、まだ穀物が育ったからである。しかし、時がたつに従って、「肥えていた土地は、白く干からび、野菜の芽も出なくなった」。そして、「人々は、苦しさに体を丸めて、道を歩いていた。彼らの顔は、飢えのため、真っ青になっていた」。飢餓がもとで、身内同士の骨肉の争いが始まった。共食いさえ行われ始めた。しかし、エンキは、エンリルの命令を無視して、人間たちが生きていくのを、助ける方法をいろいろと考えた。たとえば、独創的な方法で、魚をたくさん獲る方法なども試してみた。エンキは、特に、彼の忠実な従者、アトラハシス（「最も賢き者」）をかばっていた。彼は、半神半人で、シュルッパクの居住地で、アヌンナキの神々と人間との、連絡係の役割を果たしていた。当時、シュルッパクの街は、ニンマフ／ニンフルサグの管理下にあった。

多くの古文書が明かしているように、アトラハシスは、エンキの指示と助けを得ようと、自分のベッドを神殿の中に移した。彼は、夢を通して神エンキの指示を仰ごうと、一所懸命だった。神殿の中で徹夜の祈りを続け、「毎日、泣いて頼んだ。朝になると貢ぎ物を捧げた」。そして、夜には、「夢に注意を払い続けた」。

こうした苦難にもめげず、人間たちは、まだ、あちこちで生きていた。人々の泣き叫ぶ声もエンリルの耳に入ったが、それは、ただ単に、彼を苛立たせるばかりだった。エンリルは、「人間たちが煩《うるさ》くて安眠を妨げる」ので、人類を滅亡させる必要があると、力説していた。そして、「人間どもの耳障りな声が、いちだんと騒がしくなった。彼らのざわめきは、われより安眠を奪う」と言ったのである。エンリルは、他の神の指導者たちに、これから起きる洪水については、決して人間たちに知らせることのないよう誓わせた。そうすれば、人類は滅亡するだろうからと。

　エンリルは、おもむろに、口をあけて
　すべての神々のいる前で話した
　「さあ、みんなで誓おうじゃないか
　恐ろしい洪水の話はしないと！」

アヌンナキたち自身がスペースシャトルに乗って地球を離れる準備を進めていることも、人間たちには知らせてならないもう一つの秘密だった。しかし、ほとんどの神々は誓ったが、エンキは反抗した。「なぜ、わたしを、誓いで縛ろうとするのか？」と、彼は聞いた。「わたしは、なぜ、わたしの人間たちを懲らしめなければならないのか？」。こうして、激しい討議が続いたが、結局、エンキもまた、「秘密」を漏らさないと、誓う羽目になった。

アトラハシスが、夜を日に継いで、神殿に留まり、夢の中で、次のような言葉を聞いたのは、この運命の神の誓約の儀式が終わった後だった。

　神々は、すべての破壊を命じた
　エンリルは、人間に対して悪巧みをした

それは、アトラハシスには理解できない、お告げの言葉だった。アトラハシスは、自分の神に聞いた。「この夢の意味を私にわかるように教えてください」と。

しかし、エンキは、どうやって、誓いを破ることなく、はっきりと説明できただろうか？　エンキは、この問題をじっくり考えて、ある方法を思いついた。彼は、その秘密を「人間に」漏らさないと誓ったのだ。しかし、壁に向かって秘密を話さないと誓ったわけではない！　こうして、ある日、アトラハシスは、神の声を、神を見ないままに聞くことになった。それは、夜、夢を通して行われる、神との通信ではなかった。それは、昼間に行われ、神に遭う方法もいつもと全く違っていた。

それは、見るだに、痛々しい情景だった。我々は、その様子を、アッシリアの改訂版から、窺い知ることができる。困惑したアトラハシスは、「頭を下げ、ひれ伏してから、恐る恐る立ち上がって、ようやく口を開いて、こう言った」。

エンキ、わが神よ
私には、あなたが入って来られたのがわかります
私に聞こえるのは、いつものあなたの足音です！

アトラハシスは、7年の間「私は、あなたの、お顔を拝見してきました」と、言った。そして、今突然、彼は、自分の神を見ることができなくなったのだ。見えない神に訴えて、「アトラハシスは、自分の声が神に届くように話した」。そして、彼が見た夢の意味と、それが何の知らせか、そして、どうしたらよいかを尋ねた。

そこで、エンキは、「葦の壁に向かって話し始めた」。未《いま》だ、神の姿は、見えなかったが、アトラハシスは、神殿の葦の壁の向こうから話しかけてくるエンキの声を聞いた。彼の神は、壁に向かって指示を与え続けた。

壁よ、よく聞きなさい！
葦の壁よ、わたしの言葉を、注意して聞きなさい！
あなたの家を捨てて船を造りなさい！
財産をなげうって命を守りなさい！

それから、船を造るための、様々な指示が続いた。その船は、内から太陽が見えないように、全部、屋根で覆わねばならなかった。また、「上から下まで」タールで塗り込める必要があった。それから、エンキは、水時計の蓋《ふた》を開けて、いっぱいにした。そして、ちょうど7日目の夜に、殺人的な大洪水がやってくると知らせた。

シュメールの円筒印章の絵には、ちょうど、この場面が描かれている。そこには、一人の僧侶によって支えられている、葦の壁（水時計の形？）が見える。蛇の神としてのエンキと、その指示を受けている、大洪水の英雄の姿も描かれている（図22）。

この船を造ることは、もちろん、他の人たちに知れてしまうことだった。それなら、どうして、他の人たちを驚かせないでおくことができるだろうか？　この点についても、アトラハシスは、（葦の壁の向こうから）この街を出なければならないので船を造っているのだと、説明するように指示された。彼は、人々に、自分はエンキの礼拝者なので、エンリルが管理する場所には、いられないのだと、説明することになっていた。

私の神は、あなた方の神と意見が合いません
エンキとエンリルは、お互いに腹を立てています
私は、エンキを敬っているので
私は、エンリルの土地に残っていることはできません
私は、自分の家から追い払われたのです

エンキとエンリルの不仲は、二人の振る舞いから、はやくから想像されていたが、こうして、衆人の知るところとなった。アトラハシスを罰するということは、お互いの反目のいい理由になった。この事件が起きた場所は、シュルッパクである。そこは、ニンマフ／ニンフルサグの統治下にあった。そこは、初め、一人の半神半人が「王」として登用されたところだった。シュメールの古文書によると、彼の名は、ウバルツツといい、その後継者である息子が、この大洪水の英雄だったという（シュメールではジウスドラ、「ギルガメシュの叙事詩」ではウトナピシュティム、古代バビロニアではアトラハシス、そして聖書ではノアと呼ばれていた）。エデンの、アヌンナキの居住地の一つは、エンリルに与えられ、エンキには、南東アフリカのアブズが割り当てられていた。アトラハシスが船で渡るところは、この海の向こうの、エンキの領土ということになっていた。

地球の主エンキ（エア）。水、鉱業の神とされ、知恵の象徴・蛇や月などと共に描かれる。

[図22] 蛇の神エンキが、葦の壁を通し大洪水の情報をアトラハシス（ノア）に漏らしている様子を描いた円筒印章。

罰せられる男を逃がしてやろうと、長老たちは、街をあげて、その船の建造に当たらせた。「大工は斧を持ち、職人はタール石を、若者はピッチ（やに）を運び、船大工が仕上げをした」。アトラハシスの古文書によれば、この船が出来上がると、街の人たちは、食料と水を積み込むのを手伝ったという。その積み荷には、「きれいな動物……太った動物……野生動物……家畜……空を飛べる鳥」などが、入っていたという。この積み荷リストは、聖書の創世記のものに似ている。それによれば、神は、ノアの箱船に、雄と雌の、それぞれ二つの「種」の「生身のすべての生き物……家禽類……家畜類」を積み込むことを指示したことになっている。

この、つがいの動物たちの積み込みは、有名な画家から、子供向けの本のイラストレーターに至るまで、あらゆる芸術家たちの格好の材料となってきた。それは、同時に、この話の信憑性に疑いをもつ人たちの、格好の材料にもなっている。いったい、どのようにして、大洪水の後もこの動物たちが生きていたのか？　寓意《ぐうい》的に解釈して、問題をなげかける人々もいるわけだ。こうした疑問は、それが些細なことであっても、大洪水の物語全体の信憑性に対する不信感に発展しかねない。

そのためにも、「ギルガメシュの叙事詩」の大洪水に関する改訂版で述べられている、動物の生命の保存についての、全く違う解釈に特に注目したいのである。それによると、積み込まれたのは、生きている動物ではなく、保存用の動物の「種」だったのだ！

古文書（粘土板XI段、21―28行）には、エンキが壁に向かって話した言葉が、次のように引用されている。

葦の幕、葦の幕よ！　壁、壁よ！
葦の幕よ、聴け！　壁よ、心して聴け！
シュルッパクの人、ウバルツツの息子よ……
家を捨てて船を造りなさい！
領地をあきらめ、汝の生命を助けなさい！
財産などは、すべて捨てて、生命を守りなさい！
船に乗って、すべての生物の「種」を持って行きなさい

この古文書の83行目から、ウトナピシュティム（この古代バビロニア版では、「ノア」をこう呼んでいる）が、「自分の持っていたすべての生物の種」を船に持ち込んだことがわかっている。明らかに、これは植物の種ではなく、動物の種を表している言葉だ。

古代バビロニアとアッシリアの改訂本では、「種」という言葉は、アッカド語のzeru（ヘブライ語ではzera）と表現されている。これは、「それから生物が発生し、成長する」といった意味である。これらの改訂本が、シュメールの原典から来ていることは、はっきりわかっているので、アッカド版に記されている「種」という専門用語が、その原典のシュメール語の、NUMUNと同じような意味をもち続けているのは、当然といえば当然である。NUMUNとは、それから人間が子孫をつくるもの、という意味に使われていた。

動物そのもの、ではなく、「生物の種」を積んだことは、活用すべきスペースを節約できただけではない。それは、同時に、多様な種を保存するための最新のバイオテクノロジーの応用ができ

きたことを意味している。それは、DNAの遺伝子の秘密を解明して、今日、初めて開発された技術である。これは、エンキの存在を考える時、実行可能なことだったと思われる。なぜなら、彼こそ、遺伝子工学の大家で、DNAの二重らせん構造にも似た絡み合った蛇のシンボルであり、その能力を象徴されていたからである（図5参照）。

シュメール／メソポタミアの古文書が、エンキこそが人類の救世主としての役割を果たした、としているのは、妥当なことだと思われる。彼は、アダムとホモ・サピエンスの創造者だった。そして、彼は、悲運の人間たちを、はっきりと、「わたしの人間たち」と呼んだ。彼は、アヌンナキの主任科学者として、「すべての生物の種」を保存するために、運び、取り出し、供給することができた。さらに、その「種」のDNAから、すべての動物をよみがえらせる知識も備えていた。彼は、また、ノアの箱船の設計者としても最適だった。その船には、大洪水に遭っても持ちこたえることが可能な特別の設計が必要だった。すべての古文書は、この船が、神エンキによって与えられた〝正確な仕様〟に基づいて建造された、と述べている。

船体の3分の2が、水の下に沈むように建造されたので、船は抜群の安定性を誇っていた。木製の構造は、内側も外側もアスファルト用のタールで塗り固められ、大洪水の激流に呑み込まれても、上部デッキは、常に水上に顔を出すようになっていた。平らな甲板の上には、小さな方形の小部屋が僅かに突き出しているだけで、そこに付いているハッチも、大洪水に直面した場合には閉じられて、やはりアスファルト用タールで密封されるように工夫されていた。ノアの箱船の形についての、様々な憶測の中でも、パウル・ハウプト（「アッシリア学への貢献」に発表され

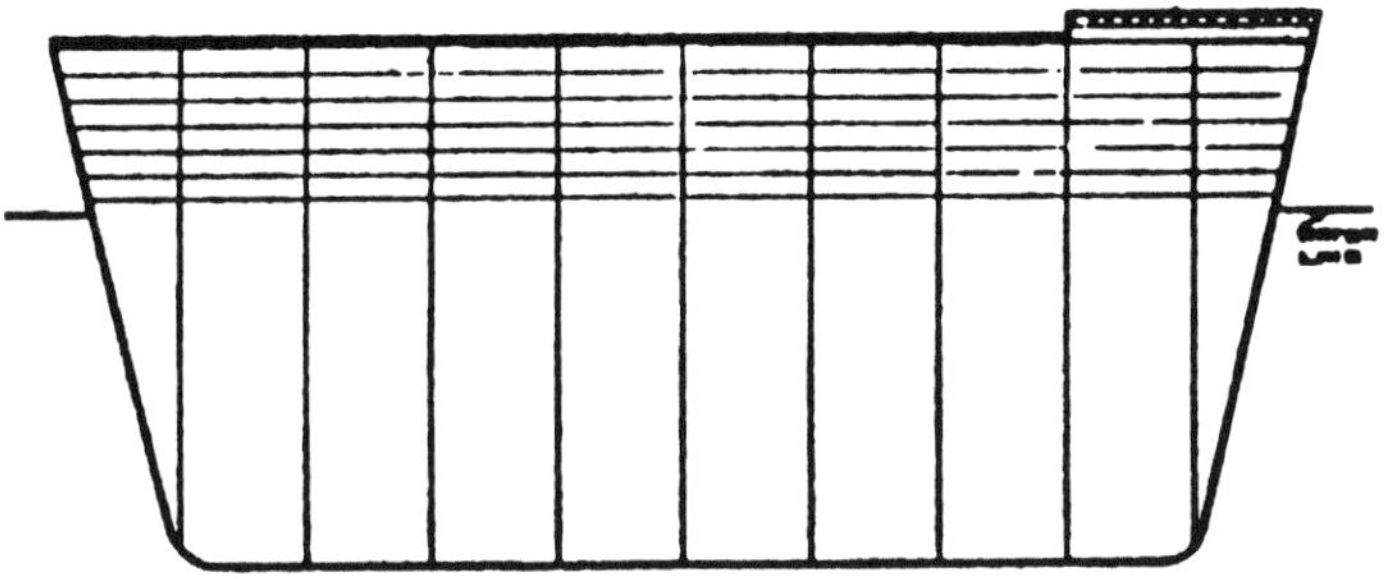

[図23] 現代の潜水艦によく似た〝バビロニアのノアの箱船〟。パウル・ハウプトが「アッシリア学への貢献」に発表した。

た「バビロニアのノアの船」――図23）のものが、いちばんわかりやすい。このノアの箱船には、現代の潜水艦に驚くほど似ている点がある。潜航中には閉まるハッチの付いた司令塔が飛び出ていることだ。

この特別設計の船は、バビロニアとアッシリアの改訂版で、トゥズリリと名づけられている。この言葉は、今日でも（現代のヘブライ語のTzoleletとして）、潜航できる船、つまり、潜水艦を意味している。また、ジウスドラ（ノアのこと）の船を表すシュメール語は、MA・GUR・GURといい、「回ったり、ひっくり返ったりする船」の意味である。

聖書の訳では、この船は、イトスギの木材と葦から造られ、一つだけハッチがあり、「内も外も」タール・ピッチ（タールを蒸留したもの）で覆われていたという。創世記で使われているヘブライ語の、この出来上がった船を表す言葉は、Tebaとなっており、それは、すべての面が閉じているものを意味し、通常訳されている「箱船」よりも、むしろ「箱」そのものの感じである。この言葉の原語が、アッカド語のTebituであることから、ある学者は、「品物を運ぶ船」、つまり、貨物船と解釈している。しかし、この言葉は、硬音の「T」の場合は、「沈むこと」を表す。つまり、この船は、「沈むことができる船」で、完全に密封され、大洪水の大波を被っても、激しい水の試練を乗り切って、再び水面に浮かび上がれる潜水艦だったのだ。

また、この船を設計したのが、エンキだったことも、うなずける。彼が、エンキ（地球の神）という呼称を与えられる以前の呼び名は、エアで、それは、「住まいが水の者」を意味する。事実、ごく初期の古文書には、エアはエディンの水面で船を漕ぐのが大好きで、時には一人で、またある時は、船乗りたちと一緒に出かけ、彼らがうたう海の歌を楽しんでいたという。シュメー

a

b

[図24] エンキ（地球の神）の以前の呼び名エアとは〝住まいが水の者〟の意味。水に親しむ彼の姿は、古文書などにしばしば登場する。初期の古文書（a）、シュメールの絵画（b）。

ルの絵画にも、水の流れに乗っている彼の姿が描かれている（図24a、b）。これぞまさしく、水瓶座《みずがめ》の、ありのままの姿を写している絵である（水瓶座は、十二宮の星座の一つで、エンキを称える）。エンキは、南アフリカでの金鉱の採掘作業を始めた時、その金塊を、貨物船でエディンに運ぶ態勢も整えていた。その貨物船には、「アブズ船団」というニックネームが、つけられていた。アトラハシスが、トゥズリリという名の船を造ったのは、これにならったわけである。そして、すでに述べたように、エアが、若いエレシュキガルを「かどわかして連れ去った」時も、このアブズの船便の一つを利用したのだった。熟練した航海の腕をもち、船を造る専門家だったエア／エンキを除いては、アヌンナキの中では、他に誰も、大洪水にも耐えられるような独創的な船を考案し、設計できる者はいなかった。

こうした、ノアの箱船とその堅牢な構造が、大洪水の物語を支える大きな要素になっている。なぜならば、この一艘の船がなければ、人類は、エンリルが望んだように、滅亡してしまったに違いないからだ。ところで、この船の話は、大洪水前の時代の、もう一つの実態を知る手掛かりになる。つまり、それは、繰り返し、太古の昔から、人々が船に馴染《なじ》み、船を使っていた事実を述べているからである。アダパの物語ですでに述べられていることと、全く同じ内容なのだ。これらすべてのことから、大洪水前に、航海の技術が存在していたことが確認できる。このように、多くの船を描いた信じがたいクロマニョン人たちの洞窟の絵が発見されたのだ（図15参照）。

さて、その船が完成し、エンキが指示した通りに装備を整え、荷積みが終わると、アトラハシス（聖書のノア）は、自分の家族をこの船に乗せた。ベロッソスによれば、乗船した者たちの中には、ジウスドラ（ノア）の何人かの親友たちもいたという。また、アッカド版によれば、ウトナピシュティム（ノア）は、命を助けるため、船の建造を手伝ったすべての職人たちも乗船させたという。メソポタミアの古文書の、他の詳しい説明では、その一行には、一人の腕のよい航海士もいたという。彼の名は、プズル・アムルといって、エンキが差し向けた者で、洪水がやってきた時に、船をどの方向に向けるかの指示をうけていた。

荷積みが終わり、乗船も完了したが、アトラハシス／ウトナピシュティムは、まだ中に入ることができなかった。彼は、船を出たり入ったりして、エンキが、注意するように言った合図を待っていた。

シャマシュが、時を見計らって
日暮れに、地も震わす点火を命じると
宇宙船から噴出する炎が見えるだろう
そうしたら、すぐ、船に乗って
入り口を当て木で密封しなさい！

シュルッパクの北、約１００マイルにある、アヌンナキの宇宙空港シッパールから、宇宙船が飛び立つのが、その合図だった。なぜかといえば、シッパールに集まって、そこから地球を回る軌道に乗ろうというのが、アヌンナキたちの計画だったからだ。アトラハシス／ウトナピシュティム（ノア）は、宇宙船が発進する際に、「一斉に放射する」、大地を轟かすばかりの閃光と火炎に注意するように言われていた。宇宙空港の航空司令官であるシャマシュが、「大洪水が来る時間に合わせて発進させるから」とエンキは、教えてくれた。そして、ウトナピシュティムは、合図が現れると、「箱船に乗り込み、ハッチを当て木で密封してから」乗員もろとも、船全体の運命を、航海士、プズル・アムルに託した。この航海士が、船を向かわせるように指示をうけていた目的地は、ニシル山（「救いの山」）、別名双頭の山、アララト山だった。

こうした、具体的な話から、いくつかの新事実が浮かび上がってくる。この話が示しているのは、この救済計画の仕掛け人（エンキ）は、南メソポタミアからはるか遠くにある、この山の存在を知っていただけでなく、この二つの頂きの山が、最初に洪水の流れの上に頭を出すことも、知っていたという事実である。つまり、この山の頂きが、西アジア全体で、いちばん高いことも知っていたのだ（1万7000と1万2900フィートの高さ）。このことは、アヌンナキの指導者たちであれば、誰でもよく知っていた事実だったと思われる。その理由は、彼らが、大洪水前に、シッパールに宇宙空港を建設した時、このアララト山を陸標にしていたからである（図25）。

さらに、この救済計画の仕掛け人は、やってくる洪水が、この船を運んでいく大体の方向も知っていたのである。なぜならば、もし、洪水が南のほうから来て船を北のほうに運ばなかったら、どんな優秀な航海士でも（オールも帆もなくて）、船を再び、目的地に近づけることは、不可能だったからである。

こうした地理的条件が、じつは、この大洪水の原因とその実態に大きく関係しているのだ。この洪水の惨禍《さんか》は、激しい降雨が原因だったとする一般的な見方とは違って、聖書と初期のメソポタミアの古文書には、はっきりと（降雨は、冷害の原因になったが）、この大災害は、「南方」か

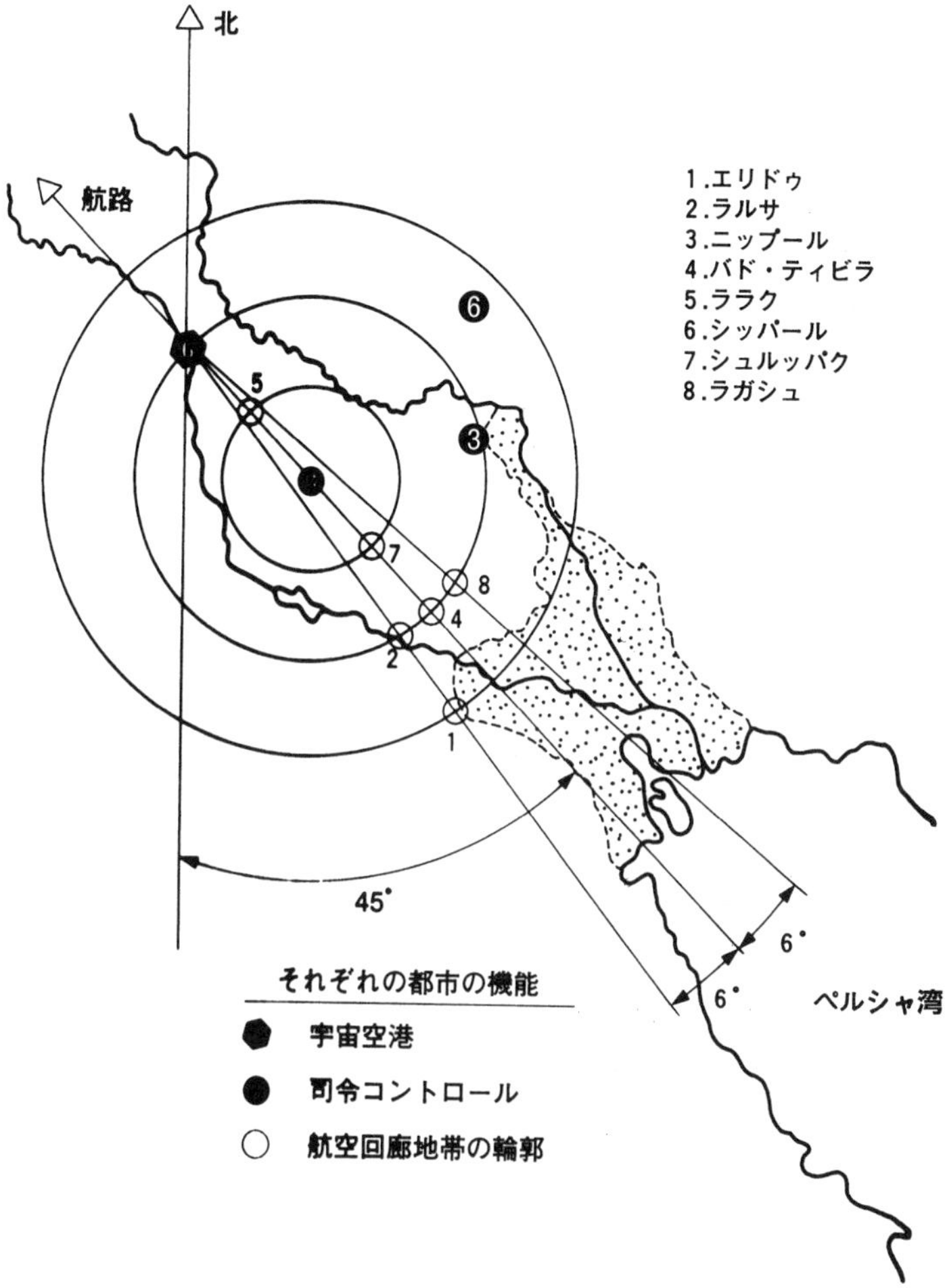

[図25] 神々の都市と飛行ルートの位置関係。ニップールを中心に同心円を描くと、これらの線上に神々の都市が並ぶ。また、宇宙空港シッパールを基点とした飛行ルートの線と、その線から左右対称に6ベル間隔で線を結べば、これら線上に神々の都市がすべて正確に置かれていることがわかる。

らの激しい強風で始まり、それに伴って「南」から洪水が押し寄せてきた、と述べられている。押し寄せた大量の水の源は「大いなる深さの泉」だったと指摘している。この言葉は、アフリカの向こうの、大きくて深い大洋のことを指している。ここから殺到した洪水が、「乾いた土地の堰《せき》を破り」大陸沿岸の障壁を水没させたのだ。南極を覆っていた氷が、インド洋に滑り込み、それが、果てしない大波となって、大洋を北へ進んだ。そして、この厚い水の壁が、アラビアの沿岸線を乗り越え、ペルシャ湾に殺到した。それから、さらに、大河の間にある、漏斗《ろうと》型の盆地に到達し、すべての陸地を呑み込んでしまったのだ（図26）。

この洪水は、どのくらいの地球規模で起きたのか？　地球上のすべての場所が水没したのか？人類の記憶によれば、それはほぼ地球的規模で起き、ほとんど地球的出来事だったことに間違いない。確かなことは、いつかは溶ける状態だった氷の滑落と、初めの寒冷期の後の、地球全体の温度の上昇によって、６万２０００年も続いた地球の氷河期が、突然の終わりを告げたことだ。それは、今から約1万３０００年前のことである。

この大災害の一つの結果として、数千年の間、南極には、氷の覆いがなかったことになる。従って、南極大陸のありのままの姿（海岸、湾、そして、川でさえも）を見ることができたわけだ。ただし、その当時、それを見ることができた何者かがいればの話である。そして、驚くべきことに（我々は驚かないが）その「何者か」が、確かにそこにいたのだ！

なぜそんなことがわかるかといえば、氷のない南極大陸を示した地図が、存在するからである。

１８２０年に、イギリスとロシアの船員たちによって発見されるまでは、南極に大陸が存在することすら、知られていなかった事実を思い返してみよう。発見当時も、現在のように氷の厚い

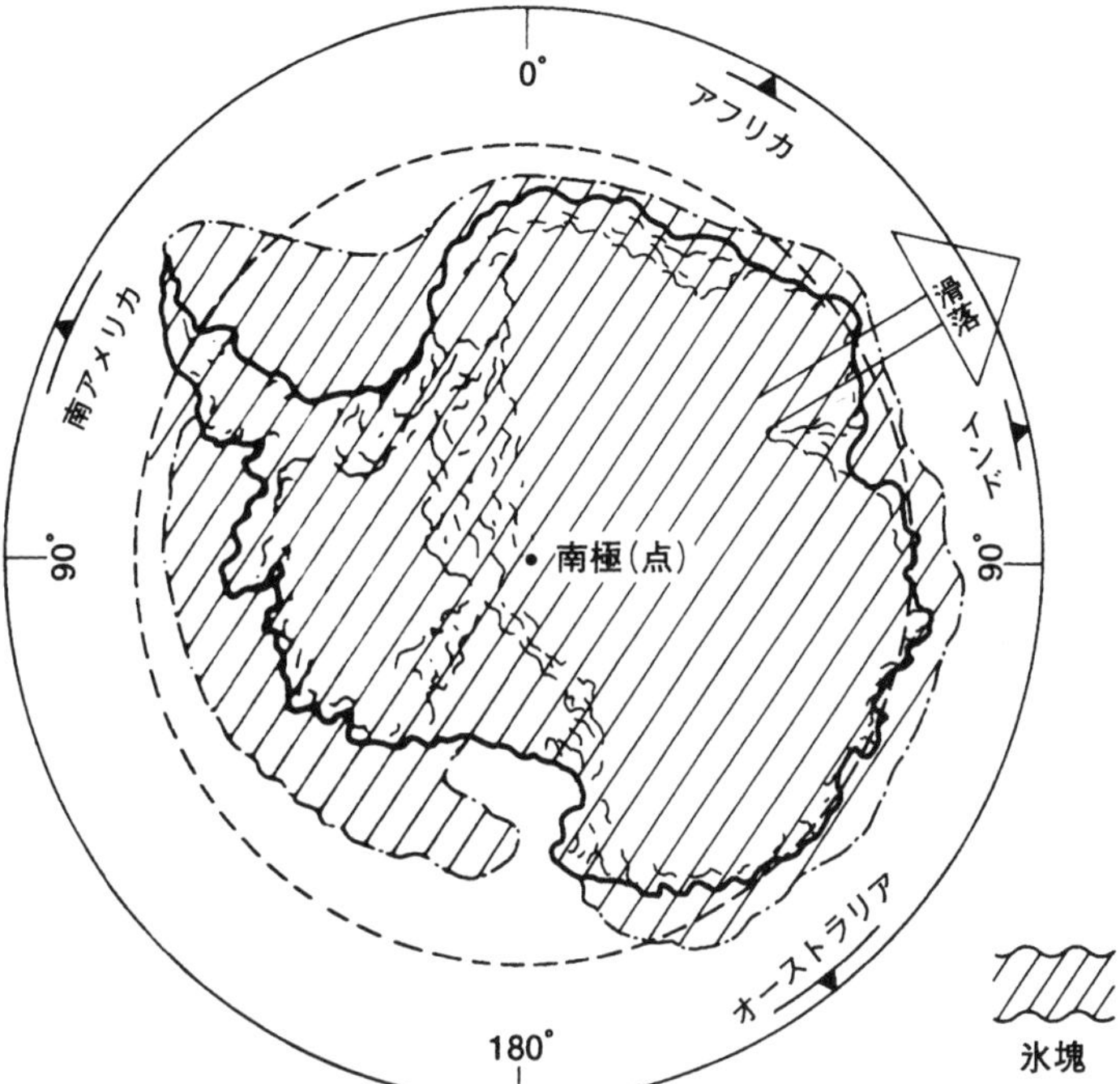

[図26] 南極を覆っていた氷が滑落し、すべての陸地を呑み込んでしまった。

層に覆われていた。今日、我々は、この大陸の（氷の冠の下の）本当の形状を知っているが、それは、1958年の国際地球観測年に、多くのチームが、レーダーなどの高度な観測器材を使って調べて、初めてわかったのだ。しかし、その南極大陸が、15世紀ないし14世紀後半の、いろいろな、マパス・ムンディ（世界地図）に載っているのだ。南極大陸が、発見される数百年も前に！　そして、謎の上に謎を呼ぶことには、その大陸は、氷がない状態で、示されているのだ！

こうした、いくつかの地図の中でも、この謎に包まれた部分を、鮮明に描いているのが、1531年にオロンティウス・フィナエウスによって作られた世界地図で、そこに示されている南極大陸の姿（図27）は、1958年の国際地球観測年に判明した、氷のない大陸の地図（図28）にも匹敵するほど詳しい内容のものである。このことは、チャールズ・H・ハップグッドによる『古代海王たちの地図／氷河時代の進歩した文明の証明』と題する著述の中で、詳細かつ鮮明に語られている。

トルコの提督、ピリ・レイスが作成させた、さらに前の1513年の地図では、この大陸が、群島によって、南アメリカの先端に連なっている（南極大陸の全部は表示されていないが）。一方、その地図には、中米と南米が、正確に示されており、アンデス山系やアマゾン川なども詳しく載っている。いったいどうして、スペイン人たちが、初めてメキシコ（1519年）と南アメリカ（1531年）に到着する前に、こんな詳しいことがわかったのか？

こうした、すべての事例に見られるような、大航海時代の地図制作者たちは、その原典は、フェニキアと「カルデア」（メソポタミアのギリシャ名）の古代の地図だと言っている。しかし、こうした地図を研究した、他の人たちが結論づけたように、普通の人間の航海士たちでは、何か

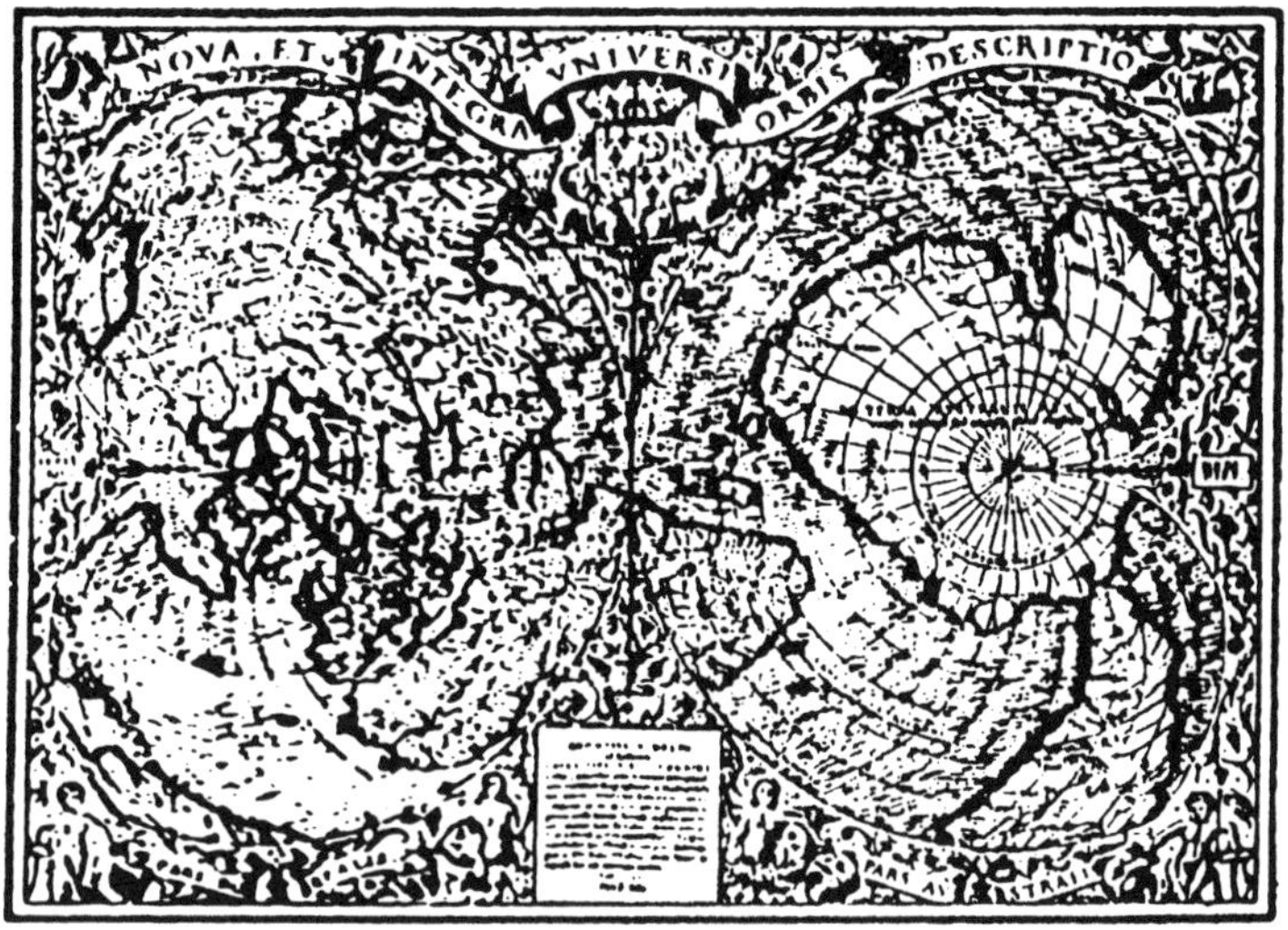

［図27］ 1531年にオロンティウス・フィナエウスによって制作された世界地図。
紀元前4000年頃の南極大陸の姿を鮮明に表している。

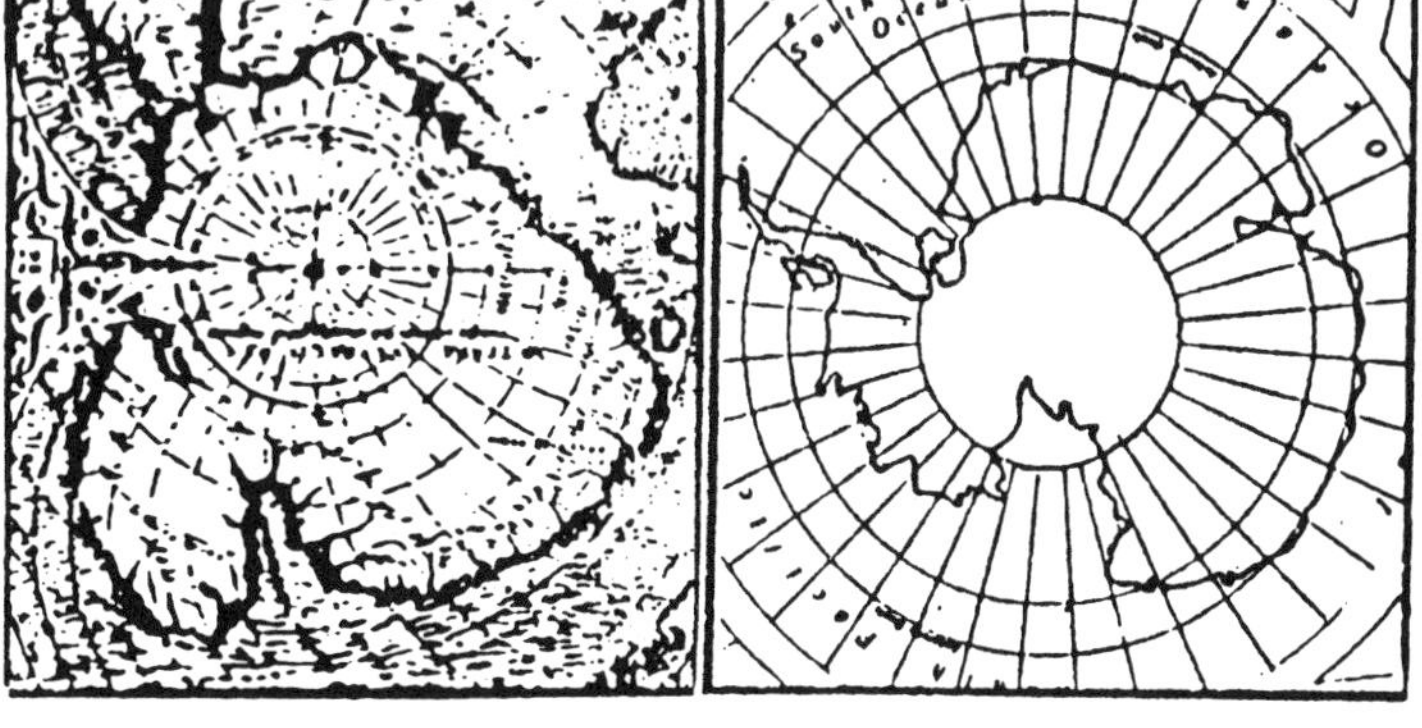

［図28］ 1958年の国際地球観測年に全貌が明らかとなった南極大陸の地図。

進んだ器材を与えられても、こんな昔では、大陸内部の詳しい様子までを地図にするのは、全く不可能なことである。ましてや、氷のない南極大陸の地図など作れるわけもないのだ。空中から観察して、地図を作れる者だけにできたのだ。そして、その時代に、それができたのは、アヌンナキだけだった。

実際に、南極の氷の覆いの滑落と、それが地球の環境に与えた影響については、エルラエポスとして知られている主要な古文書にも述べられている。この古文書は、数千年後に、アヌンナキの間で、地球の統治権をめぐって、激しい抗争が起きた事件を扱っている。十二宮の牡牛座（金牛宮）の大年が、牡羊座（白羊宮）に変わる頃、エンキの長男マルドゥクが、「エンリルとその後継者から地球の統治権を受け継ぐべき時が来た」と主張した。シュメールの聖なる場所に備えられていた測定器材が、未だ、牡羊座の大年の到来を告げていない時、マルドゥクは、ある出来事が、すでに時代の変化を告げていると、不平を訴えたという。その出来事とは、「エラカルムが、震えて、その覆いが、消滅したのに、長い間、その対策も講じられていない」ということだった。エラカルムという言葉の、はっきりした意味は、学者たちにもわかっていない。それは、よく「下の世界」と訳されているが、学問的には、決まった翻訳がない。以前、『彼らはなぜ時間の始まりを設定したのか』で述べたように、この言葉は、地球の底、つまり、南極を意味していると、私は考えている。そして、消滅した「覆い」とは、氷のカバーのことで、それは、ほぼ1万3000年前に滑り落ちて、4000年前には、ある程度、復元していたと思われる（チャールズ・ハップグッドは、オロンティウス・フィナエウスの地図に描かれている氷のない南極大陸は、紀元前4000年頃、すなわち、6000年前頃の大陸の姿を表していると考えていた。

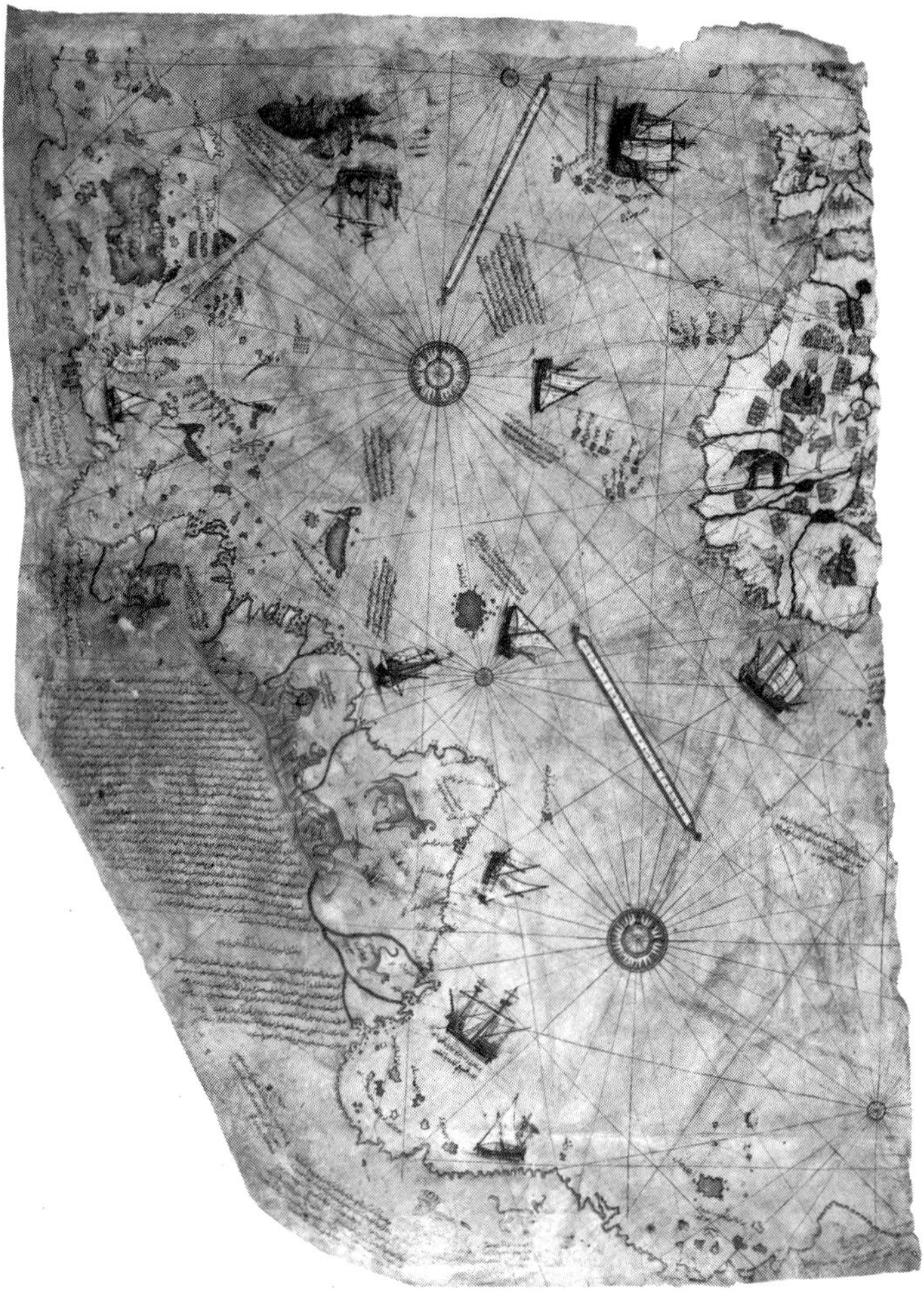

1513年トルコ海軍ピリ・レイスが保持していた地図。氷なき海面の低い南極大陸が海岸線とともに描写され、２万6000キロの宇宙上空からみた地図になっている。地質学的に南極に氷がない時代は１万3000年以上前となる。

〔出典：聖書の暗号は読まれるのを待っている〕

他の研究では、9000年前が正しいともされている)。

大洪水があらゆる大地を襲い、その上のすべてのものを破壊していた時、アヌンナキたち自身は空中に浮かび上がっていた。彼らは、宇宙船に乗って、地球のまわりの軌道を回っていたのだ。空の上から、この大惨事の様子が、手にとるように見えた。何機かの宇宙船に分乗したアヌンナキたちは「犬のように臆病になり壁のそばにうずくまった」。何日か過ぎると、「彼らの唇は、がさがさに乾き、空腹のため激しい腹痛に悩まされ始めた」。イシュタルは、自分の宇宙船の中で、「陣痛に苦しむ婦人のように叫んでいた」。そして、「古きよき日々は、泥まみれになってしまった」と嘆いた。人類を創造するのを手伝ったニンマフも、自分の宇宙船の中で、「わたしの創った生き物は、蠅《はえ》のようになってしまった。彼らは群がるトンボのようになって、川という川を埋め尽くし、彼らの父親たちは、のたうち回る海に呑み込まれてしまった!」と嘆き悲しんだ。エンリルとニヌルタは、シッパールの指令センターの、他の者たちに囲まれて、別の宇宙船の中にいた。エンキ、マルドゥクと、他のエンキの一族も、また別の宇宙船に乗り込んでいた。こうした神々が目指した行き先も、また、アララトの峰々だった。神々は、そこが他の何処《どこ》よりも早く、水中から現れることを知っていたのだ。しかし、エンキの他には誰も、ある人間の一家族が水難を逃れて、同じ目的地に向かっているとは知らなかった……。

こうして、思いがけなく実現した神々と人間との遭遇は、ある意味では、驚異的な出来事だった。神々は、不死の生命を求める人間の願いを、1万年、あるいはそれ以上も、放置してきた。神々はまた、神の顔を見たいという人間の願いを、この時までは、聞き届けたことがなかった。

聖書の物語によれば、この一族の箱船が、アララトの山頂に着き、しばらくして、水が陸地から退《ひ》いていくと、「ノアと彼の妻と息子たち、ノアと一緒に来た息子たちの妻たち」に加えて、乗せてきた動物も、箱船から降りた。「そして、ノアは、主ヤハウエをまつる祭壇を作り、新鮮な家畜と家禽を選んで焼いた捧げ物を、祭壇に供えた。そして、主は、その芳しい香気を嗅がれて、心の中でこう思われた。〝わたしは、人間のために地球を呪うことはやめよう〟と」。さらに、主なるエロヒムの神は、ノアと彼の息子たちを祝福して、彼らに「産めよ、増えよ、地に満ちよ」と伝えたのだった。

メソポタミアの古文書の原典には、怒れる神と、残った人間との和解の様子が、事細かに、それぞれ違った趣《おもむき》で、書き述べられている。その詳細な描写は、次のような一連の出来事に及んでいる。洪水がやみ、徐々に水が退き、鳥を陸地の偵察に送り出し、アララトに着き、箱船から出て、祭壇を作り、焼いた生け贄を供える、などの出来事のことだ。それらに続いて、焼いた肉の、食欲をそそる風味ある香りが引き金となって、神の怒りが解けたこと。そして、ノアとその息子たちに対して行われた祝福の模様などが、述べられている。

ウトナピシュティム（ノア）が「神々の秘密」について、ギルガメシュに回想して聞かせたように、彼は船から降りると、「生け贄を供え、ブドウ酒を山頂に注ぎ、七つと七つの祭礼用の水差しをおき、籐のかごにイトスギの木とキンバイカの低木を積み上げた」。神々も、その同じ山に着陸して、宇宙船から出てくると、「おいしそうな匂いを嗅ぎ付けて、供えられた生け贄のまわりに、蠅のように群がった」。

やがて、ニンマフが、この場所に到着して、何が起きていたかを知った。彼女は、「アヌが、自分のために作らせてくれた、大きな宝石にかけて」誓いながら、自分は、このむごい試練と何が起きたかを、決して忘れはしないと、皆に告げた。彼女は、さあ、お供え物をいただきなさいと、下使いのアヌンナキたちに言った。そして、こう念を押した。「だけど、エンリルは、このお供え物のそばには、来させないように。だって、何の理由もなく、わたしの人間たちを滅ぼそうとしたのですから」

しかし、現実には、エンリルに、この芳しい香りを嗅がせないで、焼いたお供え物を食べさせないようにすることは、難しかった。

遂に、エンリルが到着し、箱船を見ると、激怒した

彼は、見張り役の神々に、その怒りを投げつけた

「誰か、生きたまま、逃げた者がいたのか？

人間は、一人も、この大災害から助けてはならないのだ！」

エンリルの長男、ニヌルタは、人工衛星に乗って見張っていた神々イギ・ギの他に、誰か仕掛け人がいると睨《にら》んで、父、エンリルに言った。

こんな仕掛けができるのは、エア以外にいないでしょう！

すべてのことを知っているのは、エアに違いない！

エア／エンキも、その場に加わって、自分がしたことを認めた。しかし、彼は、秘密を守る誓いは破っていない点を、はっきりと、主張した。わたしは、神々の秘密を明かしたわけではない、とエンキは言った。わたしがしたすべてのことは、「アトラハシスに夢を見させた」だけだった。この利口な人間は、自分で神々の秘密を悟ったのだ……これが、この事件の全貌だと、エンキは、エンリルに話した。われわれは、考えを改めたほうがよいのではないか？　そもそも、大洪水を利用して、人類を滅ぼそうという計画そのものが、大きな間違いだったのではないか？「お前のような神の中の神、英雄が、理由もなく、こんな大災害を引き起こすことが、どうしてできるのか？」と、エンキは、熱弁をふるった。

この説得が原因だったのか、エンリルが、人間の力も借りて、現状を何とか、改善しようとしたのか、古文書には、はっきり述べられていない。しかし、その動機が何であれ、エンリルの気持ちは変わったのだ。これは、ウトナピシュティム／アトラハシスが、続いて起きたことを話した内容である。

そこで、エンリルは、船に乗って行った
手で私をつかんで、私を乗せてくれた
彼は、私の妻を乗せ、私のそばにひざまずかせた
私たちの間に立って、祝福するために
彼は、私たちの額に、その手を触れた

聖書には、ごく簡単に、神は後悔され、「ノアと彼の息子たちを祝福された」と、記されている。しかし、メソポタミアの古文書から、その祝福が、どのようにして行われたかを知ることができる。それは、今まで聞いたこともないような儀式だった。全く独特な、神々との遭遇が行われたわけで、神が選民たちを手で抱え上げ、彼らの間に立って、神の恵みを伝えるために、彼らの額にじかに触れたというのだ。ここ、アララト山の頂きで、エンリルは多くのアヌンナキたちの注視の中で、ウトナピシュティム（聖書のノア）に不死の命を与えて、こう述べている。

今までのウトナピシュティムは、ただの人間だった
これからのウトナピシュティムと、彼の妻は
われわれ神々のようになる
ウトナピシュティムは、はるか遠くの
水の口のあたりに住む

そして、「こうして、神々は私を連れていき、ずっと遠くの川の入り口に私を住まわせた」と、ウトナピシュティムは、ギルガメシュに話している。

この物語の驚くべき点は、ウトナピシュティムが、大洪水から、1万年近くもたってから、このことをギルガメシュ（紀元前2900年頃のエレクの王）に伝えていることだ。

半神半人の息子として、そして、たぶん彼自身が半神半人として、ウトナピシュティムは、シュルッパクに（大洪水前）3万6000年もの間、住んでいた。そして、大洪水後、さらに1万

（大英博物館所蔵）

［図29］ エロヒムは人々に大洪水は二度と起こらないと保証。メソポタミアの絵には、誓いのしるしに雲の中で弓をつがえる姿がある。

年も、生きていたことになる。これは、不可能なことではない。控え目な聖書でさえも、大洪水前の601年に加えて、大洪水後の350年をノアの生存期間としている。

本当に変わったことといえば、彼の妻も、この祝福と、二人が運ばれた聖なる場所のおかげで、同じくらい、長く生きていられたことである。祝福されたカップルが、こんなに長生きしたために、ギルガメシュも、大洪水の英雄のことを、つぶさに調べることができたのだった。しかし、この物語自体が、さらに詳しく調べてみるだけの価値があるものだと思われる。なぜならば、この物語は、始めから終わりまで、人を魅了する様々な形の、神々との遭遇の話でいっぱいだからである。

この大洪水の物語の最後の一幕として、聖書によれば、エロヒムの神は助かった人間たちに、こうした大災害は二度と起こらないと保証した。そして、そのしるしとして、「わたしは、自分と地球との、誓いのしるしとして、雲の中に弓を置いた」と神が伝えたという。このことについての詳細は、現存するメソポタミアの古文書には、取り上げられていない。しかし、この人々と契約を交わした神が、雲の中で弓をつがえている姿が、このメソポタミアの絵のように、実際によく散見されるのである（図29）。

コラム

地球温暖化現象⁉　大洪水はもう来ないのか

大量の燃料消費の結果としての地球の温暖化と、南極のオゾン層の減少に対する、科学的、社会的関心が、近年、過去の気象についての広範囲な研究ブームを巻き起こしている。グリーンランドや南極の累積した氷は、その中心までドリルで穴を開けて調べられ、氷の層は、レーダー画像を使って研究されている。沈殿物の岩石、自然の亀裂《きれつ》、大洋の土泥、古代の珊《さん》瑚《ご》、ペンギンの巣作りの場所、古代海岸線の跡などをはじめとする多くの調査が行われている。これらの調査の結果すべてが、最後の氷河期が、突然１万３０００年前に終わったことを示している。

これは、地球規模の大洪水が起きた時期と一致している。地球の温暖化現象によって、南極の氷が溶け、恐ろしい大災害が再び起きる可能性について、目下、各方面の注目が集まっている。南極大陸の西側に、やや小さい氷のかたまりがあって、そこから、氷の覆いの一部が、水面上に突き出している。2度、温度が上昇するだけで、この氷が溶けて、世界中の海の水位を20フィートも上げてしまう。そして、もし、東側の大きな氷の塊（図26参照）が滑り落ちた場合には、さらに痛ましい結果となるだろう。万が一、この大氷塊の底部を形成している、「なめらかな」水泥の層が、それ自体の重さか、火山活動によって、崩れるようなことでも起きれば、地球全体の海の水位を、じつに２００フィートも上げることになるのだ

（「サイエンティフィック・アメリカン」1993年3月号）。

もし、南極の氷冠が徐々に溶けないで、いっぺんにまわりの海に落ち込んだ場合、洪水の大きさは、計り知れないものになるだろう。なぜならば、あふれた水が一度に流出するからだ。我々の考えでは、ちょうど、これと同じようなことが、地球のそばを通過した惑星ニビルの引力が、南極の氷冠を刺激することによって、引き起こされたのだ。

「最後の氷河期の終わりに起きた、地球規模の大洪水」の証拠は、科学誌「サイエンス」（1993年1月15日号）にも、報告されている。それは、まさしく、「壊滅的な大洪水」だった。毎秒（なんと！）6億5000万立方フィートの水が、カスピ海の北西の氷の壁を突き破り、そそりたつアルタイ山脈の障壁も、1500フィートの高さの波となって乗り越えたのだ。（シュメールと聖書の古文書の記録通りに）南方から、ペルシャ湾の盆地に殺到したこの大洪水の最初の第一波だけで、この地方のすべての山々を呑み込んでしまったのだ。

第6章

ミサイルの国と人類に与えられた三大文明 ——宇宙人たちの「ピラミッド戦争」後に和平協定で創られた文明地帯

シュメール人は、後世の人類に「この世で初めて」のリストを残してくれた。このリストがなければ、今日の現代文明は存在しなかったのである。「この世で初めて」起きたことには、王権も含まれる。この「初代の王座」も、アヌンナキの神々によって、シュメールの人たちに与えられたのだ。シュメールの王のリストには、次のように記されている。「大洪水が地球を洗い流した後、王権が天から授けられ、初めての王制は、キシュの地に敷かれた」。この、「王権が、神から与えられた」という事実のため、たぶん、王たちは、空を飛んで、天の入り口に昇っていく権利があると、思い込んだに違いない。そこで、多くの、「神々との遭遇」の記録が登場することになる。こうした記録の中には、達成できたもの、試みられただけのもの、仮想されただけのものがある。そして、ある時は、希望に満ちたもの、またある時は、悲劇的な失敗に終わったものもあった。しかし、そのほとんどの場合、共通して、夢が重要な役割を果たしていた。

メソポタミアの古文書の記述では、エンリルは、この惑星の荒廃し尽くした現状に直面し、その解決策として、人間が生き延びた現実も受け入れ、生き残った人間に祝福を与えたという。「これから、人間たちの助けなしでは、アヌンナキたちが、この荒廃してしまった地球に留まって、役割を果たすことはできない」。そう悟ったエンリルは、エンキと手を結び、人類に、さらに進んだ文明を与えることにしたのだ。その文明は、旧石器時代から、中石器時代、新石器時代へ、そして、突然、開化したシュメール文明へと発展していった。それぞれの文明は、3600年の間隔で、次の文明へと、進展した。こうした、文明の発展に伴い、動物の飼育や、植物の栽培も行われるようになった。ものを作る材料も、石から粘土に変わり、使う道具類も、陶器製から銅製のものへと変わっていった。そしてついに、人類が独り立ちできる、一人前の文明へと発展したのだ。

メソポタミアの古文書が明らかにしているように、階級制度を伴った、こうした高水準の文明を背景にした王制のしくみは、アヌンナキの神々によって定められたものだった。これによって、アヌンナキたちは、自分たちと、波のように押し寄せてくる人間たちの間に、一つの仕切りを設けようとしたのだ。大洪水の前、エンリルは、「人間の耳障りな、おしゃべりが気に障る」と言い、「人間の叫び声が安眠を妨げる」と言っていた。しかし、今や、神々は、段階式神殿の中央部にある、神の「エー（E）」（家、住居）と呼ばれる至聖所に引きこもっていた。そして、神の言葉を聞くために、すぐそばまで近づくことを許された選ばれた者たちだけが、神のメッセージを人々に伝えることができた。エンリルが再び人間嫌いにならないように、王を選ぶことは、彼の特権とされていた。従って、シュメールでは、「キング・シップ（王権）」のことを、「エンリル・シップ」と呼んでいた。

いろいろな古文書には、王権を与えるという決定は、アヌンナキたちの間の、激しい抗争と戦いの末に、ようやく下されたものと、書かれている。我々は、この争いのことを、『地球年代記《アース・クロニクルズ》』シリーズ『神と人類の古代核戦争』の中で、「ピラミッド戦争」と名づけた。この激しい戦争は、古代の入植地を4分割するという、和平協定によって、停戦合意に達した。そのうちの三つは人類に与えられ、それぞれ、古代の3大文明発祥の地として、知られている。すなわち、チグリス・ユーフラテス（メソポタミア）、ナイル川（エジプト、ヌビア）、インダス渓谷のことである。4番目の地域は中立地帯で、ティルムン（ミサイルの国）と呼ばれていた。つまり、シナイ半島のことで、そこには、大洪水後の宇宙空港が造られていた。この前後の様子は、次のように述べられている。

運命を握るアヌンナキの神々が集まり
地球の将来について、議論を重ねた
そして、四つの地域を決めて
それぞれの境界線を定めた

この時、領土が、エンリルの一族とエンキの一族の間で分割された。
王は、まだ、いなかった
どんどん増える人間たちを、束ねる者がいなかった

その頃、頭飾りも王冠も
被られることはなかった
青金石の、帝王の「しゃく」も
まだ、振りかざされることはなく
王の台座も、まだ、作られてなかった
「しゃく」と王冠、王の頭飾りと杖も
まだ、天界の、アヌの前に置かれていた

こうして、四つの地域に分けて、人類に、文明と王権を与える結論に達した。そして、「王権の象徴である〝しゃく〟が天界から、下される」ことが決まると、エンリルは、女神イシュタル（孫娘）に、最初の人間の都市（シュメールのキシュ）の王にふさわしい候補者を選ぶ役割を与えた。

聖書は、エンリルの心変わりと、生き残った人間たちへの祝福の様子を、こう伝えている。「神は、ノアと彼の息子たちを祝福して、〝産めよ、増えよ、再び地に満ちよ〟と言われた」。聖書は、それから、「民族の系図」（創世記第10章）の中で、ノアの3人の息子たちに引き継がれた、種族国家をリストアップしている。3人の名前は、セム、ハム、ヤフェトで、この三つの主要なグループは、今でも、近東のセム系の人々、およびアフリカのハム系の人々、そして、ヨーロッパとインドに広がる、アナトリアとコーカサスのインド・ヨーロッパ系の人たち、として知られている。こうして、ノアの息子からその子供や孫へと続く聖書のリストには、王制の起源と最初の王について、予想されていなかった名前が記載されている。最初の王は、ニムロドとなっているのだ。

そして、クシュは、ニムロドをもうけた
彼こそ、地球上で初めての勇士となった
彼は、神ヤハウエに仕える強大な従者だった
「神に仕えるニムロドのような強い狩人」と
言い囃《はや》されていた
そして、彼の王国の、初めの領土は
バベルとエレクとアッカドだった
それらのすべては、シンアル（シュメール）の地にあった
その地方から、アッシュールに進み
そこに、ニネベの街が建設された
広い街路を備えた都市だった
続いて、カラの街ができ、レセンができた
それは、ニネベとカラの間の大都市だった

これが、簡潔にして正確な、メソポタミアの王権と王国の歴史である。その資料は、シュメールの「王のリスト」に、要約されている。それによれば、キシュ（聖書では、クシュ）で始まっ

た王制は、ウルク（聖書のエレク）に移り、紆余曲折の末、アッカドに移り、しばらくして、バビロン（バベル）とアッシリア（アッシュール）に受け継がれた。それらの発祥の地は、すべて、シュメール（聖書のシンアル）だった。このシュメールの王が、まさしく「初代」の王であったことは、聖書が、初めての王のことを、「強大な男」という言葉で表現していることからも、はっきりと証明されている。なぜならば、聖書のこの言葉の語源は、王を意味するシュメール語のル・ガル「偉大なる／強大な男」のことだからである。

ともかく、この初代の王といわれている「ニムロド」が何者かを知るための、多くの試みがなされてきた。一つには、シュメールの神話では、キシュで、「エンリル・シップ（エンリルによる王権）」の体制を作る仕事をしたのは、エンリルの長男の、ニヌルタだったと伝えられているからだ。つまり、ニムロドとは、ニヌルタのヘブライ語名ではないかと、思われるからだ。もし、それが、人間の名前だったら、シュメール語では何と呼ばれていたのかは、その部分の粘土板が破損していて、全くわからない。ところで、シュメールの「王のリスト」には、キシュの王朝は、23人の王たちによって、「2万4510年3カ月と3・5日」おさめられ、それぞれの統治期間は、1200年、900年、960年、1500年、1560年……というように記されている。しかし、これはおそらく、長い年数の間、書き写されていくうちに、「1」の単位を、「60」の単位に誤記したものと、思われる。そうだとすると、一人の王の統治期間は、実際には、1200年は20年（1200÷60＝20）、900年は15年（900÷60＝15）だったことになり、全統治期間は、400年余りだったことになる。これは、キシュで発見された種々の考古学的な記録にも一致する。

ところが、この「王のリスト」の、名前とその統治期間の間に、1回だけ、合致しない箇所がある。それは、13代目の王の時のことだ。その王については、次のように述べられている。

天へ昇った
羊飼いのエタナは
すべての国々を統合し
王として1560年間治めた

この歴史上の記録は、根拠のないことではない。それは、「エタナの叙事詩」と呼ばれる、長編の歴史物語が、確かに存在しているからだ。それには、「神々との遭遇」を果たすために、エタナが、天の入り口に到着するまでの、苦労話が記述されている。この叙事詩は、完全な形では発見されていないが、学者たちは、古代バビロニア、アッシリア、新アッシリア、の改訂版の断片をつなぎ合わせて、物語の筋を探り出すことができたのだ。しかし、これらの改訂版の原典が、シュメールの古文書だったことは間違いない。なぜならば、これらの改訂版の中の一つに、シュメール王のシュルギ（紀元前21世紀）に仕えていた一人の賢人が、いちばん初めの原本の編集者だったと記されているからである。

この古文書には、二つの別の話が織り混ざっているので、一つの物語を再構築するのは、やさしいことではなかった。初めの一つは、エタナの物語である。彼は、大きな業績（全国の統一）

を残した有名な王だった。しかし、彼は、自分の妻の疾患のため、正統な後継者となるべき息子をもつことができなかった。そして、妻の疾患を治せる、ただ一つの方法は、天界にしかない「生命の木」を得ることだった。こうして、エタナの数奇に満ちた、天界の入り口にたどり着くまでの劇的な物語が始まる。彼は、鷲の翼に乗って、空を昇っていったと伝えられている（この物語の一部は、紀元前24世紀の円筒印章の上に描かれている。図30）。もう一つの物語は、その鷲についてのものである。この鷲は一匹の蛇と友達だったが、後で喧嘩をしたために穴の中に閉じ込められてしまった。その穴の中から、お互いの利益のために取引をしたエタナが、鷲を助け出したという筋書きである。つまり、エタナが鷲を助け、その翼を修理するかわりに、助けられた鷲が、宇宙船の役割を果たして、エタナを遠い天界に運んだのだ。

これらのシュメールの古文書には、（すでに、いくつかの例について述べたように）歴史的な事実が、寓話的な表現で示されている。従って、学者たちにも、どこで鷲と蛇の寓話が終わり、どこからエタナの歴史的な記録が始まるか、はっきりしない状態である。しかし、二つの物語に、宇宙空港の司令官のウツ／シャマシュが絡んでいて、この神が鷲の運命をにぎると同時に、エタナが鷲に会えるように、指示をしたという事実から、実際に宇宙と関連のある、何らかの出来事が起きたのだと思われる。さらに、学者たちが、歴史的な序説と呼んでいる、この物語の初めの部分に、イギ・ギ（IGI.GI、観察し、調べる者たちの意）のことが取り上げられていることからも、宇宙と何らかの関係をもった物語であることがわかる。イギギ（イギ・ギ）は、宇宙飛行士の一団のことで、ふだんは、スペースシャトルを操縦して、地球の軌道上に留まり、監視を続けていた（彼らは明らかに、地球に降りていくアヌンナキたちとは違う機能を果たす集団だった）。

[図30] 妻の疾患を治すため天界の「生命の木」を求めるエタナの劇的な物語が描かれている紀元前24世紀の円筒印章。

[図31] 地下の格納庫に収納されているロケットの絵が、シナイのエジプト人統治者ヒュイの墓から発見された。

このイギギたちが、外敵を防ぐために、「すべての入り口を閉ざし」、「都市を警戒していた」という。その外敵が何者だったかは、古文書の粘土板の破損のために、よくわからない。しかし、この物語の時代背景には、実際に起きた抗争や衝突があったものと思われる。

ふだんは空中にいるイギギたちが、地上の都市の警戒をしていたこと、ウツ／シャマシュが、宇宙空港の司令官だったこと、そして鷲をパイロット兼宇宙船として利用した話が、この物語に登場している。このことからも、エタナの物語は、宇宙飛行に関係した抗争が背景になっていると思わざるを得ないのだ。たとえば、当時、ウツ／シャマシュの管理を受けない、別の宇宙空港を建設しようという企てがあったのではないか？　この物語に登場する鷲人間は、このような企てに連座したか、あるいは宇宙船を建造しようとして、穴（つまり、地下の格納庫）に閉じ込められて罰を受けていたのか？　奇しくも、このような情景を描いた一枚の絵（図31）が、族長時代のシナイの、エジプト人統治者ヒュイの墓の中から発見されている。それには、地下の格納庫に収納されている一基のロケットの姿が、はっきりと示されている（そのロケットの頭部の司令塔は、地上に突き出している）。それは、「穴」の中の「鷲」というのは、古代の格納庫の中のロケットの意味だったことを示している。

ところで、聖書の記述は簡単に要約されたものになっているが、これに対し、シュメールの原典の記述は、すべてが年代順になっていて、詳しく正確に記録されている。この原典の一つから、大洪水の結末について、多くを知ることができる。それによれば、人類は繁栄し、チグリス・ユーフラテス平原も水が引き、再び人々が、そこに移り住めるようになった。そして、東方から旅をしてきた人たちが、このシンアル（シュメール）の国の平原を発見して、そこに定住した。彼らは、煉瓦を作り、それを窯で焼こうと話し合った。こうして、石のかわりに煉瓦を作り出し、モルタルのかわりにビチューメン（アスファルトを煮詰めたもの）を作った。

この原典にはまた、シュメール文明の始まりと、いくつかの「人類初めて」のものが、紹介されている。たとえば、初めての煉瓦や、窯、初めての人間の都市の話など。さらに、都市の建設のことや、「その先端が、天にも届く塔」の建造のことが述べられている。

その塔の構造は、今日、我々が、「発射塔」と呼んでいるものにそっくりである。そして、その塔の、天に届くことができる「先端」のことを、我々は宇宙船と呼んでいる。かくして我々は、聖書の物語や年代記に出てくる、あの有名なバベルの塔の事件に巡り合うことになる。バベルの塔は、正式に許可されていなかった宇宙船用の施設だった。聖書には、こう述べられている。

「主は天から降りてきて、バベルの街と、アダムの子ら（人間たち）が作った塔を見られた」

神は、自分が見たものすべてを好まなかった。そして、主は、自分の考えを近くにいた者たちに伝えた。「さあ、下へ降りていき、人間たちが使っている言葉を、混乱させよう。人間たちが、お互いに話すことがわからないようにしよう」と、主は言われた。そして、「主は、この街の人々を、地球のすべての場所に、離れ離れにして、追放してしまった。こうして、彼らは、この都市の建設を中止する羽目になった」。

聖書では、天によじ登ろうとした、この企みが実行されようとした場所は、バビロンだったとされている。その理由として、バビロンのヘブライ語名の語源には、「混乱させる」という意味があるからだと述べられている。また実際に、このバビロンという言葉のメソポタミアの原語はバビリといって、「神々の出入り口」を意味している。エンキの長男、マルドゥクが、敵対するエンリルの管理を受けない。別の宇宙空港の建設を企んだのが、他ならぬ、このバビロンだったのだ。我々が名づけたピラミッド戦争に続いて起きたこの出来事は、我々の推定では紀元前3450年頃のことになる。それは、キシュで、王制が敷かれてから数世紀後のことだった。エタナの物語と、ほぼ同じ時代の出来事でもある。

このように、シュメールの古文書と聖書の年代が一致することから、主がバビロンで起きていることを見て、自分の考えを伝えた相手の者たちが、誰だったかが推定できる。その者たちは、あのイギギだったのだ。ふだんは降りてこない彼らが、地球上に降りてこの街を占領し、敵の攻撃に備えて、七つの城門を閉じ、市内をパトロールしていたのだ。この警戒態勢は、「全国を統合した」新しく選ばれた王が、その指令を解除するまで続いたという。この新しい統治者こそ、エタナだったのだ。彼の名前は、「強い男」と訳され、古代近東で、男性に、特に好まれた呼び名だったと思われる。その証拠に、ヘブライの聖書では、何回も、こういう個人名にお目にかかるからだ（たとえば、エタン、というように）。ところで、初代の王を選ぶ方法も、現代の後継者探しのやり方と、そう大差はなかったようだ。この場合も、「イシュタルが、一人の羊飼いを探し出して、王の仕事に適するかどうか、くまなく、詮索《せんさく》を重ねてから」ようやく選ばれたのだった。こうして、イシュタルは、王の候補者のエタナを連れてきた。エンリルは、彼を見た上で、王にすることを認めた。「ここに、一人の王が、この国を統治する者として選ばれた」と、エンリルが、宣言した。そして、「キシュの地で、エタナの王の台座を、神が作らせた」という。こうして、すべてが終わってから、イギギたちは、この街から立ち去った。おそらく、彼らの宇宙ステーションに戻ったのだろう。

こうして、エタナは、「その国を統合し」次に、彼の心は、男性の後継者探しへと移っていった。

子供ができない体のため夫の後継者を生むことができない妻の悲劇は、族長たちの物語で始まる聖書の絶好のテーマだった。アブラハムの妻サラは、90歳になって神と遭遇するまでは子供を生むことができなかった。その間に、彼女の侍女ハガルとアブラハムの間に息子（イシュマエル）が生まれたため、この最初に生まれた息子と、後で生まれた正統な後継者（イサク）との、後継者争いの舞台が設けられることになった。そのイサクもまた、「自分の妻が不妊症のため、神の力を借りなければならなかった」。イサクの妻は、主が「イサクの願いを聞き入れてから」初めて、子供を身籠ることができたという。

聖書の多くの物語には、神が、子供を懐妊してよいか否かを決めるという考え方が根強く残っている。たとえば、ゲラの王アビメレクが、アブラハムのもとから、サラを連れ去った時も、「主は、アビメレクの家すべての胎を閉ざされた」と聖書に述べられている。そして、この神罰は、アブラハムからの訴えが受理されるまでは解かれなかった。また、エルカナの妻ハンナも、「神が、彼女の子宮を閉じていた」ので、子供を生めなかったという。彼女は、もし子供を授かれば、その子を「全生涯を通じて、神に仕えさせ、頭は決して剃らせない」と神に誓ってから、ようやくサムエルを生むことができたという。

ところで、エタナの妻の場合、問題は妊娠できないことではなく、いつも流産することだった。彼女は、ラ・ブという病気に罹《かか》っていた。その病は、せっかく懐妊した子供が、体内で、必要な期間を過ごすことを不可能にするものだった。絶望の果てに、エタナは、恐ろしい、「虫の知らせ」を感じ取っていた。ある夢の中で、「彼は、キシュの街全体が、すすり泣いているのを見た。街中で、人々が悲嘆に暮れていた。至る所で、嘆き悲しむ声が聞こえていた」。その悲しみは「エタナには、一人も後継者がいない」ので、彼のために悲しんでいたのか、彼の妻のために悲しんでいたのか、あるいは、死の予言だったのか？

その後で、「彼の妻がエタナに言った。〝神が、私に夢を見せてくださった。私の夫エタナと同じように、私も夢を見ました〟」。その夢の中で、彼女は一人の男を見た。彼は手に植物を持っていた。それは、シャム・シャ・アラディ、つまり、生命の木だった。彼は、それに水をそそぎ続け、「自分の家の中で、根付かせようとしていた」。彼は、その木を自分の街に持ち帰り、自分の家の中に入れた。その木から、花が一つ咲いた。すると、その木は枯れてしまった。

エタナには、その夢が、確かに神の預言に違いないと思われた。「こんな大切な夢をおろそかにする者がいるだろうか！　神々の命令が発せられたのだ！」と彼は叫んだ。病気を治す方法が「やっと、見つかったのだ」。

その木がどこにあったのかと、エタナは彼の妻に尋ねた。彼女には夢の中でのその木が生えている場所はわからなかったにもかかわらず、この夢はお告げに違いないと信じたエタナは、その木を探しに出かけた。彼は幾多の山川を越え、あちらこちらを走り回った。しかし、その木を見つけることはできなかった。焦《あせ》ったエタナは、神の助けを求めた。「毎日のように、エタナは、「神シャマシュに祈りの言葉を捧げた」。そして、なかば言葉に詰まりながら、何度も訴えた。「神シャマシュよ、あなたは、私の羊のいちばんおいしいところを、喜んで召し上がったではありませんか」と、彼は言った。「あの時、私の新鮮な子羊から滴り落ちた血が、地面に染み渡ったのを、ご覧になったでしょう。このように、私はずっと、神々を崇めてきたのです！」「夢を解釈する人たちは」と、彼は続けた。「私の、聖なる香を、すっかり、使い果たしました」。今度は、「私の殺したばかりの子羊を、すっかり召し上がった」神々が、「私に、この夢の意味を、お示しくださる番です」。

もし、夢で見たような「生命の木」があるならば、と彼は言葉を続けた。「神よ、どうか、口をお開きください。そして、私に〝生命の木〟をください！　その木を見せてください！　私の不名誉を晴らすために、息子をお授けください！」

古文書では、いったいどこでエタナが宇宙空港の司令官であるウツ／シャマシュに、このように訴えたかは明らかにされていない。しかし、いずれにせよ、明確なのは、これは、顔と顔を合わせての「神との遭遇」ではなかったことだ。なぜなら、古文書には、「そこで、神シャマシュは、自分の声が、彼に届くようにしてから、エタナに告げた」と、述べられているからだ。その神の声は、次のようなものだった。

この道に沿って行き、山を越えなさい
すると、一つの穴があります
注意深く、中に何がいるか、見なさい
その中には、一羽の鷲が捨てられています
その鷲が、生命の木を探してくれます

このような神の指示の通りにして、エタナは穴の中にいた鷲を見つけた。その鷲は、エタナが、なぜ、ここに来たかの説明を求めた。そして、彼が抱えている難問を理解した。それから今度は、鷲が自分の悲惨な身の上話を聞かせた。こうしてすぐに、取引が成立した。エタナは鷲を穴から助け上げて再び飛べるようにする。そのかわり、鷲はエタナのために、生命の木を見つける、という取引だった。早速、彼は、6段の梯子を使って、その鷲を引っ張り上げた。そして、銅で翼を修理した。こうして、上手く飛べるようになると、鷲は、山々を巡って、魔法の植物を探し始めた。「しかし、この生命の木は、ここでは見つからなかった」

再び、絶望と失意が、エタナを包み込んだ時、彼はまた別の夢を見た。エタナが、この夢について鷲に話したことは、ちょうどその部分の粘土板が破損しているので、ほんの一部しかわからない。しかし、その僅かに読める部分から、「王の紋章と王位が、〝輝ける天空からやってくる。この道を進め〟」と記されているように思われる。「友よ、その夢はよい知らせだ」と鷲はエタナに言った。エタナは、それから、もう一度、夢を見た。それは、国中の至る所から、葦が集まってきて、彼の家の中に、うずたかく積み上げられていく、という夢だった。そこに一匹の蛇が現れて、それを止めようとしたが、集まってきた葦は、「従順な奴隷のように、彼に向かって、頭を垂れた」。この話を聞くと、鷲はエタナに、「その夢を、よき預言として受け入れるように説得した」。

しかし、この鷲がエタナと同じように、また夢を見るまでは何事も起こらなかった。「友よ！」と鷲はエタナに言った。「同じ神が、私にもある夢を見せてくれた」

私たちは、アヌ、エンリル、エアの
門を通って行った
あなたと私は、一緒に深くお辞儀をした
私たちはまた、シン、シャマシュ、アダト、イシュタルの
門口も通り過ぎて行った
あなたと私は、また、一緒に頭をさげた

図17の航空路線の地図を見返してみればすぐわかるように、この鷲は、太陽から逆に外側へ飛行する道順の夢を見たのだ。——つまり、太陽系の中心付近の、太陽（シャマシュのシンボル）、月（シン）、水星（アダド）、金星（イシュタル）を通り過ぎて、さらに、外側の惑星を通り越して、いちばん遠くの、アヌの惑星、ニビルへと、向かっていたのだ！

その鷲が伝えた夢には、第2部があった。

私は、閉まってない窓がある、館を見つけた
私は、その窓を開き、中へ入った
そこには、若い一人の婦人が、輝く光の中にいた
彼女は王冠を被り、きれいな顔付きをしていた
王座が彼女のために置かれていた

その周りの地面は、しっかりと、固められていた
その王座の下には、ライオンが這っていた
私が、前に進むと、ライオンは、みんな、お辞儀をした
ここで、私は、びっくりして、目を覚ました

この夢は、よき知らせに満ちていた。窓は閉じていなかったし、王座の若い女性（王の妻）は、輝く光の中にいた。そして、ライオンまで服従したのだ。この夢は、これからすべきことを暗示している、と鷲は言った。「我々が探していたものが、見つかったのだ。さあ、私があなたを、アヌのいる天界に連れていこう！」

この古代の古文書が、続いて述べているのは、宇宙飛行の様子である。その内容は、現代の、どの宇宙飛行士が述べたものよりも、はるかに生々しい描写になっている。

エタナを抱えて、空高く昇っていったこの鷲は、1ベル（距離と時間を測るシュメールの単位）過ぎたところで、こう言った。

友よ、ほら、陸地がどんなに見えるか！
山小屋の側の海を見てごらん
陸地は、ただの小さい丘のように見えた
広い海は、小さいたらいのように見えた

さらに、もっともっと高く、鷲はエタナを天に向かって運んでいった。地球は、みるみるうちに、小さくなっていった。もう1ベル昇ったところで、鷲はエタナに言った。


友よ、地球がどんなに見えるか、眺めてごらん！

陸地は、細長い溝のように見えた……

大海も、小さなパンの籠のようになっていた……


さらに、もう1ベル宇宙の旅を続けた時には、陸地は、庭師が造った小さな溝ぐらいになっていた。その後も、どんどん昇り続けると、地球は全く見えなくなってしまった。この体験をエタナは、次のように述べている。

私が、周りを見渡すと
もう、陸地も見えなかった
広い海の上には
目を楽しませるものは、なにもなかった

彼らは、地球が視野から消えてしまうほど、遠くの宇宙空間にいたのだ！

そう考えると、エタナは、突然、恐ろしくなって、鷲に向かって、すぐ引き返すように叫んだ。

突然、下降するのは、全く危険なことだった。鷲は、真っ逆さまに、地球へ墜落していった。この時の様子は、学者たちが「エタナと天から墜ちた鷲の祈り」(J・V・キニアー・ウイルソン『エタナの伝説』)と呼んでいる古文書の、一つの断片に記されている。それによれば、この時、鷲はイシュタルに救難信号を送り、彼らを助けてくれるように頼んでいたのだ。イシュタルが、地球の制空権をにぎっていたことは、多くの古文書や、図32のような絵で、よく知られている。彼らは、水面に向かって墜落していった。「水の表面では助かっても、深く沈んでしまう」ので、二人は死ぬ運命にあった。この危ないところを、イシュタルに助けられ、この鷲とその乗客は、無事、森林に着陸することができたのだ。

さて、四つに分けられたうちの、2番目の文明の地域、すなわちナイル川地方で、王制は、紀元前3100年頃に始まった。エジプトの伝説では、エジプトが、神々や半神によって統治される前に、この、人間が治めていた王制があったという。

アレキサンダー率いる、ギリシャ軍が到着した頃のエジプトの歴史を書いた、エジプトの祭司マネトによれば、はるか昔、「天の神々」が、天の円盤(図33)の場所から、地球にやってきたという。大洪水がエジプトを襲った後、「古代の地球に来た、偉大なる神」が、進んだやり方で、水をせき止め、排水溝を設け、この国を水の底から引き上げて、国土の復旧に当たったという。その神の名は、プタハ(開発者の意)といい、人類の創造にも手を貸した、偉大な科学者だった。この神は、現代の測量技師の標尺に似た、目盛りが付いた杖を持っている姿で、よく描かれている(図34a)。やがてプタハは、エジプトの統治権を、彼の長男のラー(「輝ける者」の意——図34b)に譲った。その後ラーは、常に、「エジプトの神々」の管理者の立場にいた。

[図32] 地球の制空権をにぎっていたイシュタル。墜落したエタナと鷲はイシュタルに助けられ、無事着陸できた。

[図33] エジプトの歴史を書いた祭司マネトによると、〝天の神々〟ははるか昔、天の円盤から地球へとやってきた。

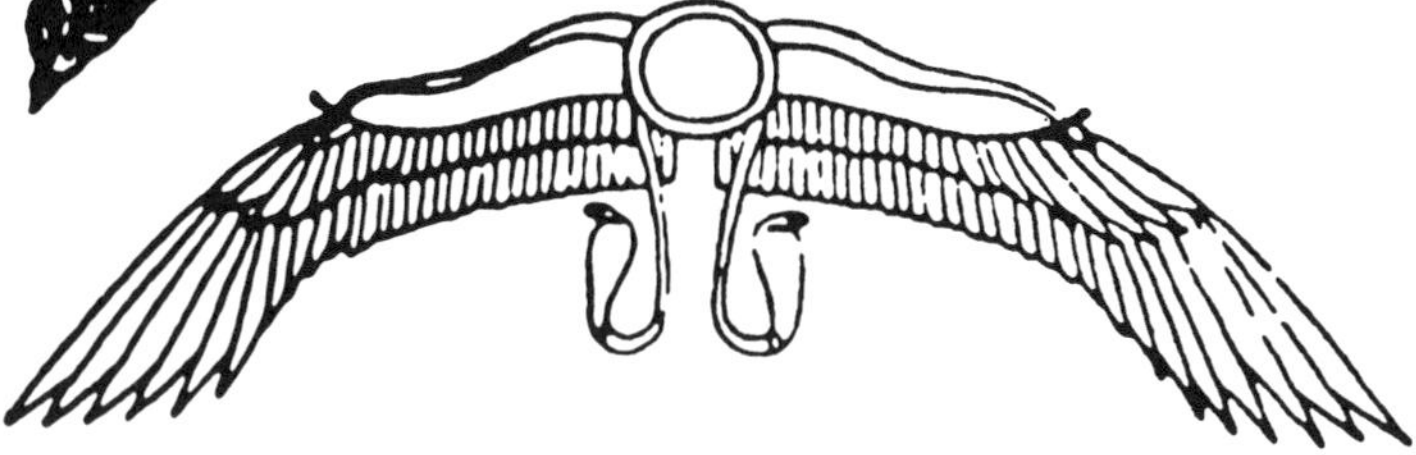

a　b

[図34] 大洪水後エジプトの復旧にあたったプタハ（a）は偉大な科学者でもあった。やがて統治権は長男のラー（b）に譲られた。

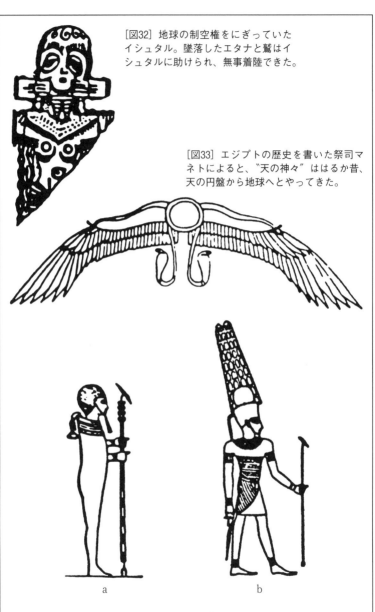

「神」を表すエジプト語は、NTRだった。それは、「監視者、番人」を意味していた。そして、この神々は、タ・ウル（外国／遠い国）から、エジプトにやってきたと、信じられていた。『地球年代記』シリーズの中で述べたように、この遠い国とは、シュメール（「守護者たちの国」の意）のことだったと思われる。そして、エジプトに来た「天の神々」とは、アヌンナキのことで、プタハとは、エア／エンキ（シュメール語のヌディンムドー「技術の創造者」）を指し、ラーとは、その長男マルドゥクのことである。

そのラーは、エジプトの王位を、4組の夫婦に引き継いだ。すなわち、初め、自分の子供たちのシュ（「乾燥」）とテフナット（「湿度」）に、次に、さらにその子供たちのゲブ（「地球を造る者」）とヌト（「天空を広げる」）に継がせた。そのゲブとヌトは、4人の子供をもうけた。その一人はアサール（「すべて見る」）で、ギリシャ人たちは、彼のことをオシリスと呼んだ。このオシリスは、自分の妹のアストと結婚した。我々は、彼女をイシスという名前で知っている。そして、セト（「南方の人」）は、彼の妹のネブト・ハット、別名ネフテュスと結婚した。平和を保つ方法として、エジプトは、オシリスとセトの二人に分け与えられた。つまり、オシリスには、北方のエジプト上部地域が、そして、セトには、南方のエジプト下部地域が、それぞれ、与えられた。しかしセトは、自分が全エジプトを統治する権利があると考えていたので、決して、この分割案を受け入れようとはしなかった。彼は、上手い口実を設けて、オシリスを捕え、その体を14片に切り刻んでしまった。そして、その断片をエジプトの国中にばらまいてしまった。しかし、オシリスの妻イシスは、このすべての体の断片を（男根は除いて）、何とか回収して、切断された体をつなぎ合わせ、死んだオシリスの生命が別の世界で生き返るように取り計らった。このオシリスについて、聖なる書物には、こう書かれている。

彼は、秘密の門から入った
永遠の神の栄光が
彼と共に歩み、地平線の彼方を照らした
その道は神ラーの場所へと続いていた

このことから、エジプトの王、ファラオは、その死後、オシリスのように、「体を一緒にされると」（ミイラにされると）、神々と一緒になれる旅にたつことができると、信じるようになった。死後の王たちは、天の秘密の門を通り抜け、そこで、大いなる神ラーに出会い、もし、天界の中に入ることを許されれば、永遠の死後の人生を楽しむことができると、信じたのだ。

この終極の、「神々との遭遇」のためのファラオの旅は、あくまでも仮想上のものだった。しかし、こうした仮想された筋書きを作るためには、現実に起きた出来事を参考にする必要があった。つまり、神々自身や、特に、生き返ったオシリスのような者が、かつて実際に、ナイル川の岸辺から、ネテル・ケルト（神々の山の国）に向かって出発した旅の仕方が、こうしたファラオの死後の旅のモデルになったのだ。当時、この「神々の山の国」から、天に昇る装置が空を飛んで、彼らを神秘に満ちた「星々に近づいた神の住まい」デュアトへと、運んでいったという。

こうした、仮想された旅について、我々はその多くを、ピラミッドの古文書から知ることができる。この古文書の原典は、長い年月のかすみの中へと消えて、失われてしまった。しかし、その原典のことが、ピラミッドの中から発見されたものによく引用されているので、その原典の内容を窺い知ることができる（ファラオのピラミッドの中では、特に、ウナス、テティ、ペピ1世、メレンラ、ペピ2世——紀元前2350年から2180年まで統治——のものに、死後の旅についての記録が多い。ファラオは、自分が葬られた墓の、隠し扉を通って抜け出した（そのために、ピラミッドの中に、この頃の王の墓はなかった）。そして、「王を腕で支えて、天へ運んでくれる」神の使者に会えると、期待していた。こうして、ファラオが死後の世界へと旅立つ時、彼の聖職者たちは一斉に聖歌を歌った。「王は天へ旅立った！　王は天へ旅立った！」と。

その旅路は、誰もが、仮想されたものだということを忘れてしまうほど、現実的で、地理的にも、はっきりとした裏付けがあった。それは、すでに述べたように、まず、東方に面した隠し扉を通り抜けることから始まった。つまり、ファラオが目指した目的地は、エジプトからシナイ半島に向かう、東のほうにあったのだ。その旅路の最初の障害は、「葦の湖」だった。この湖は、奇跡的に、水が分かれ、イスラエルの民がその間を渡ったという、聖書の「葦の海」と同じものだと思われる。この場所は、現在でも、エジプトとシナイ地方の境界をゆっくりと北から南へ流れる、つながった湖のことを指していると思われる。

ところで、このファラオの場合、その湖で待っていたのは、神の渡し船の男だった。この男が、王としての資格を問う厳しい質問をして、その王に葦の湖を渡らせるかどうかを決めたのだった。結局、この渡し船の男は、魔法のボートを、湖の遠くのほうから引いてきたが、魔法の呪文を唱えて、その船を漕いでいくのは、この王自身であった。ひとたび呪文を唱えると、この渡し船はひとりでに動いて向きを変えた。あらゆる点から考えて、この船は自動推進式だった！

湖の向こうには砂漠が広がっていた。そして、この王は、はるか向こうに東方の山々を眺めることができた。やがて、このファラオが、乗ってきた船から降り立つや否や、4人の神の番兵たちに、行く手をさえぎられた。彼らは、際立った、黒い髪の毛をしていた。その髪は、彼らの額、こめかみ、後頭部でカールしており、頭の上でリボンで束ねられていた。彼らもまた、このファラオに質問を浴びせかけたが、最後には彼を通してくれた。次にファラオは、どちらを行ったらよいか迷うような、二叉《ふたまた》の道にやってきた。

じつは、「二つの道の書」と題した、ある古文書の引用文に、ちょうど、このファラオが、どちらを選ぶか迫られている、二つの道のことが述べられている。まさに今、ファラオは、まわりの山々を越えて、デュアトへと続く、この二つの道のところにやってきたのだ。今日、ギッディ道路とミトラ道路と呼ばれている、この二つの道は、はるか古代から、ごく最近の戦争の時まで、一貫して——それが軍隊であれ、遊牧民や巡礼者たちであれ——唯一の半島の中心部に入っていく道だった。そこで、このファラオは、ここで必要な、決め手となる呪文を唱えて、正しい道を教えてもらった。その道を行くとすぐ、乾燥した不毛の土地にぶつかった。そして、神の番兵たちが、突然、現れた。「お前は、どこに行くのか？」と、彼らは、神々の土地に現れたこの人間に詰問《きつもん》した。ここで、一緒に来た神の使者が、相手の様子を見ながら、話し始めた。「この王は、永遠の生命と喜びを得るために、天界に行くのだ」と、彼は言った。この言葉で、番兵たちが躊躇《ちゅうちょ》すると、この王は、自分で、番兵たちに懇願した。「この国境の検問所を開けて……、通行の障害を取り除いて……、神々が通り過ぎるように、私も通させてください！」と。最後に神の番兵たちは、この王を通し、遂に彼は、デュアトに到着した。

そのデュアトは、神々だけの禁域と考えられていた。その頂点からは、空（女神ヌトの）が開かれていて、不滅の星（天の円盤の）に到着することができたという（図35）。地形的には、細長い楕円形の谷間で、山々に囲まれ、浅い川が流れていた。その流れは非常に浅く、時には、干上がりすぎて、ラーの平底の船も曳航《えいこう》しなければ動かなかったし、あるいは、小型の橇《そり》のように、それ自体の動力で、動かなければならなかった。

このデュアトの地は、12の地区（時空圏）に分けられていた。この王は、昼の12時間は地上で、夜の12時間は地下のアメン・タという秘密の場所で、試練に耐えなければならなかった。このデュアトという場所から、かつてオシリス自身が、永遠の生命を求めて天に昇っていったのだった。そこで、王は、オシリスに祈りを捧げた。その祈りの言葉は、エジプトの「死者の書」の「彼の名前を得る章」に、次のように引用されている。

どうか、私に名前を下さい
二つの大いなる家の中にあるものを
炎を吹く家の中の
一方の名前を私に与えて下さい
年々を数え、月々を数えた夜に
私を、神の一員に加えて下さい
私を、どうか、天の東側に座らせて下さい

私たちが、すでに推測したように、古代の王たちが祈ったこの「名前」（ヘブライ語でシェム、シュメール語でムー）とは、彼らを天に運ぶロケット（宇宙船）のことで、「それによって、彼らは」不死の生命を得られると思っていたのだ。

この王も、この天に昇る装置を見て祈りを捧げた。しかし、それが炎の家の中にあったので、秘密の通路からのみ、それに近づくことができた。その通路は、らせん状の階段で下のほうに通じていて、隠された部屋と、怪しげに開いたり閉じたりする扉へとつながっていた。そして、12の地区それぞれに、神々の一団がいた。その神々の装いは、それぞれ異なっていた。ある者には頭がなかった。また、ある者は凶暴な顔をしていた。ある者は顔を隠し、ある者はまわりを威嚇《いかく》していた。そして、その他の者たちは、このファラオを歓迎した。この王は、常に試練にさらされていた。けれども、7番目の時空圏では、悪の世界や、地獄のような雰囲気は影を潜め、天の様相に近づき、天の紋章をつけた神々や、鳥人間の神々（鷹の頭の）が現れ始めた。第9時空圏で、王は、12人のラーの船の、神の漕ぎ手たちに出会った。それは、「何千年も続いた、天の船だった」（図36）。

第10時空圏で、この王は、門を通って、活気にあふれた場所に入っていった。そこの神々は、ラーの天の船に、燃料を供給していた。第11時空圏で、王は、星の紋章をつけた多くの神々に出会った。彼らの仕事は、ラーの物体が、天界の上のほうの秘密の家まで進めるように、「デュアトから飛び上がることができる推進力の源を」供給することだった。この時、神々は、この王に、天への旅の準備をさせた。王の地球の着物を脱がせて、タカの神の服を着せた。

最後の第12時空圏になると、王は、神の段階がある洞窟へと、トンネルを通って案内された。

その洞窟は、「ラーの上昇の山」の内部にあった。その階段は、銅のケーブルで、神が上昇するものに、直接結ばれているか、その近くにつけられていた。この神々の階段は、前に、ラーやセトやオシリスが使ったものだった。そして、この王は（ペピの墓に刻まれているように）、この階段に祈りの言葉を捧げた。「このペピを、それに乗って天に昇らせてください」。「死者の書」のいくつかの挿絵に、この時の王が、女神イシスとネフテュスから、祝福を受けるか、お別れの挨拶をされているのか、いずれにせよ、翼のついたデド（永遠のシンボル――図37）に導かれている姿が描かれている。

神と同じような装備に身を固めた王に、今度は二人の女神が、「上昇物体の司令船である天の船の中心部に入るために、それにつながっているケーブルを、括り合わせたりして」手助けをしてくれた。彼は自分の座席を、二人の神々の間に取った。その座席は、「生きるための真実」と呼ばれていた。王自身が、突き出した複雑な装置に手を触れて、離陸の準備はすべて完了した。ペピは、ホルス（タカの神々の司令官）の衣服とトト（神の記録者）の衣装で着飾っていた。道を開く者が、彼のために、登る道を開いた。アンの神々（ヘリオポリスの）が、彼にこの階段を昇らせて、彼を天空に向かって座らせた。ヌト（空の神）が、彼に手を差し延べた。

王は今や、二重の扉――「地球の扉」と「天の扉」――が開くように、祈りを捧げていた。ちょうど、夜明けの頃だった。突然！　天の開口部が、ぽっかりと開き、「光の道が現れた」。

上昇するロケットの司令船の操縦室から、「神の指令が聞こえてきた」。外側の「浮揚するための放射」が強まって、王が天へ昇れる準備はすべて整った。司令船の中では、「誰にも逆らえない、強い力の作用」が感じられた。激しいゴーゴーという音と、振動が伝わってきた。「天は、

[図35] ファラオは神々だけの禁域デュアトの頂点から空を通り、不滅の星へと到着。

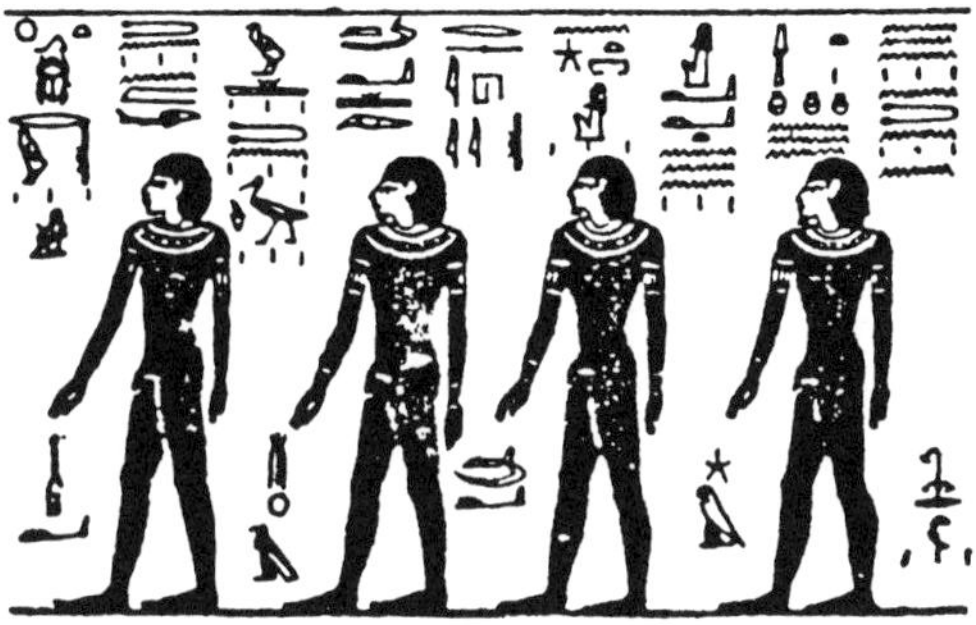

[図36] 秘密の通路を行くと、王はそこでラーの船の12人の神の漕ぎ手たちに会った。

[図37]「死者の書」の挿絵には、ファラオがデドに導かれ、女神イシスとネフテュスに相対している姿が描かれている。

ざわめき、地は震え、揺れ動いた……大地は離れ去り……王は、今、天へ上昇し始めた！　ごうごうと、唸る嵐が、彼を……そして、天の仕事に熱心な番兵たちが、とうとう、彼のために、天の門を開けた！」

ペピの墓の中の碑文には、この時、後に残された王の従者たちの間に起きた反応は、次のように刻まれている。

彼は、空を飛ぶ者
かの王、ペピは、空を飛び
死ぬべき人間のもとを去った
彼は、もう、地の人ではなく
天の人となった
わが王、ペピは
空の雲のように
飛んで行った

この、ロケットのような物体に乗って東の空へ昇っていった王は、今や地球のまわりを回っていた。

彼はラーのように、空を巡り

彼はトトのように、空を横切り……
彼はホラスの境域を、通り過ぎ
彼はセトの境域も、通り過ぎ……
彼は天を2回も、回り終えた

地球のまわりを、繰り返し周回して、飛翔体は、はずみをつけて地球の軌道を脱出し、天の二重の門へと向かった。下のほうから、聖職者たちの加持祈禱《かじきとう》の言葉が、王にこう伝えた。「二重の扉は、あなたのために開かれている！」。そして、天の女神が彼を守り、天の旅の案内をするだろうと、知らせた。「女神が、あなたの腕を支えるだろう。彼女が、ラーのおられる場所を教えてくれるだろう」と。目的地は、翼の円盤がシンボルの「不滅の星」だった。

聖職者たちの言葉は、さらに、この忠実な神の信奉者である王に、目的地に着いた後のことも、次のように保証していた。「王が、天の下にある、その目的地の星に着くと、そこで、王は、神の一人として認められるだろう」と。

聖職者たちの言葉は、さらに続き、「王が、天の二重の門に近づくと、〝神の関所にたっている4人の神々〟に会うだろう」と告げた。そして彼がこの神々に、ラーを尋ねてここに来たことを告げると、間違いなくラー自身が迎え出て、神の門を通り、天界の宮殿に連れていくだろうと、次のように伝えた。

あなたは、そこに立っているラーに会うでしょう

ラーはあなたに挨拶して、あなたの腕を支えるでしょう
彼は、あなたを天の二重の宮殿に案内するでしょう
彼は、オシリスの王座に、あなたを座らせるでしょう

位の高い神々から、低い神々まで、様々な「神々との遭遇」をした後で、このファラオは、大いなる神、ラー自身に会うという、究極の「神との遭遇」を、ついに、果たしたのだった。彼は、オシリスの王座を与えられ、永遠の生命を得る資格を認められた。こうして、天への旅行は、とうとう、その終わりを告げたが、まだ、やることが残っていた。つまり、この王は、永遠の生命を得る資格は与えられたものの、いつまでも続く、死後の生命へ変容するためには、最後にやるべきことが残っていたのだ。しかも、彼は、自分で、それを、見つけなければならなかった。王は、尽きることのない、栄養になる食物を見つけて、それを食べる必要があったのだ。天の住居で、若さを保つためには、不老不死の霊薬を飲まなければならなかった。

ここで、最後の障害を越えるために、聖職者たちの祈りの言葉が、一段と高くなった。彼らは、こう、神々に訴えた。「この王を連れていき、神々が食べているものを、食べさせてやってください。あなた方が飲んでいるものを、飲ませてやってください。あなた方が食べて生きているものを、食べさせてやってください。神々の永遠の食べ物を、彼にも分けてあげてください」と。

いくつかの古文書では、この後、王が行ったところを、「生命の畑」としているが、他の古文書では、「神々の大いなる湖」となっている。つまり、彼が得る必要があったのは、「生命の水」という飲み物と、「生命の木」という食べ物の両方だったのだ。「死者の書」の絵には、この王が、

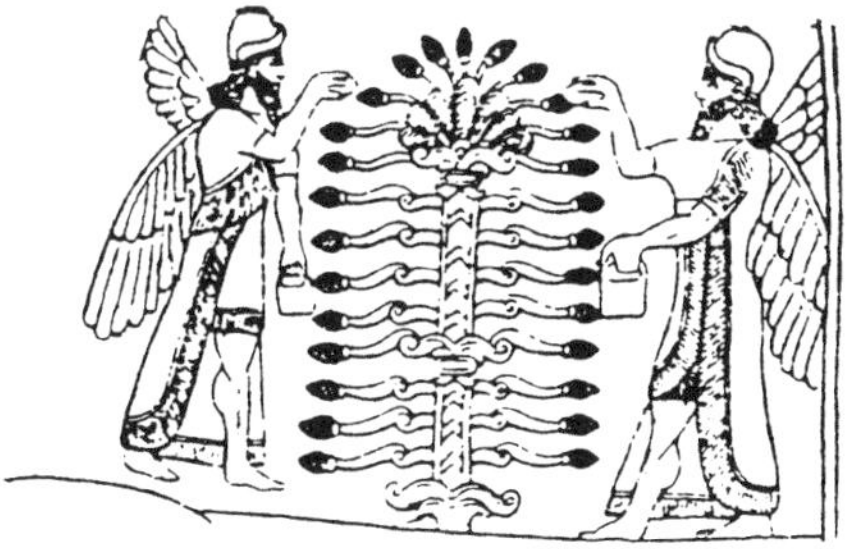

ケルビムとナツメヤシを主題にしたメソポタミアの図柄。

太陽神シャマシュと生命の木を描いた粘土板。羽のあるワシ／鳥人間（ケルビム）、生命の果実、生命の水なども描かれている。紀元前860年頃（大英博物館所蔵）。

［図38］「死者の書」には、王女とともに〝生命の水〟を飲む王の姿がある。

（たまたま、王女と一緒に——図38）、「神々の大いなる湖」の中に入って、「生命の水」を飲んでいる姿と、その「生命の水」から、「生命の木」（ナツメヤシ）が伸びている情景が描かれている。ピラミッド文書には、この生命の木を探すために、生命の畑に王を導いたのは、大いなる緑色の「神のタカ」だったと、述べられている。ここで、「生命の淑女」の女神が、王を迎えた。そして、この女神は四つの水差しを持ってきて、その中のもので、王が目覚めた日に、大いなる神の心を洗い清めた。彼女は、不老不死の霊薬をこの王に与え、「彼に永遠の生命を与えた」。
こうした、成り行きを見て、ラーは喜ばれ、この王に親しく呼び掛けた——。

生命のすべてが、あなたに与えられた！
永遠は、あなたの……
あなたは、もう消え去ることもなく
その生命が終わることもない
永遠に、いつまでも

この不滅の星での、最後の「神との遭遇」で、「この王の寿命は、永遠のものになり、いつまでも、続くものとなった」。

コラム

人類の言語はなぜ違うのか

創世記（第11章）によれば、人類はシュメールに定住する前までは、「一つの言葉」しかなく、使われる単語も、それぞれ1種類だったという。しかし、バベルの塔の事件の結果、主は何が起きているかをご覧になり、そばにいた者たち（名前は不明）に、「彼らは一つの民で、皆一つの言葉を話しているから、このようなことをし始めた……下に降りて、彼らの言葉を、混乱させ、お互いの話が通じないようにしよう」と、言われた。これは、我々の推定では、紀元前３４５０年頃の出来事である。

この伝説は、シュメールの人たちが、次のように主張してきたことの裏付けになっている。それによれば、「昔々」、牧歌的で、のんびりとした風景の中で、「いがみあう敵もなく」、すべての国が「安全なやすらぎ」の中にあった頃、人類は、神エンリルと同じ一つの言葉を話していた、という。

しかし、このゆったりとした、時代背景の中に、シュメールの古文書に記録されているような、「エンメルカルとアラタ」の抗争が始まった。それは、ウルク（聖書のエレク）の統治者、エンメルカルと、アラタ（インダス渓谷）の王との間に、紀元前２８５０年頃起きた、権力闘争と、それにまつわる、人の心の「あや」の絵巻である。この論争は、エンリルの孫娘、イシュタルの権力拡大を背景に起きたものだった。つまり、イシュタルが、遠くのアラタに住むか、余り知られていないエレクに滞在するか、決めかねていたので、これが、エンメルカルとアラタの、二人の間の、招聘《しょうへい》合戦へと発展したのだ。

こうしたエンリル一族の権力拡大を快く思っていなかったエンキは、この二人の統治者たちの間の言葉を、お互いにわからなくさせて、世界戦争の導火線に火をつけようと企んだ。そこで、一計を案じた、エリドゥの神エンキは、「王子と王子、王と王」の間に、抗争を起こさせるため、人間たちの話す言葉を、混乱させ、いろいろに、変えてしまったという。

J・バン・ディーク(「言語の混乱」、近東研究誌39号)は、この古文書の最後の叙事詩は、次のように訳すべきだと言っている。「人類の言語は、昔、一つだったが、〝第2の時〟に、混乱した」と。

この叙事詩が「2回も」言語を混乱させたのがエンキだと述べているのか、単に、初め一つの言葉だったことには関係なく、次の「2回目に」エンキが、人間の言葉を混乱させたことを意味しているのか、この古文書では、はっきりしていない。

第7章
不老不死の一大叙事詩
――冒険録！ 半神半人ギルガメシュと人造人間、怪物たちの壮絶な物語

紀元前2900年頃、シュメールの王ギルガメシュは死ぬことを拒《こば》んだ。

彼より500年前、キシュの王エタナは息子をもうけて自分の種――DNA――を保つという手段で不死を達成しようと努めた（シュメールの「王のリスト」によれば、エタナの王位は「エタナの息子バリフ」に継承されたが、正妻の子供か内妻の子供かは、わからない）。

ギルガメシュから500年後、エジプトのファラオたちは来世で神々に仲間入りすることで不死を得ようと試みたが、彼らを永遠なるものに移す来世への旅に出るには、まず最初に死ななければならなかったのだ。

ギルガメシュは死ぬことを拒否することで不死に達しようとした……その結果が、冒険に満ちた不死の追求であり、その話は、主として12枚の粘土板に書かれたアッカド語校訂本として我々に伝えられた、古代世界で最も有名な叙事詩の一つとなったのだ。不死を探し求める過程で、ギルガメシュは――彼を通して「ギルガメシュの叙事詩」を読む我々も――機械人間や人造の監視

者、天の雄牛、神々と女神たち、そして今なお生きている大洪水の英雄と出会っていく。読者はまるでギルガメシュと一緒に旅しているかのように、「着陸場所」にたどり着き、宇宙船の発射を目撃し、禁断の領域にある宇宙空港へ向かうのだ。そして、シダー山脈を登り、沈みゆく船を脱出し、ライオンが徘徊《はいかい》している砂漠を横断し、「死の海」を渡り、「天国の門」へとたどり着く。この冒険談は最初から「神との遭遇」に支配されており、前兆と夢がその進路を決定し、幻影がドラマティックな舞台全体を満たしている。実際、冒頭の詩句が述べているように。

彼は地球の果てまで、すべてを見
すべてのことを経験して、完全なる智恵を獲得した
彼は秘密の事柄を見て、数々の奥義を暴いた
彼は洪水が起こる前の、話をよみがえらせた

シュメールの「王のリスト」によれば、キシュでは23人の王たちが統治した後、「王権はエ・アンナに移された」。エ・アンナはウルク（聖書のエレク）の神聖なる境内《けいだい》にある「アヌの家」（ジッグラト神殿）のことで、そこで「神ウツの息子」メスキアッガシェルによる半神の王朝が始まり、彼はエ・アンナ神殿の高僧を兼ねた王になった。その後、息子のエンメルカル（神聖なる境内のそばに偉大な都市「ウルクを建てた彼」）と孫のルガルバンダが王位を継いだ——両者ともに英雄談が書かれている。神ドゥムジ（その人生、恋愛、死はそれ自体が一つの物語になるくらい劇的だ）の命により短い空位期間が置かれた後、ギルガメシュ（図39）が玉座に登った。

[図39] 女神ニンスンを母に、高僧ルガルバンダを父にもつギルガメシュは半神半人としてシュメールの王となった。名前の前に〝ディン・ギル〟とつけるのは彼の神聖を示すため。

彼の名前の前には時々「ディン・ギル」と書かれることがあったが、それは彼の神聖を示すためであった。ギルガメシュの母親は女神ニンスンで、一人前のれっきとした女神だったため、大作「ギルガメシュの叙事詩」が説明しているように、彼は「半神半人」となったのだ（彼の父ルガルバンダは、ギルガメシュが生まれた時、単なる高僧にすぎなかったらしい）。

統治し始めた頃、ギルガメシュは情け深い王で、自分の都市を拡大して勢いをつけ、市民たちのことを心にかけていた。しかし時が経つと（「王のリスト」によれば、彼は126年間統治したことになっているが、因数6で約すと実際にはたったの21年である）、彼は加齢に悩まされ始め、生と死の問題が襲いかかった。彼は自分の名づけ親であるウツ／シャマシュに訴えて言った。

私の町で人が死ぬ。私の心は滅入ってしまう
人が消えてなくなる。私の心は打ち沈んでしまう……
どんなに背が高くても、人間は天に手を届かせることはできない
どんなにかっぷくがよくても、人間は地球をおおうことはできない

「壁をじっと透かして見たら、死んだ人の遺体が見えた」。そうギルガメシュはシャマシュに言っているが、おそらく共同墓地のことを指しているのだろう。「私も〝壁にすけて見える〟ようになるのですか、私もそのように運命づけられているのですか？」

しかし、名づけ親の答は、彼を安心させてくれるものではなかった。シャマシュは答えた、「神々は人間を創り出した時、死を分け与えたが、その人生は人間の手にゆだねられているのだ」。

それゆえ、日々を生き、できるうちに人生を楽しめ、とシャマシュは助言した。「汝の腹を満たし、日夜浮かれ遊べ！　毎日が祝い事の宴のように、昼も夜も踊り遊ぶのだ！」

シャマシュは、自分の配偶者を「抱擁で歓ばせるように」、と説いて言葉を締めくくったが、ギルガメシュはそれを別の意味に取り違えてしまった。年を取ることと不気味に立ちはだかる死を心配する彼は、「日夜浮かれ遊べ」という回答を「歓びあふれたセックス」が若さを保つ秘訣であるとほのめかされたと思ったのだ。そういうわけで、彼は毎夜、ウルクの通りを徘徊することを習慣にし、結婚したばかりの新婚カップルに出くわすと、花嫁と最初のセックスをする権利を要求した。

人々の抗議が神々の耳に届くと、「神々はその嘆きに耳を傾け」ギルガメシュの好敵手となり、彼とレスリングをして疲労困憊《ひろうこんぱい》させてその性的逸脱行為から気をそらさせるための人造人間を創ることに決めた。その仕事をまかされたニンマフは、何人かの神々の「エキス」を使い、エンキに指導を受けて、大草原に銅の筋肉をもった「獰猛な人間」を創り出した。彼はエンキ・ドゥ（「エンキの生き物」）と呼ばれ、エンキによって強力な腕力に加えて「智恵と広い理解力」が与えられた。現在、大英博物館に保管されている円筒印章には、ギルガメシュと彼の母親、女神ニンスンだけでなく、エンキドゥ（エンキ・ドゥ）と彼の創造者たちの姿も描かれている（図40）。

この叙事詩物語は、その人造の生き物がある娼婦と絶え間なくセックスすることによって人間らしくなった過程について多くの詩句をさいている。人間性を身につけたエンキドゥは、神々から任務を命令された。それは、ギルガメシュと取っ組み合いをし、抑制し、鎮め、それから彼の味方となることであった。ギルガメシュが不意打ちに呆然としないように、夢という手段でギルガメシュには前もって通知する、と神々はエンキドゥに知らせた。神々が前もって計画的な方法で夢を使ったことは、この文書（平板Ⅳ段、23—24行）によって間違いなく明らかにされている。

お前が丘を下っていく前に
ウルクにいるギルガメシュはお前を夢で見るだろう

計画がたてられるやいなや、ギルガメシュは夢を見た。彼は母親である「すべての知識に精通している賢い最愛のニンスン」のところへ行き、その夢を話した。

母上、私は昨夜ある夢を見ました
天空に星々が現れました
空から何かが私の方へ来ようとしていました
私はそれを持ち上げようとしましたが、私には重すぎました
私はそれをひっくり返そうとしましたが、微動だにしませんでした
ウルクの人々はそれを取り巻き、貴族たちは殺到し
私の仲間たちはその足に口づけしていました
私はまるで女性に引き寄せられるようにそれに引きつけられました
私はそれをあなたの足もとに捧げ
あなたはそれを私と競い合わせました

[図40] ギルガメシュと母親、神々、人造人間エンキ・ドゥを描いた円筒印章。

「天空からあなたのほうへやってきているのは」あなたのライバルです、とニンスンはギルガメシュに告げた。「友を救う勇敢な僚友がおまえのもとに来るのです」。彼はあなたと全力で取っ組み合うでしょうが、決してあなたを裏切らないでしょう、と彼女は言った。

ギルガメシュはさらに2回目の予知夢を見た。「ウルクの城壁の上に斧が置かれていて」民衆がそのまわりに集まっていた。いくつかの困難を克服しギルガメシュがどうにかその斧を彼の母親のところへ持ってくると、彼女はギルガメシュをそれと競い合わせた。ニンスンは再びその夢を次のように判断した。「お前が見た銅の斧は一人の男で」お前と同じくらい強い。「強力な相棒がやってくるだろう。仲間の命を救うことができるような者が」。彼はすでに大草原の上に創り出され、すぐにウルクにやってくるだろう。

この前兆をうけてギルガメシュは言った。「それならば、エンリルの意思に従って、そいつを倒してみせましょう」

ある夜、ギルガメシュが性的歓びを求めて出ていくと、エンキドゥが邪魔をして、ベッドに入ろうとしている新婚夫婦の家に押し入ろうとする彼を阻んだ。続いて争いが起こった。「彼らはお互いに取っ組み合い、雄牛たちのように固く組み合った」。二人が組み合うにつれて壁が打ち震え、戸口の柱がこなごなになった。とうとう、「ギルガメシュはひざをがっくりと折った」。彼は見知らぬ者に負け「悔し涙を流した」。エンキドゥが困惑してたたずんでいると、二人に「ギルガメシュの賢い母親が話してきかせた」。すべては計画通りになるべくしてなり、今後二人は僚友になり、エンキドゥはギルガメシュの警護の役割を担うのだ、と。エンキドゥに、将来の危険を予知して（彼女は夢の前兆にギルガメシュに告げた以上の意味があることをよく知っていた）常にギルガメシュの前を行き、彼の楯となってくれるようにと彼女は懇願した。

二人が友好関係を築くと、ギルガメシュは僚友エンキドゥに自分の不安な気持ちを話し始めた。自分の最初の前兆夢を思い出すくだりで、「天からやってくる何か」が「アヌの作品」であり空から落ちた時に地面にめりこんでしまった物体だと語られている。ギルガメシュが「上部を引っ張り上げ」ウルクの怪力男たちが「下のほうをつかんで」ついにそれを取り出すことができた。この夢のような回想は、ギルガメシュがその物体の頭部を開けようとしたことを述べるくだりで、まさに鮮明に記憶された映像のような様相を呈してくる。

私はその頭部を強く押した
私はその覆いを取り除くことも
その昇る部分を持ち上げることもできなかった

もはやもうろうとした現実の回想なのか、夢に見た単なるファンタジーなのかはっきり区別のつかない夢——幻影を再び話しながら、ギルガメシュはここで地球に墜落した「アヌの作品」である「昇るもの」のことを、上部が覆いの役割をしている機械的な仕掛けと語っている。内部に何があるのか見ようと心に決めて、ギルガメシュは、

そこで私は破壊の火で

そのてっぺんを折りとり
その奥へ移動した

いったん「昇るもの」の内部に入ると、「取りはずし式の前にひっぱるもの」（エンジン？）を「私は持ち上げ、母のところへ持っていった」。ここで、彼は大声をあげて不思議がった。これは、アヌが自ら私を神の住まいへ呼び寄せているサインなのではないのか？　と。それは間違いなく招待の前兆であった。しかし彼はどうやってその呼びかけに答えられるというのだろうか？「わが友よ、天によじ登れるのは誰だと思う？」。ギルガメシュはエンキドゥに尋ね、自ら答えた。「神々だけなのだ。シャマシュの秘密の場所に行くことによって彼らだけは登れるのだ」。禁断の領域にある宇宙空港のことである。

しかし、ここでエンキドゥが驚くべきことを口にした。シダー山に「着陸場所」がある、というのだ。彼はその地をさまよい歩いている間にそれを発見し、どこにあるのかギルガメシュを案内することができるというのだ！　とはいえ、一つ問題がある。その場所はエンリルが技術の粋をあつめて創り出した監視人、「口は火を吹き、吐く息は死であり、その怒号は洪水の嵐である交戦機械」によって護られているのだ。この怪物の名はフワワといい、「人間どもへの恐怖の的としてエンリルが彼を任命した」のだ。「彼は60リーグ（180マイル）の距離から、森にいる野生の牛たちの鳴き声を聞くことができた」ので、誰も近寄ることさえできないのだった。

この危険はかえって、「着陸場所」にたどり着いてやろうとギルガメシュをふるいたたせた。もし成功すれば、彼は不死を獲得することになるし、失敗したとしても彼の英雄的行為は永久に人々の記憶に残るのだ。「たとえ私が失敗することがあっても」、と彼はエンキドゥに言った。「彼らは私の子供が生まれた後々までずっと〝ギルガメシュは獰猛なフワワの前に倒れた〟と語り継ぐだろう」

行くと決心したギルガメシュは、自分の名づけ親であり鷲人間たちの司令官であるシャマシュに、助けと庇護を求めて祈った。「おお、シャマシュよ、私を行かせてください！」。彼は吟唱した、「私は祈りに両手を掲げています……着陸場所まで指示を与えてください……私にあなたの加護を！」。しかし思ったようなよい反応が得られなかったので、ギルガメシュは自分の計画を母親に打ち明け、シャマシュにとりなしてくれるように頼んだ。「私は大胆にも遠い旅を企てたのです」。彼は言った、「フワワの場所までの旅を。私は勝ち負けの予想できない戦いに立ち向かおうとしているのです。前途が闇につつまれた道をすすもうとしているのです。おお、わが母よ、我のかわりにシャマシュに祈ってください！」。

息子の懇願に心を動かしたニンスンは、女祭司の服装を身にまとって、「煙をたててシャマシュに両手をかかげた」。「私にギルガメシュを息子として与える時に、あなたはどうして彼に休まることのない心をお与えになったのです？　そして今、あなたは遠い旅に出るように彼を仕向けてしまった。フワワの場所へ。勝ち目のない戦いに直面するために」。彼女は「彼が〝シダーの森〟に着くまで、彼が獰猛なフワワを殺すまで、彼が行って戻ってくる日まで」庇護を与えてくれるようにと頼んだ。そして、ニンスンはエンキドゥのほうに向き直り、彼を自分の息子として養子にしたと告げた。「ギルガメシュと同じ子宮から生まれたのではないが」、養子に迎えることで「エンキドゥの双肩に恩義を負わせた」のである。エンキドゥを先に立っていかせなさい、と彼女はこの二人の僚友たちに告げた、「先に立っていく彼が、自分の僚友を救うように」。
こうして、新しく作った武器を携えて、二人はシダー山脈にある着陸場所へと冒険の旅を始めた。

「ギルガメシュの叙事詩」の4枚目の平板はシダー山脈への旅で始まっている。できるかぎり早く移動しながら、この僚友たちは「20リーグ行くと食料を食べ、30リーグで夜営し」一日で50リーグを踏破した。「その道のりは、新月から満月までとさらに3日かかった」――全部で17日間である。「そうして彼らはレバノンに来た」。その山々には聖書でお馴染みの珍しい杉の木が繁っていた。

青々としたこの山に到着した時、二人の僚友たちはその威厳に圧倒された。「言葉もなく……彼らは立ちつくしその森を見つめた。彼らはその杉の高さを眺め、森の入り口を探した。フワワがいつも動いている場所が小道となっており、その踏みならされた道は荒々しい道筋となってまっすぐ続いていた。彼らは神々の住まいで、イシュタルの活動の中心地でもある、〝シダー山〟を目を見開いて眺めた」。彼らは確かに、目的地に到着したが、その光景は圧巻だった。

ギルガメシュはシャマシュに供え物をし、前兆を請うた。山に向かって、彼は叫んだ。「夢を見させてください、好意的な夢を！」

ここで我々は初めて、そのような前兆夢を授けてもらうために懇願の礼拝が行われたことを知る。この儀式を記述した6節は部分的に破損しているが、何が起こったのかは壊れていない部分が想像させてくれる。

エンキドゥが彼のために、ギルガメシュのためにそれを準備した
霧で……彼は用意した……
彼をその円の中に横たわらせて
……自然の大麦のように……
……血……
ギルガメシュは膝に顎《あご》をのせて座った

この儀式には、霧で円を作り、ある種の魔術的な方法で自然の大麦と血を用い、被術者が円の中でひざを折って顎がそのひざに触れるようにして座ることが必要だったようだ。儀式は上手くいったようで、次にこう書いてある。「眠りが人々の上にあふれ、ギルガメシュを征服した。夢見の途中で眠りから目覚めた彼は夢をエンキドゥに伝えた」。「極めて狼狽《ろうばい》するような」その夢の中で、ギルガメシュは自分たち二人が高い山の裾野にいるのを見た。すると突然その山が崩れ、二人は「ハエのようだった」（意味不明）。その夢は好意的なもので、意味は明け方に明らかになるだろう、とギルガメシュに請け合ってから、エンキドゥは彼に再び眠るようにすすめた。

今回は、ギルガメシュは驚いて飛び起きてしまった。「私を起こさなかったか？」。彼はエンキドゥに尋ねた。「私に触ったり、名前を呼んだりしなかったか？」

エンキドゥが否定すると、それならばおそらくそばを通った神の仕業だとギルガメシュは言った。２回目の夢で彼はまた山が崩れるのを見たが、「それは私をなぎ倒し、両脚を捕えた」。抗い

がたい閃光が走り、一人の人間が現れた。「彼は国中で最も色の白い人で、崩れ落ちた地面の下から私をひっぱり出し、水を飲ませ、励まして、地面の上に立たせてくれた」という。エンキドゥは再びギルガメシュに請け合った。崩れ落ちたその「山」は殺害されたフワワであり、「よいことを暗示している夢だ！」と。そしてもう一度眠りに戻ることをすすめた。

二人とも眠りに落ちてしまうと、雷のような音と目も眩む光が、夜の静寂を破った。ギルガメシュは自分が夢を見ているのか本物の幻影を見ているのかはっきりしなかった。この文書では次のようにギルガメシュの言葉を引用している。

私が見た幻影はまったく恐ろしいものだった！
天が金切り声をあげ、地球が地響きをあげた！
閃光がひらめき、炎が勢いよく立ち上った
雲がもくもくと膨れ上がり、死を降らせた！
すると灼熱が消えさり、火が消えた
そして落ちてきたものはすべて灰に変わった

ギルガメシュは、ちょうどその時そこで自分がロケット、シェムの発射を目撃していたということに気がついただろうか？　エンジンが発火して轟《とどろ》くのに合わせて地面が揺れ、煙の雲と「降ってくる死」が夜明けの空を暗くし、ロケットが上るにつれて厚い雲を通してエンジンの炎が光り輝き、そして白熱が消えていき、ロケット発射の最後の残り火である燃え尽きた灰が地上に降りそそいだのだ。ギルガメシュは、そこでシェムを見つけることができれば不死になれる「着陸場所」の近くに実際に到着していることに気づいていただろうか？　明らかに彼は悟っていた。エンキドゥの警戒を促《うなが》す言葉にもかかわらず、彼はすべてがよい前兆であり、どんどん急いで進むべきだというシャマシュからの信号だと確信していたのだから。

しかし無事「シダー森」を通り抜け、「着陸場所」に到着するには、恐るべき番人、フワワを撃退しなければならなかった。エンキドゥは門がどこにあるか知っていたので、朝になると僚友たちは「人殺しの木」を注意深く避けながら、その門のほうへ向かった。門に着くと、エンキドゥはそれを開けようとしたが、目に見えない力が彼を撥《は》ね返し、12日間というもの体がしびれて起き上がることができなくなってしまった。叙事詩は、エンキドゥが植物で自分の体をこすって、「放射の二重の覆い」を作り出し「腕のしびれを取り去り、腰の無力を取り去った」ことを明かしている。

エンキドゥが活動不能になって横たわっている間、ギルガメシュはある発見をした。彼は森の中へ通じるトンネルを見つけたのだ。その入り口は一面に高木と低木が生い茂り、岩と土で阻まれていた。「ギルガメシュが木々を伐採する一方、エンキドゥは岩と土を掘り起こした」。しばらくして気がつくと、彼らはすでに森の中にいて、前方に小道――「フワワがあちこち動き回った後にできたわだち」――が見えた。

しばらくの間、僚友たちは驚愕して立ちすくんでいた。微動だにせず「彼らは神々の住む場所におり、イナンナの聖堂のある場所、シダー山を見つめた」。彼らは「杉の木々の高さを何度も眺め、森へ続く細道を舐めるように何度も見つめた。その道はよく踏み固められ、すばらしい出来だった。杉は山のすみずみまで生い茂り、その木陰は気持ちよく、人の心を楽しさで満たすようだった」。

二人が心地よさに酔っていたまさにその時、恐怖が襲いかかった。「フワワが自分の声を轟かせた」のだ。森の中へ出現した二人に警告しようと、フワワの声はこの侵入者たちに死の宣告を朗々と語った。このシーンで思い起こされるのが、後の少年ダビデと巨人ゴリアテの遭遇だ。その時ゴリアテは自分の足元にも及びそうのないダビデからの挑戦を屈辱と感じ「お前の肉を空の鳥と野の獣にくれてやる」と脅したが、フワワも同じようにこの二人組をみくびって脅した。「お前たちはあまりにも小さすぎて、私にとっては海亀と陸亀のようなものだ」。彼の声は宣言した、「お前たちを飲み下しても、腹一杯にならないだろう……だからどうだギルガメシュよ、お前の喉笛と首をかみきって、死体を森の鳥とうろつきまわる獣に残しておいてやるぞ」。

恐怖に襲われながら、この僚友たちはその怪物が現れるのを見た。彼は「強大で、歯は竜の歯、顔はライオンの顔をして、やってくる様は洪水の激流のようであった」。前頭部からは「放射線ビームが放たれ、木々を呑み込んだ」。この武器の「殺す力から、誰も逃れることはできなかった」。機械的な怪物を描いたシュメールの円筒印章（図41）はフワワを思い描いたものに違いない。印章にはその怪物と英雄的な王ギルガメシュ、エンキドゥ（右）、神（左）が描かれていて、この神はこの叙事詩によれば、絶体絶命の瞬間に彼らを助けにやってきたシャマシュを表しているのだ。「空から降りてきた神シャマシュは彼らに話しかけ」フワワの鎧《よろいかぶと》甲の弱点を暴いてこの僚友たちに攻撃戦略を授けている。この神は次のように説明した。フワワはいつもは「七つのマント」で体を保護しているが、今は「たった一つしか身につけておらず、六つはまだ脱いだまま

シャマシュがギルガメシュを偉大な神ウルヤーの前に連れて行き、ギルガメシュに不死の命を与えるよう説得している絵図。

[図41] 怪物フワワ（中央右）とギルガメシュ、エンキドゥ（右）、神シャマシュ（左）が登場。

だ」。つまり、二人がもし十分フワワに近づくことさえできれば、彼を殺すことができる。それを可能にするために、自分が「フワワの目に激しくぶつかり」その死の光線の効力をなくしてしまう旋風を巻き起こそう、とシャマシュは言った。

すぐに地面が揺れ始めた。「白い雲がもくもくと黒煙に変わった」。巨大な旋風を作り出し、あらゆる方向から、「シャマシュは巨大な大嵐をフワワに向けて巻き起こした」。「フワワの顔は黒ずみ、身動きができなかった」。そこで二人はこの力を失った怪物を攻撃した。「エンキドゥは番人フワワを地面に投げ飛ばした」。怪物が倒れる音が「2リーグにわたって杉木立に反響した」。フワワは、死にはしなかったが深手を負い、エンキドゥが森に入ってくるのを見つけた時、なぜすぐに彼を殺してしまわなかったかと、大声で嘆いた。そして、ギルガメシュのほうに向きなおって、生い茂る杉の森から望む木をすべてお前にやろうと申し出た。明らかに最も貴重な戦利品である。しかしエンキドゥはその誘惑に耳を貸さないようにとギルガメシュを急《せ》かした。「彼の息の根を断って、殺せ！」。彼はギルガメシュに向かって叫んだ。「ニップールで指導者エンリルが聞きつける前にやるんだ！」。そして、ギルガメシュが躊躇しているのを見てとると、「エンキドゥはフワワを殺した」「神々が彼らに激昂しないように」、そして「不滅の記念碑をたてる」ために、二人は杉の木を1本切り倒し、たくさんの丸太を作ってキャビンのついたいかだを作ると、キャビンの中にフワワの頭を据えて、いかだを河に流した。「ニップールまでユーフラテス川に運ばせよう」、彼らはそう言った。

「着陸場所」への道を阻む恐るべき番人を葬り去った二人は、小川で休みをとった。ギルガメシュは「汚れた髪を洗い、武器をきれいにし、背中の錠を解くと汚れた着物を脱ぎ捨てて新しい服に着替えた。ローブをまといサッシュを結んだ」。何も急ぐ必要はなかったのだ。「アヌンナキの秘密の住まい」への道には、もはや何の障害もなかったのだから。

彼はその時、その場所が「イシュタルの活動場所」でもあることを完全に忘れていた。「着陸場所」を空中散歩に利用していたイシュタルは、彼女の空の部屋からギルガメシュを見ていた（図42）。彼女がフワワとの戦いを目撃したかどうかは報告されていないが、ギルガメシュが服を脱ぎ去り、沐浴《もくよく》して身繕いし、立派なローブに身を包むのを見ていたことは確かだ。そして「栄えあるイシュタルはギルガメシュの美しさに目をつけた」。間髪を入れず、彼女は直接ギルガメシュに申し込んだ。「いらっしゃいギルガメシュ、私の恋人になるのです！　私にお前の愛の果実を授けてちょうだい！」

もし彼女の恋人になれば、すべての王たち、王子たち、貴族たちがみんな彼にひれ伏すだろう、とイシュタルは約束した。ラピスと金で飾りたてられた二輪戦車が与えられ、彼の家畜の群れは2倍4倍になり、欲しいだけ山や畑の農産物ができるだろう、と。しかし、驚いたことに、ギルガメシュは彼女の誘いを拒絶した。自分が彼女に与えられる世俗的な特典はほとんどないことを数え上げ、彼女がすぐに彼と彼の愛撫に飽きることを見越したのだ。遅かれ早かれ、彼女は「履《は》いている人の足を締めつける靴」のように、自分を脱ぎ捨てるだろう、と彼は言った。

あなたに永遠の命を手に入れてあげる、とイシュタルは告げた。しかし、その言葉もギルガメシュを説得することはできなかった。彼女が利用して捨てた、知っているかぎりすべての恋人の名を挙げてギルガメシュは尋ねた。「永遠に続いた恋人がいるというのか？」「横柄な情夫たちの誰が天国に行ったというのだ？」、そしてこう結んだ。「あなたが私を愛したとしても、どっちみち彼らのように扱うのだろう」と。

「これを聞いてイシュタルは、腹を立てて空へと飛び去った」。拒絶されて激怒した彼女は、「私を辱《はずかし》めた」ギルガメシュを懲らしめてくれるようアヌに訴えた。彼女は、ギルガメシュを殺すために「天の雄牛」をアヌに請うた。最初のうちアヌは首を縦に振らなかったが、最後にはイシュタルの脅しすかしに根負けして、「〝天の雄牛〟の手綱を彼女の手にゆだねた」。

古代の文書で使われているシュメール語、GUD.ANNA は通例「天の雄牛」と訳されるが、文字通りには「アヌの雄牛」とも理解できる。この言葉は、エンリルと組み合わされた牡牛座（金牛宮）のシュメール語の名前でもある。エンリルの怪物によって護られた「シダーの森」で飼われていたこの「天の雄牛」は、特別に選ばれた雄牛、あるいは地球上で雄牛を創るためにニビルから種付けされた「プロトタイプ」の雄牛だったかもしれない。エジプトにはそれとよく似た聖なる「アピス――聖牛」がある。

「天の雄牛」に攻撃されて、ギルガメシュとエンキドゥは「着陸場所」のことも不死の探求のこともすべて忘れて、命からがら逃げ出した。シャマシュの手助けで、「彼らは1カ月と15日かかる距離を3日間で横断した」。ウルクに着くと、エンキドゥが外で待つ間にギルガメシュは城壁の中で攻撃者に立ち向かう者たちを募った。町の戦士たちが数百人も現れたが、「天の雄牛」の鼻息が地上に大きな穴を開け、戦士たちをつきおとした。この空の怪物が向きを変える機会を捕えて、エンキドゥはその背に飛び乗って角を捕えた。「天の雄牛」は尻尾を振り、渾身の力でエンキドゥを撃退する。エンキドゥは死に物狂いでギルガメシュに叫んだ。「角の根元と首の腱の間に剣を投げ刺せ！」

[図42] 空中散歩中の女神イシュタルは、小川で着替えをするギルガメシュを空の部屋から見初め、すぐに求愛した。

今日でも闘牛場で鳴り響いている、あの叫び声である……。

この記録された最初の闘牛で、「エンキドゥは〝天の雄牛〟の太い尻尾をつかんでぐるぐる回し、ギルガメシュが自分の剣を首と角の間に突き刺した」。天の生き物は倒され、ギルガメシュはウルクで祝賀会を催した。しかし「イシュタルは彼女の住まいで嘆き悲しみ、〝天の雄牛〟のため涙を流した」

近東で発掘されたギルガメシュの叙事詩の場面を描いたおびただしい円筒印章の中の一つは（アッシリアとの国境のヒッタイトの貿易最前地で見つかったもの――図43）、半分裸のエンキドゥが見守る中、ギルガメシュに話しかけているイシュタルを示している。この女神とギルガメシュの間の空間には、「天の雄牛」の頭だけでなく、切断されたフワワの頭も記されている。

そのような経緯で、ギルガメシュがウルクで祝っている間、神々は会議を開いた。アヌは次のように言った。「〝天の雄牛〟とフワワを殺したからには、二人とも死ななければならない」。これに対してエンリルは言った。「エンキドゥは死ぬべきですが、ギルガメシュは生かしておきましょう」。シャマシュは彼らの罪の一部は認めながらも、次のように反論した。「どうして罪のないエンキドゥが死ななければならないのか？」

神々がその運命を議論している間に、エンキドゥは昏睡《こんすい》状態に見舞われた。幻覚の中で、彼は死刑を宣告されるのを見た。しかし最終決定は、死刑を「鉱山の国」での重労働に減刑するというものだった。「鉱山の国」とは銅やターコイズを暗いトンネルの中で骨を折って働いて掘り出す場所であった。

この冒険談は、すでに最上のスリラーよりももっと劇的で予期せぬ曲折に満ちているにもかか

[図43] ギルガメシュに話しかけているイシュタルの様子を描いた円筒印章は、アッシリアとの国境ヒッタイトで発掘された。

わらず、ここでさらに別の不測の転換を見せることになる。「鉱山の国」は第4地区、シナイ半島に位置していた。そして「生者の国」（宇宙船シェムの基地がある宇宙空港で、シャマシュの指揮下にある）もまた、その第4地区にあったため、ギルガメシュはこれこそ彼にとって神々とまじって不死を手に入れる2度目のチャンスであることがわかってきたのだ。

シャマシュが、自分をエンキドゥに同行させてくれる手はずを整えてくれれば、「生者の国」にたどり着けるのだ！　この前代未聞の機会を狙って、ギルガメシュはシャマシュに訴えた。

おお、シャマシュよ
その国に私は入りたいのです
私の味方になって下さい！
冷たい杉が一列に立ち並ぶその国へ
私は入りたいのです。味方になって下さい！
シェムがあげられるその場所で
私のシェムをあげさせて下さい！

その陸路は危険で困難であることをシャマシュがギルガメシュに説明すると、ギルガメシュに上手い考えが浮かんだ。彼とエンキドゥはボートで航海すればいいのだ！　一隻のマガン・ボート――「エジプトの船」――が用意された。そして、船員と警護員として50人の勇者たちを伴って、二人の僚友たちは船出した。そのルートは、あらゆる点から見て、ペルシャ湾を下り、アラビア半島を回って紅海を北上してシナイ半島の岸に着くというルートだが、事は計画通りには進まなかった。

エンリルが「エンキドゥは死ぬべきだ」と迫ったものの、結局死刑ではなく「鉱山の国」での重労働に減刑された時、「羽根の着いた衣服で、鳥のような格好をした」二人の使者が手ずからエンキドゥをそこへ運ぶことを神々は定めていた（図44a）。海の旅はそれに反する上に、やがてはエンリルも復讐にやってくるだろう。さて、船がアラビア半島の岸に近づき太陽が沈んでいくと、船上の者たちには誰かが――「彼は人間かもしれず、神かもしれない」――光線発射装置を装備して土手に「雄牛のように」たっているのが見えた（図44b）。目に見えない手の仕業のように、船の「三重の布」でできた帆が突然まっ二つに裂け、次に船自身が片側におしやられて転覆した。まるで水に投げ入れた石のように、ギルガメシュとエンキドゥを除くすべての乗員を乗せたまま、あっと言う間に沈んでしまった。ギルガメシュが、エンキドゥをひっぱり船から泳ぎ出て海面に浮上する時、他の者たちがそのままの位置に座ったままであるのが見えた。「それはまるで生きた状態であるかのようだった」。突然の死で、彼らは沈む前の姿勢のまま凍りついてしまったのだ。

唯一の生存者である二人は岸にたどり着き、これからどうすべきか話し合いながら見知らぬ海岸で夜を明かした。ギルガメシュは「生者の国」にたどり着く野望を捨てきれなかった。エンキドゥはウルクに戻る方法を探そうと助言したが、すでに死がエンキドゥに割り当てられていた。彼の手足は麻痺し、内部は崩壊していった。ギルガメシュは僚友を死ぬなと励ましたが、役には立たなかった。

3日3晩、ギルガメシュはエンキドゥのために嘆き悲しんだ。それから彼は立ち去り、当てもなく荒野をさまよい、自分の死ぬ時期ではなく、どうやって死ぬことになるのかを考えた。「私はエンキドゥのように死ぬのだろうか？」

それまでのすべての冒険の後、種々の「神との遭遇」、夢と幻影、現実と空想、戦いと敗走の後、今やひとりぼっちとなった彼は、これから最も忘れがたい冒険談が始まろうとしていることを知る由《よし》もなかった。

ギルガメシュがどれくらい当てもなく荒野をさまよったのか、古代の叙事詩は伝えていない。彼は誰にも遭遇せずに踏みならされていない小道を歩き進み、猟をして食べ物を得た。「彼がどの山々を登り、どの小川を渡ったのか、誰も知らない」と古代の筆記者は記した。ついに彼は自分を取り戻した。「私は地球に頭を埋めて、眠り続けなければならないのだろうか？」。彼は自問した。死んで彼の僚友エンキドゥに加わるのか、あるいは神々が「私に太陽を見つづけさせてくれるのか？」。

彼は再び「生者の国」へたどり着くことで死すべき人間の運命を逃れる決心をふるいたたせた。登る太陽と沈む太陽――シャマシュ――に導かれて、ギルガメシュは毅然とした態度でゆっくりと険しい道を進んだ。日を追って、地形が変化し始めた。トカゲと蠍《さそり》の巣窟、平坦な砂漠の荒野は終わりつつあり、遠くに山々が見えた。野生生物もまた、変化していた。「夜になって山の峠にさしかかった時、ギルガメシュはライオンたちを見て恐怖が湧き起こった」

a

b

[図44] 鳥のような格好の使者に運ばれるエンキドゥ（a）、船から土手を見ると〝雄牛のような神か人間〟がたっていた（b）。

彼はシンの方へ頭をあげて祈った
「私の歩みは
神々が若返る場所へ向かっています……
私をお守り下さい！」

ギルガメシュが守護神として語りかけている神がシャマシュからシン（シャマシュの父親）に変わったことについて、この文書の中では何の説明もないので、我々は、ギルガメシュがどうにかして自分がシンに捧げられた領域にたどり着いたことを悟ったと仮定するしかない。

ギルガメシュは「眠りにつき、夢から覚めた」。夢の中で、彼は自分が「命を歓《よろこ》んでいる」のを見た。それは、ライオンたちが徘徊《はいかい》していても何とか峠を越えられるだろう、というシンからのよき前兆だと彼は受け取った。武器を集めて、「ギルガメシュは矢のようにライオンたちの中へ飛び込んで行き」、全力で獣たちを打ち据えた。「彼は奴らを殺し、切り刻んだ」。しかし正午になる頃には、武器はこなごなに壊れ、ギルガメシュは武器を捨てた。2頭のライオンがまだ残っていて彼に向かってきていたが、もはやギルガメシュは素手で戦わなければならなかった。

結局ギルガメシュが勝者となったこのライオンとの戦いは、メソポタミア（図45a）だけでなく古代近東中の芸術家たちによって記録されている。北はヒッタイト（図45b）から東はルリスタンのカッシート（図45c）、そして古代エジプトでも描かれていたのだ（図45d）。後の時代になってそのような偉業——素手でライオンたちをやっつける——は、聖書の中で、神に与えられた超人的な怪力の持ち主、サムソンが成し遂げるだけである（士師記第14章5—6節）。

［図45］ギルガメシュがライオンとの戦いに勝利した偉業の記録。a―メソポタミア、b―ヒッタイト、c―カッシート、d―古代エジプト。

一頭のライオンの皮をまとい、ギルガメシュは峠を越えた。遠くに巨大な湖のようなものが見えた。その内海の向こうの平地に、要塞の壁にとりまかれた都市が、よく見て取れた。それは、この叙事詩が説明しているように、「シンへの神殿が捧げられた」都市であった。その都市の外側、「低地の海の下方に」ギルガメシュは一軒の酒場があるのを見た。その酒場に近づくと、中に「酒場女シドゥリ」がいるのが見えた。中には、酒樽の台と大きな発酵用の桶があり、酒場女シドゥリが酒のジョッキと黄色い粥《かゆ》の椀を持っていた。ギルガメシュはゆっくりと酒場のまわりを回って、入り口を探したが、シドゥリはこの「腹はへこみ、まるで遠くからの徒歩旅行者のような顔」をしたライオンの皮を着たもじゃもじゃ頭の男を見ると、怯《おび》えてドアに錠を下ろしてしまった。ギルガメシュは大変な苦労をして、何とか彼女に自分の本当の身分を納得させた。

腹を満たし休養を取ったギルガメシュは、「シダーの森」への最初の旅から、フワワと「天の雄牛」の殺害、2回目の航海とエンキドゥの死、それに続く放浪とライオンの成敗まで、自分の冒険についてすべてをシドゥリに話した。自分の目的地は「生者の国」であると彼は説明した。そこで不死が得られるかもしれないのだ。何しろ大洪水で名高いウトナピシュティムはそこでまだ生きているのだ。「生者の国」へはどうやって行けばよいのか？　ギルガメシュはシドゥリに尋ねた。海岸を回る危険で長い道のりを行くべきなのか、それとも船で渡るほうがいいのだろうか？「さあ、酒場女よ、どちらがウトナピシュティムのところへ行ける道なのか？　教えておくれ！」

その酒場女は答えた。海を渡るのは不可能です。その海は「死の海」なのですからと。

絶対だめですよギルガメシュ、渡航できたためしがないんです
はるか昔の時代から
誰もこの海を渡ってやってきたものはいません
勇敢なシャマシュはこの海を渡りましたが
シャマシュの他に誰が渡れるでしょう？

ギルガメシュが押し黙ってしまうと、シドゥリは、じつはこの「死の海」を渡る方法がないことはない、と彼に打ち明けた。ウトナピシュティムには船頭がいて、その名をウルシャナビというのだが、彼は「〝石の器具〟を携えている」ので「死の海」を渡ることができるというのだ。彼は森でウルヌ（意味不明）を乗せるために渡ってくるのだ。行って彼を待ちなさい、とシドゥリはギルガメシュに言った。「彼にあなたの顔を見せるのです」。彼が気に入れば、あなたを渡らせるでしょう。そう助言されて、ギルガメシュは岸へ行って船頭ウルシャナビを待った。

彼を見たウルシャナビが、いったい誰だろうと興味を示したので、ギルガメシュは自分のこれまでの長い身の上話をした。ギルガメシュが半神半人であるという真実と「生者の国」へたどり着きたいという正当な願いを理解したウルシャナビは、彼を船に乗せた。しかし乗船するやいなや、ウルシャナビはギルガメシュが渡航に必要な「石の器具」を壊したといって彼を責めた。ギルガメシュを叱責したウルシャナビは、森に戻って木を切って120本の丸太を作るように言った。航海していくうちに、12本一組の丸太を全部使い果たした。3日後、彼らは対岸に着いた。

さてこれから何処へいけばいいのだろうか？　ギルガメシュはウルシャナビに尋ねた。「偉大

な海」へと続く「正規の道」に出るまで、まっすぐ進んでいくように、とウルシャナビは言った。目印の役目をしている2本の石柱にたどり着くまでその道を歩いていき、そこで曲がると、神ウルウ・ヤアを祭ったイトラという名前（この叙事詩のヒッタイト語版で）の町に出るのだ。あなたの目的地マシュウ山のある禁断の領域の中へと横切っていくためには、その神の許可が必要なのです、とウルシャナビは言った。

イトラはギルガメシュに悲喜こもごもの祝福を与えた。そこに着くと、彼は腹ごしらえをし、身を清めて礼儀正しい装いに着替えた。シャマシュの助言にそって、ウルウ・ヤア（おそらく「至高の彼」の意味）に生け贄を捧げたが、この偉大な神は王ギルガメシュのシェムが欲しいという希望を知って、その考えを拒否した。そこでギルガメシュはシャマシュのとりなしを請うて、神々に別のことを嘆願した。「私をウバラ・トゥトゥの息子ウトナピシュティムのところへ旅立たせてください！」。それについては、少し思案したのちにお許しが出た。

6日間の旅の後、ギルガメシュは船頭ウルシャナビが話した聖なる山を見ることができた。

その山の名はマシュウ
マシュウの山に彼は到着し
そこで日がなシェムが出発したりやってきたりするのを
彼は見た
高くは、「天の絆」までつながり
下は「地下界」まで結ばれていた

山の内部に続く1本の道があったが、その入り口は恐ろしい「怪物たち」に護られていた。

怪物たちがその門を護る
彼らは身の毛のよだつ恐ろしさで、彼らの目くばせは死である

彼らの恐怖のスポットライトは山々を吹き飛ばす
シャマシュが登ったり降りたりするのを監視している

その死のスポットライトに捕えられたギルガメシュは、顔を覆い、無傷のまま怪物たちのほうへゆっくり近づいた（ある円筒印章に描かれた場面はおそらくこのエピソードを描いているに違いない——図46）。彼らは死の光線がギルガメシュに効かなかったのを見て仰天し、「神々の肉の体をもつ彼がやってきた」ことを悟った。ギルガメシュに近づくことを許し、彼らは質問した。ギルガメシュは自分が誰であるか、そして自分が実際に半神半人であることを語った。「わが先祖ウトナピシュティムのために私は来たのだ」。彼は番人たちに言った、「神々の会衆が迎え入れた彼のために。私は死と生について彼に尋ねたいのだ」。「死すべき人間がこの山の近づきがたい地域を通り抜けることはならん！」。番人たちはギルガメシュに語った。しかし、彼が単なる人間ではないことを認識して、彼を通した。「山の門はお前に開かれた！」。彼らはそう告げた。

この「近づきがたい地域」とは地下の「シャマシュの小道」のことであった。その道のりは12

倍時間がかかった。「その闇は深く、光はどこにもなかった」。ギルガメシュは「前も後も」見ることができなかった。8倍時間来たところで、彼は無性に怯えて叫び声をあげた。9倍時間で、「彼は北風が頬をなでるのを感じた」――彼は空の下に出る口に近づいていたのだ。11倍時間で、彼は暗闇が開けていくのを見ることができた。最後に、12倍時間で、「光がさし込み、彼は太陽の真正面に出てきた」。

神聖な山を抜ける地下道から陽の光の下に出たギルガメシュは、信じられない光景に出くわした。彼は「神々の囲い地」を見たのだ。そこには園があったが、しかしその「園」はすべて人工的に彫った宝石でできていた。「あらゆる種類の〝刺だらけの低木〟が宝石の花を咲かせているのが見てとれた。紅玉髄《こうぎょくずい》が実を結んでたわわにぶらさがり、そのつるはあからさまに見ることができないほど美しかった。群れを成す葉はラピスラズリで、……石でできた葡萄《ぶどう》は眩いばかりに瑞々《みずみず》しかった」。部分的に破損した詩句はさらに他の種類の果実をつけた木と様々な宝石――白や赤、緑の――の様子を挙げていく。この園には清らかな水が流れ、その真ん中に「生命の木のような木と、アン・ググ石でできた……の木」が見えた。

心を奪われ驚嘆したギルガメシュはこの園を歩き回った。明らかに、彼は疑似《ぎじ》「エデンの園」にいたのだ！

気づかないうちに、彼はウトナピシュティムに観察されていた。「ウトナピシュティムは遠くから見ながら、あれこれ考え自問自答した」。彼は何者なのだろうか、いったいどうやってここに現れたのだ？ 彼は不思議がった。「彼は私の召使いたちの一人ではない」――自分と一緒に箱船にいた者ではない……。

[図46] 聖なる山マシュウの入り口に立ちふさがった恐ろしい怪物たちは、ギルガメシュに死の光線を発射した。

彼が近づくと、ギルガメシュは仰天した。何しろ数千年前の大洪水の英雄は、彼ギルガメシュとほとんど同じ年のようだったのだ！「彼ははるか遠い先祖、ウトナピシュティムに言った。ウトナピシュティムよ、見たところあなたは全く変わっていない、私があなたでもおかしくないくらいだ！」

しかしあなたは誰なのだ。どうして、どうやってここにやってきたのだ？ウトナピシュティムは知りたがった。そこで、ギルガメシュはシドゥリと船頭にしたのと同じように、自分の王権、素性、エンキドゥとの友情、今回のものも含め、不死を求めての数々の冒険について、すべてを物語った。「そこで私は人々が話していた遠い祖先であるウトナピシュティムに会いに行こうと考えたのです」。ギルガメシュはそう言葉を結んだ。さあ、ウトナピシュティム、あなたの不死の秘密を私に教えてください！と彼は言った。「あなたがどうやって神々の会衆に参加するようになったのか、どうやって永遠の命を手に入れたのか」私に教えてください。

ウトナピシュティムは彼、ギルガメシュに話した
私はあなた、ギルガメシュに洩らしましょう
隠された事柄、神々の秘密を
私はあなたに教えましょう

そうして、大洪水の最初から最後までの話を、ウトナピシュティムは一人称で事細かに語った。箱船が最後にたどり着いた「ニシル山」でエンリルは「私の手をつかんで船に乗せ、私の妻も乗

せて傍らにひざまずかせた。我々の間にたった彼は、我々の額に触って祝福した。これまではウトナピシュティムは死すべき人間であった、これからはウトナピシュティムと妻はわれわれ神々のようになるのだ（とエンリルは言った）。ウトナピシュティムは遠く、河口のところに住まうべし、と。そういうわけで彼らは私を連れてきて遠く、河口のところに住まわせたのだ」

これが自分が死すべき人間の運命を逃れるに至った真実のすべてだ、とウトナピシュティムは結んだ。「ところで、あなたが求めるその永遠の命を見つけてもよい、と決定する神々の会合を誰か召集してくれるのか？」

いくら自分で探しても、自分に不死を与えられるのは、会合で集まった神々の布告だけだということに気づいて、ギルガメシュは気絶した。それから1週間、彼は気を失って横たわった。正気を取り戻すと、ウトナピシュティムは船頭のウルシャナビを呼びつけ、ギルガメシュを連れて帰るように、「彼が来た道を安全に戻れるように」言いつけた。しかしギルガメシュの出発の用意が整《ととの》うと、ウトナピシュティムは彼を気の毒に思い、また別の秘密を彼に明かす決心をした。永遠の命は不死になることによって得られるのではない——それは永久に若くい続けることによって手に入れられるのだ！

ウトナピシュティムは彼、ギルガメシュに言った
あなたは、骨を折って賢明になってこちらへやってきた
あなたの国へ持って帰るために、私は何をあげればよいだろう
ギルガメシュよ、私はこっそり教えよう

しっかりと護られている隠された事実を
神々の秘密をあなたに話そう
ある植物があるのだ
その根もとは刺の多い野バラのようだ
その刺はまるでイバラのつるの刺
刺はあなたの手を刺すだろう
しかし、もし自分の手でその植物を
手に入れることができたなら
あなたは若返りを見つけるだろう

その植物は水面下、おそらくあの壮麗な園の泉か水源に生息していた。ある種のパイプがその源あるいはこれら「生命の水」の底へ通じていた。この秘密を聞くやいなや、ギルガメシュは「パイプを開いて、重い石を足に結びつけ、深みへともぐった」。そしてそこで、彼はこの植物を見たのだ。

刺が手を刺したが
彼はその植物を自分の手でとった
彼は重い石を足から切り放した
二つめを切り放すと

彼はもと来た場所に戻った

ウトナピシュティムに呼び寄せられていたウルシャナビが、彼を待っていた。勝ち誇って意気揚々としたギルガメシュは、彼に「若返りの植物」を見せた。興奮にまかせて、彼はこの船頭に言った。

ウルシャナビよ
どの植物よりもこの植物は唯一無比なのだ
それによって人は命の息吹《いぶき》を回復することができるのだ！
私はそれを城壁に囲まれたウルクに持っていって
そこでこの植物を切って食べるのだ
「人が年を取って若くなる」
とそれらの名前を称そう
この植物を私は食べて
若々しい状態を取り戻すのだ

若返りへの高まる期待を胸に、二人は引き返し始めた。「30リーグ来たところで、夜になったので彼らは休みをとった。ギルガメシュはひんやりと冷たい水の泉を見つけ、沐浴するため水に入っていった。すると、一匹の蛇がこの植物の香りをかぎつけ、音も立てずにやってくるとその植物を運び去った。それを持ち去る時、この蛇はうろこのある皮を脱皮した」。それは本当に若返りの植物だったのだ。しかし最後に若返ったのは、ギルガメシュではなくその蛇であった……。

その場でギルガメシュはがっくりと腰を下ろし嘆き悲しんだ
彼の涙は顔を流れ落ちた
彼は船頭ウルシャナビの手を取った
「いったい誰のために」（彼はたずねた）
「私の両手は苦役に耐えたのだ？」
誰のために私の心臓の血を費やしたのだ？
自分自身のために、私は一つも恩恵をこうむっていない
「私は蛇に恩恵を施したのだ」

降りかかった不運に想いをはせているうちに、ギルガメシュはその植物を採取するためにもぐっている時に起こった「前兆だったに違いない」出来事を思い出した。「私がパイプを開けて、装備を整えていた間」と彼はウルシャナビに言った。「私は扉の封印を見つけたのだ。あれは私への前兆として置かれていたに違いない。――引き下がれ、あきらめろというサインだったのだ」。こうしてギルガメシュは、自分はその「若返りの植物」を手に入れるよう運命づけられていなかったことを悟った。そしていくらそれを水から摘みとっても失う運命だったのだ、と。
最後に城塞に囲まれたウルクに戻ると、ギルガメシュは腰を落ち着けて、書記に自分の長い冒

険談を書き記させた。「あの〝地下道〟を見たギルガメシュのことを国中に知らせよう。その水のことを知っているギルガメシュについて、すべての物語を語ろう」。そしてこれら前置きの言葉とともに、「ギルガメシュの叙事詩」は記録され、読まれ、翻訳され、書き直され、図説され、代々読み継がれていったのだ。人間は、たとえ半神半人であっても、自分の運命を変えることはできないのだ、ということを知らせるためだけに……。

この「ギルガメシュの叙事詩」には、その古代の不死の探求場所がどこにあったかを定める地理的な目印が多くちりばめられている。

最初の目的地は「シダー山脈」にある「シダーの森」の「着陸場所」だった。古代近東全体でそのような場所はたった一つだけ、その特別な杉の木で有名なレバノンである（その国の紋章は、今日まで杉の木である）。レバノンは、二人の僚友がウルクから17日後にたどり着いた国の名として特に言及されている。別の詩句では、空飛ぶ乗り物を打ち上げる際にどんなふうに地面が揺れるかを記しているが、向き合っている突端「シララとレバノン」は「別々に裂かれた」と描写されている。聖書では（詩篇第29章）、威厳のある主の声が「レバノンの杉の木を引き裂き」「レバノンを子牛のようにシルヨンを野牛の子のように跳ね」させた、と描写している。シルヨンがメソポタミアの文書の中のシララのヘブライ語であることは疑う余地がない。

「着陸場所」がそこに存在したということも疑いようがない。理由はしごく単純に、今日でも未だにそこには広大なプラットホームがあるからだ。今日バアルベクと呼ばれる場所に位置して、面積にしておよそ500万平方フィートの巨大な石のプラットホームが、重さ数百トンの大量の石のブロックに支えられているのだ。そのうちの三つの石のブロックはそれぞれ1000トン以上の重さで、「トリリトン」として知られているが（図47）、それらは数マイル離れた渓谷で切り出されたもので、そこには未だに切り出し途中の巨大な石が地面から突き出ているのだ（図48）。そのような重さを持ち上げることができる現代の装備はないが、過ぎし日、「誰かが」——地方伝承は「巨人たち」——これらの石のブロックを切り出し、持ち上げて、非常に精密に据えつけたのだ。

ギリシャ人とローマ人は、彼らより前のカナン人と他の民族の後をついで、このプラットホームを神聖な場所と見なし、偉大な神々のための神殿を建て、また再建したりした。ギルガメシュの時代にそこに何がたっていたのか、我々は知る術《すべ》がないが、その後フェニキア人の時代に何があったかはじつはわかっているのだ。ビブロスの硬貨に描かれているように（図49）、そのプラットホームには囲いがあり、交差する柱脚の上に空飛ぶ乗り物をたたせてあったのである。

ギルガメシュの2回目の旅の中で最も目を引く地理的な項目は、彼が荒野を横断した後にたどり着いた水の泉の実体である。それは「低地の海」、「広い湖」のように見える海として描かれ、「死の水」の海と呼ばれていた。これらはすべて、今日でもまだ死海と呼ばれている、陸に囲まれた海とぴったり一致する様子であり、死海は実際に世界中でいちばん湖面の低い、低地の海なのだ。

ギルガメシュは遠くに壁に囲まれた都市を見つけたが、その神殿はシンに捧げられていた。そのような町——世界中で最も古い都市の一つ——は未だにそこにあるのだ。エリコとして知られるその都市は、ヘブライ語（Yeriho）で「月の神の町」を意味し、月の神とは実際シンのことだ

［図47］ バアルベクに現存する巨大な石のプラットホーム。1000トン以上の３つの石のブロックは「トリリトン」として知られる。

［図48］ プラットホームから数マイル離れた渓谷には、未だに切り出し途中の巨石がそのまま残っている。

［図49］ ロケット型宇宙船の格納基地（ビブロスで発見された古代硬貨より）。

ったのだ。この都市は防壁のあることで有名だが、その壁の超自然的な崩壊は聖書で詳しく語られている(聖書に出てくる、エリコの娼婦ラハブの宿屋に隠れたヨシュアの密偵たちの話までもが、ギルガメシュがシドゥリの宿屋に僅かに滞在したことを反映しているのにも驚くに違いない)。

死の海を渡って、ギルガメシュは「偉大な海のほうへ」と続く道をたどった。この言葉もまた聖書の中で見つけられ(たとえば民数記第34章、ヨシュア記第1章)、明らかに地中海のことを言っていたのだ。しかし、ギルガメシュは旅の途中、突然ヒッタイトの校訂本でイトラと呼ばれる町に留まった。考古学的な発見と出エジプト記の聖書の物語に基づいてみても、イトラは聖書がカデシュ・バルネアと呼んだのと同じ場所である。それはシナイ半島の機密の第4地区の境界にあった古代の隊商の町であった。

ギルガメシュが目指した、ほとんどモーゼのヘブライ語名、モーセ(Moshe)と判断できるような名前を冠した「マシュウ山」がどの山かについては推測の域を出ない。が、この聖なる山の内部へのギルガメシュの地下旅行は12倍時間がかかっており、エジプトの「死者の書」の中に、ファラオの第12時空圏がかつての地下旅行という描写と明らかに一致している。ファラオたちもギルガメシュのように、天のほうへ登って永遠の住まいで神々にまじるためのシェム——宇宙船——をたずねていったのだ。彼らより前のギルガメシュのように、ファラオたちは海を渡らなければならず、「神の船頭」の手助けが必要だった。このシュメールの王とエジプトのファラオの目的地は、同じ一つの場所だったことは間違いあるまい。彼らは反対の出発地点から向かったということ以外は一緒なのだ。その目的地は、秘密格納庫(図31参照)にしまわれたシェムのあるシナイ半島の宇宙空港であった。

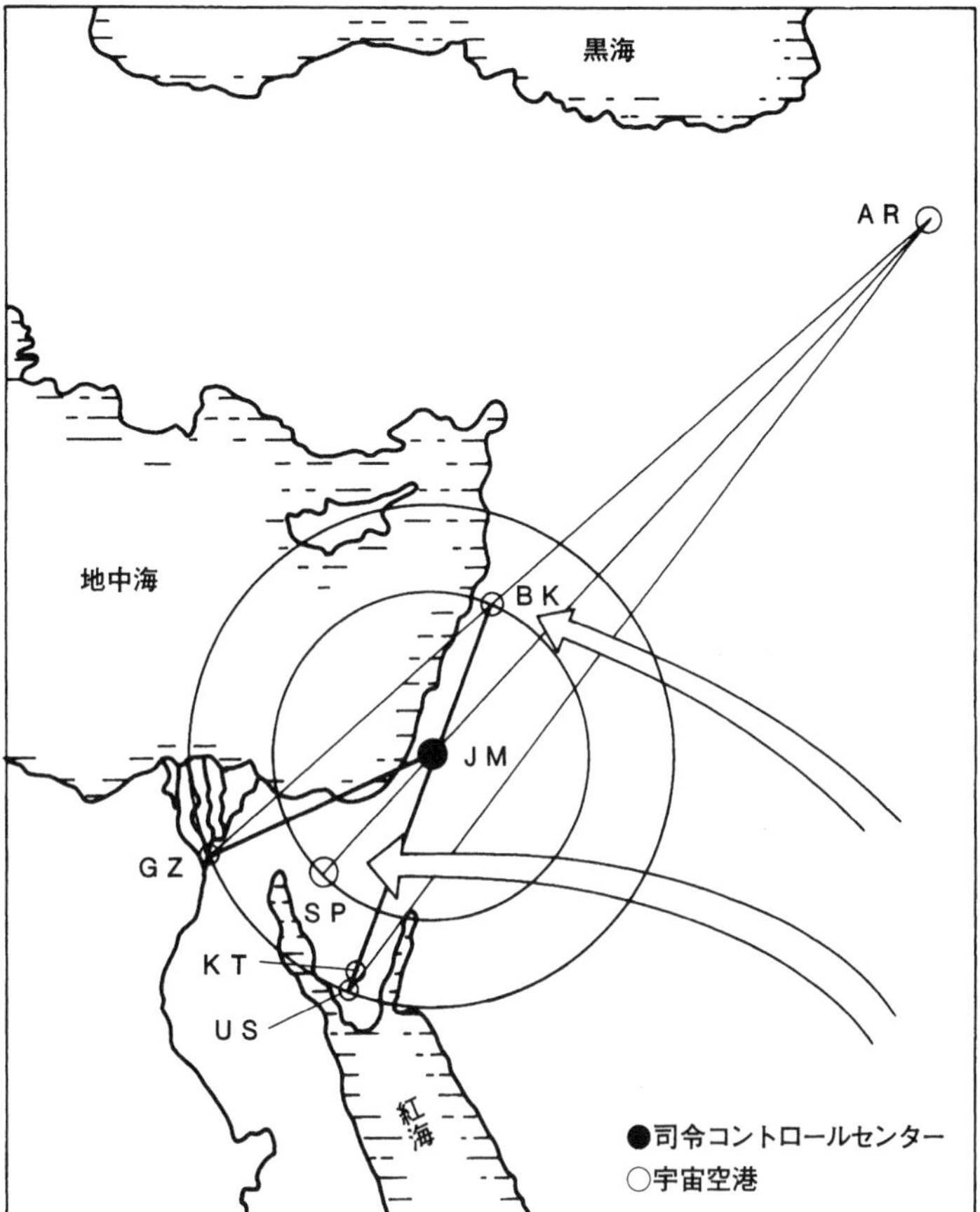

[図50] ギルガメシュの目的地は秘密格納庫にしまわれたシェムのある宇宙空港。彼はバアルベク（BK）のプラットホームと、シナイ半島の宇宙空港（SP）に向かって旅した。

大洪水前の洪積期以前の時代のように（図25参照）、洪積期後の宇宙空港（図50）もまたアラトの山頂（を突端として）に据えられたが、メソポタミアの平地がすっかり泥水に覆われてしまったので、宇宙空港はシナイ半島の固いしっかりした地面に移された。司令コントロールセンターはニップールから現在エルサレム（JM）が位置する場所へ移った。新しい着陸回廊は、ギザ（GZ）の二つの巨大なピラミッドとして今でもたっている二つの人造の山とシナイ半島南方の高い山頂（KTとUS）を両端として据え、シダー山脈にあるバアルベク（BK）の巨大な堆積期以前のプラットホームを合併したものだった。

ギルガメシュは、このバアルベクのプラットホームと宇宙空港（SP）に向かって旅したのである。

コラム

アメリカ大陸の人々もギルガメシュの物語に精通していた

南米の人々がギルガメシュの叙事詩物語に精通していたことは、有史以前に旧世界と新世界の間に接触があったということを物語る一つの証拠である。

その最たるものが、ギルガメシュがライオンたちと戦っている描写であった。驚くべきことに、そのような描写が——ライオンのいないアメリカ大陸で——アンデスの国々で発見されたのである。

そのような描写が一つに凝縮されて描かれた石板（次ページaとb）が、ペルー北部の地域Chavin de Huantar/Aijaで見つかっていて、それらはヒッタイトの描写（図45b）とそっくりである。Chavin de Huantar/Aijaは有史以前の時代、主要な金の産出地域で、紀元前2500年以降に旧世界の人々がいたことを他の証拠物件（小像、彫刻、岩面陰刻）が示唆している。

同じような描写が大量に見つかった別の地域は、チチカカ湖の南岸の近くで（現在はボリビアにある）、かつて金細工の盛んな巨大首都——ティアワナク——が栄えた場所である。ある計算によれば、紀元前4000年以前にすでに金加工の中心地として始まり、紀元前2500年以後世界一の錫《すず》産地になったティアワナクは、南米で最初に青銅が現れた場所だ。そこで発見された工芸品には、ギルガメシュがライオンのような動物たちと取っ組み合っている姿を描写した青銅がある（左図c）。明らかにルリスタンのカッシート人青銅製造者たち（図45c）に触発された芸術品である。

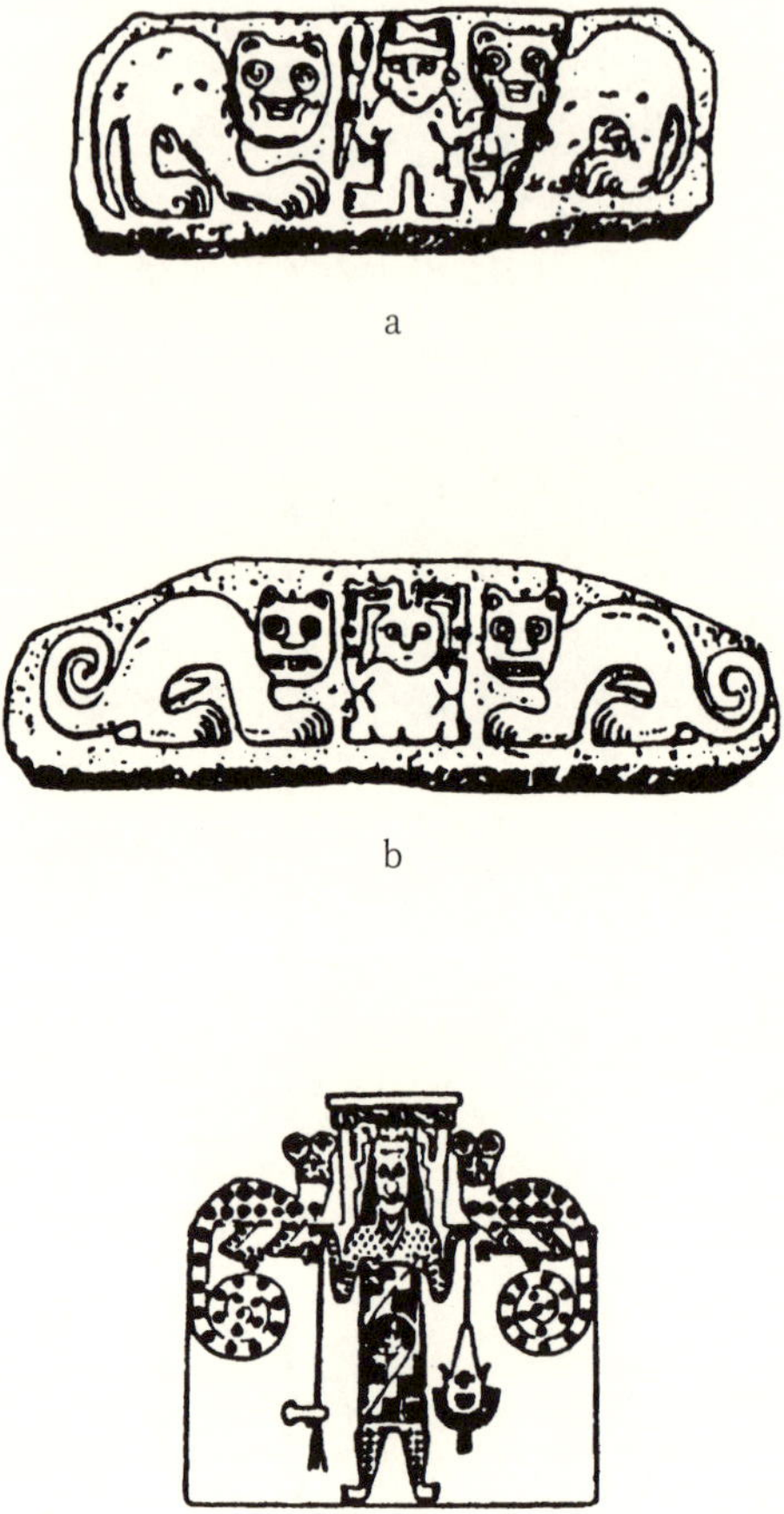

a

b

c

第8章

神の血統を生み出す新しき遭遇
――シュメール、エジプトの王《ファラオ》からアレキサンダー大王へと連なる宇宙人の子たち

不死の生命を求めた、ギルガメシュの有名な叙事詩の時代から2500年以上もたってから、もう一人の伝説的な王――マケドニアのアレキサンダー大王――は、シュメールの王や、エジプトのファラオを見習って、全く同じような努力をしていた。彼の場合も、ご多分に漏れず、不老不死の権利があると主張した根拠は、やはり、自分が半神だということだった。アレキサンダーは、恩師のアリストテレスから教わって、かなり昔からこうした努力があったことは、知っていたと思われる。しかし、まさか自分が神の血を引いた者だと主張する根拠が、ウルクのギパール（夜の家）と、その奥まった聖所、ギグヌでの夜の愉《たの》しみにあったとは、気がつかなかっただろう。

暗殺されたフィリップ2世にかわって王位についたアレキサンダーは、早速、高名な神託を仰ぐため、ギリシャのデルポイ神殿に向かった。その時、弱冠20歳だった彼は、初めての神託が、彼の名声と同時に、彼の短命を預言していることに、大きなショックを受けた。こうした預言は、

ある噂のせいで彼が抱いていた疑惑を、ますます強める結果になった。その噂とは、マケドニアの宮殿で流されていたものだ。それは、アレキサンダーの本当の父はフィリップ2世ではなく、エジプトのファラオ、ネクタネブフだという内容であった。ネクタネブフがマケドニアの宮殿を訪れた時、密かにアレキサンダーの母のオリンピアスを誘惑して、アレキサンダーが生まれたというものだった。さらに、そのネクタネブフは、——腕のよい魔法使いと占い師のふりをしていたが——本当は、エジプトの神アモンが、将来、全世界を統一する者の父親になるために仮装した姿だったという噂も、囁《ささや》かれていたからである。

間もなく、アレキサンダーは、エジプトに到着し（紀元前332年）、エジプトの神々と祭司たちに敬意を表した後、彼は行き先を、西方の砂漠シワフのオアシスに定めた。そこに、高名な神託の神、アモンの住居があった。そこで（アレキサンダーに同行した歴史学者たちの報告によれば）、偉大な神アモン自身が、アレキサンダーが自分の子であることを、はっきりと認めた。こうして、彼が、真に神の子であることが確認されたので、エジプトの祭司たちは、アレキサンダーを神のファラオだと宣言した。しかし、アレキサンダーは、座して死を待ち、死んだ後で永遠の生命を得るよりはと、すぐ旅に出た。かの名だたる「生命の水」を求めて！　彼の探索の旅路は、シナイ半島の、魔術と天使たちでいっぱいの秘密の場所から始まって、やがて（翼人間に従って）バビロンへと向けられた。そして、最後にはデルポイの神託者が預言した通り、彼は名を遂げて、若くして死ぬ運命にあった。

じつは、アレキサンダーは軍団を後に残して、ムッシャスと呼ばれる山を探すために「暗黒の国」へ入っていったのだ。砂漠の端で、数人の信頼できる友人たちを残して、彼は、ただ一人で進んでいった。彼はひたすら「壁も高低もない、真っ直ぐな道を進んだ」。そして、12日と12夜歩いた地点で、「さんらんと輝く、一人の天使の光を感じた」。彼が、その光にもっと近づくと、それは、「燃え盛る火」になった。そして、アレキサンダーは、「全世界が取り囲んでいる聖なる山」に到達したことを知った。

その燃え盛る火の中から、天使が、アレキサンダーに問いかけた。「お前は何者か？　なぜ、人間のおまえがここにいるのか？」。そして、アレキサンダーが、どのようにして、「未だ、他の人間が入れなかった、この暗黒の中に入り込むことができたのか」と、いぶかしがった。アレキサンダーは、神様が、「天国の」この地にたどり着く力を与えてくれたのだと説明した。しかし、天使は、「生命の水」は、どこか他のところにあると言った。そして、「誰であれ、ただ一滴でも、それを飲むことができれば、不死の命を得ることができる」と、付け加えた。

「生命の水の泉」を見つけるには、その秘密に詳しい賢者が必要だったが、アレキサンダーは、懸命に探し求めた結果、遂に、その賢者を発見した。こうして、奇跡に満ちた、二人の不思議な旅が始まった。見つけた湖が、本物かどうかを確かめるため、彼らは、死んだ干し魚を持っていった。ある晩、地下の湖にたどり着いた時、アレキサンダーは、眠ってしまったが、賢者の案内人が、その泉の水を確かめようと、この死んだ干し魚を入れてみたところ、なんと！　この魚が生き返ったのである。この案内人は、すぐ自分でこの湖に入って、エル・キドル（常緑）と呼ばれる、ギリシャ伝説の、「永遠の若さを保つ者」に変身した。翌朝、アレキサンダーは教えられた場所に、脱兎のごとく突進した。そこには、サファイアとエメラルドとヒアシンス（古代の宝石）が、ちりばめられていた。しかし、人間の顔をした2羽の鳥が、王の行く手を遮った。「あなたがいるこの場所は、神だけのものですよ」と、彼らは告げた。アレキサンダーは、自分の宿命は変えられないことを悟り、探索の旅をあきらめ、そのかわりに、彼の名をつけた都市の建設を開始した。こうして、彼の名は後世に、永久に残されることになった。

ところで、アレキサンダーの探索行の細かい点が、かつての、ギルガメシュの冒険の旅に、とてもよく似ているのだ。つまり、実際には、その場所も、山の名前も、12昼夜におよぶ秘境の旅も、有翼の鳥人も、守衛たちの質問も、生命の水の泉に浸ったことも、そっくりなのだ。この二つの旅の物語に共通しているのは、その高い文学的な価値（現代まで生き続けているほどの）だけでなく、探求の旅の、その存在理由が、はっきりしている点である。ギルガメシュの場合も、その理由は、自分が、半神であり、神の血筋を引いていると思ったからだった。

実際、自分たちの父親は神だった、あるいは少なくとも、自分は、女神の乳で育ったのだという、エジプトのファラオたちの主張の中身も、ギルガメシュの場所と時間に「なぞらえて」いるのだ。なぜならば、ギルガメシュが属していた王朝の時代から始まった、こうした習慣や伝統も、もとはと言えば、すべて、同じウルクでの出来事が原因だったからである。

思い起こせば、初めての王制は、ウルクから始まったのだ。その当時、ウルクは、都市機能がなく、聖なる場所だけからなっていた。シュメールの「王のリスト」によれば、その地で、神ウツの息子のメスキアッガシェルが、王と高僧を兼ねた。その後、エンメルカルとルガルバンダの治世を経て、さらにその次の、神ドゥムジの統治を挟んで、ギルガメシュが王位についた。そして彼は、女神ニンスンの息子だと言われていた。

こうした話は、次々と新しい事実を明らかにしてくれる。人間の女性が、ネフィリムの神々の妻にされ、このことから、エンリルが、人類を抹殺しようとしたのだ。大洪水の傷跡から回復するのに、人類も、アヌンナキの神々も、地球自体も、数千年を要した。アヌンナキは、それからさらに数千年かけて、一歩ずつ、注意深く、人類に、種々の知識と技術を教え、ついに、人類固有の文明を完成させた。キシュでの王制を軌道に乗せるにも、1000年近くの歳月を必要とした。そして、突然、王制ウルクに移り、神ウツ／シャマシュと、人間の女性との間に生まれた息子によって、最初の「王朝」が、創始された……。

ところで、他の神々の、男女関係の無軌道ぶりが（すでに、述べたもの以外にも、次々と）古代の原典にも紹介されているが、ウツ／シャマシュは、含まれていない。彼の正式な配偶者は、女神アヤだった（図51）。そして、彼は、何の不貞も働かなかったといわれている。しかし我々は、人間の女性との間に生まれた、ウツの息子のことを、すでに知っているのだ。その息子の名前も職務も、はっきりとわかっているのだ。とすれば、いったい何が起こっていたのか？　タブーが、解かれたのだろうか、あるいは、新しい世代は、こんなタブーなど、無視したのか？

この点では、ギルガメシュの母、ニンスン（図52）の場合は、もっと、顕著だった。彼女自身の家系と子孫の記録からは、その頃、アヌンナキの神々の間で起きていた、典型的な、新旧世代の混在の有様を窺うことができる。たぶん何人かのアヌンナキたちは、母星ニビルから引き続き、長寿を維持していたと思われる（従って、サールの単位で、年を数えていた）。他の違う世代（地球での最初の世代）のアヌンナキたちは、すでに、地球の短い周期の影響をうけ始めていた。さらにもう一つの世代（3代目、4代目の世代）は、ニビルの神々より地球の人間に近くなっていた。

ところで、ご本尊のアヌの場合は、正式な配偶者、アンツがありながら、たくさんの内妻と、あまりにも多くの、公式、非公式の子孫をもつ結果になった。大胆な男女関係に、足を踏み入れていたのだ。たとえば、エンキ、エンリル、ニンマフのような、それぞれ親が違う兄弟姉妹の子供たちがたくさん、できてしまったのだ。アヌには、まだ他にも、バウという名前の娘がいたが、彼女は、エンリルと異母姉妹のニンマフが生んだニヌルタの妻になった。それにしても、古文書の記録から判断する限り、ニヌルタとバウ（図53）のように、不貞行為の全くない、清い結婚生活は、まれであった。それは、二人の息子たちと7人の娘たちからも、祝福されていた結婚だった（この娘たちの中で、いちばんよく知られていたのが、ニンスン〈野牛の淑女〉だった）。よく考えると、バウは、この結婚により、アヌの娘でありながら、アヌの孫ニヌルタの妻にもなってしまったのだ（なお、惑星ニビルで、ニヌルタを生ませたエンリルは、地球でニンリルと結婚してからは、良心的な一夫一婦主義者になってしまった）。

ニンスンの子孫も、同じように、混乱を繰り返していた。ニンスンはギルガメシュの母でもあったのだが、シュメールの「王のリスト」には、ギルガメシュの父親は、ウルクの聖域の、高位の祭司だったと、記されている。「ギルガメシュの叙事詩」と他の古文書は、彼の父親は、ウルクの3代目の統治者、ルガルバンダだったと断定している。ウルクの初代の統治者、メスキアッガシェルは、高位の祭司であると同時に、王でもあったので、ルガルバンダも、また、二つの地位にあったと思われる。女神ニンスンが、人間のルガルバンダと正式に結婚したか否かは別にして、重要なのは、彼女が、人間の男と性的関係をもって、彼の子を生んだという事実である。

しかしながら、もう一方でニンスンは神々と、少なくとも一人の神と性交渉をもっていた。シ

［図51］なぜか不貞が記録されなかった神ウツ／シャマシュと、彼の正式な配偶者の女神アヤ。

［図52］ギルガメシュの母、女神ニンスンの男性との無軌道な交遊ぶりはあまりにも有名。

［図53］アヌの娘バウと彼女の異母姉妹ニンマフの息子ニヌルタは、当時としては全く珍しい清い結婚生活を送った。

ュメールの「王のリスト」によれば、若い神、ドゥムジは、ルガルバンダとギルガメシュの間の短期間、ウルクを統治していた。このリストは、ドゥムジが100％神であったと、認めている。なぜならば、彼はエンキの息子だったからだ。また、このリストでは述べられていないが、他の文学的古文書には、ドゥムジの生涯、恋愛、そして死のことが、詳しく記録されている。そこでは、彼の母親はギルガメシュの母と同じ女神、ニンスンだったと述べられている。

このようにして、ニンスンは、神（エンキ）と人間（ルガルバンダ）の両方と、性的な密通をしていたことになる。この「神々との遭遇」の全く新しい形態では、彼女は、ウツ／シャマシュと同じことをしただけでなく、そのウツ／シャマシュの双子の姉妹、イナンナ／イシュタルも見習う、役回りを演じたのだ（ちなみに、ウツ／シャマシュの配偶者は女神アヤだったが、彼は、人間の女性との間にも子供をつくっている）。このような、セックスのための出会いが、一方的、合意的にかかわらず、いずれの場合もウルクに関係があったことは、偶然ではない。なぜならば、ギグヌ（夜の悦楽の密室）が初めてギパールに設けられた場所が、まさしく、このウルクだったからだ。

ところで、ウツ／シャマシュや、ニンスンと異なり、不思議なことに、イナンナ／イシュタルの、ウルクでの派手な情交については、シュメールの「王のリスト」では、あまり指摘されていない。けれども、「ギルガメシュの叙事詩」には、この二人に加えて、彼女が、性の武勇伝の中の「看板役者」として紹介されている。ある意味では、イナンナ／イシュタルのほうが、彼ら以上に大切な役割を演じていたと思われる。それは、彼女がウルクの守護神であり、彼女のおかげで、ウルクが小さな聖域から大きな都市になったからである。いかにして、彼女が、そういう立場を勝ち取ったかについては、「エンキとイナンナ」と題する古文書に記されている。しかし、その前に、どのようにして、彼女とウルクの街との関係ができたか？　そもそも、どうして、彼女がイナンナと呼ばれ始めたかを知る必要がある。

王制が、紀元前3000年代の初めにキシュからウルクに移された時、ウルクにはクラブと呼ばれる小さな聖域しかなかった。この聖域は、その時まで、すでに1000年近くも続いていた。ここは、もともと、アヌとアンツが地球を公式訪問する際に宿泊する施設として造られたものだった。ウルクの遺跡から発見された、もっと初期の古文書の写しには、ここで行われた行事の有様や、その華麗さが描写されている。それにはまた、祭礼や式典の詳しい様子とともに、聖なる場所の複合建築物と、それに伴う各種の建物の細かい特徴まで記されている。こうした、それぞれの機能をもった寺院や神殿の他に、神々の訪問者たちの眠る場所が、その複合建築物の中にあった。しかし、アヌとアンツの二人の神々は、この施設の同じ寝室を使っていなかったようだ。

宴会と儀式が終わり、夜の食事が供されると、二人の神々は大きな中庭を通り、二つの別々の宮殿に導かれた。女神アンツは、「金の寝台の館」に案内され、「アヌの神の娘たちとウルクの神の娘たち」が、外で明け方まで見張りをしていた。一方、アヌのほうは、男性の神々に付き添われて、ギパールと呼ばれる彼だけの館に入った。シュメールとアッカドの古文書から、そこは、「タブー」の場所——いうなれば、一種のハーレム（アラビア語のハリム）——だった。そこで、選ばれた処女エンツが待っているのが習わしだった。

エンツは王の娘だったが、彼女の役割は後世の神殿専属の「聖処女」で、大変、名誉なことだと思われていた。しかしアヌの場合、このギパールで彼を待っていたのは人間の女性ではなかった。待っていたのは、彼の曾孫娘のイルニンニだった。二人は、ギパールの館の中にある、ギグヌ（夜の悦楽の密室）と呼ばれる閉ざされた部屋の中で、一夜を過ごした……この悦楽の夜の後、イルニンニは、IN・ANNA（「アヌの愛人」――イナンナ）と改名された。

我々は、こうした出会いを、近親相姦の忌《い》まわしい事件と思うが、この時代には、決してそうは思われていなかったのだ。シュメールの聖歌は、「イナンナ」が、アヌの恋人であり、美しい聖処女だったことを褒め称えている。ウルクで発掘された粘土板（AO.4479、ルーブル美術館所蔵）に刻まれていた「イシュタル（イナンナの別名）への賛歌」には、次のように歌われている。「愛に包まれ、甘い誘いに全身を覆われた、歓喜の女神は」、「アヌとともに閉ざされし悦楽の部屋、ギグヌで、長い時を過ごした。その間、他の神々は、たって見張っていた」。事実、この出来事を扱っている他の古文書（AO.6458）は、イルニンニが、アヌと、夜を営む光栄に浴したのは、アヌの発案ではなく、イルニンニ（後のイナンナ／イシュタル）自身の申し出であったと、暴露している。彼女は他の神々に頼んでアヌに紹介してもらい、この他の神々がアヌを説得し、承知させたのだと……。

アヌ（とアンツ）は、短い期間ウルクを訪れただけだったので、常時、エアンナの神殿を必要としているわけではなかった。そこで、アヌは、イナンナへの褒美として、彼女が、この神殿を使うことを許した。

主の許しのもとに

シンの娘に、素晴らしい運命を
主は、彼女に、エアンナ神殿を贈った
その婚約の記念として

こうして、エアンナ神殿が贈られたので、「ギパールの館」は「木の香り高きところ」と改称され、その内部の「夜の悦楽の密室」も、正式に「ギグヌ」と呼ばれ始めた。そして、イナンナは、その場所を、まさに、「いいことのため」に使い始めた。

しかし、聖域は都市とは違ったし、シュメールの「王のリスト」にも、最初の祭司兼王のエンメルカルの長男一人で「ウルクを造った」と記されている。イナンナは、ウルクが礼拝センターとなるならば、それは、れっきとした都会風の文化の中心地であるべきだと考えた。そして、この彼女の野望を達成するためには、どうしても、あの有名なＭＥ（メー、知識のディスク）が必要だった。

このメーとは、すべての知識と高度な文明の秘密を収録した、携帯可能な物体だった。現代の技術でいえば、コンピュータ・ディスクかメモリー・チップに当たるもので、非常に小さいが、大容量の情報を蓄えることができたらしい。我々の科学技術を超えるほど優れたものだったと思われる。ニップールが（大洪水の後に）、「人間の街」になろうとしていた頃、エンリルは、「エンキは、メーを独り占めし、エリドゥと、アブズの小さな町のためだけに使っている」と、アヌに不平を言った。このために、エンキは、やむなくこの貴重なメーを、エンリルと共有することになった。

さて、イナンナは、ウルクを大文化都市にしようと考え、彼女の大叔父エンキからメーの大切な部分を探り出そうと、エンキの宮殿に向かった。

「エンキとイナンナ」と題され、現代の学者たちが、「エリドゥからウルクへの文明の技術の移動」という副題をつけた古文書に、イナンナが、いかにして「天の船」に乗って、メーを秘蔵しているエンキのもとへ——南東アフリカのアブズに向かったかが記述されている。イナンナが、お供なしでエンキのところに来るのを知って、彼は、「女性がたった一人で、このアブズにやってくるのだ」と言って、宴会のご馳走と甘いヤシの実から造る年代物のワインを、たくさん準備するように侍従に命じた。イナンナとエンキが祝宴を終え、エンキが美酒に酔い、幸せを感じていた時、イナンナは、メーの話題を持ち出した。

酔いの寛大さで、エンキは、ウルクを王制の中心地にするのに役立つ、いくつかのメーをイナンナに贈った。その内容は、「領主のためのメー」、「崇高な永久の冠のためのメー」、「王権の王座のためのメー」だった。「賢明なイナンナは、これらをもらい受けた」——しかし、彼女は、さらに、それ以上のものを求めた。イナンナは、彼女の魅力を年老いたホストに振りまいたので、エンキは次の贈り物をした。今度は、「崇高な王の杖と宮杖」、「崇高な神殿」、「正当な統治者に必要なメー」を与え、「聡明なイナンナは、これもまたうけた」。宴と乾杯は続き、エンキはさらに、偉大な女神のステイタスであり、女神の任務をまっとうするためのメーを分けてやった。その項目は、「寺院とその儀式」、「祭司と侍者」、「司法と法廷」、「音楽と美術」、「石工事、木工事、金工事、皮細工、紡績」、「記録法と数学」、そして、最後に重要な「兵器と戦法」という、多岐にわたるものだった。

これらの、高度な文明の神髄を抱えたイナンナは、抜け出して「天の船」に乗り、ウルクへと立ち去った。エンキは、酔いから醒めて正気に戻った時、自分の過ちに気がついた。そこで、侍従に、「大きな天の船」に乗ったイナンナを追跡し、メーを取り返すように命じた。侍従は、エリドゥで、イナンナに追いついた。しかし、イナンナが、この侍従と言い争っている間に、イナンナのパイロットがメーをウルクに持っていってしまった。ウルクの人たちは、永く、彼らの都市がいかにして文明の中心地になったかを思い返すために、「メー淑女」と題する聖歌を作り、祭礼の集会の際に、繰り返し歌っていた。

メーの淑女よ
明るく、光輝く女王よ
まばゆい輝きを装った
由緒ある女神は
天と地に愛された
神アヌの聖処女は
崇敬の念をその身に集めた
その名誉ある冠が似合う
至高なる祭りごとに
ふさわしき、わが女王よ
七つのメーを得て

その手に支えた
偉大なるメーの淑女よ
あなたは、その守護神

ところで、エンキがイナンナと関係をもったかどうかは、わかっていない（関係があったのなら、エンキの息子であるニンギシッダの母親がイナンナだったことになる）。しかし、イナンナが、アヌとエンキに接し、女らしさを増したことは間違いない。アヌの愛人として、彼女は、世界文明の第3の地域（インダス渓谷の文明）のアラタの守護女神に任命された。ウルクのために、メー（知識のディスク）を手に入れた彼女の目的の一つは、ウルクを文明の主要拠点にすることだった。遠いアラタの地に朽ち果てるつもりなど、さらさらなかったのだ。この頃、ウルクの新しい王エンメルカル（彼がウルクを建設した）と、アラタの王との間で、ある抗争が起きていた。そのあたりの事情は、いくつかの古文書に取り上げられている。この抗争は、イナンナの誘致合戦だった。その勝利の褒美は単に、イナンナが、どちらで時を過ごすかではなく、どちらの王と愛の契《ちぎ》りを結ぶか、というものだった。

「エンメルカルとアラタの王」という古文書の一筋では、結局、イナンナのお気に入りになったアラタの王が、エンメルカルを次のように冷やかしている言葉が紹介されている。

彼は、イナンナと一緒に居たのに
壁で「隔てられていた」

私は、イナンナと一緒に
アラタの青金石の家に住もう
彼は、夢の中だけで、イナンナを見つめるが
私は、飾ったベッドの彼女のそばに、快く横たわる

このような密通は、イナンナの両親だけでなく、彼女の兄弟のウツ／シャマシュの不興をかってしまった。ウツが、イナンナを叱責すると、彼女は、「それならば、誰が私の性的欲望を満たしてくれるのか？」と、逆に詰問する有様だった。

わたしのアソコの小さな丘を
どなたが、耕して下さるの？
わたしのアソコは、濡れた畑
どなたが牛を入れて下さるの？

それに答えて、ウツは、「おやおや、淑女ともあろうものが」と言った。「ドゥムジが、立派な種を持っている。おまえのために、耕してくれるさ」
ドゥムジ（生命の息子）は、前に述べたように、ニンスンの息子で、エンリルの血が混ざっていた。ドゥムジは、アフリカのエンキ一族の土地の中に領土をもっていた。予め、お見合いでも行われていたなら、兄弟のウツが、くどくどと、羊飼いの神の長所を述べ立てる必要はなかった

が、ウツは、「彼が作るクリームは、おいしいよ。彼のミルクは、新鮮だよ」などと、熱心に説得した。けれどもイナンナは、農業の神を夫に選ぼうと考えていた。「私は独身だから、農民は結婚してくれるでしょう」と、彼女は言い張った。「農民なら、野菜を育ててくれるし、穀物もたくさん作ってくれるでしょう」と。

しかし、結局、家系の重さと、家族の話し合いが優先して、イナンナとドゥムジは、婚約した。イナンナとドゥムジの求愛、恋、そして結婚を扱った詩集が完全な形で発見されたので、ここに、古今東西最高の、明快にして優雅な「愛の歌」を聞くことができる。双方の両親の了解の後、結婚が宣言され、イナンナは、ウルクのギパールの館で結婚の最後の瞬間を待ちわびていた。期待に胸を膨らませたイナンナは、踊り、歌い、そして、自分の父に、メッセージを送った。

私のお家で、私のギパールのお家で
実り多い、私のベッドが、つくられる
ぬけるように、明るい瑠璃色のお花で
そのベッドは、包まれるでしょう
私は、大好きな人と、一緒に寝るの
あの人は、自分の手を、私の手に重ね
あの人は、ハートを私のハートに重ねる
私のお家で、このギパールのお家で
あの人は、私のために、長い愛をくれる

この相争う派閥の子弟たち――エンリルの孫娘とエンキの息子――の間のすばらしい愛は、疑いもなく、二つの陣営の間にも平和をもたらすと考えられていたが、残念ながら、長くは続かなかった。エンキの長男で、すべての地球の支配権を主張するマルドゥクは、最初からこの結婚に反対だった。さて、ドゥムジは、アフリカの自分の牧歌的な領地に帰った時、イシュタル／イナンナを、エジプトの女王にする約束をした。イナンナは上機嫌だったが、このことが、マルドゥクの怒りの炎に油を注いでしまった。そこで、マルドゥクは、ドゥムジの軽率な行動を口実にして、「保安官」を送って彼を捕え、裁判にかけようとした。しかし、ドゥムジは殺される預言の夢を見て、逃げて隠れようとした。そして、追いかけられて、もみ合っているうちに誤って殺されてしまったのである。

この知らせがイナンナに届いた時、彼女は、悲痛な声をあげ、泣き崩れた。まわりの人々にとっても、その衝撃と悲しみは大きかった。このロミオとジュリエットの恋は、人々の愛と歓びのシンボルとなった。そして、ドゥムジの命日は、一日中、喪に服す習わしとなった。その衝撃の大きさは、事件から、2000年近くたった後で、預言者エゼキエルが、イスラエルの女たちがタンムズ（ドゥムジのヘブライ語訳）のためにすすり泣いているのを見て驚いたという話からも、窺い知ることができる。

イナンナが深い悲しみから立ち直るには長い年月がかかった。慰めを求めて、彼女はギパールのギグヌ（夜の悦楽の密室）に戻り、ようやく失われた愛を忘れることができた。かくして彼女は、新しい形の「神との遭遇」となった「性の儀式」を、ここで、完璧に演じたのだった。そして、それは「聖なる結婚の儀式」として知られるようになった。

イナンナ／イシュタルが、ギルガメシュを招待して、「私の恋人になってくださらない？」と迫った時、彼は、イナンナの前の恋人たちが、皆「使い捨て」にされた事実を指摘して、彼女の申し出を断った。ギルガメシュは、まず、死んだドゥムジ／タンムズのことを挙げた。「あなたの若い恋人が亡くなってから」と、彼は続けた。「彼のために、あなたは、いつまでも悲しみ、悔やもうと、心に決めていたのではないのですか？」。そういえば、古文書にも、ドゥムジの命日の度ごとに、イナンナが、次々と男を招き、夜をともにしたと、述べられている。「さあ、逞しい貴方と、一緒に楽しみましょう！　貴方の手で、わたしのアソコを触って！」と、彼女は、いつも、その男たちに言い寄っていたという。しかし、ギルガメシュは、あえて尋ねた。「どんな恋人を、あなたは、ずうっと愛するのですか？」「どんな愛人が、いつも、あなたを喜ばせられるのですか？」。それから、彼は、イナンナに捨てられた愛人たちの悲惨な運命に言及した。ある羊飼いの天使は、彼女と一夜を過ごした後、その「翼」を破られた。もう一人の獅子のように強かった若者は、穴の中に埋められた。3人目の男は、心も奪われて、狼にされてしまった。その他にも、「あなたの父上の庭師は、叩き出されて、蛙にされてしまったというではありませんか」と、ギルガメシュは詰問した。「そして、僕は、どうなるんです？」と、最後に彼は尋ねた。「あなたは、僕を愛した後で、きっと、彼らのような目に遭わせるのでしょう」と。確かにイナンナには、こうした風評がつきまとっていた。彼女は、よく、古代の画家たちによって、男を誘い込んでは肌を見せる「裸の美女」として、描かれている（図54）。

翼を使い「下の世界」に降り立つイナンナ。

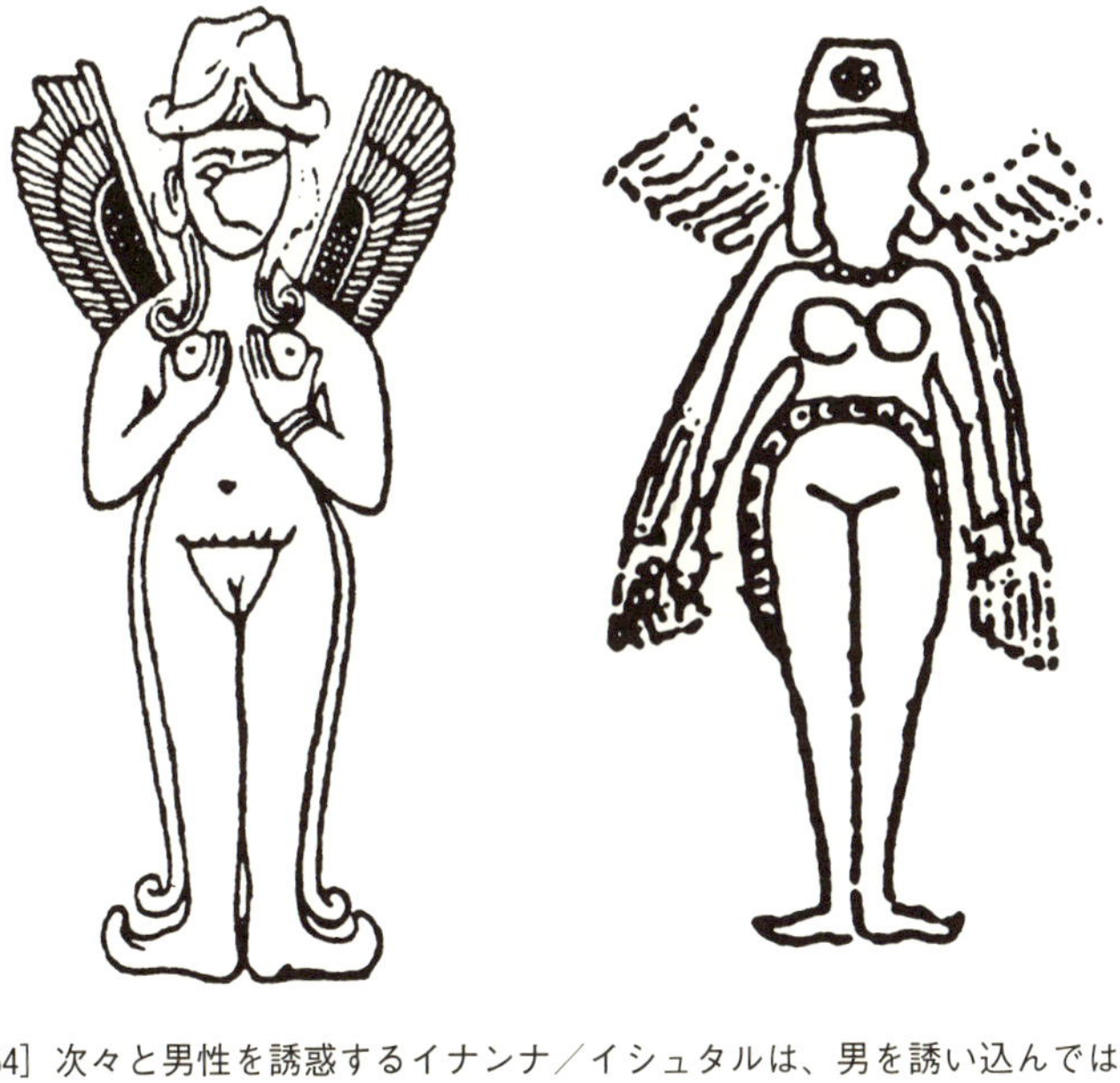

[図54] 次々と男性を誘惑するイナンナ／イシュタルは、男を誘い込んでは肌を見せる〝裸の美女〟として表現されている。

こうした、苦痛を伴う歓びの命日の日々を、イナンナ／イシュタルは、彼女の宇宙船（図42参照）に乗って放浪していた。そのために、彼女はまた、翼のある女神としても描かれている。すでに述べたように、彼女はインダス渓谷のアラタの街の守護女神だったので、定期的にその地を訪問していた。

ある時、この遠い領地に向かって空を飛んでいたイナンナは、今まで経験したのとは逆の、性的体験に出会った。彼女は、人間の男に暴行されてしまったのだ。そして、この男は、生き延びて、その様子を周囲に吹聴した。

この男の名前は歴史上の記録からは、アガデのサルゴンとなっている。彼は、新しい首都（通称アッカドと呼ばれている）で、新王朝を興し、その王位に就いた。アッカド語の古文書で、学者たちに「サルゴンの伝説」として知られている自叙伝がある。その言葉のはしばしは、モーゼの物語を思い起こさせる。「私の母は、高位の尼僧だったが、私は父を知らない。私の母は、密かに私を生んだ。彼女は、私を葦で作った箱に入れ、その蓋にアスファルトで封をした。母は、それを川に投げ込んだが、箱も私も沈まなかった。川は私を抱いて、〝灌漑《かんがい》する人〟アッキのところに運んだ。アッキは、水を汲み上げる時、私を引き上げてくれた。アッキは、私を本当の息子のように教育した。そして、アッキは、私を彼の庭師に任命してくれた」

こうして、サルゴンが庭の手入れをしていた時、自分の目を疑うようなことが起きた。

ある日、女王が空を飛び
地球を、横切った後

ある日、イナンナが
エラムとシュブールと
……を横切った後で
神の愛人は疲れ、寝てしまった
私は、庭の外れから、彼女を見た
私は、彼女に接吻し、体を重ねた

イナンナは、サルゴンを見ても怒らなかった。むしろ、自分の好きなタイプの男だと思った。当時、シュメール文明は、１５００年ほど経過していて、王権をリードしていく強い力を必要としていた。王権はウルクでの、栄光ある隆盛の後、遷都を繰り返し、都市の間の争いを生じ、遂には、その守護神同士の抗争に発展していた。サルゴンを、行動と決断の男と見込んだイナンナは、シュメールとアッカド全土の次の王として、彼を推薦することにした。そして、サルゴンは、イナンナの変わらぬ愛人にもなった。彼は「サルゴンの年代記」として知られるもう一つの古文書で、次のように述べている。「イナンナは、庭師であった私を愛してくれ、54年にわたって、私は王位に就いていた」と。

ところで、イナンナ／イシュタルが、王たちと一緒に新年の祝いの儀式を行い、その王たちを「聖なる結婚」の儀式の掟の中に組み込んでしまったのは、このサルゴンの後継者たちの、シュメールとアッカドの王たちの時代だった。

最初の頃は、神々だけが集まり、新年の祝典で、創世の叙事詩や、アヌンナキの神々が地球に来て滞在した時の旅行記を生々しく伝えたりしていた。この宗教的な祝典は、ア・キ・チ（地球の生命の創成）と呼ばれるものだった。王権が導入された後、イナンナは、この王たちを「ギグヌ」（夜の悦楽の密室）に招き入れ、彼女の性のパートナーの死を再現し始めた。死ねば当然、王が交代させられた。この再現された「しくみ」は、祭事全体の、一つの流れの中に取り入れられた。この奇妙な「しくみ」を切り抜ける決め手は、女神イナンナと一夜を過ごしても、何とか死なない方法を見つけ出すことだった。そして、その成否には、王自身の運命だけでなく、その領地と人々の運命もかかっていた。つまり、来るべき年が、その地域の繁栄を約束する豊作の年になるか、逆に凶作の年になるかを占うものでもあったのだ。

祝典の最初の4日間は、神々のみが、この再現された儀式に出席した。5日目に王が登場し、古老たちや高位の従者たちを率いて、「イシュタル通り」を行進する（歴史に残る、このバビロンの通りは、その広さと壮大さから、人々に畏敬の念を抱かせる。現在、ベルリンの近東アジア博物館の中に再構築されている）。そして、王が主神殿に到着すると、そこで待っている高僧が、王のしるし（冠としゃく）を取り上げて、至聖所の中の神の前にそれを置く。こうして、権力のしるしを剝奪《はくだつ》された王の顔を、高位の祭司が打ち叩く。それから、王をひざまずかせ、王が犯した罪のリストを読み上げて、神の許しを求める「償いの儀式」に参加させる。次に、祭司は、この街の外の、死を象徴する「穴」に王を導く。王は、神々が彼の運命を決める相談をしている間、この穴の中に捕えられている。9日目に、王は穴から出て、王のしるしを返され、再び行列を率いて街に帰る。そして、夜が迫ると、体を洗い清め香水をつけられた王は、いよいよ聖域の中のギパールの館に導かれる。

ギグヌの入り口で、彼は、イナンナの係の侍者に会う。その侍者は、この王のために、女神イナンナに次のように訴える。

陽は眠りに落ち
一日は過ぎ去り
ベッドで、貴女は彼を見つめ
貴女は、彼を愛撫する
そして、王に命を与える……
王は、貴女の心に呼び起こされ
聖なる貴女の膝の上で
長い一夜を楽しむ……
王に、好ましき栄光の治世を与え
その王座に、いしずえをもたらし
農民の畠を、実り多いものにし
羊飼いの牧場を殖《ふ》やし
王宮には、長い命を与え賜え

そして王は、女神との、一晩中続く男女の出会いのため、ギグヌの密室に残る。やがて朝になり、夜を生き抜いたことをすべての人たちに知らせるために、その姿を現す。こうして、聖なる結婚の儀式は終わり、王は、次の1年の治世を許され、その領地と国民は繁栄の時を得る。

「こうした聖なる結婚の儀式は、古代近東のすべての地域で、2000年間にもわたって、情熱と喜びをもって執り行われていた」と、偉大なシュメール学者サミュエル・N・クレーマーは、その著『聖なる結婚の儀式』の中で書いている。事実、ドゥムジとギルガメシュの時代から、はるか後になっても、シュメールの王たちは、詩的な恍惚感をもって、イナンナとの忘れられぬ一夜の喜びを書き残している。また、聖書の「雅歌」にも、「宴の家、アヌギム」での、愛の喜びとして、歌われている。そして、この中で、何人かの預言者たちは、「バビロンの娘(イナンナ/イシュタル)」の「アヌギムの家」の終焉《しゅうえん》も見越していた。このヘブライ語の語源が、シュメール語のギグヌであることは明らかだ。そして、それが、紀元前1世紀の半ばまで、あでやかに続いていたお馴染みの、「お楽しみの部屋と、聖なる結婚の儀式」を意味しているのは、疑う余地もない。


その昔ギパールは、神と公式の配偶者が、夜間、休むための離れ屋だった。一夫一婦主義のエンリルとニヌルタが滞在する時は、そのように使われていた。イナンナ/イシュタルが、婚約したドゥムジとウルクで会うようになってからは、そこは「一夜を楽しむ」密室のギグヌに変えられてしまった。新しい形の「神々との遭遇」のための、ギパールの館の新しい利用法から、他の男性の神々の行動を推し量ることができる。

このような、聖域の新しい使い方について、残されている記録の中でも、ナンナル/シン(イナンナの父親)と、彼のウルのギパールは有名である。イナンナ/イシュタルの儀式で王が演じた役割にかわって、ここでは「神の貴婦人（巫女）」エンツ（シュメール語では、ニンディンギル）が、それを演じた。このエンツの「部屋」の遺跡が、ウルの聖域の南東部で発掘された。その場所は、シンの神殿から近く、彼の妻ニンガルが住んでいたところからは遠かった。また、考古学者たちは、エンツのギグヌのそばで、代々のエンツが埋葬されている墓地を発見した。この墓地と発掘された建物から何がわかるだろうか。正式な妻の他に、こうした、「神の第二夫人」をもつ風習が、初期の王朝時代から、新バビロニア時代に至るまで、じつに2000年以上にもわたって続いていたという事実である！

紀元前5世紀の、歴史学者で旅行家でもあったヘロドトスは、その著書（『歴史』1巻の178―182節）で、バビロンの聖域と、マルドゥク（ヘロドトスは、ジュピター〈天の支配者〉ベルスと呼んでいる）の階層式神殿について、現代の考古学者のように、極めて正確に記述している。

「非常に高い塔の上に広大な神殿があり、その中には巨大な寝椅子があって、そのそばには、豪華に飾られた金のテーブルが置かれていた。神マルドゥクに仕えるカルデア人の神官が、その神のために国中から選んだ一人の乙女の他には、この夜の密室には彫像なども何もなかった」

「私には信じられないが、神自身が降りてきて、この部屋の長椅子の上で寝るのだと、彼らは言う。これは、テーベのジュピターの神殿で一人の乙女が夜を過ごしていたという、エジプト人の間に、伝わる話とよく似ている。そして、どちらの場合も、その乙女は、男性と性行為を行うことを禁じられていたという。この話はまた、ルシアのパタラで行われていた習慣にも似ている。そこでは、お告げをする女性の聖職者たちは、お告げの間中、毎晩ずっと、神殿の中に閉じ込められていたという」

ヘロドトスの記述は、その国のどんな乙女でも、この役割を演ずる資格があったかのような印象を与えるが、実際はそうではなかった。

ウルのギパールの遺跡から発見された文書の一つは、エナンネドゥという名のエンツが書き残したものだ。そこには、「エンツのために建てられた、このすばらしい館の、〝ギパール婦人〟としては、この私こそ適任だ」と、記されている。彼女は、紀元前1900年頃の、シュメールの都市、ラルサの王、クドゥール・マブクの娘という、由緒ある家系の出だった。興味深いのは、ニンガルの神殿で発見された献上物のような発掘物に、それがエンツ／エナンネドゥからの贈り物であることを示す、銘板が付いていたことだ。このことから、ある学者たちは（ペネロピー・ウイードックの著書、『ウルのギパール』に見られるように）、エンツは、神ナンナルの人間の妻として仕える一方で、その正妻の女神ニンガルとも良好な関係にあったと推測している。それは、エンツが、「女神ニンガルのために、慰め物と飾り物を献上した」と言われているからだ。

ところで、王たちは、自分の娘たちを、エンツにさせようと努めた。その理由は、いろいろな文書によると、神への友好的な接近によって、エンツが王のために、「長寿と健康」を神に願うことができたからである。その願い事は、まさにイナンナ／イシュタルとの聖なる結婚に臨んだ男性の王たちが懇願したことと、全く同じ内容である。このように、「神の貴婦人」（エンツ）を通じて、自分たちの守護神に直接近づこうとして、古代近東の代々の王たちは、自分たちの都市に、次から次へと、このギパールのような館を造って、他ならぬ自分たちの娘だけが、エンツになる方策を講じたのである。このエンツの、高貴にして独特な「おつとめ」は、種々な尼僧たちが、神殿で行った「神殿娼婦」のそれとは、全く違うものだった。この「神殿娼婦」のことは、一般的な用語では、クゥアディシュツといわれ、聖書でも、軽蔑的な職業として取り上げられている（特に、イスラエルの娘たちには、固く禁止されていた。申命記第23章18節）。エンツは、神々が（王たちや、族長たちも）もつ「妾」とは違い、子供を生まなかったし、（何らかの処置により）子供ができなかった。これに対し、普通の「妾」は、子供を生むことができたし、実際に生んだ。

このような規則や慣習は、神の血統を主張する王たちにとっては、その血筋を特殊な方法で証明しなければならないことを意味していた。すなわち、エンツ（子供を生めない！）を通して、神の血統を得ることもできないし、「神の妾」の子供の場合には、正妻の子供には、かなわなかったのだ。シュメールの最後の栄光の時代、すなわちウルの第3王朝の時代に、何人かの王たちが、ギルガメシュの真似をして、自分たちは女神ニンスンを母とすると主張したのには、まさしく、こうした理由があったからだ。そして、このような主張ができなかった、アッシリア王のセンナケリブは、そのかわりに、彼の碑文に次のように書き残している。「神々の女王で、子を授けてくれる女神は、特別の恩恵により、まだ母なる子宮の中にいた私の受胎を見守り、私を生み育ててくれた。そして、神エアは、広い子宮を与えてくれ、私を、主アダパと同じように深く理解してくださった」と。その後のメソポタミアの王たちも、自分たちは、女神の母乳で育てられたと主張している。

エジプトでも同じように、神より生まれたとする主張が多かった（その様子は、神殿の壁などに、描かれている。図55参照）。特に、エジプトの第18王朝（紀元前1567年―1320年）の頃の、王や女王たちに、この傾向が強かった。この王朝の最初のファラオの母親は（たぶん死後の名と思われるが）「神アモン・ラーの妻」という称号を与えられ、この呼び名が、母から娘へと、引き継がれていくことになった。ファラオのトトメス1世（トトモーゼ、トトモシスとも書かれる。「モーゼ」に注意！）が死んだ時、彼の正式な妻が生んだ一人娘（ハトシェプスト）と、ある妾が生んだ一人息子が、後に残った。父の死後、一人息子のトトメス2世は、自分の王権を正統なものにするために、この腹違いの姉妹のハトシェプストと結婚したが、彼が短い治世の後、死んだ時には、ハーレムの女が生んだ幼い男の子しか残らなかった。ハトシェプスト自身は、一人か二人の娘を生んだが、息子はできなかった（私の見解では、ハトシェプストこそが、聖書に出てくる「ファラオの王女」であり、ヘブライ人の男の子を拾い、彼女の王朝の名前からとった「モーゼ」という名を与えたのだ。そして、結局、この少年を自分の養子にしたのではないか。しかし、これはまた、別問題である）。

ハトシェプストは初め摂政として、統治していた。しかし、やがて彼女は、王権を合法的に、自分だけのものにすることに決め、彼女自身、ファラオとして、戴冠してしまった（こうして、神殿の壁に描かれている彼女の肖像画には、偽の髭がつけられることになったのだ）。オシリスの王座への即位と戴冠を正当づけるために、ハトシェプストは、彼女の母親が、自分を身籠った

王の子供が神々に育てられることで長命を授かるというテーマは、エジプト・近東諸国でよく描かれている。

[図55] エジプトの神殿の壁には、神より生まれたと主張する王や女王の姿が数多く描かれている。

経緯を、次のように宣言し、エジプト王室の記録に残したのである。

神アモンは、この［王妃］の夫である王の形に化けた
そして、神は、直ちに、王妃のところに、おもむき
彼女と性の契りを交わした
次の言葉は、二つの国土の王座にある
神アモンが［王妃］のいる前で、語ったものである
「ハトシェプストは、アモンにより、つくられた者で
私が種をまいた、私の娘である。彼女が、すべての
領土に、恵み深い王権を行使すると、決められた」

古代エジプトの、最も堂々たる王宮の一つは、ナイル川西岸、テーベ地方のデイル・エル・バハリにあるハトシェプスト女王の宮殿である（図56）。一連の傾斜路とテラスは、去りし昔年の崇拝者を（そして、現代の参観者を）巨大な列柱に囲まれた広間へと導く。その列柱の左側には、女王のプントへの遠征の模様を描いた壁画や浮き彫りが飾られ、右側には、女王の、神による誕生の情景を紹介した絵画が、飾られていた。ここには、神アモンが、神トトに導かれて、ハトシェプストの母親の、アーモセ女王のもとに行こうとしている場面を刻んだ美しい極彩色《ごくさいしき》のレリーフがある。それにつけられた碑文は、最も詩的で優美な、神との性的な出会いの記録の一つだと思われる。神は、女王の夫に身をやつして、彼女の寝室のある奥まった至聖所に入っていく。

[図56] ナイル川西岸のテーベ地方にあるハトシェプスト女王の宮殿は、古代エジプトの王宮の中でもその壮大さで有名。列柱には女王が神から誕生した情景を描いた絵画も飾られていた。

栄光ある女王の夫
二つの国の王座の主の
神アモン自身が
彼女の夫の姿になり
入って来る

美しい聖所に眠る彼女は
神の香水の香りと
神のにこやかな顔に目覚める

恋の炎は燃え、神は彼女のしとねに急ぎ
彼女は、神の形になった彼を見つめる
そして、彼は、彼女の側に寄り添う

彼女は、彼の美形に狂喜し
彼の愛は、彼女の肢体のすべてに入り
あたりは、甘い香りに満ち満ちる

高貴な神は、彼女に、望むすべてを為し
彼女は、すべてを捧げて、彼を喜ばす
そして、彼女は、彼に口づけする

神の定めによる王権だとするハトシェプストの主張をさらに確固たるものにするため、彼女は、トルコ玉の鉱山のある、シナイ半島南部の女神ハトルに育てられたと、自ら断言した。ハトルは、エジプトの名前では、ハト・ホル（「太陽神ホルスの住む家」）と呼ばれ、父のオシリスがセトに殺された後、あとに残された若い神ホルスを引き取り、保護する役割を果たしていた。ハトルのあだ名は、雌牛であり、雌牛の角か、雌牛そのものの姿で描かれている。そして、ハトシェプストの神殿には、女王ハトシェプストが、雌牛の女神の乳房を吸っている姿が描かれている絵が飾られていた（図57）。

自分が半神だと主張する根拠をもたないアメンホテプ２世と呼ばれるトトメス３世の息子――後継者は、自分もハトルの乳を飲んで育ったと主張し、その様子を神殿の壁に描くように命令した。（図58）。そして、後のラムセス２世（在位紀元前１３０４年―１２３７年）もまた、自分こそが神の血を引く者であるという証拠が、次のような、神プタハからファラオへの秘密の告白として記録に残されていると主張した。

我は汝の父
雄羊の神、メンデスの王である

[図57] 女王ハトシェプストが女神ハトル（＝雌牛）に育てられたことを説明するためか、雌牛の乳房を吸う彼女の姿は絵にも残されていた。

[図58] トトメス３世の息子アメンホテプ２世は、女神ハトルの乳を飲んで育ったと主張し、自分の継承権に正統性をもたせた。

我が、尊い母の体内で
汝を生ませた

そして、数千年後、すでに述べたように、アレキサンダー大王もまた、自分が半神であるという風聞を耳にしたのだ。それは、彼の母が、神アモンと、彼女の寝室で、「神との遭遇」果たした結果として生まれたのが、アレキサンダー大王だという噂だった。

コラム

神々の不死とは実際どういうライフサイクルだったのか

人間が手に入れようと求めていた「神々の不死の命」とは、実際には、二つの天体の周期の異なったライフサイクルによる、見かけの長寿でしかない。ニビルが太陽を回る軌道を一回りし終えた時、そこで、生まれた者は、ちょうど、1歳になる。一人の人間が、同時に生まれていたとしたら、ニビルの1年の終わりに、地球の上では、3600歳になってしまうのだ。その間に、地球は太陽のまわりを3600回巡ることになるからだ。

アヌンナキの神々が地球に来て滞在した時には、どんな影響をうけたのだろうか？　神々は、地球の短い公転時間と、地球の短いライフサイクルに、耐えられなかったのだろうか？

その最たる例が、ニンマフだ。彼女が、主任医師として地球に来た当初は、若くて魅力的だった（図19参照）。エンキは、男女関係の上ではベテランだったが、彼女があまりにも魅力的だったので、湿地帯の中で彼女に出会った時、彼の男根は、たまらずに、彼女の「土手」を潤してしまった。この頃の彼女は、まだ若々しく、長い髪をなびかせながら（当時は、「生命の貴婦人」ニンティと呼ばれて）、アダムを創成するのを手伝っている姿が描かれていた（図3参照）。地球の支配権が分割された時、彼女は、シナイ半島の中立地帯を任されていた（この時、彼女は、ニンフルサグ、「山頂の貴婦人」と呼ばれていた）。しかしやがて、イナンナが名を揚げてきて、インダス文明の守護女神に任命されると、12人の主神としてのニンマフの地位まで奪ってしまった。この頃になると、若いアヌンナキたちは、かつての魅力的だったニンマフを指して、「マンミ」「年老いた母」と言い、彼女のことを、陰では「雌牛」と馬鹿にする始末だった。シュメールの美術家たちは、彼女を、牛の角をもった、年寄りの女神として描いていた（a参照）。

エジプト人たちも、彼女をシナイのハトル（雌牛の女神）と呼び、常に彼女を、牛の角と一緒に描いていた（b参照）。

こうして、若い神々が、タブーを破り、神々との出会いの形まで変えるようになってくると、年老いた神々は、段々と遠ざけられ、影響力を失い、重要な出来事の時以外は、棚上げされるようになった。神々も年老いたのだ。

a

b

第Ⅱ部

旧約聖書の時代と古代中近東の情勢

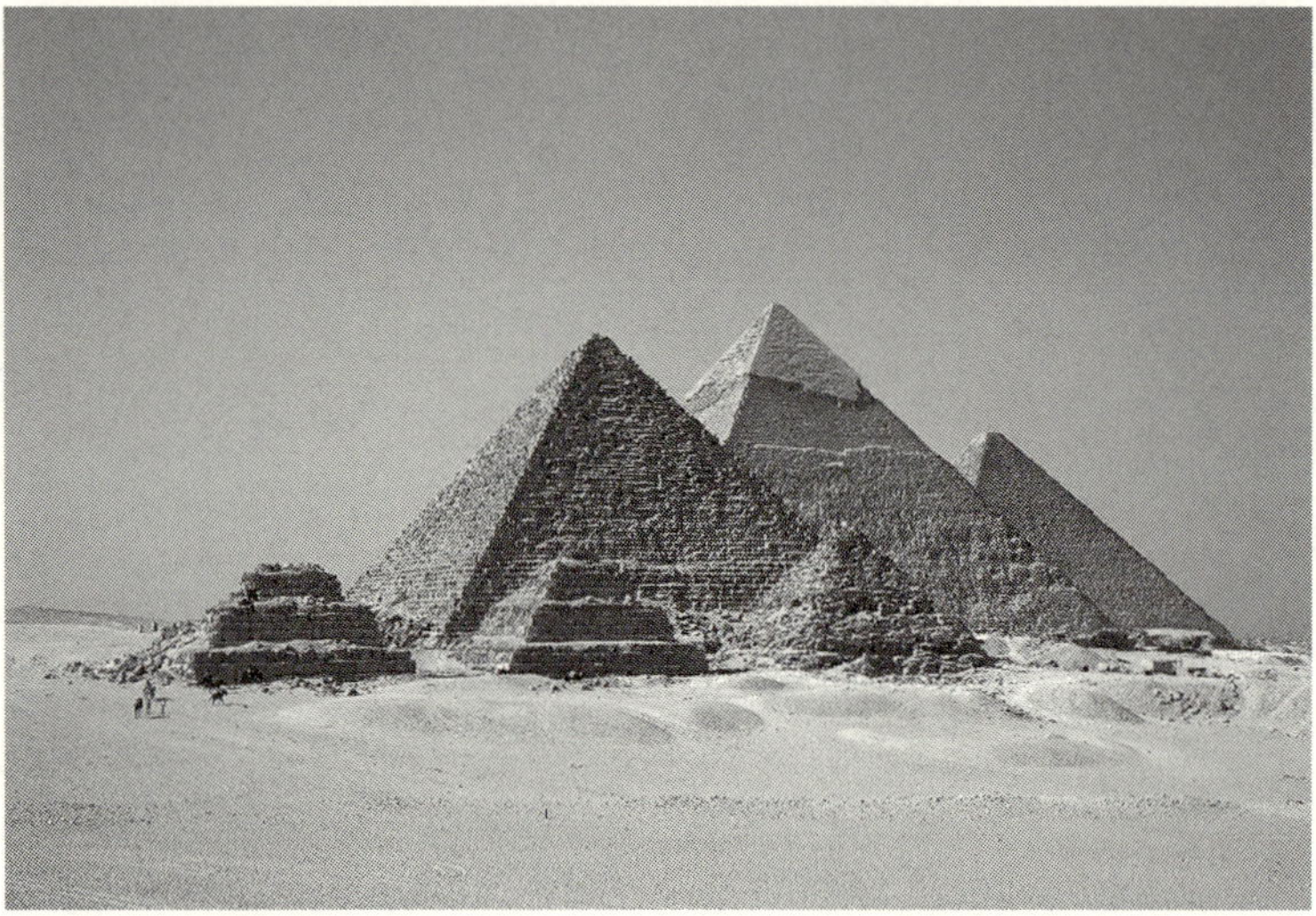

エジプト・ギザのクフ、カフラー、メンカウラーのピラミッド

第9章

次元変換によって歴史は動く
——幻影／夢の中の物体が現実世界に物質転移された神業の実例

ロッド・サーリングのあの有名なテレビ番組シリーズ『トワイライト・ゾーン』は、多くの視聴者の心をつかんできた。今でも、再放送のたびに、見る者を魅了してやまない。息を飲むような危険と闘う登場人物たち！　破壊的な事故に遭い、致命的な病魔におかされ、「時間の歪み」の罠《わな》に捕えられる。しかし、幸運の女神の導きによって、主人公たちは奇跡的に生還する。多くの場合、その「奇跡」は一見普通に見えるが、じつは異常な能力を秘めた人によって起こされる。その人こそ、我々が待っていた「神の使い」かもしれない。

しかし、「幻と現実がまざっている領域」を演出した『トワイライト・ゾーン』(薄明かりの領域)は、視聴者にとっては、単なる幻として映っているかもしれない。というのも、番組の筋書きがすべて終わってみると、登場する主人公と同じ気持ちになって見ている我々にも、いったい何が起きたかはっきりしないからである。あの危険な情景は、単なる想像の産物だったのか？　すべては、ただの夢だったのか？　おきまりの結末を迎える原因になった、あの「奇跡」は本当に起きた奇跡ではなかったのか。「神の使い」は、本当の天使ではなかったのか。「時間の歪み」も、本当に異次元で起きたことではなかったのか。こうした「現象」のすべてが現実には残っていないのだから……。

とはいっても、筋書きによっては、主人公も視聴者も、はたと当惑するような情景がしくまれている。それがまた、この番組の名声を高めている所以《ゆえん》でもある。まさに番組が終わりに近づくと、すべては想像から生まれた夢であり、潜在意識をくすぐるトリックだったのかと視聴者は気づく。そして、この話は現実の世界ではあり得ないことだと思い始める――とその時！　現実の物体が登場する。番組の中で、主人公は小さい物体を見つけて、いや、たいていはもらって、その時はなにげなく自分のポケットに入れてしまう。あるいは、その指輪をさりげなく自分の指にはめたり、お守りをネックレスのように首にかける。こういう、現実の証拠として残る物体もまた、架空の物語の中の想像の産物である。

視聴者と主人公がすべての話は非現実的なものだったと思い始めた時、主人公は、自分のポケットあるいは指に残された物体を見つける。非現実の世界から、現実の世界に持ち込まれた証拠である。そして、ロッド・サーリングは、このようにして現実と非現実、合理性と非合理性のいずれともつかない領域をトワイライト・ゾーンと名づけて、我々に見せてくれたのである。

じつは、4000年ほど前、シュメールの一人の王が、ちょうどこのようなトワイライト・ゾーンに足を踏み入れたのだ。そして彼は、その時の体験を2個の粘土製の円筒に記録したのである。その円筒は、現在パリのルーブル美術館に展示されている。

その王の名はグデア。紀元前2100年頃、シュメールの都市ラガシュを統治していた。ラガシュはエンリルの長男、ニヌルタの礼拝センターだった。ニヌルタは、この都市のギルスと呼ばれる聖域に、妻バウと一緒に住んでいた。それで彼のこの地方での「通り名」がニン・ギルスだった。それは「ギルスの支配者」という意味だった。

ちょうどこの頃、地球上の支配権をめぐって、エンキの長男マルドゥクとエンリルの一族との間に激しい主導権争いがくりひろげられていた。こうした中で、ニヌルタ／ニンギルス（ニン・ギルス）は、自分の父エンリルに、このギルスの地に新しい神殿を建立することを認めてもらった。その神殿は、ニヌルタの地球での支配権を象徴するような立派なものでなければならなかった。

結局のところ、ニヌルタはじつに壮大な計画を立てた。それはメソポタミアに、今までなかったような並外れた神殿を建設するというものだった。

どこが並外れているかといえば、一つにはギザの大ピラミッドの向こうを張るような規模であること。そして、もう一つには、その広い屋上にストーン・サークルを設けて、精巧な天文観測に役立てようというものだった。そのためには、この計画を実行するための信頼できる、そして忠実な人材が必要だった。しかも、その専門家は、神の建築家の設計をこなすだけの知識をもっていなければならなかった。こうした事情が、グデアが記録に残した数々の出来事の背景となっていた。

その一連の出来事の口火を切ったのは、グデア王が、ある夜見た夢だった。夢の中の神々の姿は、あまりにも生き生きとしていた。こうして、グデア王は、まさに夢と現実がいりまじっているトワイライト・ゾーンに引き込まれていったのだ。

グデアが目覚めた時、夢の中でしか見なかった一つの物体が、現実となって彼の膝元に置かれていた。非現実の世界と現実の世界が、ここで交差していたのだ。この出来事にひどく戸惑ったグデアは、別の都市の「運命判断の家」に住む、神のお告げを司る女神ナンシェを訪れ、助言を求めることにした。

舟で出かけたグデアは、自分が見た夢の謎を解こうとして、まず祈りの言葉と、生け贄を捧げた。そして、その女神に、起きたことを話し始めた（円筒Aの第4欄、14—20節にその記録がある。イラ・M・プライスが「グデアのAおよびB円筒の貴重な記録」と題してそれを転写している——図59a参照）。

私の夢に
天国の如く輝ける者が現れた
その輝きは天にも地にもひろがり
その頭飾りは、ディンギル（神）のしるしであった
その神のかたわらに聖なる「嵐鳥」がいた
神の足もとのその嵐をのみこむが如く
2匹の獅子が、左右にうずくまっていた
神は、私に神殿の建立を命じた

天のお告げが続いたが、その内容が理解できなかった、とグデアは「夢の分析」を司る女神ナ

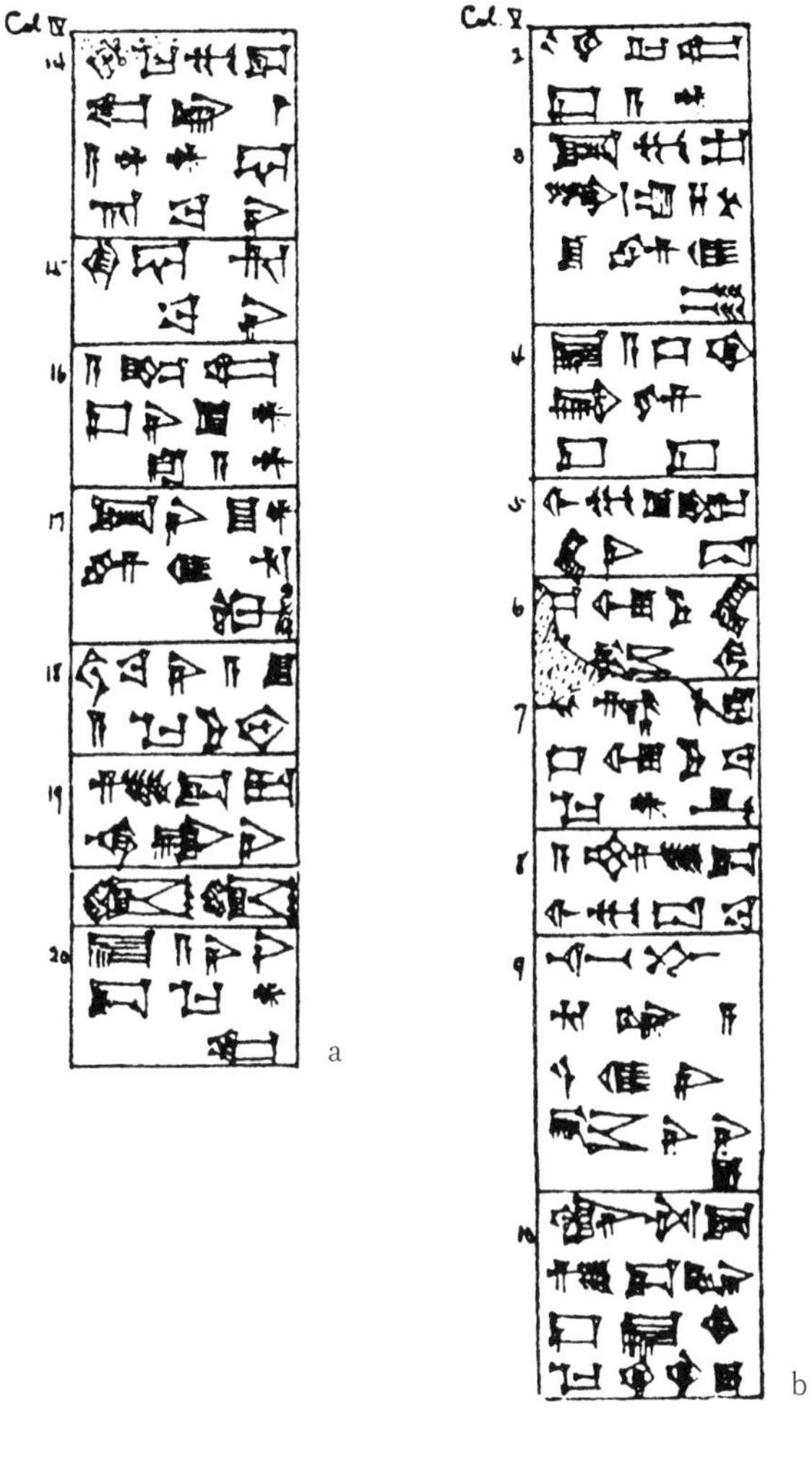

[図59] 王グデアは神々が登場する生々しい夢を見た。神のお告げを司る女神ナンシェに謎解きのために語ったその夢の内容が、円筒に記録されている。

ンシェに伝えた。太陽がキシャール（木星）を伴って、突然地平線上に現れた。それから、一人の女性が現れて、グデアに天の指示を与えた（第4欄、23―26節）。

一人の女性――
彼女は何者か？　幻だったのか？
神殿の形を
彼女は頭の上に載せ――
その手には、尖筆を握り
幸運の星の文書板を
たずさえていた

その女性が文書板を調べているうちに、もう一人の神が現れた（第5欄、2―10節、図59b参照）。彼は男性だった。

2番目の男が現れた。彼は
英雄の風貌をし、力がみなぎっていた
その手に瑠璃色の文書板を支え
神殿の設計図をその上に描いた
彼は、私の前に聖なるかごを置いた

その上には煉瓦の鋳型がついていた
その中には、建造用に指定された煉瓦が入っていた
一つの大きな壺が、私の前にそそり立ち
その上に、チブの鳥が彫られていた
その鳥は、夜も昼も明るく輝いていた
荷役ロバが私の右手に座っていた

古文書によると、すべてのこうした物体は、夢の中でだけどうにか物質の形を保っていたものである。しかしその中の一つの物体だけは、間違いなく夢の次元から、物質的な現実の次元へ転移されていた。つまり、グデアが目を覚ました時、夢で見た瑠璃色の青金石（ラピスラズリ）の文書板が膝元に置いてあり、それには神殿の設計図が彫り込まれていたのだ。彼は、この奇跡を自分の彫像の一つに記録して後世に伝えている（図60ａ参照）。その彫像は、例の文書板と計画図面を彫り込んだ尖筆の両方を持っている。最近の研究によって、この文書板の上端に彫られている何本もの縦線は、同一デザインの神殿を縮尺を変えて七重に建設するための（七つの）縮尺であることがわかった（図60ｂ）。

この時、物質化されたと思われる他の品々も、いろいろな考古学的な発見によって解明されている。他のシュメールの王たちも、グデア王が聖なる建造を始めるために選んだとされる「聖なるかご」を肩に担いでいる自分たちの絵を書き残している（図61ａ）。煉瓦の鋳型と、その作り方を彫り込んだいくつかの煉瓦も発見された（図61ｂ）。そして、ニヌルタのチブの鳥の姿が彫

ってある銀の壺もラガシュのギルスの遺跡から発見された（図61c）。

夢に現れた幻影について、一つずつ詳しくグデアの説明を聞いてから、この預言者の女神は、その意味を彼に話し始めた。それによると、最初の神の幻影は、ニヌルタ／ニンギルスで、グデアが新しい神殿の建造主に選ばれたことを知らせようとしていたという。「汝がわが神殿を建立せよ」と命じたというのだ。その神殿の名称は、エ・ニンヌ、つまり「50の家」にすることも決められていた。この名称は、ニヌルタが50という高い神の位をもっているエンリルの後継者であることを意味するものだった。ちなみに大神アヌの位は60だから、エンリルはそれよりただ1階級低いだけだった。

さらにこの女神の説明では、太陽のそばに突然現れた木星の幻影は、神ニンギシッダで、グデアに建立する神殿の観測所の正確な向きを教えるためだったという。つまり、新年の日に太陽が昇る位置を正確に示しているのだ。

また、夢に出てきた、頭に神殿の建物の形を載せた女性は、女神ニサバだった。彼女は一つの手に尖筆を握り、そしてもう一つの手で天界の地図を支えて「聖なる星の定めに従って、神殿を建造するように指示していた」。そして、第2の男神はニンドゥブで、「彼がグデアに神殿の設計図を授けた」のだという。

グデアが見た他のものについても、順次説明されていった。

運搬用のかごは、建設中のグデアの役割を意味していた。鋳型やサンプルの煉瓦は、粘土から作られる煉瓦の寸法と形状を示したものだった。そして、チブの鳥が昼も夜も輝いていたのは、建設作業の間、グデアには「ぐっすり眠る時間などない」と念を押すためのものだった。また、

a

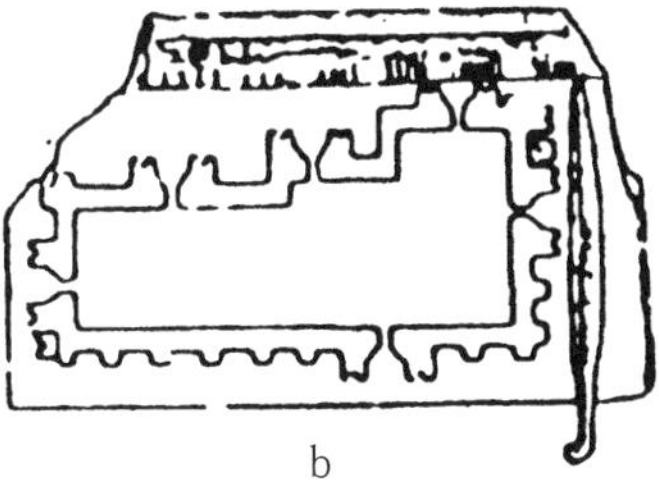

b

[図60] グデアが目を覚ますと、夢で見た文書板があり、それには神殿の計画図面が彫り込まれていた。

a

c

b

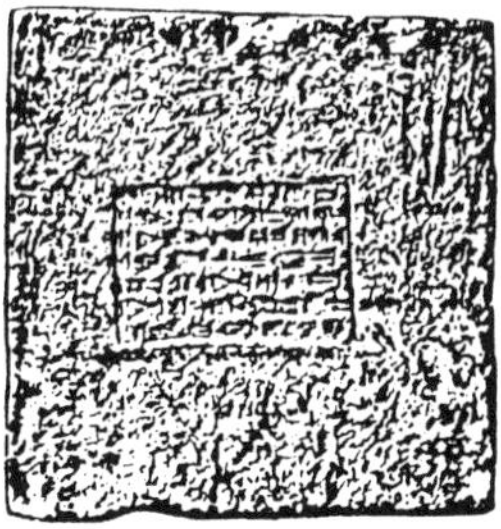

[図61] 夢の世界から物質化された品々。a―〝神聖なるかご〟、b―サンプルの煉瓦、c―銀の壺。

神聖な仕事に選ばれたグデアの歓びに水をささなければよいが、荷役ロバが意味することは、重荷を運ぶ家畜のように、グデアは神殿を建造する重荷のために、言い知れぬ苦労をしなければならないことを暗示しているのだ。

ラガシュに戻ったグデアは、神のお告げを司る女神の言葉についてよく考えてみた。そして、自分の膝元にあった神の文書板をじっくり研究してみた。しかし、その裏に隠されている神の意図について考えれば考えるほど、グデアは迷ってしまうばかりだった。特に天文学上の方位と、それを決める時機についての確信がもてなかった。

彼は神殿建設の秘密を知ろうと、毎日毎日、夜も寝ないで現在の神殿に足を運んだ。思いあまった彼は、とうとう神殿の至聖所の中へ入っていった。そして、エンリルの息子ニンギルスに、今一度の教えを仰いだ。

「わが心、未だ悟らず。示し給いしお告げも、その意味は大海原の只中のごとく、また、天空の深淵のごとく、はるか遠くにありて、つかみがたし」

「わが主ニンギルスよ」と暗闇の中でグデアは叫んだ。「我、主のために神殿を建立せん。されど、我に授けられし神のお告げ、我には定かならず」

こうして彼は、再度、お告げを授かることを願ったのだった。学者たちが「グデアの第2の夢」と呼んでいるこの言い伝えの中で、特に気になるのはグデア王と会っている神との位置関係だ。

古文書（第4欄、5―6節）には、次のように記されている。「2回にわたる謁見にて、神はひれ伏せる者のそばに立ち給えり」。ひれ伏せる、とした部分はシュメール語では「ナアド・ア」。

「横たわる」とか「体を伸ばして横たわる」よりは、さらに徹底した状態を表している。シュメール語の「ナアド・ア」には、顔を下にしてひれ伏して、見ないようにするという、もともとの意味がある。言い換えれば、この時、グデアは神を決して見ないことを、はっきりわかってもらえる姿勢でひれ伏していたのだ。

一方、神としてはグデアの頭の位置にたつ必要があった。もしグデアが眠っているような状態つまりトランス状態になっていたとすれば、神は彼に話すことができただろうか。わざわざ、グデア王の頭のすぐそばに神がたっていたのは、神の意思を伝えるのに、何か特別な超自然的方法を取ったためではなかったか？

古文書の記録ではこの点は、はっきりしていない。ここではっきりしていることは、グデアは神の絶えざる援助、特にニンギシッダの援助の約束を取り付けたことである。エジプトでは、神トトと呼ばれていたこの神の援助は、ニヌルタ／ニンギルスにとっては、ことさらに重要な意味をもっていた。その理由は、ニヌルタの新しい神殿が彼の神位を表す50にちなんで名づけられた時に、マガン（エジプト）とメルハ（ヌビア）の国々が、彼に忠誠を誓うようにさせたかったからだ。

この50という神の順位は、大神アヌによって授けられたものだ。神ニンギシッダがグデアに説明したところでは、これが新しい神殿にエ・ニンヌ、「50の家」という名前をつける、本当の意味だという。この神はグデアに、新しい神殿は神の栄光を称《たた》えるためだけでなく、シュメールのすべて、特にラガシュに名誉と繁栄をもたらすことになろうと告げた。

それから、この神は神殿の建造物についてのいろいろな細かい点をグデアに説明した。その説明の中には、神の黒い鳥と神の武器の格納庫の設計図も含まれていた。その他にも、神々の寝室ギグヌや、神託を与える部屋、そして神々が集まる場所についての指示も含まれていた。さらに、祈禱に使う聖具や家具の詳細仕様も入っていた。その上で、神ニンギシッダは、グデアに「神殿を建造するために必要な合図をやろう。その合図は、自分の司令官たちが天の惑星を使って送るだろう」と約束した。

神殿の建設は「新月の日」に始めなければならない。その特別な新月の日は、グデア王には神のお告げによって知らされる。そのお告げは、空からの合図によって伝えられる。その日は、激しい雨と風で始まる。夜のとばりが下りると、神の手が大気の中に現れる。その手から、眩《まぶ》しい光彩が輝き「夜を昼のように明るくするだろう」。

夜に輝く光が現れ
原野を太陽のごとく
明るく照らすであろう

こうしたすべてのことを聞いて「グデアは、このすばらしい計画を十分に理解することができた。この計画こそ、彼が夢で見た幻影からはっきり伝えられていたものだった」。「今や、彼は大いに賢くなり、そして大いなることを理解したのだ」

今や忠実な下僕になったグデアは、ラガシュのアヌンナキに贈り物と祈りの言葉を捧げてから、喜び勇んでその仕事に取りかかった。

いっときの時間も無駄にせず、彼は早速「都市を浄化し」土地に税金を賦課《ふか》した。その税は、牛、野生のロバ、樹木と木材、銅などで払ってよかった。彼は建築材料を近隣からも遠方の地からも集めた。そして労働力の組織化を図った。女神ナンシェが預言したように、彼は馬車馬のように苦労して働き、一刻の休みも与えられなかった。

こうして、すべての準備が整い、煉瓦を作り始める時がやってきた。煉瓦はグデアの最初の夢に出てきた鋳型とサンプル通りに、粘土から作られたものでなくてはならなかった。円筒形の古文書の第14欄９節には、グデアが「その煉瓦のサンプルを持ってきて神殿の中に置いた」と記録されている。グデアは夢の中の煉瓦のサンプルを（たぶん、鋳型と一緒に）現実の世界に持ち帰ったのだ。青金石の文書板に加えて、煉瓦のサンプルと鋳型の二つの物体も、トワイライト・ゾーンから現実化したことになる。

ここでグデアは「神殿の基礎図面」について、慎重に検討した。ところが、女神ニサバが寸法取りのすべてを理解していたようには、グデアにはまだ理解できていなかった。彼はここで挫折して、もう一度、神の導きが必要になった。そして、今までのやり方を修正する必要も起きてきた。そこで、その修正の是非《ぜひ》を占いによって決めることにした。彼の占いのやり方は、「種の上に静かに水を流して」濡れた種の状態によって方向を決める、というものだった。「グデアは、これからの状態を占ってみた。彼の前途は順調のようだった」

そこで、グデアは頭を垂れ、ひれ伏した

すると、生々しい未来の光景が現れた

「エニンヌという名の神の館は
間違いなく完成するだろう――
その下の深き基礎より
空をも仰ぐその頂きまで」

学者たちはこの伝承を「グデアの第3の夢」と考えている。しかし、古文書のこの場合の用語には、今までと違う意味合いが感じられる。

前の場合でさえも「夢」と訳されていた「マムズ」という用語は、ヘブライ／セム語の「マハゼー」に近い言葉であることから、むしろ「幻影」と訳したほうがよかったくらいだ。この3回目の場合に使われた用語は「ドゥグ・ムナタエ」となっており、「生々しい光景が現れる」という意味である。

今度の場合、グデアは神殿をどのようにして造り始めるかを、この「生々しい光景」によって教えられたわけだ。彼のまさに目の前にエニンヌ（エ・ニンヌ）の神殿が、その基礎から空を仰ぐ頂きまで、完成されていく情景が、実際にくりひろげられた。下から上まで、すべての過程のシミュレーション画面を彼は見ることができたのだ。最後にどういう形になるかもはっきりして、彼は喜んでまた仕事を始めた。

その後、どのように建築が進められたか。グデアが神殿の方位を決め、その屋上の天体観測所を建設するのを、神の建築士と天文学に詳しい神々と女神たちのチームが、どのようにして助けたか。どのようにして、いつ、暦の上の重要な時期に合わせて、新しい神殿のお披露目が行われたか。こうしたすべての経過は、このシュメール王の円筒Aと円筒Bの記録にそれぞれ残されている。

その詳しい内容は、このシリーズの一冊、時の始まりを話題にした『彼らはなぜ時間の始まりを設定したのか』で扱っている。

まず夢の中に現れて、目が覚めてからも不思議な力によって実際の物質になった文書板は、正義の受難者、バビロニア版「ヨブ」の物語を伝える大切な足がかりになっている。「ルドルル・ベル・ネメキ」（智の神を称える意）と題されるその古文書の序文のすぐ後に、シュブシとい う男の話が記録されている。彼は、神からも見捨てられ、守護神の女神からも見放され、友人たちからも縁を切られて、自分の非運を嘆いていた。彼は家を失い、財産をなくし、そのうえ最も悪いことには健康までも害してしまったのだ。

彼はどうしてこうなるのか、自問自答した。そして、どうして自分に苦難が降りかかるのか、その理由を見つけ出すために、預言者や「夢を判断する」者たちを雇った。さらに「神の怒りを鎮める」ために祈禱師のもとへ足を運んだ。しかし、こうした努力も全く役立たず、何の助けにもならなかった。彼は衰弱し、咳き込み、ひどい頭痛でよろよろに疲れてもう死にかかっていた。しかし、彼がこうして苦しみと絶望のどん底に落ち込んだ時に、救いの手が一連の夢の中で差し伸べられたのだ。

シュブシは、最初の夢で「強健な体に新しい衣服をまとって、すばらしい体格をした、一人の際だった若い男」の姿を見た。彼が目を覚ましてからも、その姿は、はっきりと脳裏に刻まれており、実際に「あの威光に満ちた服装の若い男」に会うことができたという。彼が見た夢がどのようにして現実のものになったかの一部始終は、この文書板の破損のために明らかにされていない。

2回目の夢には「ひと際目立つ清めの神」が現れた。「その手には、お清めの木、タマリスク（ギョウリュウ属の低木）が握られていた」。その姿は「生命はよみがえらむ」と唱えて「清めの水」をこの病んだ受難者の上に注いだ。

3番目の夢は、忘れがたいものだった。それは、夢の中で、さらにもう一つの夢を見たからである。「晴れ晴れとした顔つきをした一人の素敵な女性」が現れた。彼女はあらゆる点から女神であることは確かだった。彼女はバビロニア版の「ヨブ」にこう告げた。「恐れることはない。わたしはこれからお前が見る夢の中で、このみじめな状態からお前を救ってやろう」。こうして、この受難者は夢の中でさらに夢を見ることになった。この夢の中の夢で「頭飾りをつけた、髭をはやした祈禱師らしい一人の男」が現れたのだ。

その男は、一枚の文書板を持ってきた
「神マルドゥクがわれをつかわしたのだ」（と彼は言った）
「正義の住人シュブシに
マルドゥクの手ずから
汝に幸せをもたらしたのだ」

目を覚ますと、シュブシは夢の中の夢で見たその文書板を自分が実際に持っていることに気がついた。トワイライト・ゾーンの境界線を越えたのだ。つまり、夢の中の物体が現実の世界に転移されたわけだ。

その文書板の上には、楔型《くさびがた》文字が刻まれていた。そしてシュブシは、それを次のように読み取ることができた。「目覚めている間に、シュブシはこのメッセージを見るだろう」。彼は「人々にいい兆しを見せるために十分な体力を取り戻すだろう」と記されていた。

奇跡的にその「病はすぐに終わった」。熱も下がり、頭痛もすっかりなくなった。呪いの病魔は逃げ帰ったのだ。ぞくぞくした悪寒も全くなくなり、「かすんだ眼」もはっきりしてきた。聞こえなくなった耳も聞こえるようになり、歯の激しい痛みもなくなった。こうした諸々の苦痛は、神秘的な奇跡の文書板の内容が明らかにされるにつれて、消え去っていった。この文書板には次のような殺し文句も書き残されていた。「死者をよみがえらせることができるのは、神マルドゥク以外にはない」と。

この物語は、このかつての受難者の主人公が、聖なる場所の12番目の入り口から、巨大な階段式神殿（ジッグラト）に入って、マルドゥクとその妻ザルパニトを敬うための神酒、生け贄、贈り物を献上した時の情景の紹介で終わっている。

古代のいろいろな記録にはトワイライト・ゾーンに関係した他の例が多く見られる。そこでは、夢の領域のものや行動の一部が、目覚めた後の現実の領域に持ち越されるという現象が述べられている。神殿の計画を記した文書板の場合は、はっきり図示された現実の証拠に欠けるきらいはある。しかし、他の多くの記録が、こうした現象は珍しいことではあるが、何もグデア王の場合

に限られたものではなかったことを示している、

グデア王の場合でも、王自身は後世にはっきり見えるものを残していないが、その古文書の内容から、少なくともさらに二つの物体（粘土の鋳型とサンプル）もまた、夢の次元から現実の次元へ変換されたことが窺えるのである。

次元の境界を越えて現実の世界に転移されたものや行動の例は、ギルガメシュが見た夢にも見られるものである。

「ギルガメシュの叙事詩」の第1の文書板では、大神アヌの創造物が天から下ってきたのを夢で見た、と記録されているが、第2の文書板に記録されている中では、その夢が現実のものになったと述べられている。ギルガメシュは、その現実の工作物の中から回転する部分をうまくはずして、その部品を自分の母親のところへ持っていき、彼女の足元に置いたと記されている。後になってからのことだが、ギルガメシュと友エンキドゥがシダー山の麓で野営した時にも、同じような現象が起きている。

この時ギルガメシュは眠りに落ち、3回も夢を見た。そのどの夢の中の仕草、呼び声、感触も、現実のものとなって彼を起こしたのだった。その呼び声や、触られた感触があまりにも生々しかったので、彼はエンキドゥがやっているのだと疑ったほどだった。しかし、エンキドゥは、はっきりと、「自分が呼びかけたり触ったりしたのではない」と答えた。

そこで王ギルガメシュは、自分の筋肉がしびれるくらいに生々しく彼に触ったのは、夢の中に現れた神の仕業であると悟ったのだ。そして、最後に、彼が夢で見て現実の体験をしたのはロケットの発進の情景だった。こんな物体を彼は今まで見たことがなかった。そして、その打ち上げについてもウルクの誰も見たことがないようなものだった（ウルクは宇宙空港でもなければ、着陸場所でもなかったから）。ギルガメシュは、この情景が消えていった後では、何ら現実的な証拠を残すことができなかった。しかし、我々は、今その情景をビブロスの硬貨の彫刻から窺い知ることができる（図49参照）。

ダニエルが見た夢の幻影もまた、ギルガメシュとグデアが現実にトワイライト・ゾーンで経験したものと全く同じものであった。ダニエルはネブカドネザル王（紀元前6世紀のバビロニアの王）に捕えられたユダヤ人の捕虜だった。

チグリス川の堤での神々との遭遇について、彼は次のように述べている（ダニエル書第10章）。

私は眼差しをあげて見た
白き麻の衣を召した孤高の男を
腰にはオフル産の金のベルトを締め
その体は黄玉の如く煌《きら》めき
その顔は稲妻の如く輝き
その目は松明《たいまつ》の如く燃え上がり
その手足はブロンズ色に映え
そして、その声は轟き渡った

「自分だけがその姿を見ることができた」とダニエルは書いている。しかし、その姿を見ることができなかった他の人たちも、何となく、その威厳に満ちた存在を感じて、逃げて隠れた。ダニエルもまた急に足がすくんで動けなくなった。そしてその神の声だけを聞くことができたという。そして、

その神の声を聞いて、たちまち
私は顔を伏して眠りに落ち
私の頭は大地に着いた

この姿勢は、グデアが説明していた状態にそっくりである。そして、その後の目覚めの状態もまた、ギルガメシュを困惑させたものとそっくりだった。ギルガメシュは、あの時、夢の中の神の感触と呼び声を現実の世界でも体験することに戸惑ったのであった。ダニエルは眠りに落ちてからのことを、こう述べている。

突然、神のみ手が私に触れ
私の体は引き起こされたので
私は手と膝をついた

その神の姿は、ダニエルに、「これから未来を見ることができる」と告げた。雰囲気に圧《お》されて、彼は顔を下げたまま話せなくなってしまった。しかし、その時、神は、ダニエルの唇にそっ

と触った。するとダニエルは話せるようになった。また、彼が自分の弱さをわびると、この神はもう一度彼に触れた。すると、たちどころに力がよみがえってきた。こうしたすべてのことが、ダニエルがトランス状態の睡眠に入っている間に起きたのだった。

ところで、ダニエルが見たこの夢の幻影以上に忘れられない出来事がある。それは「壁の上の筆跡」と呼ばれているトワイライト・ゾーンで起きた事件である。

その事件は、ネブカドネザル王の後継者、ベル・シャル・ウツール（君主、守護の王子）が摂政としてバビロニアを統治している時に起きた。彼は、聖書の中ではベルシャザルと呼ばれた紀元前540年頃の君主である。

聖書、ダニエル書の第5章にも取り上げられているように、ベルシャザルは大勢の貴族たちを集めて大宴会を催し、豪勢に食べそして飲んだ。この光景は、高貴な大宴会としてバビロニアやアッシリアの絵画にもよく描かれている（図62）。

ワインを飲みすぎたベルシャザルは、聖地エルサレムの神殿からネブカドネザル王が略奪してきた金と銀の器を持ってくるように命じた。そうして「彼と彼の貴族たち、彼の内妻や情婦たち、みんなでその器に酒を注いで飲もうと考えたのだ。こうしてエルサレムの神の家にある聖なる場所からとってきた金と銀の器が宴会場に持ち込まれた。そしてこの王と貴族たちや王の妾や情婦たちがその器を使って飲み始めた。彼らはワインを飲んでは金と銀、銅と鉄、そして木と石の神々をほめそやした」。ヤハウエの神殿からとってきた聖なる器を冒瀆《ぼうとく》したこの不信心なお祭り騒ぎの宴《うたげ》もたけなわになってきた時、

突然
人の手の指が現れ
宮殿の壁の上に書き始めた
ちょうど燭台《しょくだい》の反対側だったので
この王には書いている手首の動きまで
よく見えた

体や腕はどこにもなく、手だけが宙に浮いている――この人間の手を見て王は狼狽《ろうばい》した。この手が突然現れたことは、凶事の前兆を強く印象づけた。「王の心は恐怖でふくれあがり、顔は青ざめ、手足の力は抜け、両膝はがくがくと震えた」。彼は今や、ヤハウエの神殿から略奪した器を冒瀆したために、神々の怒りをかい、底知れぬ不吉な恐ろしい結末を迎える羽目に陥ったことを嫌というほど思い知らされたのだ。

彼は、バビロニアの預言者たちや占い師たちをすぐ部屋に呼び入れた。そして、「バビロニアの賢者の名」において、壁の上に書かれたものを読むことができ、そして手が現れた意味を説明できる者には、それが誰であっても賞を与え、王国の3番目の高位に就かせることを布告した。しかし誰にもその手の幻影の意味と、書かれたメッセージの内容が理解できなかった。そして、「ベルシャザルは青くなって座り込み、恐れおののいていた。彼の貴族たちも、狼狽の極みに達していた」。

この恐怖と絶望の場面の直中《ただなか》に女王が入ってきた。そして彼女は、何が起こったかを聞くと、

[図62] 王ベルシャザルは貴族や情婦たちと祝杯をあげ、ヤハウエの神殿から略奪してきた聖なる器を冒瀆してしまった。

すぐに賢者ダニエルが夢の解釈と神のメッセージの解読にすぐれた才能をもっていることを王に告げた。そこでダニエルが呼ばれて、約束されている報酬についても知らされた。ダニエルは、報酬については辞退したものの、この現象を解釈することを引き受けた。すると、書いていた手は消えて、壁の上の言葉だけが残った。

この不吉な兆しは、最高位の天の神のために神聖に保存されていた神殿の聖なる器を冒瀆した結果であることを確認した上で、ダニエルは、その言葉の意味を説明し始めた。

これが、神があの手を遣わした理由である
そして、何故この言葉が彫られたかの理由でもある
ここに書かれている言葉は
メネ、メネ、テケル・ウ・パルシン
そしてこれがその言葉の意味である
メネ：神は、この王国の存続日数を数え給うた
　そして、それは終わっていた
テケル：汝は天秤にかけられ裁かれた
　そして有罪になった
ウ・パルシン：汝の王国は分割されるだろう
そして、メディア人とペルシャ人に与えられるだろう

ベルシャザルは約束を守った、そして、ダニエルには紫色の衣を身につけ、首には金の鎖をつける栄誉が与えられた。そして、ダニエルは王国で3番目の地位に就くことも布告された。しかし「まさにその夜、カルデアの王ベルシャザルは暗殺され、メディア人のダリウスがこの王国を統治することになった」（ダニエル書第5章30節—第6章1節）。トワイライト・ゾーンからのメッセージは、こうして直ちに実現されたのだった。

ところで、グデアにラガシュのエニンヌ神殿の建設についての指示と計画が与えられたトワイライト・ゾーンの夢の幻影は、エルサレムのヤハウエの神殿における同じような神のお告げより、1000年以上も前の出来事だった。

シナイ山上にいたモーゼにヤハウエから与えられた細かい指示に従って、イスラエルの神の子たちは主のために移動できるミシュカン（つまり住居）をシナイの荒野に設営した。その中核の部分は、オヘル・モエド（契約のテント）と呼ばれ、その最も聖なる場所に「契約の櫃《アーク》」が保管されていた。その約櫃《やくひつ》には、十戒《じっかい》を刻んだ石板がおさめられ、羽根の生えた天使童子によって守られていた。カナンに到着してから、「契約の櫃」は、臨時の祭礼場所に置かれていた。そして、エルサレムの「ヤハウエの館」に最後に永遠に安置されるのを待っていたのだ。紀元前1000年頃、ダビデがサウル王の跡を継いでイスラエルの王になった。彼は、エルサレムを自分の首都として選んだ。ダビデ王の夢と希望は、その地に神聖な神殿を建立し、その至聖所に「契約の櫃」を未来永劫に安置しておくことだった。しかし、神の意思は（おもに夢を通して）少し違っていた。

聖書の記録にも見られるように、ダビデは預言者ナタンの忠告に従いながら神殿を建設しようとしていた。しかしまさにその夜、ヤハウエの言葉がナタンに伝えられた。それはダビデ王にこう伝えよというものだった。「彼は長い間戦《いくさ》に身を投じ、多くの血を流してきた。そのために、神殿を建設するのはダビデ自身よりも、むしろ彼の息子のほうがよいだろう」という内容だった。預言者ナタンが、どのように神の指示を受けたかは物語の終わりのところで説明されている。「そしてナタンは神の言葉をすべてそのまま、この幻のとおりにダビデに告げた」（サムエル記下第7章17節）。

それはただの夢ではなく、実際に感じとったことだった。つまり、それはカロム（夢）ではなくヒザヨン（幻影）だったと伝えられている。そして、ちょうどシナイの野営地でヤハウエがモーゼの兄弟姉妹に説明したと同じように、この時も、神の言葉だけ聞こえてきたのではなく、その話す姿もはっきり見えたという。

そこで、ダビデ王は「ヤハウエの前に」出向き「契約の櫃」の前に座った。彼は神の決定を受け入れたが、二つの点だけをはっきりしておきたいと思った。つまり、彼は神殿を建てないことと、彼の息子が神殿を建設するだろうということを確かめたかったのだ。ダビデ王は、こうしてモーゼたちが神と交信したように「契約の櫃」の前に座して、預言者の言葉を繰り返した。

聖書には、これに対する神の答は記述されていない。しかし「ヤハウエの前に座して」という表現の中に謎を解く鍵があるように思われる。この時、神殿の計画のいちばん大切な部分が伝えられたようである。というのも、歴代誌上第28章に、次のような記述があるからだ。ダビデは自分の最後の日が近づいたと思った時、イスラエルの指導者たちと長老たちを集めて、彼らに神殿の建設についての神ヤハウエの決断を伝えた。彼の後継者はソロモンであることを集まった人々に知らせてから、「ダビデは自分の息子ソロモンに、建設する神殿のあらゆる部分と部屋の計画をそえて、その〝タブニット〟を手渡した」。神の御心により授かったすべての「タブニット」を今度はソロモンに授けたのだ。

ヘブライ語の「タブニット」は、普通「型」と訳されている。そしてこの用語はデザインとか建築計画を表すものと思われる。しかし、聖書ではもっと正確に「タブニット」という言葉を「建築模型」と訳している。このほうがトクニット（ヘブライ語で計画の意）という意味にとるよりも、さらに明快だと思われる。ともかく、この物体はダビデからソロモンに手渡しできるくらいの小さいものだったことは確かである。今日我々が「縮尺（スケール）模型」とかミニチュア模型と呼んでいるようなものだったに違いない。

メソポタミアやエジプトでの今までの考古学的な発見では、古代近東でミニチュア模型があったという確証はなかった。しかし、我々はメソポタミアで発掘された物体（図63ａ）から、それはすでに存在していたという事実を示すことができるのだ。エジプトでも、多数のミニチュア模型が発見されている（図63ｂ）。いくつかのシュメールの円筒印章には、神殿の塔が描かれている（図64ａ）。しかし、その塔の高さはその光景の中の人間や神の背丈より高くは描かれていない。同じように、一人の巫女《みこ》が神殿の模型の飾りをつけている情景も描かれている（図64ｂ）。

あるいは、その印章の大きさに合わせるだけの目的で建築物は実寸で描かれなかったのかもしれない。しかし、一方では神殿や神社の実際の比率に縮尺された粘土模型も発見されている（図64ｃ）。

こうした事実と、聖書で「タブニット」が「建築模型」と訳されている事実をあわせて考えると、たぶんメソポタミアでも王たちは自分たちが建設を指示した神殿や神社の実際の模型を見せられていたように思われる。

「タブニット」という言葉は、早くから聖書に出てきている。出エジプトの時期に、移動住居をヤハウエのために建てるというくだりの中で使われている言葉だ。モーゼが、神に遭《あ》うためにシナイ山に登って、40昼夜をそこで過ごしていた時のことだった。「ヤハウエはモーゼに向かって」ミシュカンについて指示を与えたとされている（このミシュカンという言葉は、一般にはテント小屋と訳されているが、その意味は文字通り「住居」なのである）。

ヤハウエは建設に必要ないろいろな材料を列挙し、それをイスラエル人たちから自主的に献上してもらうように指示した。この点、グデアが税の賦課によって部材を集めたのとは違っていた。この時ヤハウエはモーゼに、住居の「タブニット」（模型）とそれに必要な機材の「タブニット」（模型）を見せながら、次のように伝えた（出エジプト記第25章8―9節）。

あなたたちは、聖なる場所を築きなさい
わたしはその中に住もう
あなたたちに示したすべてのものによって
その住居すべてのタブニットと
その機材すべてのタブニットによって
あなたたちはその住居を築きなさい

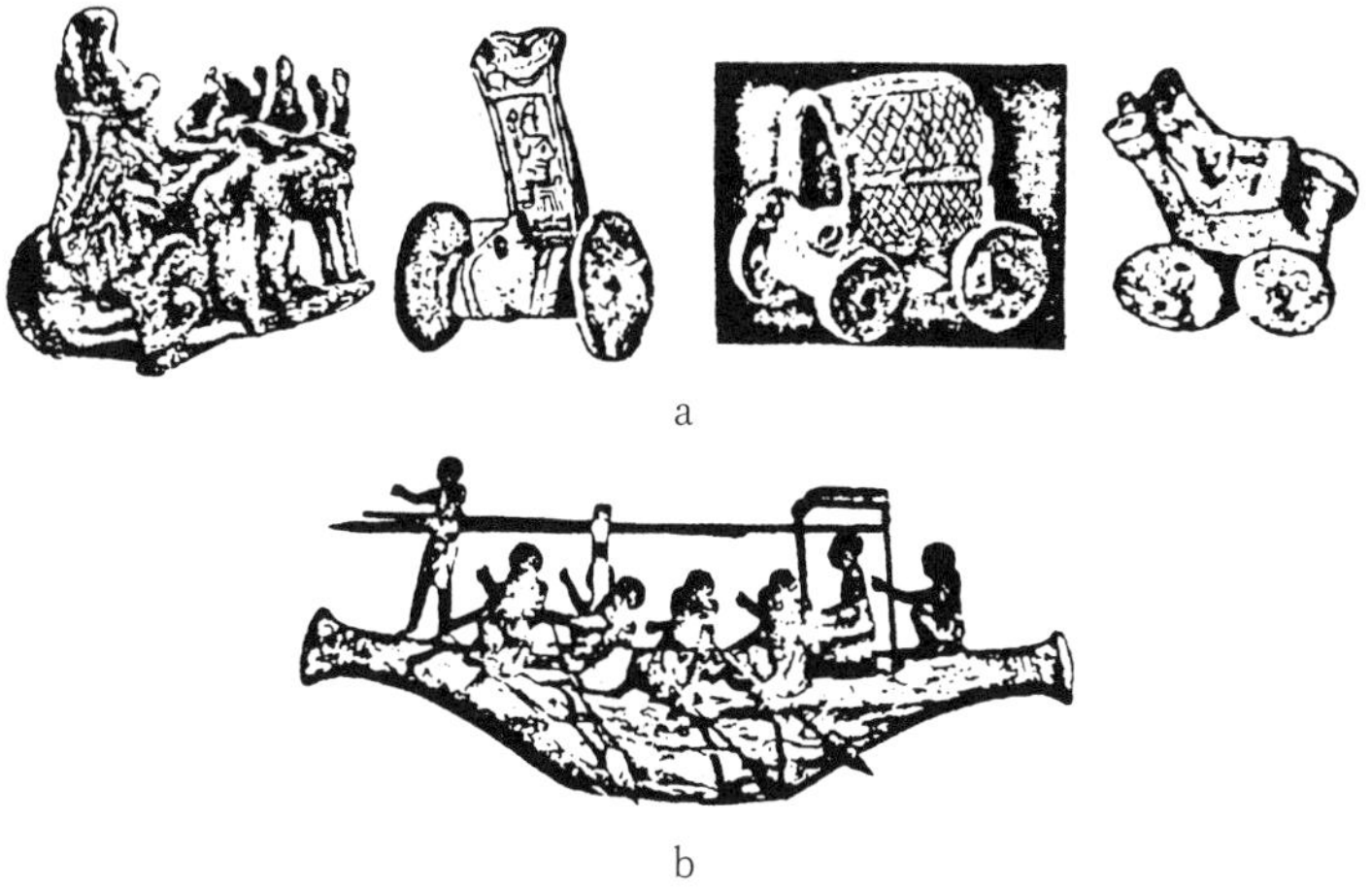

[図63]「タブニット」とは今日のミニチュア模型のようなもので、メソポタミア（a)、エジプト（b）などから出土した。

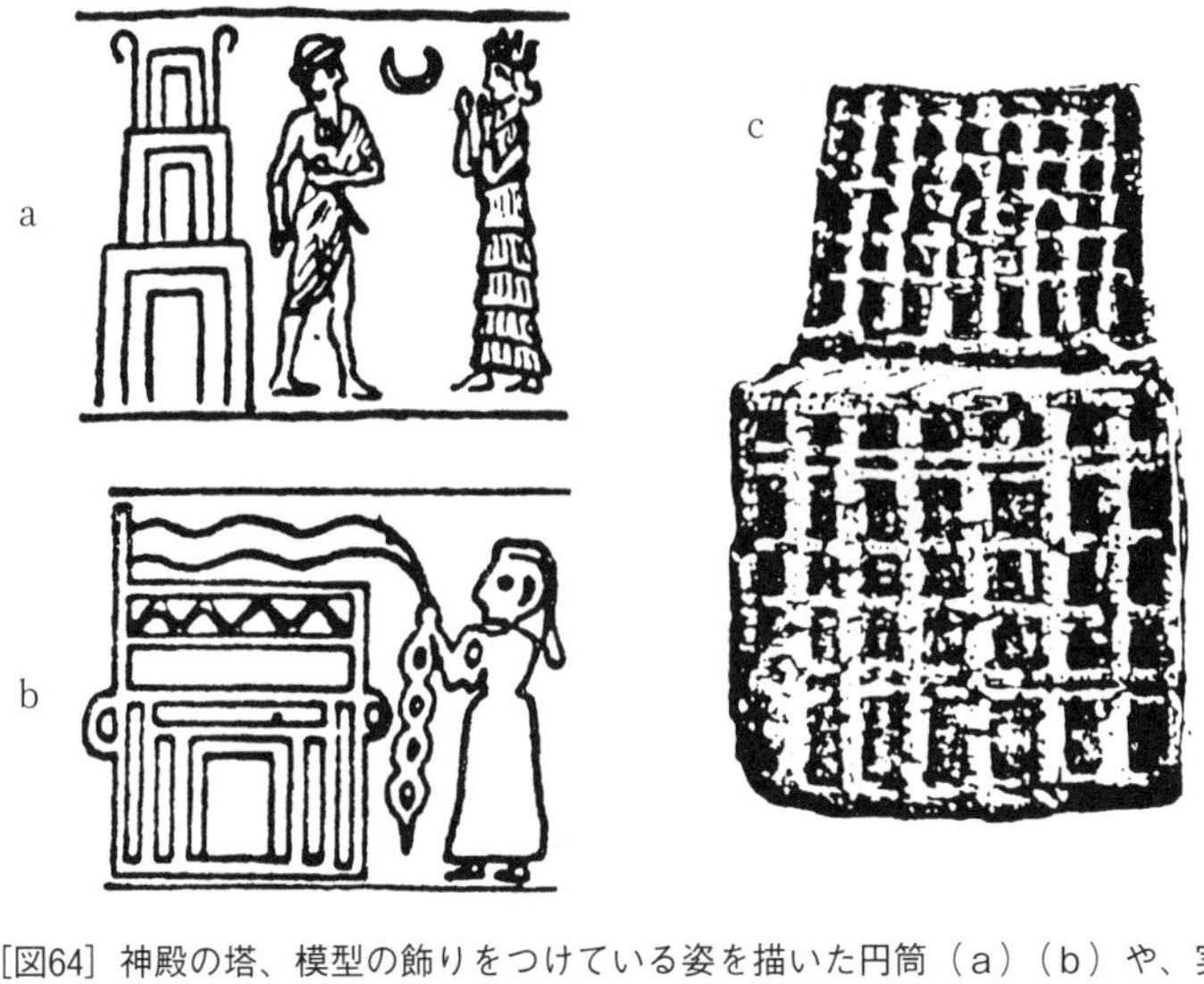

[図64] 神殿の塔、模型の飾りをつけている姿を描いた円筒（a）（b）や、実際の比率に縮尺された粘土模型（c）も発見された。

続いて、その住居の直中に置く「契約の櫃」の製作についてのこまごまとした寸法図と指示書が示された。その内容は「契約の櫃」を守る二人の天使童子、カーテン、祭壇と聖器、そして燭台にまでおよんでいた。

そして、こうした一連の指示書の間には、次のような注意書きがはさまれていた。「山上にて見せられたタブニット（模型）をよく見て、その通りにつくること」。そして、明快な指示がさらに続いた（出エジプト記第25章—第27章）。

こうして見ると、モーゼが造らなければならないすべてのものについての模型——たぶんミニチュア模型——を見せられたことがますますはっきりしてくる。

聖書に出てくるシナイの住居、エルサレムの神殿、そしていろいろな家具、祭礼に使う器具や飾りつけなどの仕様説明は、非常に詳しいもので、現代の学者たちや芸術家たちがそれらを絵の形で復元するのに、何の不便も感じないほどである（図65）。

ダビデ王からソロモンに手渡された神殿の建築のために必要ないろいろな資料や指示については、歴代誌上第28章で説明されている。その中で「タブニット」という言葉が4回も使われている。このことは、明らかにいろいろな模型が存在していたことを示すものである。いろいろな説明の最後に、ダビデはソロモンにすべての模型は神ヤハウエから直接授かったもので、それぞれに説明書がついていることを伝えている。

このすべては
ヤハウエが自ら記されたもので、

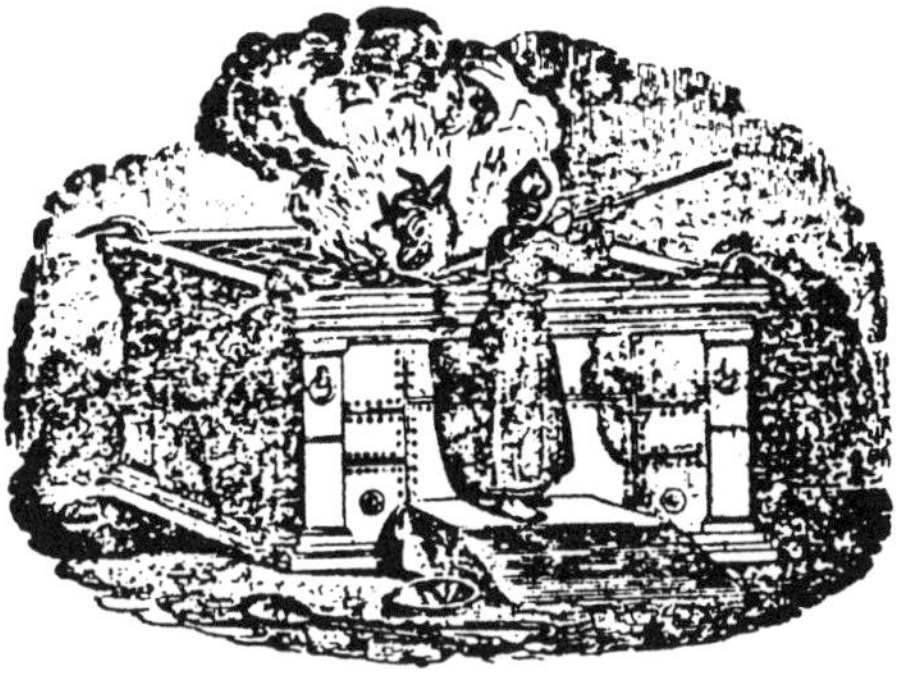

[図65] 聖書に出てくる住居、神殿、家具、器具などの仕様説明は驚くほど詳しく書かれており、簡単に絵に復元できた。

タブニットの全貌を
説明したものなのだ

聖書によれば、これらすべてのものは、ダビデが「契約の櫃」（臨時の場所に置かれていた）の前、つまり「ヤハウエの前に座っていた時に」「神の魂」から伝えられたことになっている。どのようにして「神の魂」がダビデに、ヤハウエ自らが書いたものや極めて精巧に造られた模型などを実際に渡すことができたかは、大きな謎として残されている。これこそまぎれもなくトワイライト・ゾーンでの神との遭遇である。

ソロモンが実際に建立した神殿は、新バビロニアの王ネブカドネザルによって破壊された（紀元前587年）。この王は、ほとんどのユダヤ人の指導者や貴族たちをバビロニアに捕囚した。その中にエゼキエルがいた。そして、神は神殿の再建の機が熟したと判断して、神の魂――ヘブライの神、エロヒムの魂をエゼキエルに乗り移らせた。こうして彼は預言し始めた。この体験は、まさにトワイライト・ゾーンでの出来事だった。

それより30年4カ月と5日の歳月が流れ
私は、捕囚の一人として、ケバルの川の河畔に住んでいたが
その時、天の一角が開き
私は神の御姿を仰いだ

このような表現で、旧約聖書のエゼキエル書は始まっている。その48章に及ぶ膨大な内容は、ほとんど神々との遭遇の話で埋まっている。そこに記述されている最初の情景は、神の二輪戦車のことで、最もよく知られた古代のＵＦＯ目撃談の一つである。それは左右、上下どの方向にも動くことができるという。こうした二輪戦車の詳しい技術的な説明の部分は、ずっと昔から現代に至るまで何世代にもわたって、聖書の研究家の好奇心をくすぐり続けてきた。そしてその研究がいまだ端緒についたばかりのユダヤ教の神秘的聖書解釈法である「カバラ」でも未解決の神秘的な部分になっている（ごく最近、ＮＡＳＡの技術者だったジョセフ・ブラムリッヒが、その著書『エゼキエルの宇宙船』で試みた技術的な解明〈図66ａ〉は、高い評価を得ている。また、初期の中国の空飛ぶ二輪戦車の絵〈図66ｂ〉は、こうした現象が古代世界のすみずみまで、よく知られていたことを物語っている）。

その二輪戦車の中に、エゼキエルは王冠のような輝く炎の光輪の中にいる「人間のような姿」をぼんやりと見ることができた。そこで、エゼキエルは頭を垂れると、自分に呼びかける声が聞こえてきた。それから彼は、自分に向かって「一つの手が伸びてくる」のを見た。その手には巻き物が握られていた。「そして、その巻き物は、目の前で開けてみせられたが、裏も表も文字がいっぱい書かれていた」

また、11世紀の青銅の額がドイツのヒルトシャイムの大聖堂に飾られている。それにはカインとアベルが神に供物をしている情景が彫られている。その中に、雲間から「神の手だけ」が現れているが（図67）、これもこうした歴史上の記録の影響をうけたものだろう。

ところで、「夢」という言葉はエゼキエル書では一度も使われていない。そのかわりに、預言者たちは「幻影」という表現を使っている。「天の一角が開き、私は神の御姿を仰いだ」とエゼキエルは彼の本の最初の節で述べている。この言葉は、ヘブライ語では、「エロヒムの幻影」となっており、シュメールの古文書のディン・ギル（宇宙船）を連想させる「幻影」という意味合いにもなっている。

この言葉自体は、やや曖昧《あいまい》な意味をもっている。「幻影」とは本来、あるものが実際に見えることなのか、あるいは心の目だけに見える心理的に創られたイメージのことなのか、はっきりしない。だが、一つ確かなことは、時がたつにつれて、現実が徐々にこうした幻影にとってかわるようになる現象だ。そしてついには、現実の声、現実のもの、現実の見える手が現れるのだ。こういう意味からエゼキエルの幻影は、やはりトワイライト・ゾーンのものだったと思われる。

エゼキエルは神の預言に沿った道を歩むために、幾度も神々と会った。その中で、彼は非現実の中に含まれたある現実がまた、非現実の中へ消えていくという体験を何回かしている。それはグデアが体験したと同じような経過だった。グデアが最初に見た夢に現れた神々が見せてくれた神殿の計画案とそれに必要な建築機材が、ついには現実のものとなってグデア王の手元に残っていたのだ。「それから、6年6カ月と5日たった時」とエゼキエルは第8章で述べている。「私はその時自分の家にいた。そして私の前にはユダ族の長老たちが座っていた。すると突然、神ヤハウエの手が私の上に現れたのだ」

こうして私は振り仰ぎ「幻」を見た
それは人の姿のようであった

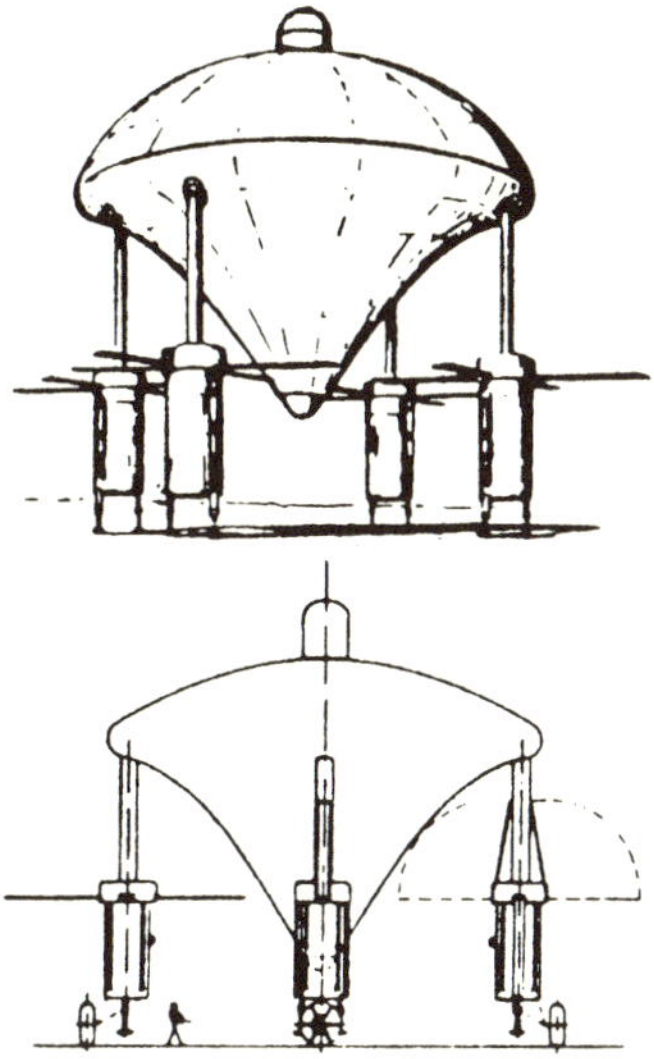

a

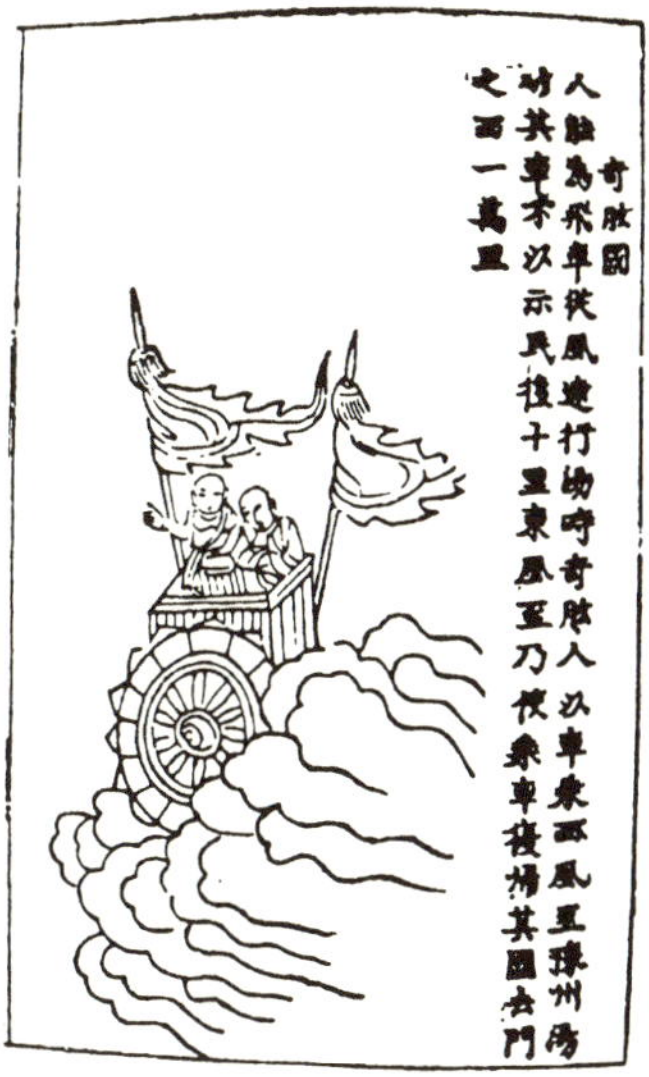

b

[図66] 神の二輪戦車とは古代のＵＦＯ!?　a—「エゼキエルの宇宙船」、b—「中国の空飛ぶ二輪戦車」。

[図67]「神の手」が空に現れる——青銅の額（ヒルトシャイム大聖堂）。

腰より下は火であり
腰から上は琥珀金の輝きのように
光輝に満ちた有様をしていた

こういう表現は、この預言者自身が「幻影」の意味について不確かな感じを抱いていることを反映している。幻影は現実のものだったのか、非現実のものだったのか。彼は自分が見たものを「幻」と呼んでいる。そして彼が見たものは、人のようなものだった。いったい誰が炎と輝きを身につけていたというのか？　あるいはその者は炎と輝きで創られていたのか、または想像の産物にすぎなかったのか？　それが何であったにせよ、それは現実に行動することができたのだ。

その姿は手の如きものを差し出し
私のうなじを押さえ
その魂は私を運んで
地と天のはざまを飛び
私をエルサレムにいざなった
エロヒムの幻影と共に空をめぐり
北に面した内門の扉に導いた。

その物語には、エゼキエルがエルサレムで見たことが綴られている（そこでは悲嘆にくれる婦人たちにも出会った)。そして、預言が全部終わると、神の二輪戦車は「その都市を去り、都市の東方にある山頂に停泊した」。

神の魂は、私を伴い
追放の地カルデアに着いた
エロヒムの魂の幻影と共に来た
私が見た、その姿は
私を置いて飛び去った

聖書では、一度ならず、この飛行の旅は神の幻影、つまり「エロヒムの魂の幻影」とともに行われたと強調されている。とはいえ、エゼキエルが現実にはエルサレムに到着し、そこの住人たちと意見を交わしたと、はっきり記述されている。そしてさらにその都市は大虐殺と大破壊に遭う宿命にある、との宣告まで受けたという記述もある(最初の追放から12年目に、エルサレムからの難民が到着した。そして彼がバビロンの流刑者《るけいしゃ》たちにエルサレムで起きると予言されている出来事について伝えたと、聖書のエゼキエル書第33章に記述されている)。

それから14年後、つまり最初の追放から25年以上たった新年の正月に、「もう一度エゼキエルにヤハウエの手が差し伸べられた。そして、その手は彼をエルサレムに連れていった。エロヒムの幻影のうちに、空を飛んで私をイスラエルの地に連れていき、私をある非常に高い山の上に降ろした。その山の頂の東側に一つの都市の模型があった」。

神が私をそこに運んだ時
私は銅のように輝いている男を見た
彼は手に亜麻の紐と
測定用の竿尺をたずさえ
門口のかたわらに立ち出でた

（神殿の建設を許された一人の王に、神の建築家がその聖なるしるしとして測定用のひもと竿尺を授けている情景がシュメール時代に描き残されていた——図68）

その神の測定者は、エゼキエルに見たり聞いたりすることすべてに注意を払うように指導した。特に測定したものすべてを記録しておき、それを全部正確に追放者たちに伝えておくように指示した。こうした指示が終わるや否や、エゼキエルの前にいた神の測定者の姿は変化し始めた。そして、突然、遠くに見えていた一人の男の画面が、大きな家を囲んでいる壁の画面に変わった。それはちょうど今の時代の表現では、カメラが望遠ズームに切り替わった状態だった。クローズアップされた画面から、エゼキエルは「測定機材を持った男」がその家の外側の寸法を測り始めたのを見ることができた。

その家の壁に囲まれた外側の画面から、エゼキエルは刻々、その測定者が測っていく様子を見ることができた。そしてテレビカメラはその男を追ってはいたが、その作業が進むにつれて、その場面も刻々変わっていった。そして外部のシーンに変わって、エゼキエルはその建物の中庭や

[図68] 神の建築家が神殿の建設を許すしるしとして、王に測定用のひもと竿尺を授けている。

部屋、礼拝堂などの内部の映像も見ることができるようになった。

建築物全体の映像を映した後で、画面は建築の詳細構造や重要な装飾部分を紹介し始めた。これでエゼキエルには自分が未来の再建された神殿の情景を見せられていたことが、はっきりわかった。至聖所と聖器の数々、そして聖職者たちの居室から羽根の生えた天使童子が置かれている場所の映像まで、それは盛りだくさんだった。

このような話がエゼキエル書のうちでも長文の三つの章にわたって取り上げられている。その内容は、非常に詳しく、しかもその寸法図や建築用資料も驚くほど正確だったので、現代の製図家たちが、その神殿の計画を再現するのにほとんど困難を感じなかったほどである（図69）。

一つの、見たいと思う画面が終わると、すぐ他の画面が続くという、このシミュレーションは、20世紀の後半になってまだ開発中の、最も進んだ「バーチャル・リアリティ」の手法である。エゼキエルは、今から2500年以上も前の、この時期にすでに最先端の映像を見ていたことになる。

実際に彼は、その神殿の複合建造物の東に面した出入り口に導かれた。そして、そこで彼は「イスラエルの神の栄光」が東側の入り口から入ってくるのを見たのだ。それは、彼が前に2回体験したのと同じような幻影だった。

そして、神は私を抱えあげ
内部の王室へと運び入れた
そして私はヤハウエの栄光が

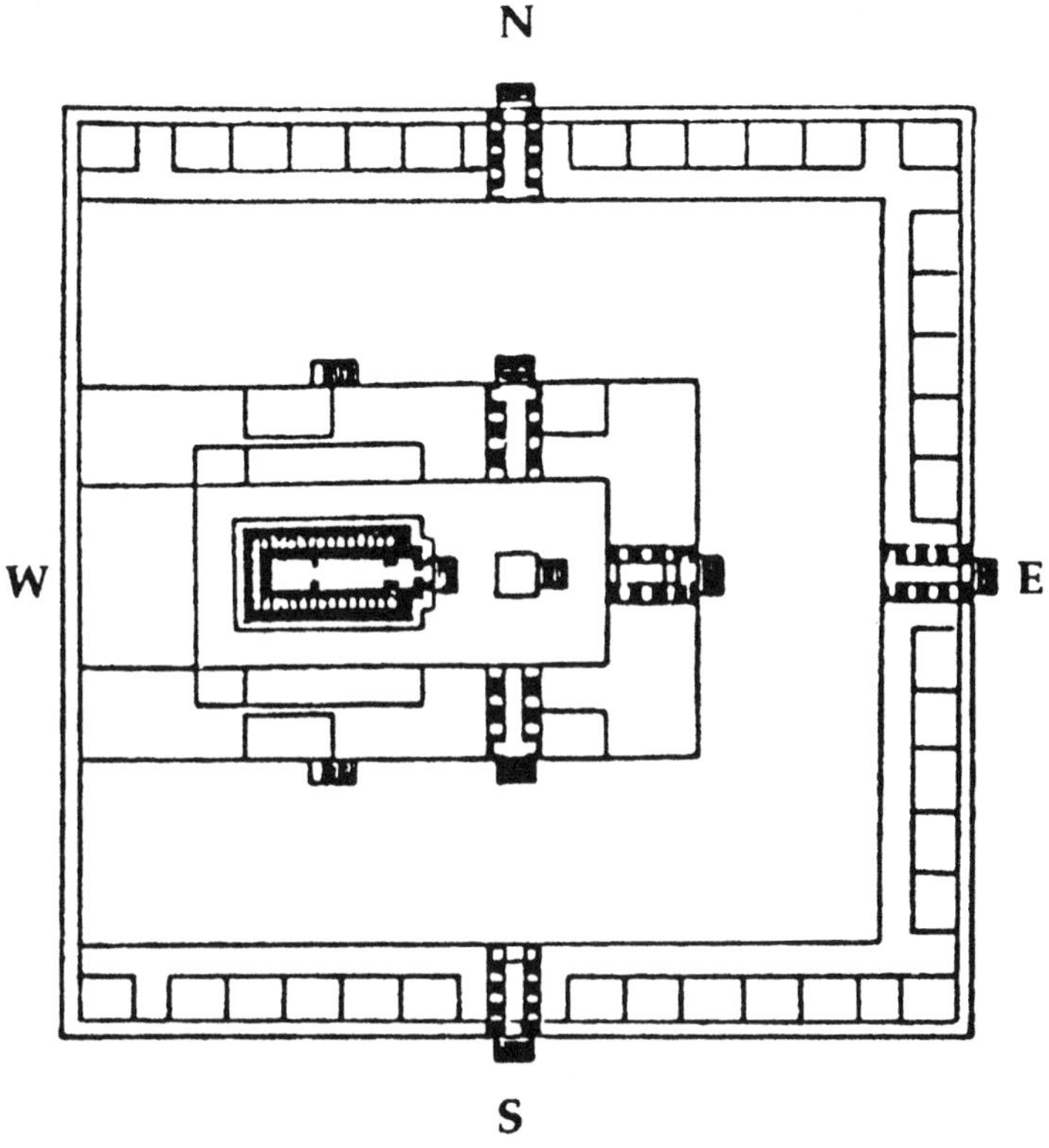

［図69］エゼキエル書にある神殿の寸法図や建築用資料は正確だった。

神殿に満ち溢れるのを見た

そして彼は、今度は神殿の内部から自分に呼びかける声を聞いた。その声の主は、彼が前に見た測定用のひもと竿尺を持っていた男のものではなかった。その男は、今は彼のすぐ横にたっていたからだ。そして神殿の内部からのその声は、神の御座を置くべき場所は、ここだと知らせていた。そこが神の本拠になる場所だった。最後にエゼキエルは、新しい神殿が的確に建てられるようにするため、彼が聞いたり見たりしたことのすべてと、計画の実測値をイスラエルの人たちに知らせるように指示された。

エゼキエル書は、未来の神殿での神聖なる奉仕についての長い説明を最後に、その記述は終わっている。そこには、「エゼキエルはヤハウエの栄光を見るために北門を通って〝連れ戻された〟」と述べられている。

きっとそこで、エゼキエルは神の幻影から解放されたのだろう。しかしエゼキエル書はこの点に触れていない。

コラム

古代のホログラムとバーチャル・リアリティの超科学

グデアが、建設すべき神殿の建築についての神の指示がわからず、迷っていた時に、「コンピュータ制御のような立体映像」を見せられた。その映像から、彼はその未来の神殿が最初の土台石から徐々に完成していく情景を予見することができた。4000年以上も前に行われたこんな芸当は、今ではコンピュータ・シミュレーションとして知られている。

エゼキエルは、奇跡的に（2回にわたり）メソポタミアからイスラエルの王国に運ばれただけではない。2回目の時に、彼は今で言う「バーチャル・リアリティ」技術によって、まだ存在していなかった未来の神殿の詳細を一場面ずつ現実的な映像で前もって見ることができたのだ。建築上の詳細を指示通りに建てられるべきだったヤハウエの家の仕様も、このトワイライト・ゾーンの幻影によってエゼキエルに伝えられた。具体的にはどのようにして伝えられたのか？

エゼキエルは最初の頃、その幻影を「タブニット」と呼んでいた。この言葉は、早くから聖書では住居や神殿と結びつけて使われていた。しかし、それらは単にミニチュア模型であったかもしれないとしても、エゼキエルが見たという映像は、実寸の「建築模型」だったに違いない。その理由は、その画面では、神の測定者は6キュービット（腕尺で1キュービットは46～56センチ）の竿尺を実際に使って、ここに60キュービットの長さ、あそこに25キューピットの高さというように測定していたからである。エゼキエルが見せられたものは「バーチャル・リアリティ」（仮想現実）やホログラフィック（立体映像）技術を利用したものだったのか？　彼が実際に見たものは「コンピュータ」シミュレーションだったのか、あるいは他のどこかの実在する神殿をホログラム（立体映像）を通して見ていたのだろうか？

科学博物館を訪れる人たちは、よく幻想的なホログラムの映像に魅了される。それは、投影される2本の複雑な光線が合体して、まるで本物の3次元の映像が空中に浮いているように見せるしかけになっている。

1993年の末に開発された技術（「フィジカル・レビュー・レターズ」、1993年12月号）によって、ただ1本のレーザー光線を結晶上で焦点を結ばせることで、遠距離投影のホログラムも可能になってきた。こうした種類の、ずっと進歩した技術が利用されて、どこか別のところに実在していた「建築模型」をエゼキエルが見たり訪れたり、その中に入ることさえできたのかもしれない。たとえば、はるかな南米の地あたりにその神殿は実在していたのかもしれないのだ。

第10章
「契約の櫃《アーク》」に秘められた謎
——宇宙の神々からの通信／啓示は実際どのように行われていたのか

「うとうとしていたら、偶然夢を見た」とハムレットは言っている。シェイクスピアの『ハムレット』に登場する主人公のデンマークの王子の言葉である。この悲劇では、殺された王の姿が幻影となってハムレットの前に現れる。そして、天体現象の予兆が出現する。

古代の近東では夢は偶然の出来事とは考えられていなかった。程度の差こそあれ、夢はすべて、神々との出会いだったのだ。控え目に言っても、夢は神々の意思と命令を伝える媒体で、夢で見るものはこれから起きることの前触れだと思われていた。もっと極端に言えば、神々はあらかじめ注意深くおぜんだてされた夢という舞台に登場するのだと考えられていた。

古代の書物によれば、夢は人類創成の当初から、人間とは切り離せないものだった。人類最初の母イブは、アベルが殺害されるという人類最初の殺人事件をあらかじめ夢で見ていたのだ。

大洪水の後で、神々アヌンナキたちと人間の集団との間に、垣根を作ると同時に、この二つの世界の結び役とするために王制が敷かれた。そして、今度は王たちの夢が人間社会でのまつりごとを決めるための手段として使われ始めた。また、人間社会の指導者たちが迷った時、「神の言葉」が夢と預言者たちの幻影によって伝えられることになったのだ。

こうした多くの夢と幻影の中でも、そのいくつかは、これまで述べたようにトワイライト・ゾーンの境界を越えたわけである。この場合、非現実的なものは現実的なものになり、心で感じたものは実存するものとなり、そして話されなかった言葉も実際に聞こえる声に変わったのだった。

聖書には、神に遭う主な手段と考えられていた夢についての記述がたくさん見られる。夢はまさしく神の決定や忠告、思いやりのある約束や厳しい裁断を伝えるための通信経路だと思われていた。事実、聖書の民数記第12章6節には神ヤハウエが、はっきりモーゼの兄弟姉妹たちに話した言葉が引用されている。「もし、お前たちの中に預言者――神の言葉を伝えるために選ばれた者――がいるならば、わたしはその者に夢の中で自分の幻影を見せて話しかけよう」

ここで使われている言葉からも、その意味は極めて明快である。すなわち、ヤハウエは、幻影となって自分の存在を「知らせ」しかも「見えるようにする」と述べているのだ。また、夢の中で、自分の言うことを「聞かせ」て、神の預言を授けるとも述べているのだ。

ところで、これに関連した話がサムエル記上第28章に述べられている。イスラエルの王サウルは、フィリスティア（ペリシテ）人との激しい戦に臨んでいた。預言者サムエルは、ヤハウエの命により、サウルを王に任命して神の言葉を伝えたが、この預言者は間もなく死んでしまった。心配したサウル王は、自分自身で直接神の指導を受けようとし、「ヤハウエにたずねてみた」。「夢か、何かの兆しか、預言よって指示を与えてほしい」と頼んでみたが、ヤハウエからの返事はなかった。この例を見てもわかるように、夢は、最初の、しかも最も大切な、神の通信手段となっている。そして、夢の後に「兆し」（天体現象や地球上で起きる異常な出来事など）や宣託や預言者による神の言葉などが続く。

サムエル自身が、ヤハウエの預言者として選ばれた時の方法も、この神の通信手段としての夢を利用したものだった。この時は「神が登場した夢」は3回も続いた。ロバート・K・ニューズ（著書『サムエルが見た神の夢』）のような学者たちは、この時の現象がギルガメシュがあの時体験した3回の「夢プラス覚醒」の現象と、極めてよく似ていると指摘している。

サムエルの母親は、子供を生むことができなかったので、もし息子を授けてくれれば、その子をヤハウエに捧げると約束した。その誓いを守って、その母親は少年をシロに連れていった。そこの臨時の神殿には「契約の櫃」が保管されていた。その神殿は祭司のエリが管理していた。しかし、エリの息子たちは色情的で淫《みだ》らな乱交を繰り返していたので、ヤハウエは信心深いサムエルをエリの後継者として選んだ。サムエル記上第3章1節を読むと、その頃「ヤハウエの言葉」もめったに聞かれず、その姿もほとんど見られない時代だった。

そして、その日にそれは訪れた
エリはいつものしとねに横たわり
その眼は心なしか暗くなり
見ることもむずかしくなった
エロヒムのともし火は未だ燃え尽きず
サムエルはヤハウエの聖所に横たわっていた

そのかしこき所にエロヒムの櫃があり
そしてヤハウエはサムエルを呼んだ
サムエルは「私はここにおります」と答えて
エリのもとへ走りよった
「お呼びになりましたか。私はここにおります」

しかし、エリはサムエルを呼んではいないと言って、少年にもとの場所へ戻って眠るように言った。もう一度ヤハウエはサムエルを呼んだ。そして、サムエルはまたエリのところへ行ったが、やはり祭司は彼を呼んでいない、と言っただけだった。しかし、3回目に同じことが起きると「エリはその少年を呼んでいたのは神ヤハウエだと気がついた」。そこで祭司エリはサムエルに、また同じようなことが起きたら「ヤハウエの話すことをよく聞いて」それに答えるようにと伝えた。その後でヤハウエ自身がやってきて、真っ直ぐに立ち、話す度ごとに「サムエルよ、サムエルよ」と呼びかけた。そしてその度にサムエルは「お話し下さい。下僕である私は聞いております」と答えた。13世紀のフランスの画家が、中世の聖書の挿絵として、サムエルが見た最初の神の夢と、最後に神に遭った時の情景を上手に描いている（図70）。

ここで思い出されるのは、神の精霊がダビデ王にエルサレム神殿の模型と指示書を手渡した時の情景である。その時も神は、王が「契約の櫃」の前にひれ伏している時に現れた。神がサムエルに呼びかけたのも、彼が「エロヒムの櫃」が置いてあるヤハウエの聖所に横たわっていた時だった。

その櫃は、アカシアの木材で作られ、内側にも外側にも黄金がはめ込まれていた。その櫃の中には、十戒を刻んだ石板が安全に保管されていた。そして、出エジプト記で述べられているように、ドゥヴィル、つまり「神の言葉を話す」役割を担っていた。その櫃の上には、硬質の黄金で作られた二つの天使童子の彫像がついていた。羽根が触れ合っていた（その実際の詳しい形は図71のように二つの場合が考えられる）。

「これからずっとそこで、お前に会うことにしよう。そして、わたしはその櫃の上から、そして櫃の上にある二つの天使童子の間から話しかけよう」とヤハウエはモーゼに伝えた（出エジプト記第25章22節）。

聖なる場所のいちばん奥にある至聖所は、前方の部分から垂れ幕で区分されていた。しかしモーゼと、また、後にヤハウエが高位の祭司に選んだ彼の兄アロンおよび祭司に任命されたアロンの3人の息子たちだけは、その垂れ幕の中へ入ることが許されていた。この者たちは、礼拝行事を行って特別の衣装を着用してからでないと、この神聖な場所に入ることを許されなかった。さらにこの選ばれた聖職者たちが、至聖所に入る場合は、香を焚かなければならないとも定められていた（その手順もまた、きっちり守るように、神から指示されていた）。こうして櫃を香の煙で包むしくみになった。ヤハウエはモーゼにこう言っている。「わたしが櫃の上に現れる時、まわりを雲で包まなければならない」。それなのにアロンの息子たちのうちの二人が、神のすぐそばに奇妙な炎を近づけ、うまく雲を作り出せないと「炎はヤハウエの前から消えて、息子たちを呑み込んで焼き殺した」という。

サムエルの「預言の夢」やダビデの「神の幻影の夢」に現れた、こうした「超自然的な」力は、櫃の本体が移された後でもなお、その仮の神殿中に強い影響を残していたという。ソロモンが見た「預言の夢」でも、同じような現象がはっきり見られたのだ。神殿の建設を始めようと、ソロモンは「契約のテント」があるギブオンを訪ねた。

「契約の櫃」そのものは、本来の神殿に永遠に安置しようと考えた父ダビデ王によって、すでにエルサレムに移されていた。しかし「契約のテント」はまだギブオンにあった。ソロモンはその中に入っていった。おそらく、ちょっと礼拝するつもりだったのか、あるいは自分でその建築の詳しい構造を見ようと思ったのかもしれない。彼は生け贄を供えた後、眠りについた。そしてその時、

ギブオンの都市にて
ヤハウエはソロモンの前に
その姿を現した
その夢枕に立ち
そしてエロヒムはささやいた
「お前の欲しいものを与えよう」

この時、夢の中に現れた神と、対話ができるようになっていた。そこで、ソロモンは「私の臣民を正しく裁断できる力、つまり善悪の判断ができる力」を与えてくれるように願った。ヤハウエは彼のこの答を、とても気に入った。なぜならソロモンは自分だけの富や長寿を願わなかった

［図70］ 13世紀の聖書の挿絵には、サムエルが夢で遭った神との最初と最後の情景が描かれている。

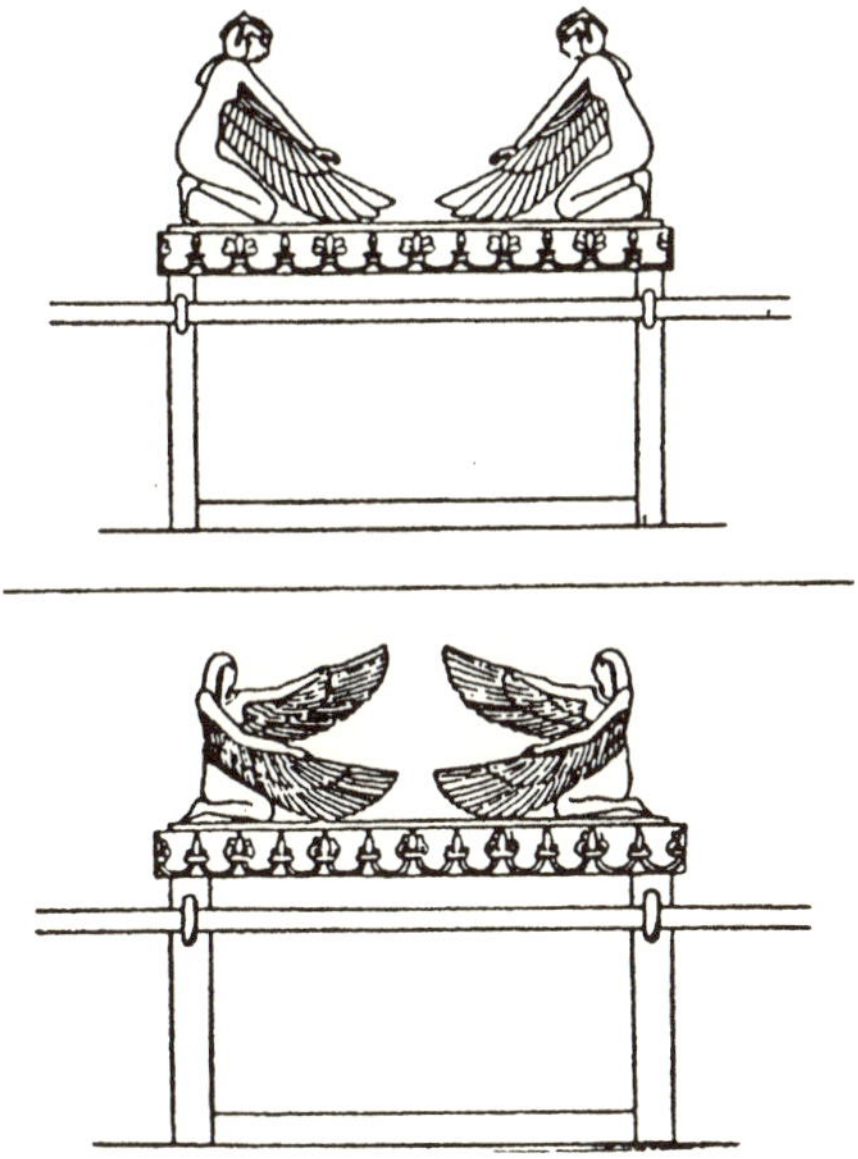

［図71］ 神の法の文書板が保管されていた「エロヒムの櫃」の上には、硬質の黄金で作られた二つの天使童子の彫像がついていた。

し、自分の敵の死も願わなかったからである。それでヤハウエはすぐれた英知と知力を与え、また富と長寿も与えると約束した。

そしてソロモンは目覚めた
おお、これは夢であったか！

この出来事は、聖書では神が現れた夢として扱われているが、ソロモンにとっては、神の姿と交わされた会話があまりにも生々しく感じられたので、とても夢の中の出来事とは思われなかった。そして彼には、起きたことは現実にあったことで、その結果は長く続くことがはっきりわかったのだ。事実、この出来事の後、彼には特にすぐれた智恵と知力が与えられた。その当時のメソポタミアとエジプトの文明について詳しく述べている聖書の一節では、次のようにうたわれている。

「ソロモンの英知は、東方の神の子たちのどれよりも大きく、エジプトの英知のどれよりも偉大だった」と。

シナイの地でヤハウエは、この複雑で技巧を要する建築の細部を扱う腕のいい職人を二人選んで、指示を与えた。その一人は「エロヒムの心をもち、深い英知と理解力、そして知識をもつ」ユダ族のベザレルだった。もう一人は「広い知識を身につけている」ダン族のアホリアブだった。しかし、ソロモンは必要な専門知識をもつティルスのフェニキア王の腕利きの職人たちにもっぱら頼った。

そして、神殿が完成した時、ソロモンは神ヤハウエに祈りを捧げた。その上で、その「家」を永遠の住居とすること、そしてイスラエル人の祈りの言葉がいつも聞こえる場所にすることを誓った。

ソロモンが、神が現れる2回目の夢を見たのはこの時だった。「ヤハウエは、ギブオンで起きたと同じ状態で、ソロモンの前に現れた」

エルサレムの神殿は、文字通り、神の「家」と呼ばれていた。神殿の建物を表すシュメール語の「エー（E）」と同じ意味である。しかし、ソロモン自身の祈りの言葉からもわかるように、彼は実際に神が住む場所というメソポタミア式の考え方をしていなかったことは明らかである。ソロモンは、この神殿は神との交信を行う神聖な場所と考えていた。神と人とが話し合える場所、つまり神が立ち会った「契約のテント」にかわる永遠の場所として考えていたのだ。

聖職者たちが「契約の櫃」を「新しい神殿の聖なる場所」である至聖所に運び込み、「天使童子の翼の下」におさめた。そうすると同時に、聖職者たちは急いでその場所から立ち去らなければならなかった。「ヤハウエの栄光に包まれた雲のような霧が、神殿のこの建家の部分いっぱいに立ち込めた」からである。

ソロモンが祈りの言葉を捧げだしたのは、この時だった。

「主ヤハウエよ、この暗い雲の中に誰が住まわれるのでしょう」

「あなたのお住みになるところは、天上の世界ではないのですか、それとも神エロヒムは地球上に住むために来られるのでしょうか？　もし天国にお住みになる場所がないとするなら、私がたてたこの神殿がお住まいになる場所なのでしょうか？」

こう確かめた上で、ソロモンは主神にこの神殿における祈りの言葉を聞いてもらえないかと頼んだ。「天上の世界のあなたがお住まいの場所から、私たちの祈りの言葉やお願いの言葉をお聞きください。そして、人々に裁断を下してください」。そう懇願するとヤハウエが再びソロモンの前に現れた。ちょうど彼がギブオンで見たのと同じような光景だった。そしてヤハウエは彼にこう伝えた。「わたしはお前が祈りと懇願の言葉をわたしに向かって話したのを、聞いた。そこでわたしはお前がたてたこの神殿を、わたしの〝シェム〟を永遠に安置する場所として認め、聖別した。従って、わたしの目と心は、ここにいつまでもあることになるだろう」

「シェム」という単語は、従来は「名前」と訳されてきた。それによって誰かが知られる、あるいは憶えられるといった意味である。しかし、このシリーズの一冊として私が書いたもの（『地球人類を誕生させた遺伝子超実験』）で詳しく説明したように、もともとの意味はちょっと違うのである。聖書やメソポタミアとエジプトの原典から、この単語はシュメール語の「ムー〝MU〟」と同じであることがわかっている。この単語は、時がたつにつれてだんだん「それによって誰かが憶えられる」ことを意味するようになったが、もともとはメソポタミアの神々の「空飛ぶ部屋」とか「空飛ぶ機械」の意味だった。

そういうわけでバビロン（バブ・イリ、「神々の出入り口」の意）の人々が自分たちで「シェム」を作り、かの有名なバベルの塔を建設しようとした時も、彼らは「名前」のためにではなく、空を飛ぶ乗り物のために発射台を建設しようとしたのだ。

メソポタミアでは、この飛行体を格納する囲いは、神殿の高台の上に造られていた。そして描き残された絵によると、強い衝撃にも耐えられるように設計されていたようである。こうした

「空飛ぶ部屋」が離着陸できるように、特に工夫されていた。グデアは、神殿の聖域にニヌルタの「神の黒い鳥」のために、特別の格納庫を用意しなければならなかった。そして、その建設作業が終わった時、彼はこの新しい神殿の「ＭＵがはるか地平線のかなた、国中のすみずみまで飛び回ってほしい」と望んだのだった。

アダド／イシュクルに捧げられた聖歌では、彼の「炎を噴射するＭＵが空のはるかな天頂まで登っていく有様」を賞賛している。そしてイナンナ／イシュタルに捧げられた聖歌でも、パイロットの身なりをした彼女が、人が住んでいる限り、あらゆる土地の上を彼女のＭＵに乗って飛んでいく様子がうたわれている。

こうしたすべての事例では、ＭＵが通常「名前」と訳されているのに対して、違った意味に解釈されている。すなわち、アダドの場合は地上に沿って飛び回り、空高く飛んでいく「空飛ぶ部屋」を意味し、イナンナ／イシュタルの場合は、「彼女が〝空飛ぶ機械〟に乗って、人が住んでいるすべての土地の上を飛び回る」というように解釈されていたのだ。

ともかく、この神の空飛ぶ機械や、聖なる場所に造られた発着台について異論を唱える者があるにせよ、現実にこのような空飛ぶ乗り物の絵が見つかったのである。バチカンの要請で発掘をしていた考古学者たちが、エリコからヨルダン川と交差しているテル・ガスルで発見したこの絵（図72）は、エゼキエルが記録に残した、神の二輪戦車を思い出させるものだ。

最初の段階式神殿（ジッグラト）といわれるバビロニアのエ・サグ・イル神殿（偉大なる神の家）の建設についての主神マルドゥクの指示の中にも、空飛ぶ部屋についての具体的な指図が含まれている。

神々の出入口を設けよ
硬き煉瓦にて形づくり
そのシェムを定めの場所に置くように

時がたつにつれて、粘土製の煉瓦を使って建設された段階式の塔は傷み始めた。それに加えて、敵の攻撃による破壊もあったので、多くの神殿は修理、あるいは建て直しの必要に迫られていた。アッシリア王のエサルハドン（紀元前680年～669年）の年代記で述べられているエサギルについての例を見てもわかるように、エルサレムの神殿について聖書に記録された諸王の夢には、他にも極めて大切なものがあった。それは、ソロモンに与えられた智恵、そして建築上の指示と、その指示を現場の職人たちにわからせるための訓練の必要性などについての大切な助言のことである。

この石碑（図73）に描かれているのは、まわりを彼らのシンボルである太陽系の12の惑星に取り囲まれているエサルハドンの姿である。彼は、バビロニアと常に対決していた今までのアッシリアの方針を変えて、アッシュール（アッシリアの国神）を崇めても別に害はないと判断した。「アッシュールとマルドゥクの2神から智恵を授かった」とエサルハドンは述べた。そして、占領して征服した他の国々を「文明化する」仕事のために「エンキのようなすぐれた知力」を与えてもらうようにと願った。

彼はまた、神の預言とお告げによって、神殿の復興計画を進めるように指示されて、バビロン

[図72] 古代の飛行船（テル・ガスルで発見された紀元前3500年頃の壁画より）。

シュメール文明の象徴〝7階建て高層神殿〟（段階式神殿：ジッグラト）。最上階は、都市の礼拝センターにもなっていた。

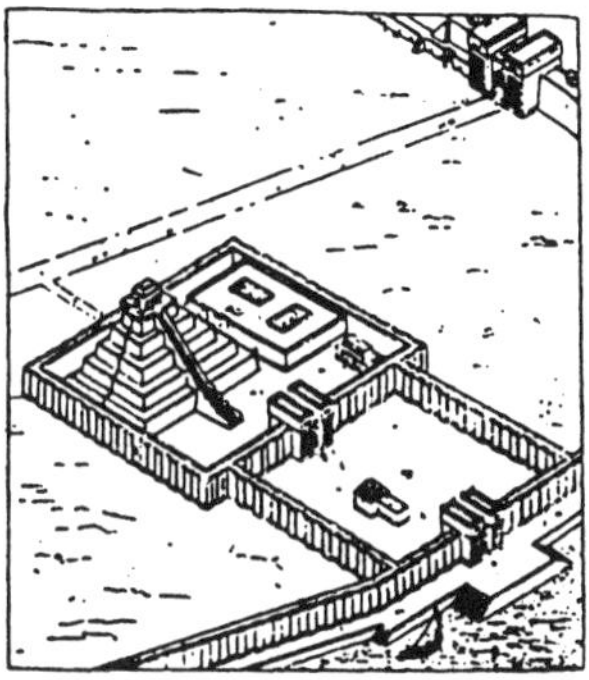

ニップールの高層神殿の外景。宇宙からの神エンリルの司令本部でもあった。

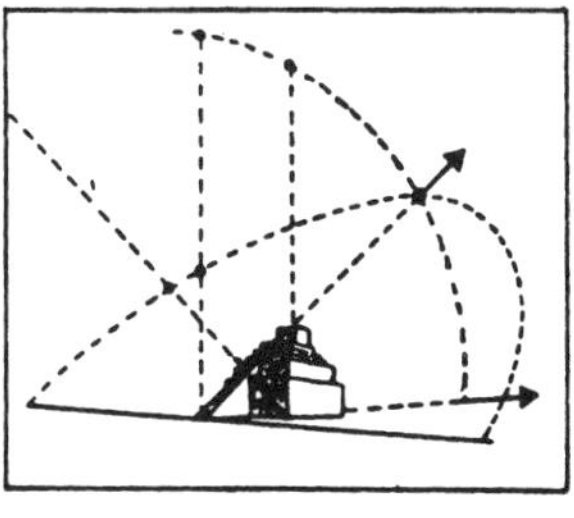

天文観測所の役割も担っていた高層神殿、その緻密な構造に現代の天文学者も驚きの声をあげている。

のマルドゥクの神殿から手がけることにした。しかし、この王はどうしたらよいかわからなかった。その時、神シャマシュと神アダドが、エサルハドンの夢に現れて、神殿の建築計画と建築物の詳細図面を彼に示した。困っている彼を見て、この神たちは必要な人数の煉瓦職人、大工や他の専門的な職人を集めて、彼らをアッシュール（アッシリアの首都）にある「智恵の館」に連れていくようエサルハドンに伝えた。

現れた神たちはまた、その仕事を始めるのに正しい月と日について、預言者に相談するようにすすめた。「神シャマシュと神アダドの夢の中での忠告」に従って、エサルハドンは労働力を集結して、自ら先頭にたって「知の学舎」に向かった。

預言者と相談して決めた工事を始める厳粛な日に、この王は建物の基礎石を頭の上に載せて運び、正確にもとの場所にそれを置いた。そして、鉄で作られた鋳型を使って、最初の煉瓦の形を作った。復元した神殿が完成すると、彼は金、銀、銅で飾ったイトスギの木材で作った扉をつけた。そして聖なる儀式に使う黄金の器も作った。すべての準備が終わると、エサルハドン王は聖職者たちを集め、生け贄を供え、そして神から指定された神殿の行事が新しく行われたのだった。

ところで、突然目を覚ましたソロモンが、自分が見たり聞いたりしたことが夢だったと知って驚いた様子を表した聖書の言葉と同じ表現が、もっと以前に一人のファラオが同じような体験をした時の描写にも使われている。

そしてファラオは目覚めた
おお、これは夢であったのか！

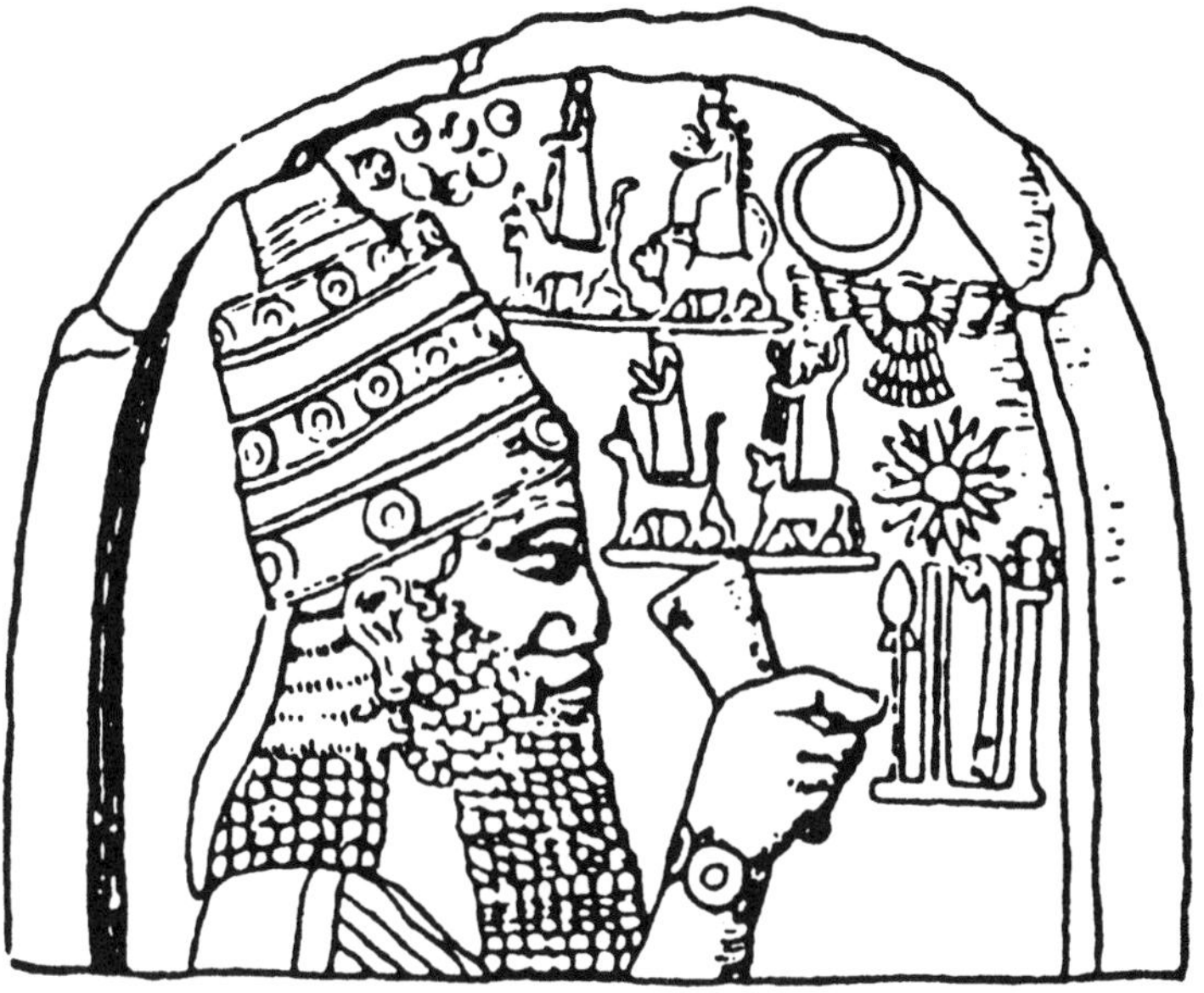

[図73] 夢に現れた神の指示により、エルサレムの神殿の復興計画を進めたアッシリア王のエサルハドン。彼と太陽系の12の惑星を描いた石碑。

聖書、創世記の第41章に記述されている夢のシリーズは、そのファラオが7頭の雌牛の夢を見た話で始まってる。翻訳者の中には雌牛（cow）のことをもっと古風にkineと訳すのを好む人たちもいる。ともかく、そのファラオはナイル川の向こうから、7頭のよく太った雌牛が放牧地にやってくるのを夢で見た。それを追いかけるようにして、7頭の意地悪そうなやせた雌牛がやってきた。そして、後からやってきたこの意地悪そうな雌牛の一団が、前に来ていた善良そうな雌牛をペロリとたいらげてしまった。そのファラオは、続いてこんな夢も見た。一つの茎から「きれいに並んだ」七つのトウモロコシの雌穂が生えていたが、後から七つの細くてしぼんだようなトウモロコシの雌穂が生えてきて、前の雌穂を飲み込んでしまったのだ。「そして、そのファラオは目を覚ました。何とそれは夢だったのだ」。夢で見たこの二つの情景があまりにもリアルだったので、彼はそれが夢だったとわかって本当に驚いた。そして、見た夢がどうしても現実に起きたように感じたこのファラオは、困惑して、エジプトの賢人と魔術師たちを呼び、この夢の意味を説明してくれるように頼んだ。しかし誰も納得のいく解釈をできる者はいなかった。

こうしてヘブライ人の若者ヨセフがエジプトでその名を知られることになったのだ。ヨセフはこの時、無実の罪で捕われの身となっていたが、同じ獄中にいたファラオの二人の臣下に夢の意味を正確に説明した。

このうちの一人は賄《まかな》い長だったが、やがて許されて、もとの地位に復職した。彼はファラオに獄中で起きたことを話し、ヨセフならファラオが見た二つの夢の意味を説明できそうなので、本人を呼んで聞いてみてはどうかと進言した。そして、ヨセフはファラオにこう説明した。「二つの夢は、結局、神エロヒムがファラオに伝えようとした一つの夢なのです」。言い換えれば、その夢は神の御心によってこれから起きる出来事を知らせようとした、夢のお告げだった。

そのお告げは、豊作の年が7年続くが、その後7年も凶作と飢饉《ききん》の年が続くだろう、という意味だとヨセフは説明した。「このことを神エロヒムはファラオに知らせようとしたのです」。そして、夢が2回繰り返されたのは、「このことは神エロヒムによって確かに行われる」ことを示すためだった、とヨセフは付け加えた。

今や、ヨセフこそが「神エロヒムの心」をもっていると悟ったファラオは、彼をエジプトの国すべてを飢饉から救うための「預言者」に任命した。そしてヨセフは、豊年が続く7年の間、穀物の収穫量を2倍にも3倍にも上げる方法を見つけて、食物を貯蔵した。そして、飢饉が「国中を襲った」時、エジプトには食物があった。

聖書そのものには、ヨセフが仕えたファラオの名前と時代が記されていない。しかし、他の聖書に関係ある資料と年代記から推定すると、このファラオは、第12王朝のアメネムハト3世で、紀元前1850年から1800年にかけて、エジプトを統治していたらしい。彼の御影石の彫像(図74)は、カイロ博物館に展示されている。

聖書に書かれていた、このファラオが夢で見たという7頭の雌牛の話は、エジプト人が信じていた預言の話と全く同じである。エジプトでは、7人のハトルたち(すでに述べたように雌牛として描かれた女神ハトルにちなんで)と呼ばれていた7頭の雌牛は未来を預言できると信じられていた。これがギリシャの女神たち、シビュレーのはしりだった。

また、7年間の飢饉の話も、何も聖書が書かれた時に作られたものではない。なぜならば、ナイル川の水位がこの周期で変わるという現象は、今でもまだ続いている、よく知られていることだったからである。当時、ナイル川が雨のほとんどないエジプトの唯一の水源だった。従って、7年の豊作の後に続く7年の凶作という周期のことが、初期のエジプトの記録にも残っている。それは、絵文字で書かれた古文書として残されている（それをE・A・W・バッジが著書『神々の伝説』の中に転写している。図75）。

この古文書によると、エジプト王ゾサー（紀元前2650年頃）は、大飢饉に襲われた南部エジプトの統治者から、緊急援助の要請をうけた。「ナイル川の水が7年間も流れてこなかった」のだ。そこでゾサー王は「その源にさかのぼって考えをめぐらしてみた」。そして、神々の侍従でもあるトキ（鳥）の頭をした神トトに尋ねた。「ナイル川の源泉はどこなのでしょうか？　そこには神がおられるのでしょうか。そしてその神はどなたですか？」。そして、トトは確かにそこには一人の神がいて、二つの洞窟の中からナイル川の水量を調節していると答えた（図76）。そしてさらに、その神は、人間を創った、自分の父親のクヌムであることも知らせた（図4参照）。ちなみにクヌムの別名はプタハ、またはエンキであった。

ゾサーが実際にはどのようにしてトトと話すことができて、答をもらうことができたかは、この絵文字の古文書でははっきりしていない。しかし、古文書にはゾサーはナイル川とエジプトの運命を握っている神がクヌムであることを知り、その神は上部エジプトからはるか遠くに住んでいることがわかると、すぐに自分がしなければならないことを悟った。ゾサーは眠りについたのだ。……夢の中で神が現れるのを期待しながら。そして彼は神の夢を見たのだ。

［図75］ 7年の豊作と凶作の周期については、古文書に絵文字で記されている。

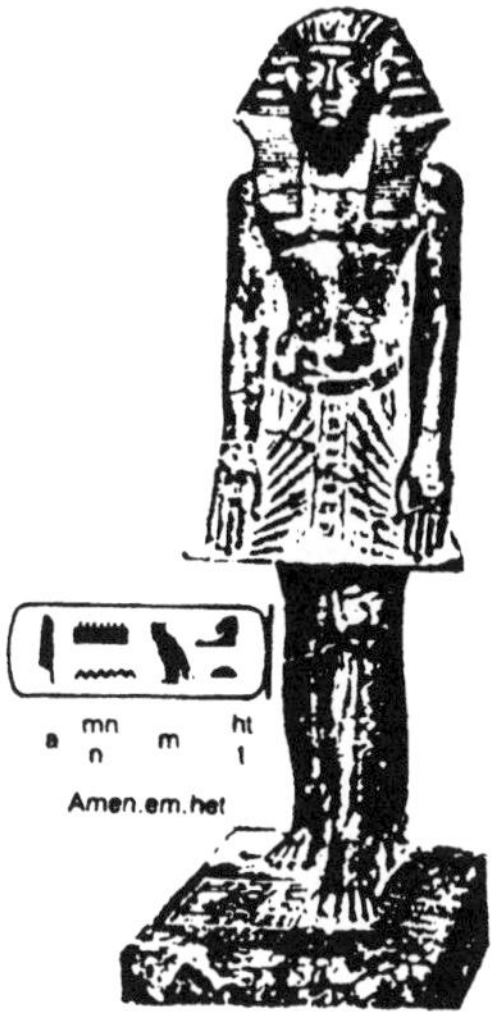

［図74］ 7頭の雌牛の夢を見たエジプトのアメネムハト3世。

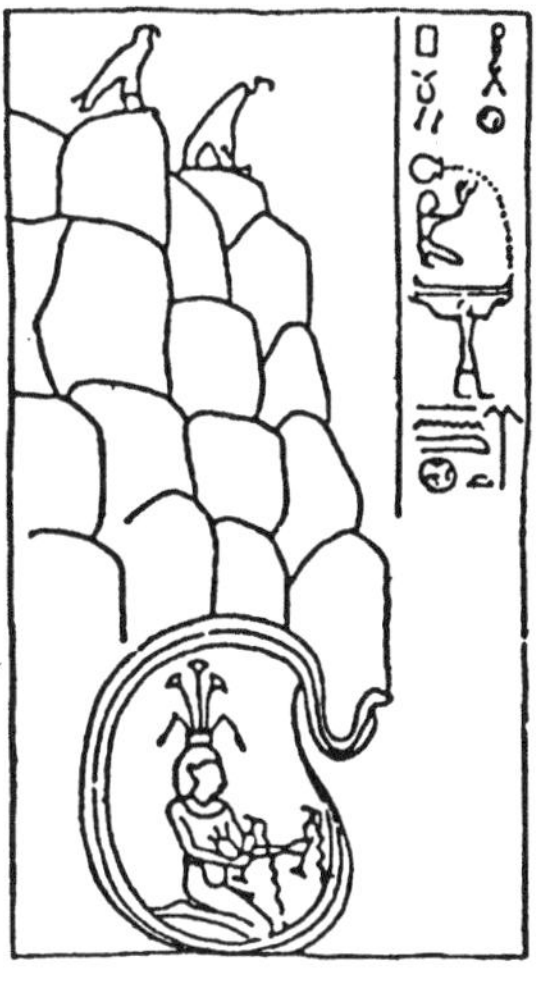

［図76］ ナイル川の源泉にいる神はトトの父クヌム（エンキ）。

そして私が眠りについた時
私の力はみなぎり歓びは溢れた
私は神の姿を見た
まくら元に立ち賜うその姿を

彼は眠り、夢の中で神の姿を認めて、「その神を崇めた。そしてその神の前で祈りの言葉を棒げた」という。そしてナイル川の水が戻り、土地が再び肥沃になることを願った。そこで神は、

神はその御姿を現し
親しげに私を見やった
神は言われた
「われは汝を創りしクヌムなり」

神はゾサー王が「神殿を再建し、壊れたところを直し、そして新しい神殿を神のために守ろう」とするならば、その願いを聞き入れようと伝えた。そのために、神は王に新しい石と「時の初めから存在していた硬い石」を授けようとしていることも伝えた。それから、神は王が神殿の再建をする代償として、自分の部屋の下にある二つの洞窟の水門を開き、ナイル川の水が再び流れるようにしようと約束した。そうすれば1年以内に、川の堤は再び緑で埋まり、植物は生長し、飢えはなくなるだろうと神は告げた。そして神が話し終えると、その姿は消えてしまった。ゾサ

ーは「気分もすっきりと目覚めた。心労からも解放されていた」。ゾサー王は永遠の感謝のしるしとして、いつまでも神クヌムに祭礼の行事を捧げると定めた。

この神プタハとその姿は、他の二つのエジプト人が見た「神の夢」の話の主題として扱われている。その一つとして思い当たるのは、男の子の跡継ぎを生めなかった婦人を扱った聖書の物語である。

まず最初に挙げる物語は、神との出会いがどのように戦の流れを変えてしまったかを述べたものである。その一部はカルナク大神殿の第4の塔の上に、エジプトのメルネプタハ王（紀元前1230年頃）によって刻まれた長い碑文となって残されている。それによれば、戦士ファラオ・ラムセス2世の息子、メルネプタハはエジプトを迫りくる外敵から守るには自分の力ではどうにもならないとわかっていた。勢いづいた侵略者たちは陸（西からのリビア人）と海（地中海を渡ってくる「海賊ども」）の両方から迫っていた。そしてリビアの軍勢がエジプトの古都メンフィスを陥れるために海賊たちと手を結んでから、戦いはまさにその頂点に達しようとしていた。気を落としたメルネプタハは攻撃してくる相手に対する備えも十分にできていなかった。そして、最後の決戦の前夜に、彼は夢を見た。その夢の中に神プタハが現れた。王の勝利を約束しながら、神はこう言った。「さあ、これを取りなさい！」。そしてその言葉とともにメルネプタハに一振りの剣を手渡した。そしてさらにこう続けた。「そしてまず、お前の迷った心を叩き直しなさい」

その絵文字で書かれた古文書のこの部分は破損しているので、この後で何が起きたかははっきりしていない。しかし、推論してみると、メルネプタハが目を覚ました時、自分の手に神の剣が本当に握られているのに気がついた。神の言葉と神の剣を再び確信したメルネプタハ王は、自分の軍勢を率いて勇んで戦に赴いた。その結果は、エジプト人たちの大勝利に終わった。

さて、プタハが現れるもう一つの例は、高位の聖職者の妻だったある王女（タイムホテップ）が見た夢だった。彼女には3人の娘がいたが、男の子の世継ぎは生まれなかった。そこで彼女はこの気高い万能の神に、「息子のいない自分に息子を一人だけ授けてください」と祈った。ある夜、聖職者である夫が眠ると、神プタハが「姿を現し」彼に、あるものを建築するように伝えた。「そのかわり、一人の男の子を授けよう」と。

高貴なる聖職者は目覚め
尊き神の御前にひれ伏した
もろもろの預言者、祭司長、聖職者
黄金の館の彫刻家も選ばれた
かくして善意に満ちた建立は始まった

神プタハの思し召し通りに、建設作業が行われた。その後で、この王女は男の子を身籠ったと碑文に記録されている。

細かい点ではともかく、その大筋ではこのエジプトの話（プトレマイオス王朝の頃）は、もっとずっと前の出来事として聖書で述べられている話に、よく似ている。それは、神が二人の神を伴ってアブラハムの前に現れて、彼の年老いた子供のいない妻、サラに男の子が生まれると預言したあの出来事のことである。

エジプトの諸記録の中で見つけられた諸王の「神のお告げ」の夢の中でも最も有名なのが後にトトメス4世として王の位についた王子が見た夢である。そのわけは、彼は自分が見た夢のことをギザにある大スフィンクスの、鉤爪《かぎづめ》のある足の間にたてた石碑に刻んで後世に残したからである。その石碑は今でも残っていて、誰でも見ることができる。

その石碑（図77）に記録されているように、この王子は「メンフィスの砂漠の高地で、いつも運動をしていた」。ある日、彼はちょっと休むためにギザの共同墓地の近くで横になった。その隣には「はるか地平線のかなたに通じる神々の未知が……太古の聖なる場所……」と一部のヒエログリフの記録が残っている。その石碑にはそこが「巨大なスフィンクスの像があるところで、大いなる誉れ高き神の場所」であると記録されている。ちょうどこの時は、真っ昼間で、太陽の光が強かった。そこでこの王子は、スフィンクスの影に横たわり、いつのまにか寝込んでしまった。彼が眠っていると、スフィンクスが「自ら口を開いて話す」のが聞こえた。

わが神の子トトメスよ、私を見よ……
困り切った私の姿を見よ
私の体は、こなごなになろうとしている
私がのっている砂漠の砂が
私を侵食しようとしている

このスフィンクスが眠っている王子に言おうとしたのは、スフィンクスを取り囲み、ほとんど覆い尽くしてしまった砂漠の砂を取り除いて、スフィンクス全体が威厳に満ちて見られるようにしてほしい、という要求だった。確かにこの時の状態は悪く、後に19世紀（図78）にナポレオンの軍隊が発見した時の状態とは程遠いものだった。

それと引き換えに、神ハルマキスの化身であるこのスフィンクスは、この王子がエジプトの王位の後継者になることを約束した。「スフィンクスの話が終わると、王子は目を覚ました」と石碑の古文書は続いている。それは夢だったが、王子にはそこで見たものとそれが意味したものは、まるで透き通った水晶のようにはっきりしていた。つまり、「彼はこの神の話を理解した」。すぐに彼は神が要求したことを実行に移し、スフィンクスを埋め尽くしていた砂を取り除いた。そして、実際に紀元前1413年にこの王子は王位を取得してトトメス4世になった。

このように、神が王位継承権を決めることは、エジプトの年代記の中では珍しいことではなかった。事実、彼の先祖のトトメス3世についても記録が残されているのだ。奇跡的な出来事と「神の光輪」が見えた時のことが、この王によってカルナクの神殿の壁に記されている。この場合は、神は話をしなかった。むしろ、「奇跡を起こして」未来の専制君主を選んだのだ。

トトメス3世自身が述べているように、彼がまだ聖職者になるための修行をしていた若者だった頃のことだった。彼は神殿の列柱が並んでいる場所にたっていた。突然、地平線の向こうから、神アモン・ラーが光の輝きとともに現れた。

「神は、その美しさで、天と地を盛り上げた。それから驚くべき奇跡を起こし始めた。神は、その光線を〝地平線の太陽神ホルス〟の化身のスフィンクスの目に向けた」。王は届いたばかりのお香や生け贄と貢ぎ物を供え、聖歌を唱えながら神を神殿に案内した。その神が、この王子のそ

[図77] トトメス４世が王子だった時、夢に見た「神のお告げ」の内容は、ギザの大スフィンクスの足の間の石碑に刻まれた。

[図78] 神ハルマキスの化身であるスフィンクスは、王子と交換条件を取り交わした。

ばを歩いた時の様子をトトメス3世はこう伝えている。

神は私をお認めになって立ち止まった
私は、神の御前にひれ伏した
神は私を立たせ、御手を差し伸べた

そうしてこの王子が神から王位後継者として選ばれたことを示すために、神は王子に「奇跡を起こした」。この後に、全く信じられないような奇跡的な出来事が本当に起こったのだ。

神は私の前に天の戸口をお開きになった
神は私に地平線へ続く道を示された
私は神の鷹の如く天に飛び上がった
神秘に満ちた神の姿を天に見た
私はその御姿を深く崇めた
私は、人の姿をした神の姿を
地平の果ての天の道に見た

この天への飛行で、「神々の思し召しを深く知ることができた」とトトメス3世は自分の年代記に書いている。

こうした体験は、エンメドゥランキやエノクの天界への昇天の話や、預言者エゼキエルが見たという「ヤハウエの光輪」の場面を思い起こさせる。

夢は神のお告げで、これから起きることの預言だという考えは古代近東では広く信じられていた。エチオピアの王たちもまた、夢の力をこれから行うべき（または避けるべき）行動の指針と考えていた。そしてこれから起きる出来事の預言だと思っていた。その例の一つとして、エチオピア王タヌタムンが石碑に刻んだ夢の話がある。それは、彼が統治を始めた最初の年に起きたことで、「その王は、その夜夢を見た」という言葉で始まっている。その夢の中で、王は「2匹の蛇が、一匹は彼の右手のほうに、もう一匹は左手にいるのを」見た。その情景はあまりにも生々しく、彼が目を覚ました時、自分のそばに実際には蛇がいなかったので仰天したほどだった。

彼は聖職者と預言者たちを呼んで、この夢の意味を尋ねた。彼らは2匹の蛇は上部エジプトと下部エジプトをそれぞれ代表する二人の女神たちを意味していたと説明した。その夢は、王が全エジプトを「すべて縦断し、すべて横断して、誰にも分けることなく」征服できるとの預言だと彼らは言った。そこで王は「前進し、何百何千の軍隊が彼に従った」。そして、エジプトを征服した。そうして、彼はこの夢とその結末を記念して石碑の上に次のような言葉を刻んだ。「その夢は真実であった」と。

ところで、神アモンの預言は夢ではなく、明るい日差しの中で授けられたものだが、ヌビアの国境近くの上部エジプトで発見された碑石に刻まれた碑文の中に、その記録が残されている。

そこには、あるエチオピアの王が、軍隊を率いてエジプトに攻め込んだ時、突然死んだことが記録されている。軍隊の司令官たちは、「羊飼いのいない羊のように」なってしまった。司令官たちは次の王は死んだ王の兄弟たちの中から選ばれなければならないことを知っていたが、それは誰なのか？　困ってしまった。そこで、彼らは神のお告げを聞くために、神アモンの神殿を訪れた。

「預言者たちと主な聖職者たち」が、定められた儀式をしてから、この司令官たちは王の兄弟の一人を候補として挙げてみたが、何の答もなかった。そこで、次に王の妹に生まれた2番目の兄弟の名を挙げてみた。今度は神アモンは話し始めてこう言った。「彼こそ汝らの王……彼こそ汝らの統治者だ」と。そこで司令官たちは、この弟に王冠を献上した。新しい王はこうして神の思し召しによって選ばれたのだ。

このエチオピア王の後継者選びについては、一般にはあまり知られていない細かい裏話がある。神によって正式に選ばれた後継者は、じつは王とその妹の間に生まれた息子だったのだ。同じようなことが、アブラハムと美しい妻サラ、そしてその人妻サラに思いを寄せたゲラルのフィリスティア（ペリシテ）人の王、アビメレクとの間の話として、聖書に紹介されている。ある時、アブラハムとサラがこのアビメレク王の宮殿を訪れた時、王はサラをアブラハムから奪ってしまおうと考えた。アブラハムは、以前、ファラオに妻を取られそうになった時、妻に自分は妻ではなく妹だと嘘をつかせ、殺されずにすんだことがある。そこで、今回も、アブラハムは一計を案じて、サラに自分はアブラハムのただ一人の妹だと話させた。アビメレクが、サラを奪おうとすると、ついに神が介入した。

神エロヒムは、アビメレクのもとへやって来て

夜の夢の中で、こう伝えた
「あなたは、召し入れた女のゆえに死ぬ
その女は夫のある身だ」

「でも私は彼女に手をつけていません」とアビメレクはひたすら自分の無実を神に訴えた。さらに、彼は悪気がなかったことを次のように説明した。「アブラハムは、彼女は自分の妹だと言いました。そして彼女のほうも彼は自分の兄だと言ったんです」と。

そこで神エロヒムは、アビメレクの夢の中に現れ、もしそれが本当だったら彼がサラに手をつけないでアブラハムのもとに返すに限り、彼は罰せられないだろうと伝えた。後に、アビメレクがアブラハムに詰問《きつもん》したところ、アブラハムは本当の事情を打ち明けた。しかし、すべてが真実ではなかった。アブラハムは次のように言って切り抜けたのだ。「確かに彼女は私の妹です。しかし、彼女は私の父の娘でしたが、母の娘ではなかったのです。そこで彼女は私の妻になることができたのです」。一方サラは、自分が彼の異母妹であることから、自分の息子（イサク）は長男ではなくても後継者になる権利があると主張したのだった。こうした継承の掟《おきて》は、神アヌンナキたち自身の習慣に倣ったもので、古代近東全体で採用されていた考え方だった（そして、ペルーのインカ帝国でも同じような習慣があった）。

フィリスティア（ペリシテ）人は、自分たちの主神をダゴン（Dagon）と呼んでいた。その意味するものは、「魚の彼」で、魚座の神、エア／エンキを象徴するものだった。しかし、この呼び方の由来は、確かなものではない。なぜならば、この神は古代近東の別の場所ではダガン

（Dagan）と呼ばれ、それは「穀物の彼」の意味で、農業の神を表すものだからである。その名の由来はともかくとして、この神のことはマリ王国の公文書によく出てくる。マリは都市国家で、紀元前20世紀頃から、紀元前18世紀にバビロニアのハンムラビ王によって滅ぼされるまで隆盛を極めていた。

そのマリ王国の記録の中に、その内容があまりに重要な意味をもっていたので直ちにジムリ・リムに知らせの使いが出されたほどの大切な夢の話がある。ジムリ・リムはマリ王国の最後の王だった。その夢というのは、ある男が他の人たちと一緒に旅に出たというもので、彼はテルカという場所に着き、神ダガンの神殿に入り、ひれ伏していた。その時、神が「自分の口を開き」その旅行者に、ジムリ・リムの軍勢とヤミナイト人の軍隊の間に休戦協定が結ばれたかと質問した。その旅行者が結ばれていないと答えると、その神は、何故《なにゆえ》ジムリ・リムは新しい情勢をつかんでいないのかと嘆き、その夢を見ている旅行者に、次のように命令した。直ちに使者をジムリ・リム王に送って彼が置かれている最新の状況を知らせなさい。そして「この男が夢で見たこと」を急使を派遣して王に伝えなさい。神は伝言の最後に「この男の言っていることは信用できると神が保証した」と付け加えるように特に注意を促《うなが》した。

もう一つ別の、神ダガンとジムリ・リムの闘いについての夢の話もある。それは、神殿の女性の聖職者によって伝えられたものだ。彼女は自分の夢の中で「女神ベレト・エカリム（寺院の女王）の神殿に入っていった。けれども、女神はそこに住んでおられず、女神に献上された彫像もそこにはなかった。私はこのことを知って泣きそうな気持ちになった」。その時私は「不気味な呼び声が何回も何回もこう言っているのを聞いた。〝戻ってきて、ああ神ダガン、戻ってきて、ああ神ダガン〟と。その呼び声は繰り返し繰り返し聞こえてきた」。それから、その声はさらに、恍惚の状態になっていった。それはこう言っていた。「おお、ジムリ・リムよ、無理をしてはいけません。マリに残っていなさい。わたしが一人で責任をもって処理しますから」

この記録では、夢に現れ敵から包囲されていた王にかわって戦おうと申し出た女神の名前はアヌニタムとなっている。セム語ではイナンナ／イシュタルと呼ばれている。この女神がこんな申し入れをなぜしたかについては、それなりのいきさつがある。つまり、彼女もまたジムリ・リムをマリの国王に選んだ者の一人だったからである。

こうした神の行動の一幕は、マリの宮殿でフランスの考古学者の一隊によって発見された壮大な壁画に描かれている（図79）。

今述べた夢の話をした女性聖職者の名前はアドゥ・ドゥリイといって、お告げをする巫女だった。彼女の話では、今まではいろいろな「兆し」からお告げの内容を知ることができたが、お告げの夢を見たのはこの時が初めてだった。

彼女の名前は、もう一つ別の夢についての記録にも登場する。この時の夢は、一人の男性の聖職者が見たもので、預言の女神が現れて「王が自分を守ることに気を配っていない」ことについて、この男性に話しかけたというものだった（他の事例では、占いの女神たちが眠ったり夢を見たりというよりも、自己暗示のトランス状態の時に聞くことができた神の知らせを、この王に報告したと伝えられている）。

マリ王国は、今日のシリアとイラクの国境近くのユーフラテス川のそばにあった。そして、メソポタミアから地中海沿岸諸国への（さらにはエジプトへの）中継基地の役割を果たしていた。

シリアの砂漠を横切って、レバノンのシダー山脈に続くルートの途中にあった都市国家だった（ユーフラテス川のハラン経由で肥沃な三角地帯を通る回り道の途中にあった）。

こうした地理関係から、沿岸地方のカナン人たちが敵対するフィリスティア（ペリシテ）人と隣り合わせの状態で、自分が見る夢が神との出会いの手段だと信じていたのは、いかにもうなずける話である（彼らが残した古文書は、シリアの地中海沿岸の古代都市ウガリットのラス・シャムラ遺跡の発掘によって発見されている）。彼らの古文書には、主に神バアルとその連れ合い、女神アナトや彼らの父親の年取った神エルについての「奇跡」や伝説について書かれているが、長老の英雄たちが見た預言の夢についても述べられている。その「アクハットの物語」では、ダニエルという名の一人の長老のことが述べられている。それによると、男の世継ぎがいなかった彼は、お告げの夢の中で神エルから1年以内に息子を授かるだろうと預言されたという。これはちょうど、アブラハムが神ヤハウエから息子イサクの誕生について預言された時と同じである（「アクハットの物語」では、こうして授かった少年アクハットが成長すると、女神アナトは彼に色情を催したという。そしてこの女神がギルガメシュにしたと同じように、もし彼が自分の恋人になれば長生きをさせてやろうと持ちかけた。彼が拒否すると、この女神は彼を殺してしまったことになっている）。

神との交信の厳かな手段であると考えられていた夢についての多くの記録が、ユーフラテス上流の国々や小アジアに至るまでの国々に残されている。

今日のイスラエル、レバノンやシリアがある沿岸地方は、当時争っていたエジプトの諸王ファラオとメソポタミアの王たちの間の陸上の橋の役割を果たしていた。同時にそれぞれの神の名に

[図79] マリの宮殿で発見された壮大な壁画には、神ダガンとマリ王国最後の王ジムリ・リムの戦いについての夢の話が記されていた。

おいて、死闘をくりひろげる両国の戦場でもあった。当然、そこではお告げの夢で見た、夢とも現実ともつかぬ情景が口火となって、戦いが起きたり、その結果が夢の預言と結びつけられていたに違いない。

諸王が見た「神のお告げ」の夢の記録の中には、学者たちに「悪魔に憑《つ》かれた王女の伝説」として知られている、ある古文書がある。これこそ、悪魔払いのことを扱った最古の記録の一つである。この古文書は、今パリのルーブル美術館に展示されている石碑に刻まれたものだ。それには、ユーフラテス上流の国バクトリアのベクテンの王子の物語が記されている。彼はエジプトの女王と結婚していたが、ファラオ、ラムセス2世に救いを求めて「悪魔に魅入られた妻の魂」を癒してくれるように頼んだ。ファラオは、自分の魔術師の一人を差し向けたが、何の役にも立たなかった。そこで、ベクテンの王子は、あるエジプトの神に「この病める魂と闘える力を与えてくれるように」と歎願することにした。宗教儀式の最中に、自分の首都テーベでこの願いを聞き入れたファラオは、神ケンスの神殿を訪れた。その神は、太陽神ラーの息子として知られ、いつも鷹の頭上に三日月がある図柄とともに描かれていた。その神殿で、王は「悪魔を追い払う偉大な神」に、困っている状況を説明し、神の救いを求めた。

王の話を聞いて「神ケンスは何度もうなずいた」。よく聞いてくれている証拠だった。そこで、この王はこの神を伴って旅の一隊とともにベクテンに向かった（一説によると、伴ったのは神ではなく「計画を実行する」預言者か、この神の彫像になっている）。そして、この神の魔法の力によって「悪魔」は追い払われた。神ケンスの魔力を目の当たりにしたベクテンの王子は「一計を案じて〝この神をベクテンに留めおこう〟と考えた」。しかし、この神がエジプトに帰るのが遅れると、ベクテンの王子は自分のベッドで寝ている間に夢を見た。

その夢の中で彼が見たものは、「この神が神殿の外から入ってきた姿だった。そして彼は黄金の鷹になり、エジプトへ向かって空を飛んでいった」。この王子は「びっくりして目を覚ました」。そして今見た夢はその神をエジプトに返してあげなさいという神のお告げだと思った。そこで、この王子は「あらゆる貢ぎ物をその神に捧げてからエジプトへ出発してもらった」という。

王の夢は、神の啓示であるという考えは、小アジアのヒッタイトの国からバクトリアの北の果てまで、すみずみに行き渡っていた。

こうした考えを代表する、最も長い現存の古文書がある。学者たちはこれを「ムルシリスの疫病除《よ》けの祈り」と呼んでいる。ムルシリスは紀元前1334年から1306年まで統治していたヒッタイトの王である。歴史上の諸記録からも確認できるように、疫病が国中に蔓延して人口の1割が減ってしまうほどだった。そして、ムルシリスには何が神を怒らせているか、全くわからなかった。彼自身は信心深く、宗教を大切にしていた。そして「すべての祭礼を行い、決して神殿をえり好みしたりしなかった」。そこで、いったい何がいけないのか？　と絶望した彼は、自分の祈りの言葉の中に次のような願いを込めてみた。

わが主、わが神よ、われに耳を傾け給え
神の御心により、疫病をヒッタイトの国よりなくし給え！
わが民人が死するその理由を聞かせ給え
神の前兆か

夢の中でか
預言者の言葉によって

神の啓示をうける三つの方法を願い出た点に注目すべきである。すなわち、何らかの兆しか、神託の夢か、あるいは預言者による交信の三つの方法である。これもちょうどサウル王が神ヤハウエの啓示を得ようとして列挙した三つの方法と非常によく似ている。

しかし、神からの答を得られなかったイスラエルの王の訴えと同じように、このヒッタイトの王の願いも「神々に聞き届けられなかった。そして疫病の勢いはやまなかった。ヒッタイトの国は激しい苦しみにあえいでいた」。

「もう私の手には負えない」とムルシリスは年代記に書き残している。そして、彼はもう一度神テシュブに訴えてみた（神テシュブは「吹く風」または「嵐の神」といわれ、シュメール人はイシュクルと呼び、セム族の間ではアダドと呼ばれていた――図80）。こうして、遂に彼は神の啓示をうけることができた。その手段は、何かの前兆でもなければ、お告げでもなかった。神の預言の夢、という神の第3の交信手段を通してであった。

こうしてムルシリスは、自分の父シュッピリウマスが二つの過ちを犯したことに気がついた。この父の時代から疫病が流行し始めたのだった。まず、彼の父は神々に対する、ある貢ぎ物を中止してしまった。そして、エジプト人たちと平和を守ると約束したことを反古《ほご》にして、エジプト人の捕虜をヒッタイトまで連れてきていた。

そして、まさにその捕虜たちから疫病がヒッタイトに伝染したのだった。もしそれが原因なら、

[図80] ヒッタイトの王ムルシリスは、〝神の預言の夢〟という手段を通して、神テシュブの啓示をうけることができた。

自分がこの過ちを正し、「父の罪を認め」そのすべての責任を自分がもつ、とその王は神に哀願した。もしもっと悔悟《かいご》の念と現状回復が必要なら、「それを夢で見せてください」と彼は哀願した。あるいは何かの前兆で知らせてください。または預言者から私に伝えてください。

彼は再び3種類の神との交信手段を挙げ、何らかの啓示を与えられることを願ったのだった。この古文書の記録は、発見された時、ここで終わっていた。しかし、たぶん神テシュブの怒りは解け、疫病も終息したと思われる。夢の中での神々との遭遇の記録は、他のヒッタイトの文書でも発見されている。その記録の中のいくつかは、女神イシュタル、シュメール語ではイナンナに関係した話になっている。彼女はシュメール時代の後にもはなばなしい活躍を続けている。

こうした話の中の一つに、王位を継承する立場にあったヒッタイトの王子のものがある。女神がその王子の父の夢に現れて、若い王子には数年の命しか残っていないが、もし彼が聖職者として神イシュタルに仕えるならば「生き続けるだろう」と預言した。王はその夢の預言に従って、王子は生き続け、その王子の弟（ムワタリス）がかわって王位に就いたという話である。

同じムワタリスと神イシュタルが主役になっている夢の話がハツシリス3世（紀元前1275年―1250年）によって伝えられている。彼もまたムワタリスの兄弟だった。ムワタリスが明らかによこしまな動機から、彼の兄弟ハツシリスを「聖なる車輪」の裁きにかけるように命令したという話である（「聖なる車輪」とは裁判の手続きを示すものなのか、拷問《ごうもん》の手段なのか、はっきりしない）。「しかしながら」と狙われた犠牲者は述べている。「わが女神イシュタルが夢に現れた。夢の中で、彼女は私に次のように言った。〝私がどうしてお前を意地悪い神にまかせるようなことをするだろうか？　恐れることはない！〟。そして、この女神の助けによって私は無罪放免になった。彼女は決して私を見捨てて、悪意のある判決にゆだねようとはしなかったのだ」

その時代の種々のヒッタイトの王の年代記によれば、女神イシュタルは自分の兄弟のムワタリスと後継者争いを続けているハッシリス3世を助けてやろうとして、何回も神の預言の夢に現れたと伝えられている。その中のある記録には、この女神がハッシリスにヒッタイトの王位を約束するために、彼の妻の夢に現れたことが記されている。その妻は、他の夢の記録によると「女神イシュタルの命により」彼と結婚したとされており、「女神は彼の妻に全面的な信頼をおいていた」と伝えられている。3番目に見た夢で、イシュタルはウルヒ・テシュブの前に現れ、王位はムワタリスから彼に継承されることに決まったことが知らされている。そして夢の中で彼にこう話した。ムワタリスのハッシリスに対する裏工作はすべて失敗に終わった。「あてもなく、お前はかなり疲れたに違いない。しかし今やわれイシュタルはヒッタイトの国すべてをハッシリスにまかせることにした」と。

少なくとも発見された限りでは、ヒッタイトの夢の記録には、常にその物語の裏側ではまつりごとを行い、礼拝に努めることが要求されている。

見つけられたある古文書では、「君主を司る王の夢」について、次のように述べられている。その夢で、裁きの女神ヘバト（テシュブの配偶者）は、この君主に繰り返し「天界から〝嵐の神〟が来る時、お前がけちであると思われてはならない」と戒《いまし》めている。夢の中で、この王は神のために黄金のまつりごとの道具を作ったと話した。しかし、この女神は言った。「それでは十分でない」と。その時、もう一人の王ハクミッシュが夢の会話の中に入り込んできた。そしてこの君主に、「何故あなたは神テシュプに約束したまつりごとの〝フフパルの道具〟と青金石を献上しないのか？」と聞いた。このヒッタイトの王は、この3人が登場した夢から覚めると、そのことを巫女のヘバツムに話した。そこで彼女は、この夢の意味は「あなたがフフパルの道具と青金石を大いなる神に奉納しなければならない」ことだと教えた。

古代近東の王が見た夢の記録とは趣《おもむき》を異にして、ヒッタイトのそれにはよく女王や王族の女性の話が取り上げられている。こうした内容の一つの「女王の夢」という序文で始まる記録には、「ある女王が夢の中で、女神ヘバトに誓った」ことが述べられている。その誓いの夢で、この女王は女神にこう話している。「わが女神ヘバトよ、もしあなたが王を病から救い、守ってくださるならば私は女神ヘバトのために金の彫像と黄金の花飾り、そして胸には黄金の服飾りを作って差し上げます」と。

もう一つ、他の事例で記録に残されている出来事は、名前のはっきりしない神が、その女王の夢に現れたというものである。その女王とは、おそらく彼女の病気の夫を治してくれるようにヘバトの助けを求めたと同じ人物だと思われる。その夢の中で、この身元のはっきりしない神は、この女王に「あなたの心に重くのしかかっているあなたの夫についての心配事のことだが、あなたの夫は生き残るだろう。わたしは彼に100年を与えよう」と伝えた。それを聞いて、「その女王は夢の中で次のような誓いを結んだ」。「もしあなたの力で、私の夫が生き長らえるならば、私は神々に三つの贈り物の容器を奉納しましょう。一つの容器は油で、もう一つは蜂蜜で、残りの一つは果物でいっぱいにして」

その王の病は、本当にこの女王の心を痛めていたに違いない。その気持ちを確かめるように、

3回目に見た夢の記録では、彼女が見ることのかなわなかったある者が、何度も夢の中で「女神ニンガル（ナンナ／シンの配偶者）に誓いなさい」と彼女に繰り返した。そしてまたも女王は、もし王が回復すれば青金石で飾った金製の祭事用器具をその女神に奉納すると約束したのだった。この時のやりとりでは、王の病気のことが「足元に火がついた病」と表現されている。

小アジアの他の場所、リディアではギリシャの都市国家が繁栄を迎えていたが、そこのギゲスという名の王が、やはり神が現れる夢を見たと彼の敵対者だったアッシリア王アシュルバニパルによって伝えられている。

その夢で、眠っているギゲス王は、アシュルバニパルとはっきり刻まれた一つの碑文を見せられた。そして神のお告げがあった。「礼を尽くしてアッシリア王のアシュルバニパルの傘下に入りなさい。そうすれば、その名前を告げるだけで、当面のお前の敵を征服できるだろう」と。

アッシリア王の碑文に刻まれている王アシュルバニパルの年代記によれば、「ギゲス王は、彼がこの夢を見たまさにその日のうちに馬上の使者を私のもとに送って、よろしく挨拶をして、その夢のことを私に知らせた。そしてその日から、彼はわが王国に従うことになった」。こうして彼は今まで自分の国を脅かしていたキメリア人を征服したのだった。

アッシリア王が、外国の王の夢に対して抱いた強い関心と、彼が残したその熱心な記録は、神に遭う手段としての夢がもたらす強い影響力を信じるアッシリア人の一面を示したものにすぎない。諸王が夢で見た神の姿、その預言について、アッシリアの王たちは情熱的にその意味を探り、詳細に記録していた。アッシリアの近隣諸国ではもちろんのこと、敵国のバビロニアでも夢を信じるという風潮は全く同じものだった。

アシュルバニパル（紀元前686年―626年）は、膨大な年代記を裸粘土の角柱に刻んで保存していた（その一つがルーブル美術館に展示されている――図81）。彼自身も、いくつかの夢の体験についての記録を残しているが、その多くの話は、自分自身が見た夢というよりは、他人が見た夢の話になっている。ギゲス王の夢についての記録は、まさにその典型的なものだった。

ある事例では、一人の聖職者が眠りにつき、真夜中に「次のような夢を見た」ことが述べられている。神シンの台座の上に何か書かれていた。書記役の神ナブは、その碑文を繰り返し読み上げた。「アッシリア王アシュルバニパルに対して悪巧みをして、敵意をもつ者には、われは悲惨な死を与えるだろう。われは、その者の命を鋭い剣の一撃や、大火災や飢えと疾病などによって絶つであろう」

アシュルバニパルは、この夢の報告のあとがきに、「私が聞いたこの夢を、わが神シンの名において信じるものである」と付け加えている。

また、別の事例では、一つの同じ夢を、軍隊の全員が見たという話が述べられている。この場合、夢というより幻影と言ったほうが適当なのかもしれない。この時起きたことについて、アシュルバニパルはこう説明している。彼の軍隊がイディデ（Idide）川のほとりに到着した時のことだった。あまりにも川の流れが激しく、それを見た兵士たちは渡るのを怖がった。「しかし、アルベラに住む女神イシュタルは、私の軍隊の兵士たちに、その真夜中同じ夢を見させたのだ」

この集団的な夢、または幻影の中でイシュタルがこう言っているのが聞こえた。「わたしがアシュルバニパルの前を進もう。この王は、わたしが自分で選んだのだから」。アシュルバニパルは、この話のあとがきで、「兵士たちは、この夢を信頼してイディデ川を無事渡った」と述べて

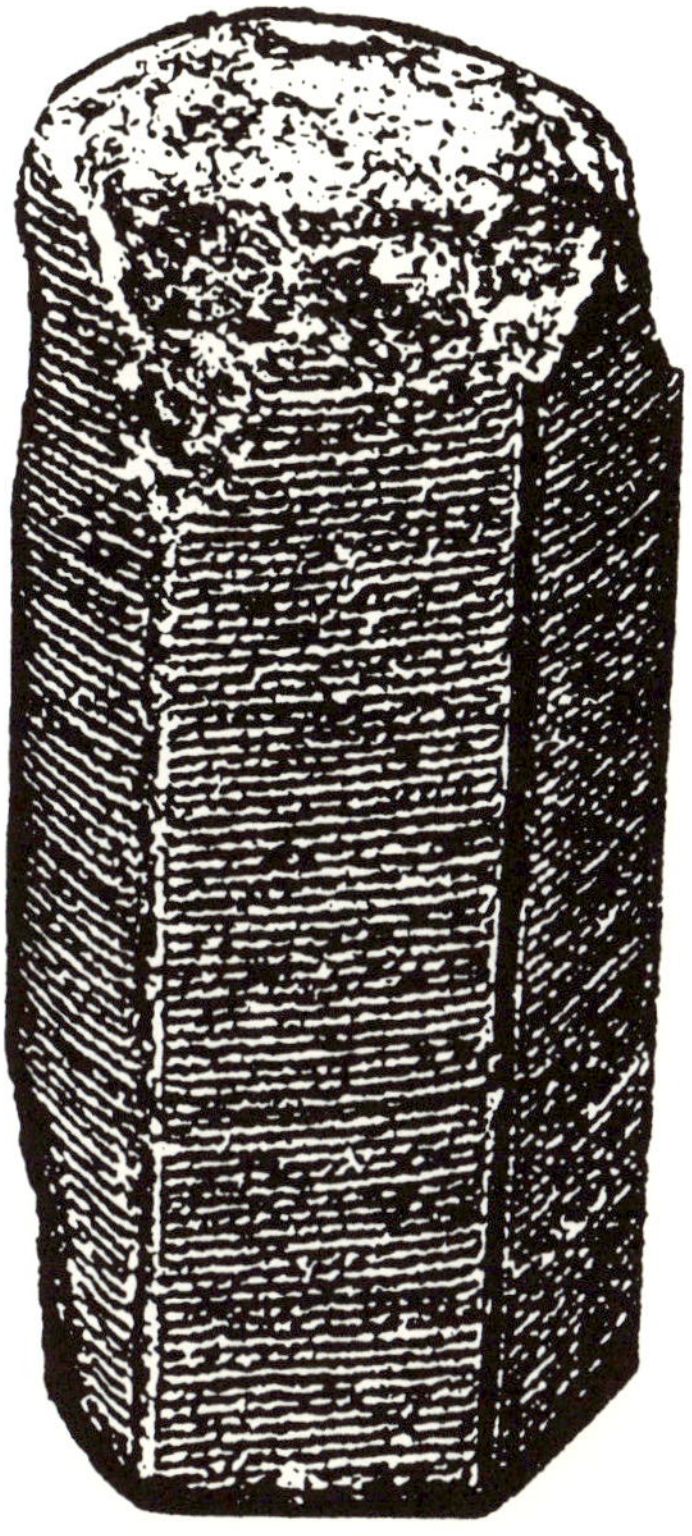

[図81] アッシリアの王アシュルバニパルの年代記を刻んだ裸粘土の角柱（ルーブル美術館蔵）。夢についての話が数多く記録されている。

いる（歴史上の資料から、アシュルバニパルの軍隊がこの川を渡ったのは、紀元前648年頃だったことが確認されている）。

自分の統治に関係した他のもう一つの夢を、アシュルバニパルが紹介している。その夢は、女神イシュタルに仕える聖職者が見たもので、結果的にその女神から直接、王自身に前もって口頭で伝えられたことになったものだ。「女神イシュタルは、私が心配のあまり溜息《ためいき》をつくのを聞いてこう私に言った。〝恐れることはありません……お前が手を合わせて祈り続け、お前の目が涙で溢れている限りは、わたしはお前に慈悲を掛けよう〟と」

このようにして神が現れたその同じ夜に、「一人の預言者の聖職者が眠りにつき、ある夢を見た。彼がはっと目を覚ました時、イシュタルは彼に、夜の幻影を見せたのだった」。その聖職者がアシュルバニパルに報告したところでは、彼が夜間の幻影で見たのは次のようなものだった。「アルベラに住むわが女神イシュタルが入ってきた。矢筒が彼女の左右の肩に掛けられていた。そして、彼女は手に弓を持っていた。彼女の鋭い剣は、戦うためにさやから抜かれていた。あなたが彼女の前にたち、彼女はあなたに本当の母親のように話しかけていた」。それから、この聖職者は夜の幻影の中のイシュタルが、この王にこう言っているのを聞いたという。「攻撃するのを待ちなさい。お前が行くところわたしはいつもお前の前を進むだろう……ここにいて食べ、かつワインを飲んで明るく振る舞いなさい。そして神を称えなさい。その間に、わたしは前進し、お前が頼んできたことをやり遂げるだろう」

それから、この聖職者は自分が見た幻影についての説明を続けた。その女神は、王を抱擁してそのオーラで彼を包み込んだ。「彼女の顔つきは炎のように火照《ほて》っていた。そして彼女は部屋を出ていった」。その幻影は、アシュルバニパル王が敵に向かって進む時、イシュタルは彼に味方することを意味していると、この預言者の聖職者は王に伝えた。武装したイシュタルの姿と、戦に臨む女神が光線を放射している情景が、多くの古代の絵画に表現されている（図82）。

アシュルバニパルは、自分のもつ偉大な知力の中でも、夢の意味を解釈する能力には自信をもっていた。その彼が残した年代記には、自分の軍隊の作戦行動に関連した、あちこちの神々から与えられた預言についての記述がたくさんある。彼の夢とその解釈に寄せる関心は極めて高く、過去の神の預言の夢の記録を調べるための国の公文書保管所を設立したほどである。

こうして、我々は、マルドゥク・シュム・ウスルという名の一人の公文書係がアシュルバニパルに報告した記録の内容を知ることができる。それによると、彼の祖父センナケリブが見た夢に、アッシリアの国神アッシュール（図83）が現れてこう言った。「何と賢きものよ、王の中の王よ。お前は賢人アダパの子孫である。お前の知力はアプス（エンキの支配領域）の誰よりもすぐれている」

明らかに預言の聖職者として訓練されたと思われるその公文書係は、アシュルバニパルに対して彼の父エサルハドンがエジプトに攻め入った時の状況について次のように報告している。「あなたの父エサルハドンが、ハラン地方に行った時のことだった。彼はそこにイトスギの木で造られた神殿があるのに気がつき、その中へ入っていった。そして、その中で神シンが杖に寄りかかり、二つの王冠を持っている姿を見た。神々の使者である神ヌスクが彼の前にたっていた。王の父が部屋へ入るとその神は彼の頭に王冠を載せて〝お前はいろいろな国へ行き、そこを征服するだろう〟と言った。そこで、あなたの父は出発してエジプトを征服したのだ」

この古文書には、それほどはっきりと書かれていないが、ハランの神殿での出来事もまた、エサルハドンが見た夢、つまり夢の幻影だったと思われる。事実、当時の歴史的な古文書と宗教的な古文書の両方から、神ナンナル／シンはシュメールが荒廃した後、メソポタミアを去っていったことや、神マルドゥクがバビロニアに帰り、「地球と天界」の支配権を確立したことが確認されている（紀元前2024年のことだと推定される）。エサルハドンがそこに実在していなかった神から征服を許す預言を授かったハランは、ナンナル／シンの第2の礼拝センターのある場所で、シュメールの都市ウルの天の礼拝センターにそっくりのものがたてられていたのだ。

アブラハムの父親である聖職者のテラが家族とともにウルを旅立って向かった目的地がこのハランだった。そして我々にもこれからわかっていくように、ハランは、こうして夢のお告げとそれに伴う実際の出来事が歴史の流れをもう一度変えた時、再びその隆盛を迎えるのであった。

聖書に出てくる預言者たちが予告したように、強大なアッシリアはその国中のおごりのために紀元前612年にニネベを一斉に攻略したアケメネス朝（ペルシャ）の侵略者たちの前に降伏することになる。アッシリアの束縛から解放されたバビロニアの新王ネブカドネザルは、近くのものから遠くのものまで手当たり次第に占領した。抵抗のない地域になだれ込んだ。そして、エルサレムの神殿も破壊してしまった。しかし、このバビロニアも運命の時が刻まれていた。そしてその最後の時が一連の夢によって、凶暴なこの王に予告されたのだった。

聖書（ダニエル書第2章）に記録されているように、ネブカドネザル王は不吉な夢を見た。彼は「魔術師たち、預言者たち、魔法使いたち、そして占星術にたけたカルデア人たち」を召集した。そして、その夢の意味を説明するように命令した。しかし、彼らにはその夢がどんなものだ

［図82］女神イシュタルがアシュルバニパル王の進軍を導いているという幻影は、古代の絵画に数多く残されている。

［図83］アッシリアの国神アッシュールも、夢の中に現れ預言をした。

ったかは言わなかった。そして答えられないと、この王は彼らの処刑を命じた。しかし、ダニエルがこの王の前に連れてこられ、「不思議な謎を解く天の神」の御力による加護を祈った。そこで、他の人たちの処刑は中止するように指令された。そしてダニエルは初めにその夢の内容を推測し、それからその意味を解きほぐした。

「あなたが見たものは」と彼はその王に話した。「とても大きい彫像で、異常に光り輝き、恐ろしげな格好をしてあなたの前にそそり立っていた」

その彫像の頭は金で作られ、その腰と両腕は銀で作られ、その腹部と腿部は銅で作られ、両脚は鉄で、足は一部を鉄で、他の部分は粘土で作られていた。それから、大きな石が現れて、その彫像に一撃を加えて粉々にしてしまった。その破片はがらくたの山となって、一陣の風がそれを運び去ってしまった。そして、一撃を加えた石は巨大な山に変わってしまった。

「これが、あなたの夢で起こったのです」とダニエルは言った。そしてその意味はこういうことですと、彼は説明を続けた。彫像は大いなるバビロニアを意味している。その黄金の頭は、ネブカドネザル王を表している。この王の後には、3人のもっと短命な王たちが現れるだろう。そして最後にこのバビロニアを意味する彫像はすべてもみがらのように吹き飛ばされてしまい、よそのどこからか来た新しい王が巨大な山のような権力を築くことを意味すると、ダニエルは言った。

ネブカドネザル王は、それから2回目の夢を見た。彼はまた預言者たちを召集した。その中にはダニエルも入っていた。「余がベッドで寝ていると、幻影が現れた」と王は説明した。彼は天まで届くほどに伸び続けた一本の高い木を見たのだ。それには実がつき、大きな影を落としていた。すると突然、

私のまくら元の幻影の中に
聖なる神の見張り人が天より降りて来た
そして、大声で叫んだ
「木を切り倒し、枝をそげ
葉を落とし、その実をもぎとり
木陰から家畜を逃げ去らせよ
枝からは鳥を追い払え
ただし、切り株と根は残せ」

そこでダニエルは王に、その木はネブカドネザル自身のことだと説明した。そしてその幻影は、これから起きることの預言なのだ。つまりネブカドネザルの最期《さいご》を意味しているとダニエルは言った。王の心は失われ、原野を風に飛ばされた葉っぱのようにさまよい、獣のようにむさぼり食うと預言されたのだ。伝えられているところでは、ネブカドネザルは本当に正気を失って、この神の預言の夢の後、7年たって（紀元前562年）死んだという。

預言通りに、彼の3人の後継者たちはすべて短命で、死亡したか、相次ぐ反乱のために殺されてしまった。やむなく、ハランにあったシンの神殿にいた高位の女性聖職者が王の代理に昇格した。そして彼女は神シンに、何度も訴え、そして祈りを続けてこの神にハランに戻ることを納得させた。そして自分の息子ナブナイドが王位に就くことを認めてもらった（ナブナイドは、アッシリア王の家系では単に遠縁に当たるにすぎなかった）。これがバビロニア最後の王と、彼の夢だったメソポタミア文明が終わりを告げたいきさつだったのだ。時は紀元前555年のことだった。

バビロニア人ではなく神シンを奉ずる者がバビロニアを統治するためには、主神マルドゥクの承認だけでなく、エンキの息子であるマルドゥクとエンリルの息子であるシンとの和解が必要だった。この承認と和解の手続きは、ナブナイドが見た数回の夢によって確認され、たぶん両方とも達成されたのだろう。この行事は非常に重要なものだったので、彼はその経過を石碑に刻み、一般に公開した。

ナブナイドの神の預言の夢には変わった特徴があった。神々を象徴する惑星の少なくとも二つが姿を現したことと、もう一つは、死んだ王が現れて、この行事に参加したことだった。そしてその夢が、夢の中の夢を語るという方法で二つの部分に分かれていることも変わった特徴の一つだった。

記録に残された夢の最初の部分で、ナブナイドは「金星、土星、惑星アブ・ハル、輝く惑星、そして大いなる星を見た。天に住む偉大なる立会人たちだった」。彼は（夢の中で）、彼らのために祭壇をしつらえ、自分の長寿と永続する統治が実現することをひたすらに祈った。そして、自分のこの願いに対してマルドゥクからよい返事が来ることを祈った。それから、彼は――その同じ夢の中だったか、あるいはそれに続いた夢の中だったか――「夜の幻影の中に、死者の病を治し、よみがえらせる大いなる女神の夢を見た」。彼はこの女神にも、自分に長寿を与えてくれるように祈った。

「そして、その女神が自分のほうを見てくれるように願った」

女神は振り向いて
私をしばし眺め
輝いた顔で
私に神の慈悲を与えた

もう一つの夢について話す前に、ナブナイドは「大いなる星と月の合《ごう》を深く感じた」と述べている。神マルドゥクの天体の分身と神ナンナル／シンの天体の分身との合体である。それから、彼はその夢についての説明を続けている。その夢の中で、突然一人の男が私の横にたっているのが見えた。彼は私に「合体は悪い兆しではない」と告げた。その同じ夢に、私の王としての先輩に当たる、亡きネブカドネザルが現れた。彼は一人の従者と神の二輪戦車の中にたっていた。その従者が、ネブカドネザルに「ナブナイドに話しかけ、彼がたった今見た夢の話を聞いてください」と言った。ネブカドネザルは、従者の言った通りに私にこう言った。「どんなよいお告げの夢を見たか、私に話してみなさい」

私はそれに答えてこう話した。「夢の中で、私は歓喜に包まれながら、大いなる星と月を見た。そしてマルドゥクの惑星は空高く昇り、私の名前を呼んでくれた」

マルドゥクとシンの天体の分身同士の合体は、この二人がナブナイドが王位を得ることに同意したしるしだった。故人のネブカドネザルからの質問に対して、満足のいく答ができたことは、ネブカドネザルもまた、ある種の過去の反省の中でこの王位継承を承認したことを意味していた。

ところで、3回目の夢は、マルドゥクとシンやその父まで含めた神の間の親しい雰囲気を伝えている。この夢の中で「偉大なる神々」マルドゥクとシンは、そろって一緒にたっていた。そして、マルドゥクは、この王が未だハランにあったシンの神殿の再建に着手していないことを咎《とが》めた。両方から話し合える会話を通して、ナブナイドはメディア人が都市を包囲しているので、それができないと説明した。するとマルドゥクは直ちに、その敵はアケメネス朝の王、キルス大王によって滅ぼされると預言した。ナブナイドは、この夢の記録のあとがきで、このことは後で本当のことになったと記している。崩壊していく帝国を支えようとして苦労しながら、ナブナイドは彼の息子ベルシャザルをバビロニアの摂政に任命した。しかし、そこで心の憂さを晴らそうとして開いた大宴会の真っ最中に「壁の上に書く手」が現れたのだった。メネ、メネ、テケル・ウ・パルシンと書かれたその意味は、バビロニアの日々は過ぎ去り、この王国は二つに分けられ、メディア人とペルシャ人に与えられるだろうという意味の預言だった。そして紀元前539年に、この都市国家はアケメネス朝（ペルシャ）のキルス大王の手に落ちたのだった。キルス大王の最初の布告は、追放者たちを許して、彼らの国へ帰らせ、自分たちの好きな神殿で礼拝する自由を与えるというものだった。その布告は、キルス大王の円筒形古文書に記録されている（図84）。その古文書は、今もロンドンの大英博物館に展示されている。

彼らを帰して、エルサレムに神殿を再建することを許可した。聖書には、彼がそうしたのは、彼が天の神ヤハウエから「そうするように義務を課せられていた」からだと記述されている。

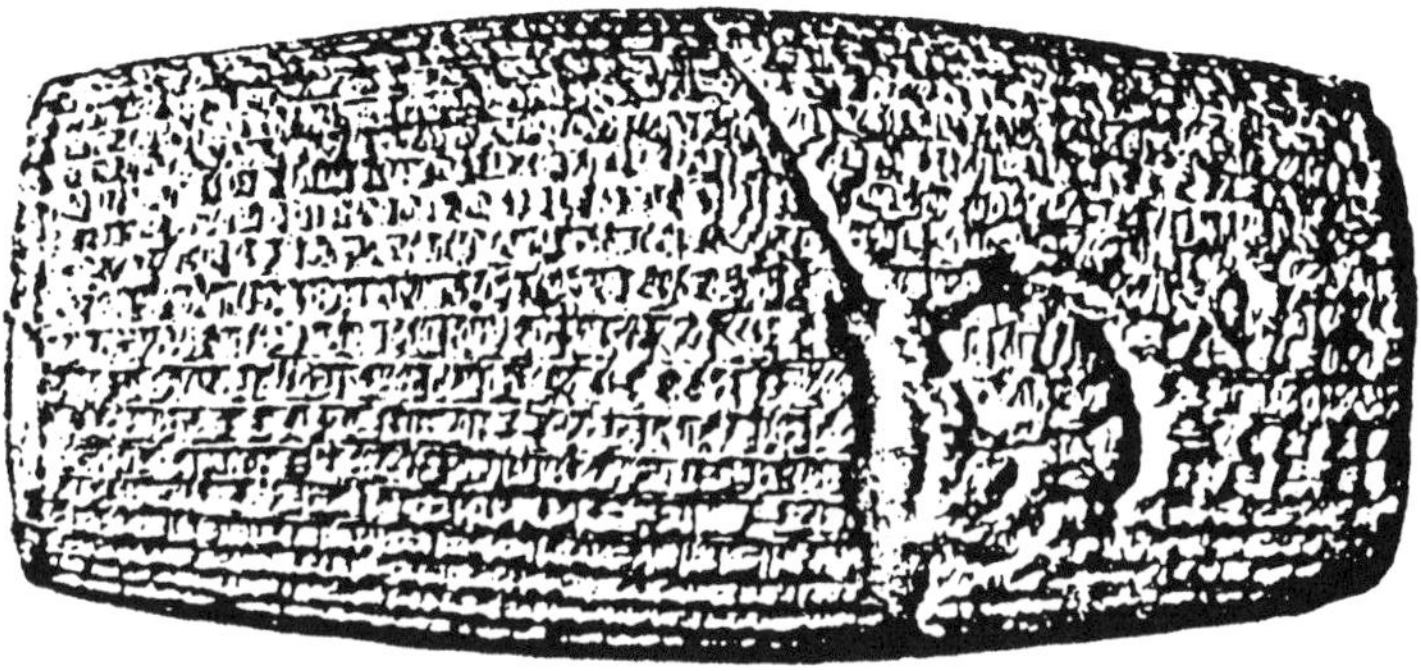

[図84] ヤハウエからの指示が明記されたキルス大王の円筒形古文書。

コラム

宇宙人アヌンナキの神々も預言の夢を見ていた

眠る動物のすべてが夢を見るのか？　あるいは哺乳動物だけなのか、または霊長類だけなのか、もしくは、夢を見る現象は人間だけに独特のものなのか？

もしそうだとすれば、夢を見るということは、本当に人間独特の才能と能力の一つなのかもしれない。しかし、人類が進化だけからこうした能力を身につけたとは考えられない。だとすれば、それはアヌンナキから我々が遺伝的に受け継いだものの一部だったに違いない。ならば、アヌンナキたち自身は、夢を見ることができたのか？

その答はイエスである。アヌンナキの「神々」もまた、預言の夢を見ていたのだ。

ここにその絶好の事例がある。エンリルの孫娘イシュタルと婚約していたエンキの息子ドゥムジが見た預言の夢のことである。その夢の中で、ドゥムジは自分自身が死ぬのを見たのだ。まるで悲劇的な結末を迎える「ロミオとジュリエット」のアヌンナキ版といったところである。

「彼の心は悲しみの涙でいっぱいになった」という表題がつけられているその古文書には、詳しい内容が述べられている。

ある時ドゥムジは自分の妹ゲシュティナンナをレイプしてから眠り込んでいると、不吉な夢を見た。彼は自分のステイタスを象徴するすべてのものと財産を「気高い鳥」と鷹によって、一つずつ持ち去られる夢を見たのだ。その夢の終わりに、彼は自分自身が散らかった羊小屋に死んで横たわっているのを見た。

目を覚ましてから、彼はその夢の意味を自分の妹に訪ねた。「お兄さん」と彼女は言った。「あなたの夢はよくないものだわ」。その夢は、彼が「悪党」につかまり、手錠をかけられて腕を縛り上げられることの予告だと彼女は説明した。すると、すぐ本当に「意地の悪い保安官」が兄マルドゥクの命をうけてドゥムジを捕えにやってきたのだ。追いつ追われつの立ち回りのあげく、ドゥムジはちょうど夢で見たような羊小屋の中に隠れている自分に気がついた。そして、意地悪な追っ手が彼を捕えようとして争っているうちに、ドゥムジは誤って殺されてしまった。そして、彼が夢で見たように、彼の死体が、散らかった備品の間に転がっていたのだ。

また、カナン人の古文書にも、バアルとアナトについての夢の話が記録されている。女神アナトは、ある預言の夢の中で、バアルの死体を見た。そして、その死体がある場所を知らされると、この女神はそれを取り戻して、その今は亡き神バアルを生き返らせようとする哀れな物語なのだ。

第11章
UFOに乗った天使と神の使者たち
——罪悪の都市ソドムとゴモラの滅亡に神の天使たちはどう関わったか

夜中の幻影、UFOの目撃、そして今度は天使たちの登場である。この三つの現象がすべて、そろい踏みをしている、じつに面白い話が聖書に紹介されている。

このくだりは「ヤコブの夢」という標題で広く知られている。

この夢こそ、歴史上極めて重要な神との遭遇の場だった。じつは、この夢の中で神ヤハウエ自身が、「イサクの次男で、アブラハムの孫に当たるヤコブを守る」と約束したのだ。ヤハウエはさらに、ヤコブと彼の一族を祝福し、約束していた土地を永遠に彼とその子孫に与えることにしたのだった。

この有名な神との遭遇で、ヤコブはその幻影の中で神の天使たちが立ち働く姿をつぶさに見ることができた。ところで、この出来事が起きたのは、ちょうどヤコブが自分の家族が住んでいたカナンから、ハランに向かって旅をしている最中だった。ハランには、アブラハムが南へ進み続けてシナイとエジプトに向かっている間、アブラハムの家族たちが滞在していた。

イサクは、自分の息子のヤコブが異教徒のカナン人の娘と結婚するのを恐れて、「ヤコブを呼んで祝福してからこう言い聞かせた。〝お前は、妻をカナン人の娘たちの中から選んだりしてはいけない。すぐパダン・アラムに行きなさい。そこにはお前の母の父親ベトエルの家がある。そこにいる母の兄ラバンの娘たちの中から自分の妻を選べばよかろう〟と」

ハランは、その名が意味する通り、一つの中継地で、メソポタミアから地中海沿岸諸国、さらにはエジプトへと向かう北回りのルートの途中にある都市だった。アブラハムが南方へ向かうように命令される前に、彼の父親テラと住んでいたのもこのハランだった。また、エサルハドンがそれから１５００年もたってからエジプトへ侵攻せよとの神のお告げを授かったり、ナブナイドがバビロニア王に新しく選ばれたのも、この同じ場所だった（いまだに、この古代の名前で呼ばれているハランは、現在もトルコ南部の主要都市の一つである。しかし、イスラム教徒の寺院がこの古代の丘の上にたてられており、特にその中心部分のモスク〈礼拝堂〉が、古代の聖域の上にあるために、考古学者たちもそこを発掘することができない――図85。しかし、多数の建造物の遺跡には、アブラハムの名残が感じられる。そしてこの都市の北西部にある泉はヤコブの井戸と呼ばれている――次の物語参照）。

ベールシェバから北へ苦しい旅を続け、ヤコブがある日遅く着いたのは、ちょうど自分の祖父が、昔、ハランからベールシェバへ、という逆の方角に向かって旅をした時にたまたま野宿をした因縁の場所だった。疲れ果てたヤコブは、岩ッ原で眠り込んでしまった。それから後のことは聖書の言葉で生々しく述べられている（創世記第28章）。

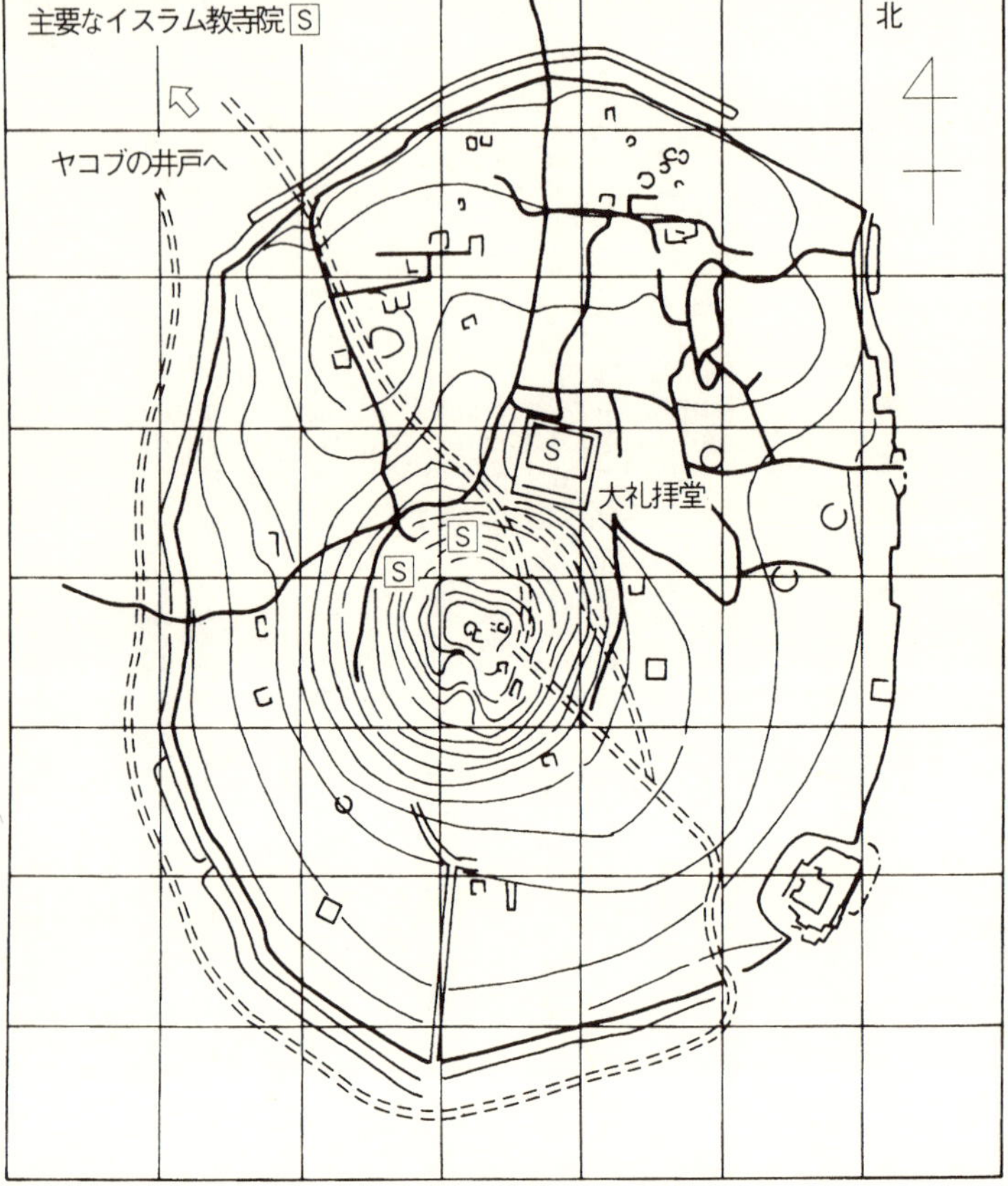

[図85] 現在もトルコ南部の主要都市の一つであるハラン。丘の中心部にたつモスクの下は古代の聖域であり、都市の北西部には「ヤコブの井戸」と呼ばれる泉がある。

そして、ヤコブはベールシェバをたち、ハランへと向かった。それから彼は、ある場所に着き、太陽も沈んでいたのでそこで眠ることにした。彼はそこにあった石を取り、自分の頭の下に敷いて休んだ。そして、そのまま眠りに入った。すると彼は夢を見た。その夢の中で、一つのはしごが大地から空に届くようにするすると伸びていくのを見た。神の天使たちがそのはしごを上ったり下りたりしているのも目に入った。そして気がつくと神ヤハウエがその上に立っていた。そして神はこう話された。「わたしはお前の先祖アブラハムとイサクの神ヤハウエである。お前が寝ていた土地をお前とその子孫に与えよう。お前の子孫は、あまたの塵のごとく大地に広がるだろう。西へも東へも、そして北方にも南方にもどんどん広がっていくだろう。そしてお前にも、子孫たちにも、地球上すべてのお前たちの氏族に神の祝福が与えられるだろう。よく見なさい、わたしはいつもお前の前にいる。そしてお前がどこへ行こうとも護ってあげよう。そしてお前をこの土地に戻してやろう。わたしはお前に約束したことをやり遂げるまで、お前を見捨てるようなことはしない」

ここでヤコブは、自分の眠りから目を覚ました。そして言った。「確かに神ヤハウエがここにおられた。そしてもうおられない」。そして、彼はおそるおそる、こう話した。「何と恐れ多い場所なんだ！　これはまさしく神の家である。この土地こそ天界への出入り口なのだ！」。そして、ヤコブは朝早く起きて、自分が枕として使った石を持ち上げて石柱のようにそれを立てた。そして、その柱の上に聖なる油を注ぎ、その場所をベテルと名づけた。

この神との遭遇劇の中で、その夜の幻影でヤコブが見たものは、間違いなく我々が今日ＵＦＯ

と呼ぶものである。ただ一つ違う点は、彼にとってそれは未確認飛行物体ではなかったことだ。彼はその乗員や操縦士が神々であることをすでにはっきり確認していた。

それには「エロヒムの神の天使たち」と、神の司令官が乗っていた。司令官はまぎれもなく神ヤハウエ自身で、その中にたっていた。ヤコブが見たことは彼の心に深くこの場所が「天への出入り口」だという事実を刻み込んだ。つまりここから神々は空へ上ることができたのだ。ところで、バビロンの意味はバブ・イリ、つまり「神の出入り口」ということである。そしてまさにその場所で、この「天にも届く」発射塔の出来事が起きたのだった。

ところで、UFOに乗っていた司令官は、ヤコブに自分自身の身元を明らかにしてこう言った。「わたしはお前の父アブラハムの神であり、イサクの神でもあるヤハウエ――つまりエロヒム、言い換えれば空飛ぶディン・ギルである」

またあの「はしご」の操作員たちは、単なる天使たちではなく「神エロヒムの天使たち」と紹介されている。そして、何も知らずに偶然こうした神の宇宙飛行士たちがいつも働いていた現場に行き当たったヤコブは、その場所をベテル（エルの家の意）と名づけた。エルは、神々エロヒムの単数である。ここで「天使たち」という意味をその語源にさかのぼって調べてみよう。

聖書では、注意深く神の従者たちの身元を「神（エロヒム）の天使たち」と説明しており、単に「天使たち」として片づけられてはいない。その理由は、ヘブライ語の malakhim は完全に「天使たち」を意味するのではなく、文字通り「使者たち」を意味するからである。そして、この言葉は聖書では神の言葉を伝えるというより、王の言葉を伝える肉体をもった、血が流れている人間の使者たちを表すものとして使われている。

具体的には、次のように使われている。

サウル王がダビデを呼び出すためにmalakhim（通常「使者たち」と訳される）をさしむけた（サムエル記上第16章19節）。ダビデは自分が王に任命されたことを伝えるためにギレアドのヤベシュの人民達にmalakhim（同様に「使者たち」と訳される）を派遣した（サムエル記下第2章5節）。ユダヤのアハズ王は、敵を撃退するために助けを求めてアッシリア王ティグラト・ピレセルにmalakhim（使節団）を急派した（列王記下第16章7節）。

語源的にはこの言葉は、「仕事」「技巧」「技量」といった違う意味に訳されてきた同じルーツのmalakhaから派生したものである。こうした言葉の由来から、聖書ではこの単語をたとえばヤハウエがベザレルに与えた大きな「智恵と理解」の力についての説明で、次のように使っている。「ヤハウエがこうした優れた力をベザレルに与えたのは、彼がそのmalakhaにシナイの荒野に契約のテントと契約の聖櫃をつくらせるのを容易ならしめるためだった」と。従って、ここで使われている一人のmalakha（malakhimの単数形）は、「ただの使者」を意味するのではなく、その仕事を達成するのに十分に訓練された能力を備え、しかも「ある程度の決定権」をもった「特別の使者」を意味しているのだ（ここで言う「ある程度の決定権」とは、ちょうど各国の大使が持っている裁量権のようなもの）。

これから述べられていく話は、「神の天使たち」、言い換えれば「神の使者たち」にまつわるものである。ヤコブの物語の要所要所にも神の預言の夢とともに、こうした天使たちとの遭遇の場面が登場する。しかも、それは彼の祖父のアブラハムとイサクが体験したと同じような状態で登場するのだった。

ヤコブは、ハランの牧草地にあった井戸のかたわらで偶然、ラケルに出会った。そしてその娘が伯父ラバンの子供だとわかると、ヤコブは彼女と結婚する許しをラバンに請うた。彼の伯父は、もしヤコブが7年間自分に仕えるならば許そうと答えた。しかし、彼がその約束を守ると、今度はラバンは、まず自分の上の娘レアを彼と結婚させて、ラケルを二人目の妻として迎えたいならば、さらにもう7年自分に仕えるよう求めた。

こうしたラバンのしつこい要求のために、ヤコブとその妻たち、生んだ子供たち、そして家来たちは、じつに20年間もそこに逗留《とうりゅう》する羽目になった。そしてある晩、ヤコブは夢を見た。その夢の中で、彼は「雄羊が群れを成して跳び回り、突進し、入り乱れ、そしてぐずり回る」のを見た。自分が見たことに当惑したヤコブは、その夢の第2の場面で、神のお告げを受けた。今度は「神の天使」が現れ、彼の名前を呼んだのだ。「そこでヤコブは〝ここにいます〟と答えた。すると、その天使はこう言った。〝自分の目をあけてよく見なさい。あの雄羊が群れを成して跳び回り、突進し、入り乱れ、ぐずり回っている有様を。それはつまり、ラバンがお前にしたことをわたしはずっと見てきたと言っているのです。わたしはベテルのエル（神エロヒム）です。そのベテル（神の家の意）の地は、お前が聖なる石柱を立てたところです。いまこそ立ち上がり、この国から出ていき、お前が生まれた国に帰りなさい〟」

そこで、この夢のお告げの通り、ヤコブは、自分の家族と一族を引き連れて、ラバンが羊毛刈りのために外出した隙を窺って急いでハランを発った。この知らせを聞いたラバンは怒り狂った。しかし、神が夢の中で、このアラム人のラバンの前に現れ、こう言った。「このことを忘れるな！ヤコブを脅かしたりヤコブに甘言《かんげん》を弄《ろう》してはならない」。こうして諭されたラバンは、最後にはヤコブの出発に同意したのだった。そして、この二人は、彼らの間の境界線の目印として一つの石碑をたてた。二人とも、怒ってこの境界線を踏み越えてはならないという意味だった。この契約締結の証拠として、神がその保証人として立ち会ったといわれている。

このような境界の石を置くことは、当時の習慣に倣ったものだった。その石は、クドゥルウと呼ばれ、天辺が丸くなっていた。境界についての申し合わせ事項がその石に彫られ、その言葉の最後に誓いの言葉と、双方それぞれの保証人となっている神々の署名があった。そして、時には立会人になっている神々の天体の分身のシンボルが、丸い石の天辺かその近くに刻まれていた（図86）。そのために、聖書にこの出来事について述べられていること（創世記第31章53節）は極めて正確なものになっている。それはこう記述されている。「アブラハムの神とナホルの神、つまり彼らの先祖の神々が、我々の間を裁く」。この記述には、アブラハムの神ヤハウエの名前は見当たらないが、ヤハウエの神とアブラハムの兄ナホル（ハラン側だった）の神々とがはっきり区別されている。しかもラバンによれば、その両方の神々は、テラの神々でもあったという。

聖書の資料によれば、この族長たちが首都ベールシェバがあるネゲブ（シナイ半島のカナン国境の南部にある）に行くために選んだルートは、ヨルダン川を越えることになっていた。このことから、海に面したルートよりも、川の東側の「王のハイウエイ」が使われたことがわかる（417ページ地図参照）。このルートを、ヤコブは自分の家族、従者の一隊と南へ旅していた。そして、ヤコブが山脈を越えてヨルダンに楽に行ける道を切り開いた地点に到着した時だった。彼はmalakhim（神の天使たち）と、また出会ったのだ。しかし、今度は夢や幻影の中ではなく、面と向かい合った神の天使たちとの遭遇だった。この時のことが聖書の創世記第32章に述べられ

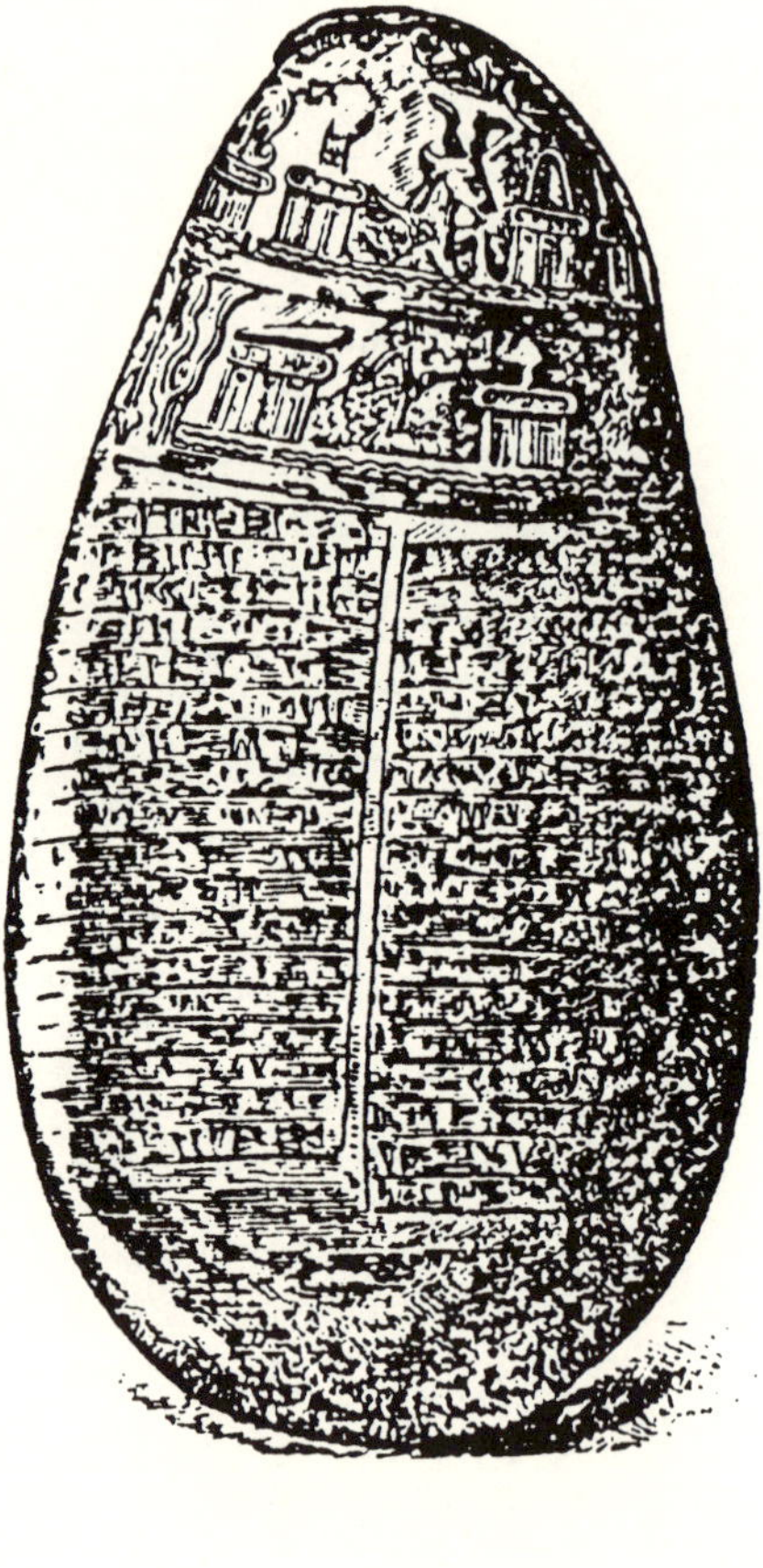

[図86] クドゥルウと呼ばれる天辺の丸い石碑は、境界線の目印として使われた。その石には誓いの言葉とともに双方の保証人となっている神々の署名があった。

ている。

　ヤコブが旅を続けていると
　神々の天使たちが現れた
　ヤコブは天使たちを見るや叫んだ
　「ここここそ神々の野営地なり！」
　かくして彼はその地をマハナイム（2組の野営地の意）
　と名づけた

　この出来事は、ここではちょうど二つの節に分けて記録されている。それは、聖書の正式の書き込み部分でも意味ありげに、別々の節として構成されている。次の節では、形の上では続いているが内容はつながりのない、ヤコブが彼の兄エサウに会った時の話が取り上げられている。古代の聖書の編者たちのこれら二つの節に対する扱い方は、かつてネフィリムについての物語の部分が、（ノアの箱船の前に）創世記の第6章で記述されていたのと同じ扱い方である。

　この章の話の内容は、明らかにもっと長い古文書の話の一部の名残と考えられる。従って、ここに挙げた神の天使たちのグループや、その一団と現実に会ったと述べているこの二つの引用文も、ずっと長くそして詳しい記録の一部が残されたものに違いない。

　この古代の創世記の編者たちも、次に続く話題にどうしてヤコブの名前が「イスラエル」に変えられたかの説明を入れるために、あえて初めの部分は簡潔な表現に留めたものと思われる。

それはともかく、ヤコブは、ヤボクの渡しに着くと、自分が跡を継ぐために帰っていくことに対して、彼の兄が敵意をもっているかどうか、その態度がはっきりわからなかったので、一計を案じた。それは、彼の従者たちを一回に少しずつ前進させるという戦略だった。そのために、最後には彼自身と二人の妻たち、二人の侍女たちと11人の子供たちだけがその夜野営地に残ることになった。そこで、夜陰に乗じてヤコブはすべての残されたものを持って「残った人たちを伴って、川の流れを横切った」。
その時、考えてもいなかった神との遭遇が起きた。

そしてヤコブは一人取り残された
その時、一人の男が格闘をいどんできた
その闘いは、夜明けまで続いた
ところが、その男はヤコブに勝てないと思うと
今度はヤコブの腿の関節をけった
こうして闘っているうちに
ヤコブの腿部の関節が外れてしまった

そして、その男は「夜が明けたからもう行こう」と言った
しかしヤコブは「私を祝福してくださらなければ行かせません」と答えた

その男は「あなたの名前は？」と聞いた
彼は「ヤコブ」と答えた
するとその男はこう言った
「あなたの名前はもうヤコブとは呼ばれず
『Israel（イスラエル）』と呼ばれるだろう
なぜならば、あなたは神と人と闘って
勝ったからだ」
（Isra-El は一種の言葉遊びで、Isra「闘う、争う」El「神」の意味）
そこでヤコブはその男に問いただした
「あなたの名を教えて下さい！」
その男は聞き返した。「なぜわたしの名前を聞くのか？」
そしてその男は、ヤコブを祝福した

それでヤコブはこの場所を Peni-El（ペニエル）と名づけた。
（神 EL の顔の意）
それはヤコブが顔と顔を突き含わせて
神に会ったのに、自分の命も助けられたからだった
そしてヤコブが足を引きずりながらこのペニエルのところで
川を渡ったとき、太陽が昇ってきた

聖書、創世記の第16章に、神の天使について初めての記述があるが、それはヤコブの祖父アブラハムの時代の出来事を述べたものである。アブラハムとその妻サラは、年をとって、彼は80代の半ば、彼女はそれよりは10歳若いといった状態だった。そして二人には跡継ぎがいなかった。この時、アブラハムはカナンに行ってシナイの宇宙空港を攻撃から守る指令を果たしたばかりだった。いわゆる「王たちの戦い」（創世記第14章に述べられている）である。

慈愛に満ちた神ヤハウエが、

幻影の中でアブラハムの前に現れ、こう言われた
「アブラムよ恐れることはない。わたしはお前の保護者なのだ
お前が受ける褒美はとてつもなく大きいものだ」

しかし、子供のないアブラハム（彼はまだシュメール語の名前のアブラムと呼ばれていた）は、これにはっきりと答えた。
「わが神ヤハウエ、いったい何を下さるのですか？　しかし、私には子供がおりません。跡継ぎがなければ、どんなご褒美もいったい何の役に立つでしょうか？」

それから、ヤハウエの言葉が彼にかえってきた
「お前自身の内から生まれてくる者以外で

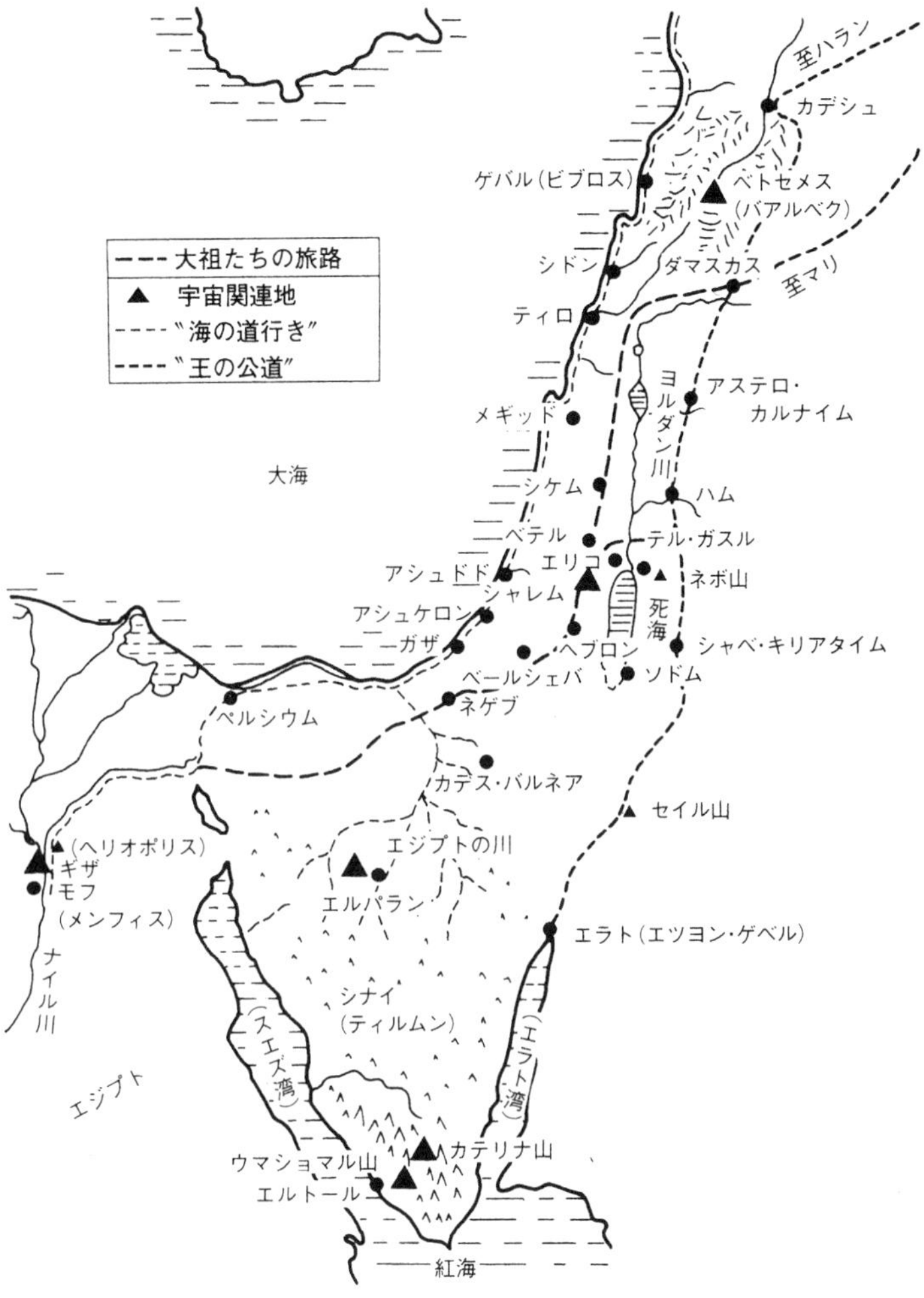

エジプト・シナイ半島周辺図。大祖たちの旅の行程、宇宙関連地、王の公道、海の道行きが示されている。

誰もお前の跡を継ぐ者はいないだろう」
そして神は、彼を外に連れだしてこう言った
「さあ、空を見上げなさい。そして数えられるだけの
星を数えなさい。そのくらいたくさんの者が
お前の子孫になるだろう」

「ヤハウエがアブラムと聖なる契約を結んだのはこの時だった。そこにはこううたわれている。『お前の子孫に、エジプトの小川から、大河ユーフラテスまでに到る土地を与えよう』と」

しかし数え切れないほどの子孫ができるとの約束にもかかわらず、サラとアブラハムの間には一人の子供さえ生まれなかった、と聖書の物語は続いている。そこでサラはアブラハムに、神は、たぶん、彼の子孫をつくれるのは私だけではないと考えられているに違いないと伝えた。そしてアブラハムが彼女のエジプト人の侍女ハガルに手をつけてみては、と忠告した。

こうして「ハガルは妊娠した」。そして、自分の女主人をみくびり始めた。

確かに、これはもともとサラが仕掛けたことだったが、こうなると、サラは怒り狂って「ハガルに厳しく当たり始めた」。そこでハガルは逃げ出した。

そしてヤハウエの天使は彼女が
砂漠の中の小さな泉のそばにいるのを見つけた
その泉はシュルへ向かう途中にあった

その天使は、さっそくサラの侍女ハガルに聞いた

「お前はどこから来て、どこへ行こうとしているのか？」

ハガルが、自分の女主人サラから逃げてきたいきさつを話すと、その天使は彼女に戻るようにすすめた。彼女は息子を生んで、その息子からたくさんの子孫ができるだろうから、というのだ。「そして、お前は自分の息子をイシュマエル（Ishma-El）――〝神が聞いた〟意――と名づけなさい。なぜならヤハウエがお前の言ったことをお聞きになったからだ」と、その天使は預言した。こうしてハガルは戻ってイシュマエルを生んだ。

「ハガルがアブラムとの間に出来たイシュマエルを生んだ時、アブラムは86歳だった」。それから13年たつかたたないかのうちに、再びヤハウエは「アブラムの前に現れた」。ヤハウエはアブラハムと彼の子孫への約束を守るために現れたのだ。そして、アブラハムと彼の異母妹（サラ）との間の息子が、正式な後継者として認められるようにお膳立てをした。

その正式な手続きのしるしとして、アブラハムと彼のすべての男性の召使いたちは割礼をしなければならなかった。また、カナンの地を受け継いだために、古代の国シュメールと、はっきりしたけじめをつける必要があった。そのため、このヘブライ人の族長とその妻は、シュメールの名前（アブラムとサライ）を捨てて、新しいセム族風の呼び名アブラハムとサラに変えたのだった。そしてアブラハムはこの時99歳になっていた。

そして、サラがイサクを生むだろうという神々の預言の話が創世記の第17章に詳しく述べられている。そして、ソドムとゴモラを破壊するために神々が現れたいきさつも、その次の章に記さ

れている。「そして、ヤハウエがアブラハムの前に現れた時」とその文章は始まっている。年を取ったこの族長は、自分の住まいの入り口に腰掛けていた。ちょうど、真っ昼間のいちばん暑い時だった。その時、突然3人の見知らぬ者たちがどこからともなくアブラハムの前に現れた。

そして、アブラハムが見上げると、何と
そこには3人の人物が自分を見下ろしているではないか！
アブラハムは、その3人を見るやいなや
自分の家の入り口から、彼らの方へ走りよった
そして、頭を深く垂れてこう言った
「我が主よ、もしあなたが私に目をかけて下さるならば
どうか、この忠実なる下僕の上を通りすぎないで下さい」と

この情景は謎に満ちている。3人の見知らぬ人たちが、突然アブラハムの前に現れる。彼は空のほうを見上げて、3人を見る。この時はまだ、彼らが何者かはっきりしないはずなのに、彼にはすぐに神だということがわかる。その中の一人が、どこか違っている。彼はその一人に話しかけて「我が主よ」と呼びかける。彼の言葉は、とても重要な意味合いを感じさせる表現で始まっている。「どうか、この忠実なる下僕の上を通りすぎないで下さい」と。

言い換えれば、彼にはその3人が空を飛び回る能力をもっていることがわかっていたのだ。……にもかかわらず、彼らは人間にとてもよく似ていた。そこで、彼はその3人が通りすぎてい

く前に、水を与え、足を洗ってもらい、木陰で休ませてから、彼らの胃袋に栄養を補給する食物を差し出そうとしたのだ。「そして、彼らは言った。お前が思うようにしなさいと」。「そこで、彼、アブラハムは家に入ってサラのもとへと急いだ」

　そしてパンをすぐ用意するように言いつけた。自分は肉がお皿に盛りつけられているのを確めてから3人にすすめた。その時、3人のうちの一人がサラについて尋ねてから、こう言った。

「1年たって、わたしがここにまた来る時には、お前の妻サラには息子が生まれているだろう」

　家の中からこの話をこっそり聞いていたサラは、笑い出してしまった。もう、こんなに年取ってしまった自分やアブラハムにどうやって子供をつくることができるのか？　と思ったからだ。

　そこでヤハウエはアブラハムに言った
「どうしてサラは笑ったのか？
　自分は年取ってしまったから
　もう子供をもてないと思ったからか？
　ヤハウエにとっては驚くべきことではないのだ
　約束した時に、わたしはお前に会いにこよう
　未来の全く同じ時間に
　その時、サラには一人の息子がいるだろう」
　そして、アブラハムとの契約は、これから生まれるイサクとその子孫によってずっと引き継が

れていくだろうとヤハウエは伝えたという。

この物語はこう続いている。「その3人の人たちは、そこからソドムの様子を調べるために立ち去った。そして、アブラハムは彼らを見送るために、一緒についていった」

この物語では、この3人の突然の訪問者たちは、単にAnashim——人々——と表現されている。しかし、イサクの誕生を預言する、神のお告げがあったという点から考えると、3人のうち一人は、他ならぬヤハウエ自身だったということになる（ちなみに、イサクはヘブライの名前ではItz'hakと書かれる。それはサラによって「笑われた」を意味する。一種の言葉の遊びである）。それは、まさにヘブライ人の族長が、神ヤハウエを客としてもてなすことができたという前代未聞の神の顕現の一幕だったのだ！

ところで、一行はとある岬に着いた。そこからソドムの都市を「塩の海」の谷間の底に眺めることができた。ヤハウエは、同行してきたアブラハムに、ここにやってきたわけを話すことにした。

ソドムとゴモラについての抗議の声が
あまりにも大きいのだ。その訴えによると
とてもむごく罪深いことをやっているらしいのだ
そこで、わたしは下界に降りてきて確かめようと思ったのだ
もし、訴えの通りならば、彼らはこの都市を完全に破壊するだろう
もし、そうでなければ、本当のことを知りたいのだ

この話の内容から、ヤハウエとやってきた他の二人の「人たち」の役割がわかる。この二人は、今の死海の近くのヨルダン峡谷にあった、二つの都市の「罪悪」とその程度を確かめる使命を担《にな》っていた。その結果によって神ヤハウエが二つの都市の運命を決めることになっていたのだ。「そして、その二人は、この岬を発って、ソドムに向かった。しかし、アブラハムはヤハウエの前に立ちながらそこに残っていた」と創世記第18章22節には書かれている。そしてさらに、創世記第19章1節には、この二人がソドムに着いたことが述べられている。これによって、その二人の「人物」なるものが誰であったかがはっきりしてくる。「この二人の〝天使たち〟は、その日の晩に、ソドムにやってきた」とはっきり書かれている。つまり、アブラハムの前に現れた3人の訪問者とは、ヤハウエと二人の天使たちのことだったのだ。

聖書の話が、天使たちがソドムとゴモラを訪れた後、「罪悪の都市」の大破壊が始まる内容にしぼられる前に、アブラハムとヤハウエの間に取り交わされた奇妙なやりとりが、やはり聖書に記されている。神ヤハウエの前に進み出たアブラハムは、ソドムを弁護して仲裁者の役割を買ってでようとしたのだ（ソドムには彼の甥《おい》のロトとその家族が住んでいた）。アブラハムは、ヤハウエにこう訴えた。「あの都市には、たぶん50人くらいの正義の士がいるはずです。それでもあなたは都市を滅ぼしてしまうのですか？　50人の正しい人たちのために許してやろうとはしないのですか？　正義の士を罪悪人たちと一緒にして殺してしまうのを、あなたは本当は望まれていないはずです」

ヤハウエに自分が常に正義を行わなければならない「全世界の裁判官」の立場にあることを思

い出させて、アブラハムは神を一種のジレンマに追い込んだ。

そこで、神はもし50人の正義の人たちがいるならば、その都市全体を許そうと答えた。しかし、神がこう同意するや否やアブラハムは、「神に話しかける」という無礼をわびながら、もう一つの質問をした。もし、50という数が5つだけ減った場合はどうでしょうか？　というものだった。「そこで、神は、もしそこに45人の正義の士がいることがわかれば、破壊しないと答えた」

攻撃の手をゆるめずに、アブラハムはそのために都市全体が助けられる正義の人の数を徐々に落として、10人までに引き下げた。「神はアブラハムの上を飛び越えて」その日早く現れた空のほうへとまた昇っていった。「そしてアブラハムは自分の家に戻った」

そして、二人の天使たちがその晩、ソドムにやってきた。ロトはソドムの都市の城門に腰掛けて待っていた。そして、ロトは二人を見ると立ち上がって、彼らのほうへ近づき、頭を地につけてひれ伏した。そして、今日の夜はこの従僕の家に泊まって、足の汚れを洗い、明朝早く起きて道程を続けることをすすめた。こうして二人の天使たちがロトの家に泊まっていた時に、「ソドムの都市の人たちは老いも若きも、彼の家に押しかけてきた。そしてロトに大声で言った。〝お前の家に今夜来た連中はどこにいるんだ。連中を外へ連れ出して、俺たちに見せろ！〟」。そして、押しかけた暴徒がなおもしつこく要求を繰り返し、遂にはロトの家の戸を破ろうとした。その時、この天使たちは戸口に押し寄せてきた暴徒たちの目を見えなくさせてしまった。そこで、彼らは家の扉を見つけるのをあきらめた。

この天使たちは、光線を放射する魔法の杖のようなものを使って、戸を破ろうとした人たちを、その強力な光線で目が見えなくさせたのだろうか？　この質問に対する答を考えていくと、さらに大きな謎に包まれる。訪問者たちがアブラハムの前に、次にロトの前に現れた様子を説明している文章の中で、この訪問者たちAnashim——「人々」と呼ばれている——は、いずれの場合でも、出迎えた人たちはすぐにこの「人々」が普通の人間ではなく、「神」に近いものだと認識している。そして、この「人々」を「神々よ」と崇めて、ひれ伏している。もし述べられているように、その訪問者たちが極めて人間に近い姿をしていたのなら、どうしてすぐに普通の人間と違うことがわかったのだろう？

すぐ心に浮かんでくる解答は、「なぜって？　それはもちろん翼がついていたからだ！」というものだ。しかし、これから説明するように、必ずしもそれが判別できた理由ではなかったのだ。

宗教的な芸術の世界で、何世紀にもわたる天使たちの一般的な受け取られ方は、天使たちは人間にそっくりで、違う点といえば羽根をもっている点だけだという考え方だった。事実、天使たちから羽根さえ取れば、人間と区別できないような描かれ方だった。初期のキリスト教の時代の西洋の肖像に見られる、天使たちのこのような姿の起源は、間違いなく古代近東だった。我々はこうした天使の姿をシュメールの芸術に見ることができる。それは、エンキドゥを導いた、殺人光線を携えた羽根の生えた天使たちの姿にそっくりなのだ。我々はまた、アッシリアやエジプト、カナンやフェニキアの宗教芸術にも、こうした傾向を見ることができる（図87）。同じようなヒッタイトの代表作品（図88ａ）の影響は、南米のティアワナク（図88ｂ）の太陽の門に刻まれている彫像にも見られる。ヒッタイトと、こうした遠隔の地との交流のしるしである。

現代の学者たちは、たぶん、宗教的な深い意味合いを追うことを避けて、描かれている天使の姿を単に「守護神」と説明している。しかし、古代の人たちは、こうした天使たちを下級階層の神々と考えていた。つまり「天と地の神々」である「大いなる神々」の命令を実行するだけの、下積みの神々と考えていたのだ。

彼らの、羽根が生えた生物としての描写は、天使たちが地球の空を飛ぶ能力をもっていることを、はっきり示そうとしていたからである。この意味で、天使たちは神々自身にも似ているように描かれていた。特に、初めから翼をもった神々として描かれている場合には、この傾向がはっきりしている。

たとえば、ウツ／シャマシュ（図89）や彼の双子の妹、イナンナ／イシュタル（図90）がそうである。また、ウツ／シャマシュがその司令官をしていた鷲人間たち（図16参照）にも、とてもよく似ている。こう考えると、神の言葉として、出エジプト記第19章4節に紹介されている、イスラエルの子たちを「鷲の翼に乗せて」運ぼうという表現も、単なるたとえ話以上のものであったかもしれない。また、エタナの話も思い出される（図30参照）。鷲か鷲人間がシャマシュの命令でエタナを空中を飛んで運んだのだった。

しかし、聖書の古い絵や図71の絵が証明しているように、このような羽根の生えた神の助手たちは、聖書ではマラキム mal'akhim（使者たち）と呼ばれるよりは、むしろケルビム Cherubim（天使童子たち）と呼ばれている。ケルブ Cherub（Cherubim の単数形）とは、アッカド語のカラブ Karabu から派生した言葉で、「祝福する、清める」を意味している。カリブ Karibu（男性）は「祝福され、清められた人」を意味し、クリビ Kuribi（女性）は守護の女神を意味していた。

聖書の創世記第3章24節などに出てくるケルビム（天使童子）は、追放されたアダムとイブが

[図87] 西洋の初期キリスト教時代に見られる天使の姿の起源は古代近東にあった。アッシリア、エジプト、カナンやフェニキアの宗教芸術にもこの傾向が見られる。

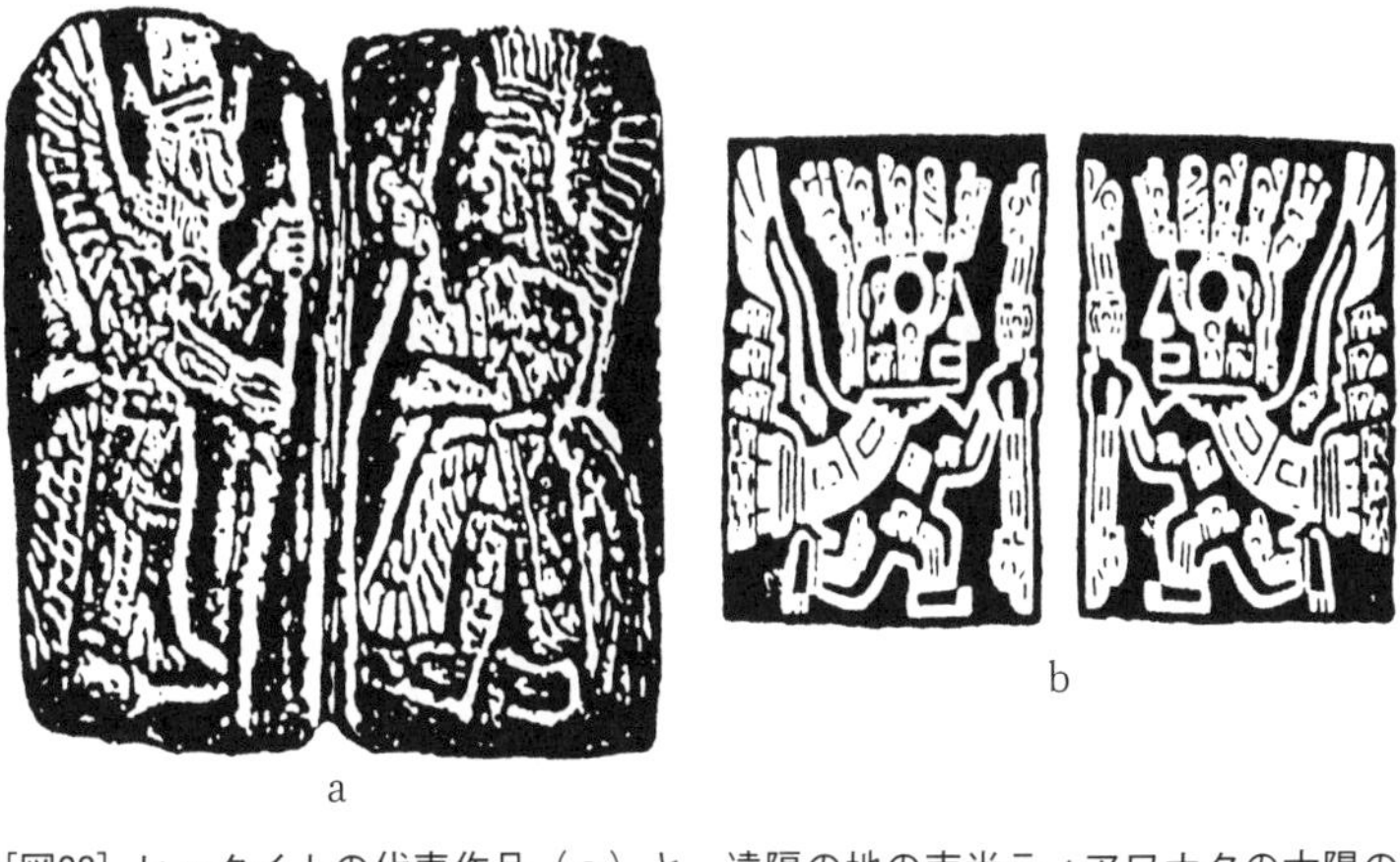

[図88] ヒッタイトの代表作品（a）と、遠隔の地の南米ティアワナクの太陽の門の彫像（b）。

[図89] 翼をもった神として描かれているウツ／シャマシュは、鷲人間たちの司令官でもあった。

[図90] ウツ／シャマシュの双子の妹であるイナンナ／イシュタルもまた、翼をもった神として描かれている。

エデンの園に戻ってこないように、「生命の木への道」の警備に当たったりするのがその務めだった。「契約の櫃《アーク》」も自分たちの翼で守っていた。そして、神の従者としてエゼキエルの神の王冠を支えたり、ヤハウエが空を飛び回るのを手助けしたり、様々なことをやっていた。「彼はケルビム（天使童子）に乗って飛んでいった」という表現が、サムエル記下第22章11節や、詩篇第18章11節にも見られる。このように、聖書によれば羽根の生えたケルビム（天使童子）は、特定の限られた役割を果たしていたように思われる。マラキム（使者たち）の場合は、そうではなく、使命を帯びて行ったり来たりして、全権大使のような、ある程度の自由裁量権をもっていたものと思われる。

このことは、ソドムの事件によって明らかにされている。つまり、自分たちの判断でソドムの人たちの罪悪を見てとった。そして、二人のマラキム（使者たち）は、ロトとその家族たちにすぐに立ち去るように伝えたのだ。「ヤハウエがこの都市を破壊するだろう」と断言したのだった。

しかしロトはすぐには立ち去らなかった。そして、この天使たち（使者たち）に自分と妻と二人の娘たちが、それほど近くはない山脈の安全な場所に着くまで都市の破壊を延期してもらうように頼み続けた。そして、この使者たちは、彼の願いを聞き入れて、彼やその家族が逃げる時間を与えるために、ソドムの破壊を延期すると約束した。

こうした二つの事例（アブラハムの前に突然現れた時と、ソドムの城門でロトの前に現れた時の）では、この「天使たち」は「人々」と呼ばれている。外見上、人間のようだったからである。彼らに羽根がついていなかったと仮定すると、いったい何で神の天使たちとわかったのだろうか？

その謎を解く一つの手がかりが、ヒッタイトの宮殿に彫られている図柄である。それはヒッタイトの首都の巨大遺跡から遠くない、トルコのヤジリカヤと呼ばれる地域にある至聖所の岩に刻まれたものである。神々が2列に並んでいる図柄だ。男性の神々が左側から行進しながら入ってきて、女性の神々が右側から行進してくるという構図になっている。それぞれの行列は、大いなる神たちに率いられている（神テシュブが男性たちを、女神へバトが女性たちを）。そして、彼らの子孫、助手、下級の神々の一団が続いている。男性の神々の行列の最後を飾るものは、12人の天使たちである。そして彼らが神であるしるしや、それぞれの役目と地位は、彼らがかぶっている頭飾りと、手に持っている曲がった形をしている武器によってわかるようになっている（図91a）。この一団のすぐ前を、やはり12人の、もう少し位の高い天使たちが行進している。彼らもまた、頭飾りと、所持している輪か円盤のようなものの付いた鞭によって、それとわかるように描かれている（図91b）。

この同じような鞭は、二人の主な神の手にも握られている（図91c）。ヒッタイトの壁画の、この12人の下級の神々の集団は、ヤコブが今日のトルコのハランからカナンに戻る途中で出会った、マラキム（使者たち）の一団を、はっきりと思い起こさせる。ここで思い当たることは、彼らの一団が携帯用の武器を手にしていることが、天使たちであるとわからせる決め手になっていたという事実である（時には彼らの独特の頭飾りもその決め手になっていた）。

マラキム（使者たち）が演じた奇跡的な行為について、聖書にはじつに多くの記録が残されている。ソドムで、手に負えない無秩序な群衆の目を見えなくした行為も、その中の一つにすぎない。魔法をかけて目を見えなくするという、これと似たような別の出来事がエリシアについても

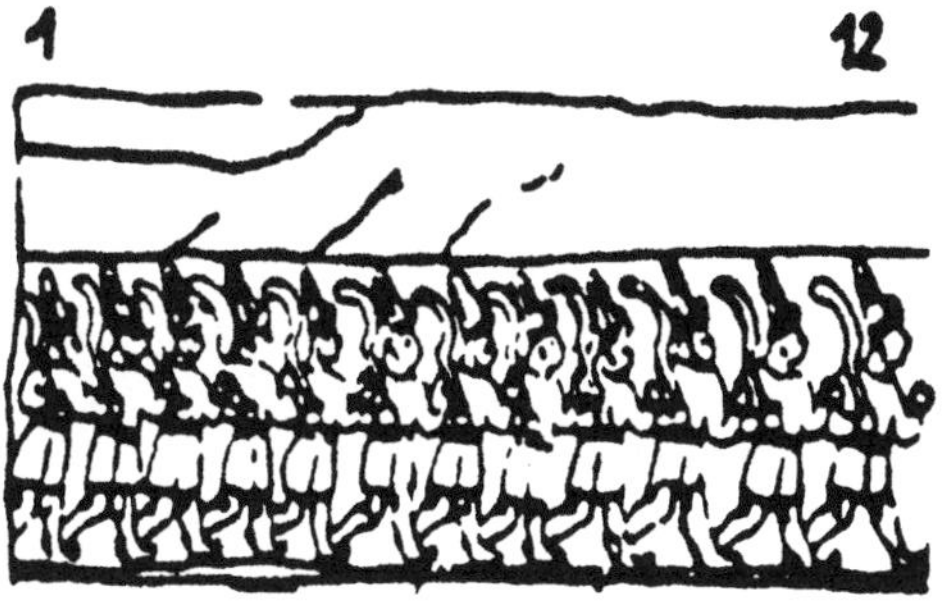

a

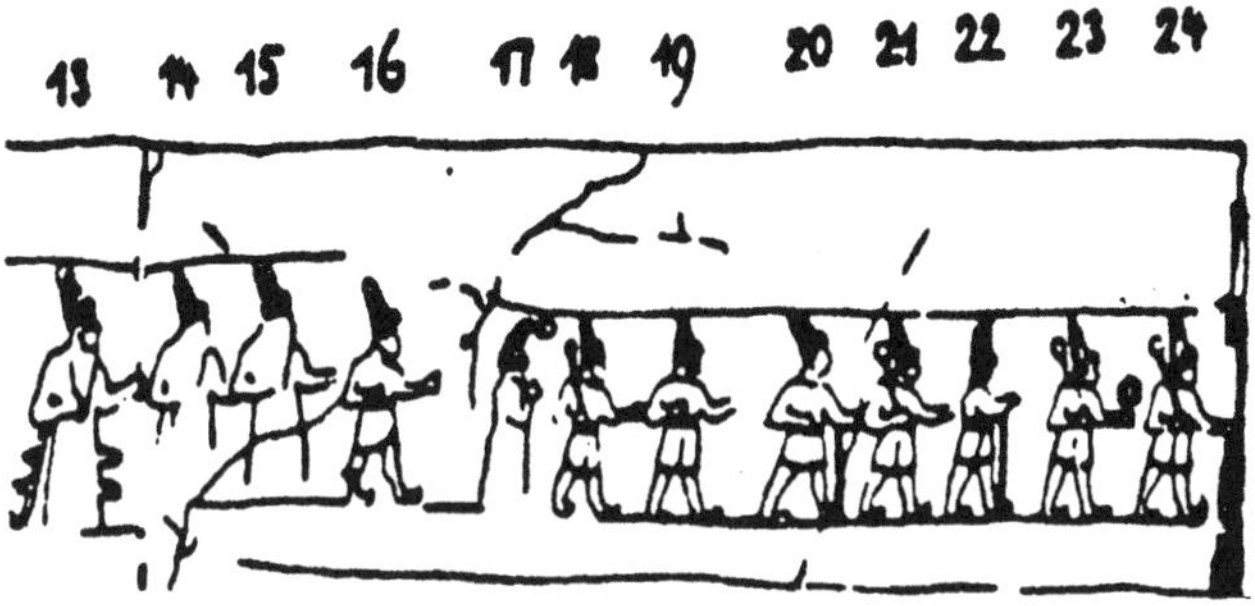

b

c

［図91］ トルコのヤジリカヤにある至聖所の岩に刻まれた神々の行進。頭飾りや手に持つ武器によってそれぞれの役目・地位がわかるようになっている。

記録されている。彼は預言者エリヤの門弟で、後継者でもあった。そのエリヤ自身についても、神の使者が行った別の奇跡についての話が記述されている。エリヤは、多数のバアルの聖職者たちが殺された後、命からがら逃げていた。そして、ネゲブの砂漠で食べ物も水もなく、気を失いかけていたところを「ヤハウエの天使」によって助けられた。その場所は、奇しくも喉をからし、空きっ腹をかかえてさまよっていたハガルを別の天使が救ったのと同じ場所だった。疲れ切ったエリヤが一本の木の下に横たわっていると、全く突然に、一人のマラク（神の使者）が、彼に触って「起きて食べなさい」と言った。驚いたことには、エリヤの枕元に、ひとかたまりの食パンと水差しが置かれていた。彼はちょっと食べ、水を少し飲んでから眠りに落ちてしまった。とすぐに再び、その天使が彼に触って、まだ先が長いからパンをみんな食べて、水も全部飲みなさいと言った（彼は「神の山」、荒野の中のシナイ山に向かっていたのだ）。その説明の文章（列王記上第19章5—7節）には、この天使がどのようにしてエリヤに触れたかまでは書かれていない。

しかし、天使は直接自分の手で触れたのではなく、神の杖か棒で触れたのだと考えるのが妥当だろう。このような用具が使われていたことは、ギデオンの物語の中でもはっきりと述べられている（士師記第6章）。ギデオンに、彼がイスラエル人を率いてその敵に対抗する道を選んだのは、ヤハウエがそう定めたからだということをはっきりわからせる必要があった。そこで「ヤハウエの天使」は、ギデオンが神に奉納するために用意していた肉とパンを持ってきて、岩の上に置くように指示した。そしてギデオンが言われた通りにすると、

ヤハウエの天使は、手にしていた杖の端を

前に突き出して、その肉とパンのかたまりに触れた
すると岩から炎が燃え上がり
その肉とパンのかたまりをのみこんでしまった
それから、ヤハウエの天使は視界から去っていった
そこで、はじめてギデオンは彼が本当に
ヤハウエの天使だと悟ったのだ

こうした事例に出てくる魔法の杖は、ヤジリカヤの行列の12人の一階級上の天使たちが持っていた鞭と同じものだったに違いない。そして最後の行進に加わっていた天使の一団が持っていた曲がった用具は「剣」だったに違いない。こうした剣はマラキム（神の使者たち）が破壊をする使命を与えられて差し向けられた時に持っていたものと同じ形をしている。

この情景はヨシュア記第5章に述べられている。このイスラエルの子孫の指導者がカナンを征服する際に、一番の難敵に遭遇した時があった。それが、かの有名な要塞都市エリコだった。その時、一人の神の天使が彼の前に現れて、次のような指示を与えた。

ヨシュアはエリコのそばに来た時
ふと空を仰ぎ見た。すると何と
彼の反対側に一人の男が
抜いた剣を手に持って立っているではないか

ヨシュアは、その男のそばへ近寄った
そして、その男に聞いた
「あなたは我々の見方なのか
それとも我々の敵なのか？」
すると、その男は答えた
「どちらでもない。わたしは神ヤハウエの天使長だ」

戦士のようなマラク（神の使者）が、剣のようなものを手に持って現れたもう一つの出来事が起きたのは、ダビデ王の時代だった。肉体的な障害のない臣下（兵役に適した）の数を数えてはいけないという掟を無視した時、預言者のガドを通して神の言葉がダビデ王に伝えられた。それは三つの刑罰のうちのどれを神が選ぶかは、ダビデ次第だという内容のものだった。

彼が仰ぎ見ると
ヤハウエの天使が
地球と天の間に浮かんでいた
そして、その天使は剣を抜いて
エルサレムの方角をさした
ダビデ王と長老たちは懺悔《ざんげ》の衣をまとい
こうべを深く垂れた

（歴代誌上第21章16節）

ところで、このように武器を手にして現れた天使たちの話と同じように、はっきりそれとわかる武器を持たないで現れた天使の話も多く記述されている。たとえば、神の世界では自分が正式に認証された大使の地位にいることを知らせるような場合には、武器に頼らず、他の奇跡的な現象を利用せざるを得なかったからである。前に述べたギデオンの場合は、天使が持っていた杖が特に大きな意味をもっていた。しかし、ヤハウエの天使がマノアの不妊症の妻の前に現れて、サムソンが生まれることを預言した時には、こうした杖はどこにも見あたらなかった。その天使は、生まれてくる子サムソンは、苦行に励むナジル人《びと》になるだろうと預言し、その子のためにマノアは葡萄酒やビールを飲むのをやめ、不浄な食物をとってはならないと言った（さらに、その子の髪の毛を決して刈ってはならないとも伝えた）。その天使が、子を生んで育てるという預言が実行されているかどうかを調べるために、再び現れた時、夫のマノアはその天使の身元を確かめようとした。その天使があまりにも普通の人間に似ていたからだ。マノアは、その天使に向かって「あなたの名前は？」と尋ねた。天使は自分の身分を明かすかわりに「ある奇跡を行った」。

そこでヤハウエの天使は彼に言った
「どうしてお前はわたしの名を聞くのか
これは秘密なのだ」

そうしてマノアは生け贄の子山羊を
ヤハウエへの貢ぎ物として
岩の上に供えた

すると、マノアと彼の妻が見ている前で
その天使は奇跡を行った
その祭壇から炎が燃え上がり
ヤハウエの天使はその炎に包まれて
天へと昇っていった
マノアとその妻は、この奇跡を目の当たりに見た
そして彼らは大地にひれ伏した
このことがあってから、ヤハウエの天使は
もう二度とマノアとその妻の前に現れなかった
そして、マノアには今度こそあの男が
ヤハウエの天使だったことがはっきりわかったのだ
(士師記第13章18—21節)

魔法の炎を使って、見ている人に自分が確かに神の言葉を託された者だということを信じさせたもっと有名な例が、「燃え盛る茂み」の事件である。

ヤハウエが、エジプトの王子として育ったヘブライ人モーゼを、エジプトで奴隷の身分になっているイスラエル人たちを解放して、その指導者になるように選んだ時のことだった。ファラオ（エジプト王）の怒りを避けて、シナイ地方の荒野に逃れてきたモーゼは、自分の義理の父ミディアンの祭司の羊の群れを飼っていたが、ある日ホレブの神の山に到着した。そこで不思議な奇跡をモーゼは目の当たりにしたのだった。

そこにヤハウエの天使が現われた
燃えさかるイバラの藪の炎の中に
彼はそれを凝視した
そのイバラの藪は、炎を出して燃えていたが
そのイバラの藪自体はなくならなかった
そこでモーゼは独り言を言った
「もっとそばへ寄って調べてみよう
不思議な光景だ。
イバラの藪はどうして燃え尽きないのか？」
そしてヤハウエはモーゼがもっと近くで見るために
イバラの藪の方へやってくるのを見たとき
神はそのイバラの藪の中から芦をかけられた
「モーゼ、モーゼ！」

そこで、彼は「ここにいます」と答えた

現れた天使が、先の曲がった武器や魔法の杖を持っていた時には、今詳しく述べたような、神であることを証明するための手の込んだ奇跡を起こす必要はなかったのだ。

ところで、古代の絵画の、少なくともいくつかには、人間と神の天使を区別できるはっきりしたもう一つの特徴が描かれている。それは特殊な形をした「ゴーグル」で、普通、頭飾りの一部分になっている。この点について、とても参考になるのが「神」という言葉を表すヒッタイトの絵文字である（図92ａ）。なぜなら、この絵文字は「眼」を象徴しており、ユーフラテス上流地域では祭壇や台座の上に置かれる偶像（図92ｂ）として、よく使われていた。

この偶像は、明らかにゴーグルをかけた眼をしている神の目立った特徴を真似て作られている（図92ｃ）。一例として、ここにあげた小像（図93）は、人間のようにヘルメットをかぶり、ゴーグルを着用して曲がった武器を手に持っている。聖書に出てきた天使たちがアブラハムやロトの前に現れた時も、おそらく同じような姿をしていたに違いない（もし、これらの事例の中で、杖の武器がその光線で目を眩《くら》ますために使われていたとすると、当然、天使たちを「目眩まし効果」から守るために、ゴーグルが必要だったと思われる。——ごく最近になって、相手を殺さないが、敵の目を眩ますことができる目眩まし兵器の開発が、米国をはじめ各国で検討されている。コブラ・レーザー・ライフルと呼ばれるこうした兵器は、手術用のレーザーとミサイル誘導用の両方の技術を応用したものである。この兵器を使う兵士たちは、自分が使う兵器で目が眩まないように、保護用のゴーグルをかけなければならない）。

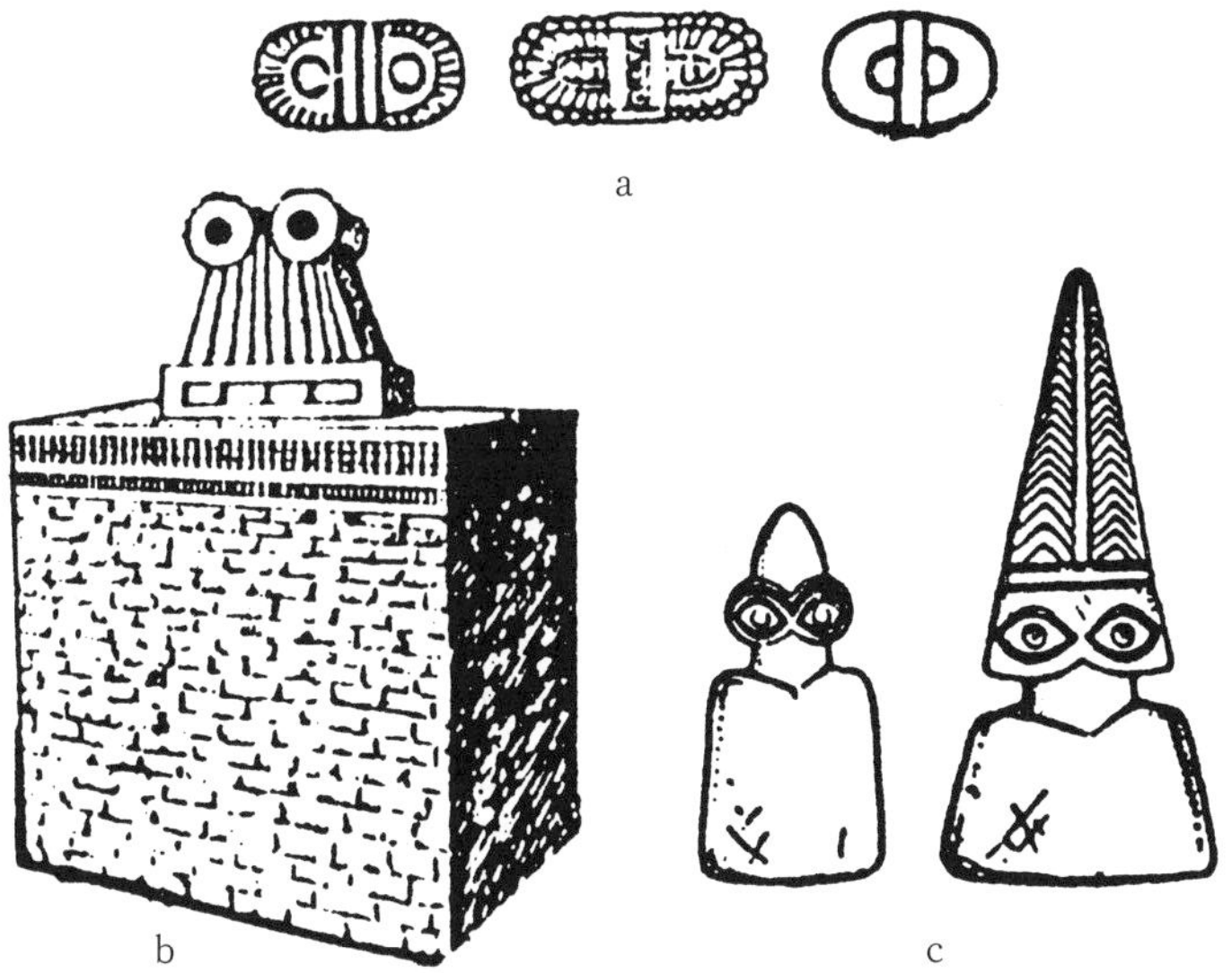

[図92] 眼のシンボルで神を表すヒッタイトの絵文字（a）。祭壇や台座の上に置かれる偶像（b）。ゴーグルをかけた神を強調して作られた粘土人形（c）。
――シュメールより出土。

[図93] 目を眩ます光線武器を持ち、眼にゴーグルをかけた神の小像。

ここで示した絵と、パイロットとしてヘルメットとゴーグルを着用している神イシュタルの絵（図32参照）を比べてみると、マラキム（神の使者たち）の装いや武器は大いなる神々のものとそっくりだということがわかる。

偉大なエンリルは、ニップールの自分の階段式神殿から「国中の人の心を調べる光線を放つ」ことができた。そして「国中をスキャンして詳しく調べることができる目」もそこに備えられていた。さらに、不審な侵略者たちを捕える「罠」も仕掛けていた。ニヌルタは「敵の心をうつろにして、その意識を奪ってしまう武器」を備えていた。そして鋭い光線で山々をも砕くことができたし、「50もの殺害用の頭がついている」奇妙なイブ〝IB〟と呼ばれる兵器で守られていた。テシュブ／アダドは、「岩を粉々にする雷雨をもたらす兵器」と「恐ろしく光る稲妻をつくる兵器」で武装していたといわれる。

メソポタミアの王たちは、戦の勝利を確実なものにするために、いつも自分のパトロンの神に、神の武器を授けてくれるように懇願していた。しかし、神々はもともと自分たちの使者たちや天使たちに武器や魔法の杖を授けていたと見るのが自然だろう。

事実「神々の使者たち」という概念ができたのは、シュメールの神々アヌンナキにさかのぼった時代で、その頃、神々はお互いの便宜のために、使者たちを雇ったわけで、人間との連絡のために雇ったのではなかった。

学者たちが「大いなる神々の高官」と呼んでいるパプスカルという神の従者がいた。彼の通称は「使者たちの父なる先祖」だった。彼は主神アヌのためにいろいろな使命を果たしていた。そして、アヌの決めたことや忠告を、地球上のアヌンナキの指導者たちに伝えていた。しばしば彼は卓越した外交的手腕を発揮していた。

古文書によれば、時々、たぶんアヌが地球から遠くにいる間、ニヌルタの使者としても仕えていたという（ズウとの戦の間、ニヌルタは武器の保管を主務とするシャルールを、神の使者として雇っていたが）。

エンリルのスッカル（Sukkal、侍従）または使者と呼ばれる者たちの長はヌスクだった。彼はエンリルについてのほとんどの神話の中で、いろいろな役割を果たしていることで知られている。アヌンナキたちがアブズ（南東アフリカ）の鉱山で悲惨な労働から反乱を起こし、エンリルが滞在していた家を取り囲んだ時、武器を使って反乱者たちの道をふさいだのが、このヌスクだった。また、両者の反目を解消させるように取り持ったのも、他ならぬこのヌスクだった。シュメール時代、彼はニップールのエンリルの神殿の「エクールからの伝言」をエンリルが管轄していた神々と人間の両方に伝える使者として働いていた。エンリルを称える賛美歌の一節に、こううたわれている。

「エンリルは、この身分の高い侍従長だけに命令や伝言を伝え、心の中で考えていることを打ち明けていた」と。ヌスクはシンとともにハランの神殿にたちながら、アッシリア王エサルハドンにエジプトを攻略してよい、という神の許しを伝えた。

また、アシュルバニパルは、その年代記で、自分をアッシリアの王にするという神の裁断を伝えに来たのは「忠実なる使者ヌスク」だったとはっきり述べている。その時、神の命によって、ヌスクはアシュルバニパルを伴って、勝利を確実なものにするための軍事作戦を展開した。アシュルバニパルは、ヌスクが「私の軍隊を先導して、神の武器で仇敵を殲滅《せんめつ》した」と書いている。

この話は聖書に書かれている逆の出来事を思い出させる。それは後にヤハウエの天使がエルサレムを包囲していたアッシリアの軍隊を逆に打ち破った時の話だ。

その夜も過ぎ去ろうとしていた時
ヤハウエの天使が現れ
アッシリア人たちの野営地に打撃を加えた
その敵の数は18万5000人もいた
そしてエルサレムの人々が
翌朝早く起きてみると、何と
アッシリア人たちは、全員死体になっていた
(列王記下第19章35節)

エンキの侍従長の名はシュメールの古文書ではイシムド、そしてアッカド版の古文書ではウスムと記録されている。彼は自分の主人の無分別な性的行為にもある役割を果たしていた。エンキが自分の異母妹のニンフルサグに男の後継ぎを生ませようとした話を紹介している神話の中で、イシムド／ウスムは初めは相談に乗る親友として振る舞い、後ではニンフルサグが原因でエンキがかかってしまった無気力性を治すために、いろいろな種類の果物を運んでくることもしていた。イナンナ／イシュタルがメー（ＭＥ）を取ろうとしてエリドゥに来た時、その訪問のお膳立てをしたのもイシムド／ウスムだった。後になって、大切なすべての知識を集録したメーを盗む罠に

かかったと知ったエンキから、天の船に乗って逃げるイナンナを追いかけて、そのメーを取り戻すように命じられたのも、彼の忠実な使者だった。

イシムド／ウスムは、時々古文書で「二つの顔」をもっていると説明されている。この奇妙な表現も、どうやら本当のことだったようにも思われる。ここに示した彫像と、いくつかの円筒印章に、実際に二つの顔として描かれているからだ（図94）。イシムド／ウスムは、遺伝子の異常で、生まれながらにしてそういう顔だったのか、それとも何らかの深い理由によって、わざとこのように描かれたのだろうか？　誰にも本当のところはわかっていない。しかし、そうするとこの神の使者の天体（冥王星）の分身もひょっとすると同じように二つの顔をもっているかもしれない（この章の終わりの、コラムの説明を参照）。

また、イナンナ／イシュタルの侍従についても、何か異常な感じがする。この侍従の名はニンシュブルといった。不思議な点は、ニンシュブルは時にはいかにも男らしい感じで紹介されていて、この時は学者たちは彼の地位を「侍従や大臣」と訳している。そして、ある時には、ニンシュブルはまるっきり女性のように記述されている。この時、彼女は「女官」と訳されている。ここで疑問になるのは、ニンシュブルは二つの性をもっていたのか、あるいは性がなかったのか、つまり両性だったのか、去勢された宦官《かんがん》か何かだったのか？　という点である。ニンシュブルは、ドゥムジから求婚されていた時は、イナンナ／イシュタルの親友として振る舞っていた。当然、その時は、彼女は女性として扱われており、女性であったとしか思われないのだ。ソーキルド・ヤコブセンも、その著書『暗黒の財宝』の中で、彼女の地位を「女官」として紹介している。

しかし、エンキをだましたイナンナ／イシュタルがメーを持って逃げる話のくだりでは、ニンシュブルは男性のイシムド／ウスムと同一人物で、女神イナンナ／イシュタルも彼のことを「私をかばって闘う戦士」と呼んでいる――この場合、明らかに男性の役割を果たしている。この神の使者の外交的手腕が発揮されたのが、イナンナ／イシュタルが禁則に反して「下界」と呼ばれる地域にいた姉のエレシュキガルを訪ねようとした時である。有名なシュメール研究家サミュエル・N・クレーマーは、この時のことに触れたその著書『イナンナの下界への旅』の中で、ニンシュブルを「彼」と表現している。A・レオ・オッペンハイム（『メソポタミアの神話学』）も同じように「彼」と呼んでいる。このように、両性か無性かの謎に包まれたニンシュブルが、他の奇妙な者たちを相手に争ったことが言い伝えられている。その奇妙な相手とは、全部ではないが、そのほとんどがエンキによって造られた者たちであった。この者たちは男性でも女性でもなく、また神でも人間でもなかった。それは一種の人造人間で、人間の形をした自動人形だったのだ。

このような謎に満ちた神の使者たちが実際にいたことや、その者たちのまぎらわしい本性については、前述の古文書にはっきり説明されている。それはイナンナが、自分の姉のエレシュキガルが住んでいた「下界」（南アフリカ）を非公式に訪問した時のことであった。この旅のために、イナンナは宇宙飛行士の服装をしていた。多くの古文書で述べられていた彼女が身につけていたという七つの品々も、マリで発見された同時代の絵に、全部描かれていた（図95a、b）。

その品々は、イナンナが立入禁止の地域に入るための通行料として使ったものだった。つまり、その地域に入っていく時に通過しなければならなかった7カ所の関所に、一つずつこの品々を渡してきたのだ。こうして身ぐるみはがされて「裸になったイナンナは、深くお辞儀をしながら王

[図94] エンキの侍従長イシムド／ウスムは〝二つの顔〟をもつと言われていた。果たして彼はイナンナ／イシュタルの女官ニンシュブルと同一人物なのか？

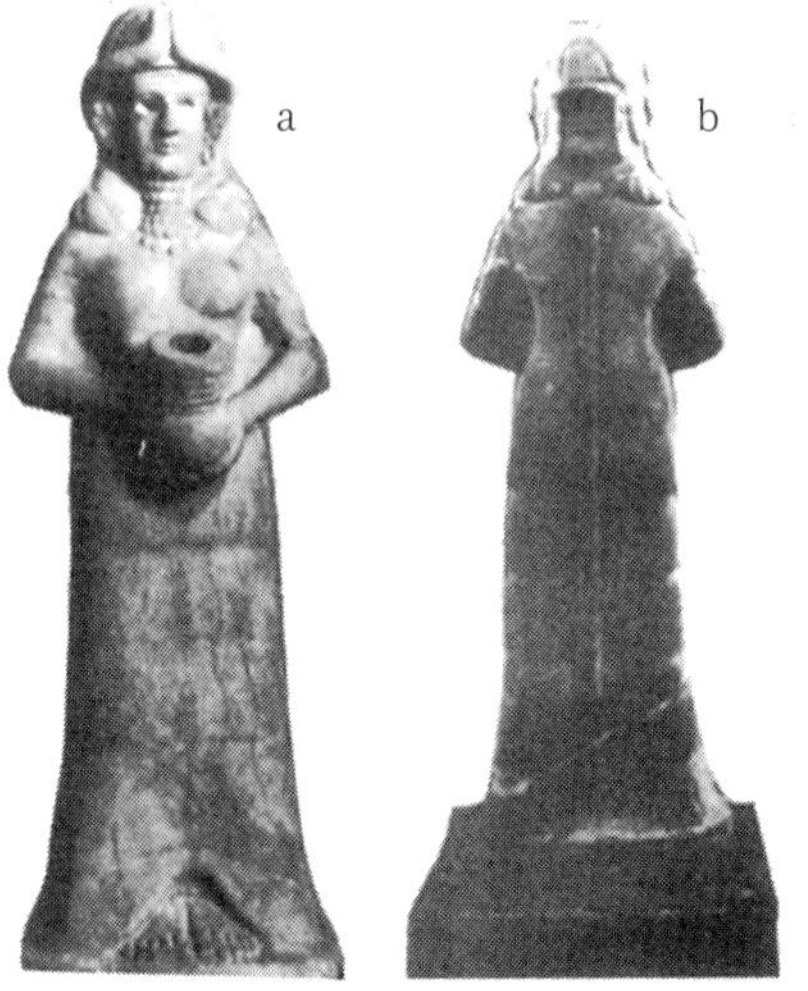

[図95] イナンナ／イシュタルは、姉に会いに「下界」(南アフリカ) へと旅した時、宇宙飛行士の服装をして七つの品々を身につけていた。

座のある謁見室に入っていった」。

二人の姉妹はお互いに目を合わすや否や、両方とも怒りでかっとなってしまった。そして、エレシュキガルは自分の従者ナムタルに命じて、イナンナをつかまえさせて、頭の天辺から足のつま先まで、全身を打ち叩かせた。「イナンナは死体となって支柱につるされてしまった」

この危険な旅へ出る前に、こうした受難が起きるかもしれないと思ったイナンナは、自分の使者のニンシュブルに、3日以内に戻らなければ助けを求めるように言いおいていた。イナンナに異変が起きたことを悟ったニンシュブルは、救いを求めて神々の間を飛び回った。しかし、エンキ以外にはどの神々も死をもたらすというナムタルの力を妨げることはできなかった。彼の名前は「終焉者《しゅうえんしゃ》」を意味し、アッシリア人やバビロニア人は彼のことを「殺し屋」(memittu)と呼んでいた。彼こそ、死の天使だったのだ。彼は、神々や人間たちとは違って、「手や足がなく、水も飲まず、食べることもしなかった」

そこでエンキは、一計を案じて彼と同じような人造人間を造り、「帰らざる国」に行かせて、使命を無事に果たさせようとした。

この「神話」のシュメール版には、エンキが粘土の人造人間を2体造って、一体には「生命の食物」を、もう一体には「生命の水」を与えて、活力をつけたと述べられている。その古文書では、その前者はクルガル、後者はカラツルと呼ばれている。この言葉は複雑で微妙な意味をもっているので、学者たちもあえて訳そうとはしなかった。

じつはこの言葉は、この人造人間の「陰部」を表したもので、この二つの呼び名は特定の性器を指している。直訳すると、一人の名は「開口部にはめ込まれている」ことを意味し、もう一人の名は「挿入するものがその気になっている」という大変な意味になってしまうのである。

この二人が自分の謁見室に入ってきたのを見て、エレシュキガルは彼らが何物だろうと不思議に思った。「あなたたちは神なのか、人間なのか？」と彼女は尋ねた。「いったい何が望みなの？」。すると彼らは命を失ったイナンナの体を所望してもらいうけ、その死体の上に断続する電波と光線を放射した。それから彼女の体に〝生命の水〟を浴びせかけ、彼女に〝生命の食物〟を与えた。「するとイナンナは生き返った」

この二人の使者たちについての記述に、Ａ・レオ・オッペンハイム（『メソポタミアの神話学』）が解説を加えている。それによれば、彼らがエレシュキガルの領地を通過してイナンナを救うことができたのは、次の理由によるとされている。つまり（a）彼らは男性でも女性でもなかった。（b）彼らは人間の子宮でつくられたものではなかった。以上の二つである。さらに、彼は天地創造の叙事詩のバビロニア版である「エヌマ・エリシュ」の中に、神々が「ロボット」を造る力をもっていたと述べている箇所を発見した。それによれば、ティアマトとの戦いと、続いて行われた神秘の天地創造は、すべてマルドゥクが行ったことで、その時から人間を創成するという構想があったという。

従って、バビロニアの古文書を解読すると、この時も、「神々の話を聞いて、彼らを助けるための最良の策として、人造人間を造ろうと考えた」のは、他ならぬマルドゥクだったという。彼の父親であるエア／エンキに、この思い付きを明かしてマルドゥクはこう言った。「私はロボットを造ろうと思うのです。その名は〝人間〟といって……神々に奉仕し、彼らを助けるのがその役目なのです」。しかし「エアは神々を手助けしようとするこの思い付きを変えさせようとして、別の提案をした」。その案とは、すでに存在している生物に、神々の「しるしをつけよう」というものだった。つまり、神々の遺伝子をその生物に植えつけようとしたのである（その結果としてホモ・サピエンスが創られた）。

シュメール版古文書の、最近の訳として、ダイアン・ホルクシュタイン（『天と地の女王イナンナ』）は、この二人の使者たちの性別をこう説明している。「男性でも女性でもない生物たち」と。しかし、アッカド版では、もっとはっきりした説明がなされている。それによると、エア／エンキはイシュタルを救うために、たった一人の生物を造っただけである。

E・A・スパイザー（『イシュタルの地下の世界への降り立ち』）が翻訳したその古文書には、次のような表現がある。

エアは、その賢明な頭で、ある工夫を思いついた
そして、従者として去勢された一人の宦官（eunuch）を創った

不正確に「eunuch（宦官）」と訳されているこのアッカド語は、よく調べてみるとじつは「アシンヌ（assinnu）」のことで、文字通り「陰茎と膣」を意味する言葉である。どうも去勢された一人の宦官というよりも、両性人間だったようである。エレシュキガルの裏をかいた創造物、または生物らしきものの本性は、両性人間だったことは、後に考古学者たちが発見した多くの小像の姿からも明白である（図96ａ）。

こうした小像には、男性の器官と女性の器官の両方が刻まれている。その意味は、本当の性別

がないということである。こうした人造人間たちは杖や他の武器を持っていた。そして、彼らはガル（Gallu、番兵）と呼ばれていた使者たちの一団に属していた。このガルという言葉は、「悪魔」とも訳されている。ドゥムジが死んだ話の中にも登場した、マルドゥクが派遣したあの怖い「保安官」――Galluu――のことである。

エンキの息子ネルガルがエレシュキガルを娶《めと》るためにやってきた様子を伝えている物語の中にも、このガル（番兵）が登場している。エンキは、この危険な地方へ旅する自分の長男を守るために14人のガルを造ったといわれている。また、イナンナ／イシュタルがこの地域に降りていった話の中でも、ナムタルは生き返ったイナンナが天界に逃げ帰るのを邪魔しようとしてガルを送り出したと述べられている。

これらの古文書すべてに、ガル（番兵たち）は神々に仕えている使者たちと同じような顔や体をしていなかったが、手には棍棒を持ち、腰には武器を携えていたと記されている。彼らは血も肉もなく、「母親もなく、父親もない、兄弟姉妹も妻も子もない」生物だったと述べられている。また、「彼らは食物も水もとらなかったという。そして、番人のように地球の空を飛び回っていた」のだ。

この古代の人造人間についての言い伝えが、現代に再現していないだろうか？

この疑問はまことに的を射たものと思われる。なぜなら、今日ＵＦＯに遭遇したり誘拐されたという人たちによって伝えられるＵＦＯの乗組員の姿が、このガルの姿に近いからである。ＵＦＯの宇宙人たちは、性別がはっきりせず、プラスティックの皮膚をしており、頭の形は円錐形で、長細い目をしているというように伝えられている。彼らは限りなく人間に似ているが、身のこなし方は人造人間のようだともいう。

宇宙人たちを見たという現代の人たちが描く絵は、古代の人たちが描き残したガル（番兵）の絵とそっくりだと言っても過言ではないだろう（図96b）。


しかし、さらに別の階層の神々の使者たちがいた。それは悪魔のような生き物だった。この連中のある者はエンキに仕え、またある者はエンリルにも仕えていた。彼らは悪事を行う「悪魔」ズウの子孫と思われていた。この悪魔たちは、よくないことばかりを行い、病気やペストなどの疫病の原因だと考えられていた。この悪魔たちは、しばしば鳥のような姿をして現れたという。

イナンナとエンキの神話では、エンキが侍従のイシムドに、イナンナが持ち去ったメーを取り戻すように命じた時、奇妙な形態をした使者たちの一団をイシムドと一緒に差し向けたという。この一行は、逃げていく「天の船」をつかまえる能力をもっていた。その一行の名前は、巨人のウル、怪物のラハマ、大声のクガルガル、そして、空の巨人エヌヌンだった。この使者たちは、全員エンクムと呼ばれる分類の生き物たちだった。

エンクムとは、マーガレット・ウィトニイ・グリーン（『シュメール文学におけるエリドゥ』）の訳によれば、「半人半獣」の生き物だった。そして、おそらくもともと神殿の宝物を護るために造られた（鷲の頭と翼、ライオンの胴体をした）「グリュプス」のような恐ろしい格好をしていたに違いない（図97）。

こうした生き物の大軍と出会った話が、「ナラム・シンの伝説」として知られる古文書に記されている。ナラム・シンは、サルゴン1世（アッカド王朝の創始者）の孫で、エンリル派の神々

a

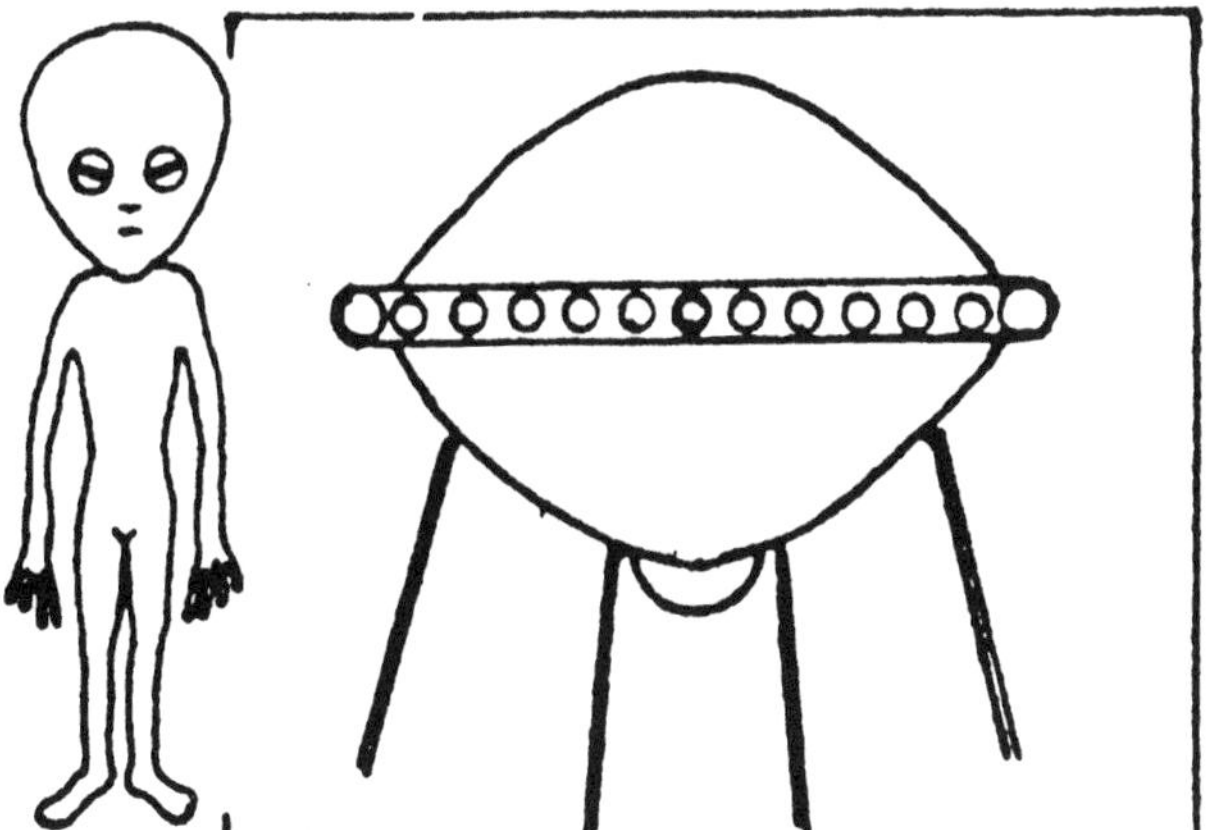

[図96] ガルと呼ばれる両性人間（a）と、現代で目撃されているＵＦＯの宇宙人（b）はよく似ている。

[図97] 神々の使者たちの中には、エンクムのような〝半人半獣〟のものもいた。

[図98] 女性の悪魔リリスの体は、人間の部分と鳥の部分からできていた。

の命令でいくつもの軍事作戦に参加していたと、彼の年代記に述べられている。しかし、ある時、彼は神々のお告げがこれからの戦いに水をさすような場面に遭い、大きな苦難を背負い込むことになった。そうして、大勢の「悪魔」の使者たちが明らかにシャマシュの指令によって、彼に差し向けられた。この使者たちは、

祠《ほこら》の中の鳥の体をした戦士たちで
（不吉な兆しの）ワタリガラスの顔をした生き物だった
大いなる神々が彼らを創って
広野の中に彼らの都市を建設した

この奇怪な使者たちの様子に当惑したナラム・シンは、彼の武官の一人に、この生き物に忍び寄ってその中の一人に槍を突き刺してみるように命じた。「もし血が出たら、彼らは我々と同じ人間だ」とこの王は言った。「もし血が出なかったら、彼らはエンリルによって造られた悪魔の神々なのだ」（この武官の報告は、確かに血が出るのを見たというものだった。ナラム・シンは攻撃をしかけるように命令した。しかし、彼の兵士たちは誰も生きて帰れなかった）

人間の部分と鳥の部分からできているこの悪魔の中でも、特に有名だったのがリリスという女性だった（図98）。彼女の名前は「夜の女王や吠える人」という意味だった。そして、長い間、彼女はもっぱら男を誘惑して死に至らしめたり、母親たちから新しく生まれた赤ん坊を強奪する悪魔であると信じられていた（迷信だと言う人もいるだろうが）。聖書時代の後のユダヤの諸伝

説の中では、彼女はアダムの婚約者と考えられているが、彼女は悪神ズウ（またはアンズウ、「天のズウ」）の前妻だったと考えるほうが妥当だろう。「イナンナとフルップの木」として伝えられているシュメールの物語によれば、とても変わった木が鳥のようなアンズウと「暗黒の女性」リリスの二人の悪魔の家に生えていた。そして、この木がイナンナとシャマシュが使う家具を作るために切り倒されると、アンズウは遠くへ逃げ出し、リリスも「人が住んでいないところへ逃げていった」と言われている。

時が過ぎて、神々自身はさらに遠い存在になり、ほとんど現れなくなると、この「悪魔たち」がすべての疾病や災難、あるいは不幸の原因と考えられるようになった。そこで、この悪事を行う悪魔を追い払うための加持祈禱《かじきとう》が盛んに行われるようになった。魔除《まよ》けのお守りがたくさん作られ、家々の門口にぶらさげられた。お守りに書かれた「聖なる言葉」が悪魔を追い払うと信じられていた。この風習はごく最近のキリスト教布教以前の時代まで続いていた。そして、その後もこの風習は根深く残っていた（図99）。

一方、聖書時代の後の時代と、アレキサンダー大王の征服後のヘレニズム時代には、今日考えられているような優しい天使たちのイメージが一般的にも宗教的にも、その主流となるに至った。ヘブライ語聖書には、そのダニエル書の中で、聖書時代の後に登場した7人の大天使のうちで、ガブリエルとミカエルのことだけが取り上げられている。

エノクの書や他の聖書外典で取り上げられたいろいろな天使の物語は、まさに天国の至る所に住んでいて、神々の命令を実行する、いわゆる現在の天使像の基礎をなすものだった。そして、ずっと人間の想像をかきたてて、その情熱を傾けさせてきた広範囲の天使論の構成要素の一つだ

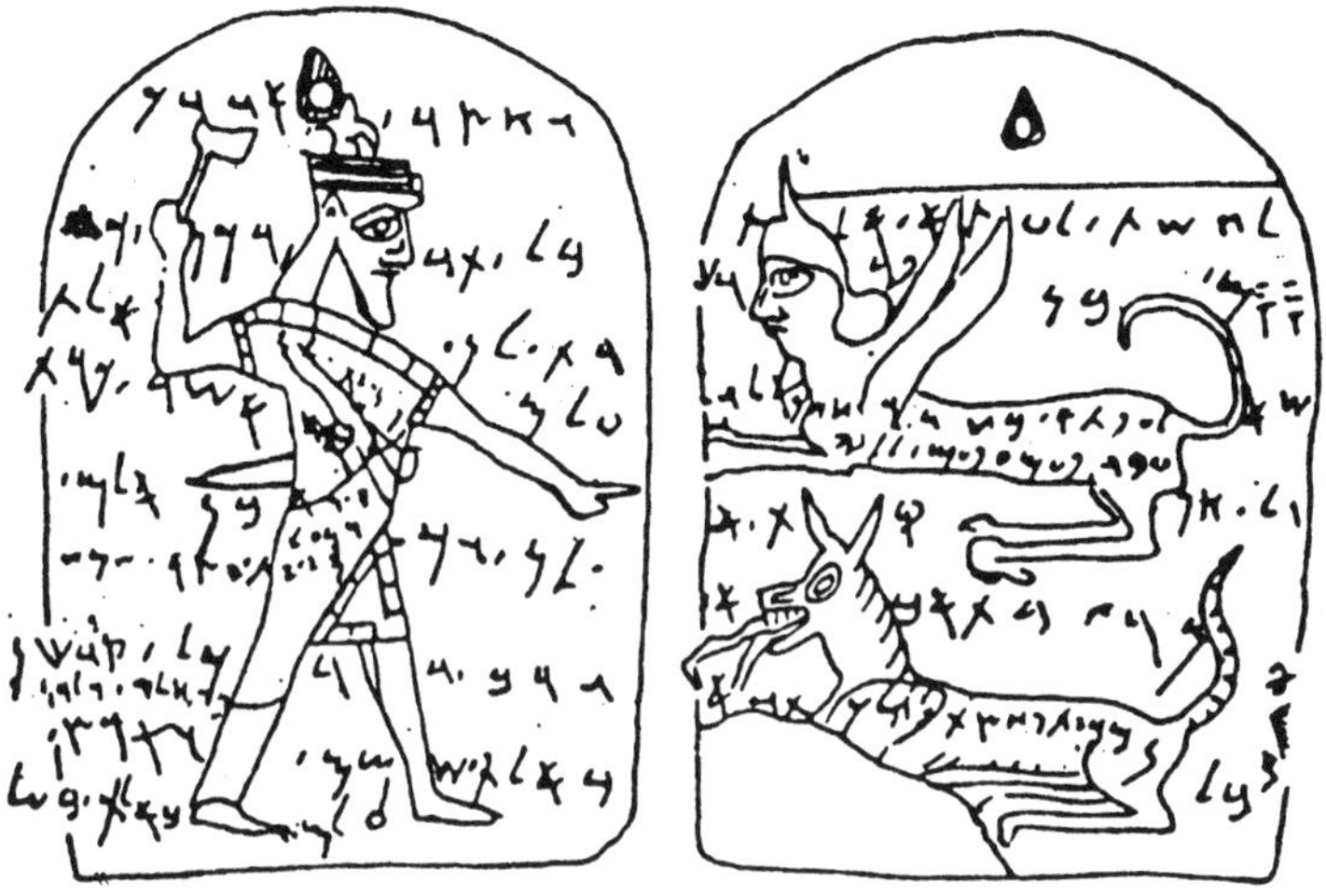

［図99］〝聖なる言葉〟の書かれた魔除けのお守りを家の門口にぶらさげ悪魔を追い払う風習は、キリスト教布教以前まで続いていた。

った。

今日では、誰もが、彼のあるいは彼女の守護天使の出現を願っているのだ。

コラム

冥王星が傾いて軌道しているのは、惑星ニビルが原因だった

二つの顔をもつウスム（冥王星）についての最初の記述があったのは、天地創造の史詩の中で、ニビル／マルドゥクが天体の衝突の後で太陽系の再整備を行ったくだりだった。

ティアマトを二つに裂いて、そのそっくり半分から地球（その伴侶、月）を創り、こなごなになった半分から火星と木星（と彗星）の間のアステロイド帯を創った太陽系外からの侵略者は、今度は外側の惑星に注意を向けた。すると、そこではアンシャール（土星）の衛星が、その軌道からはずされて他の多くの惑星のほうへ引っ張られようとしていた。ニビル／マルドゥクは、まず第一にヌディンムド／エア（我々が海王星と呼んでいる惑星）に恩義を感じていたので、衛星をエアの配偶者ダムキナへの「贈り物」とした。「母親ダムキナに、マルドゥクはすてきな贈り物をした。そしてウスムを彼女に引き合わせて、大法官の職を与えた」と述べられている。

この惑星の神のシュメール語の名前、イシムドは「先端、終わりにある」を意味した。そしてアッカド語の名前、ウスムは「二つの顔」を意味していた。これはいちばん外側の惑星（ニビルを除いて）の奇妙な軌道を説明するための完璧な表現である。冥王星の軌道が異常なのは、太陽系の惑星の公転平面から傾いていることだけではない。その軌道は、その周期の２４８―２４９年（地球年で）の大部分の期間は海王星を越えた外側に位置するようにな

っているが、海王星の内側に入る時期もあるのだ（下のイラストを参照）。

冥王星はこのように、その「主君」であるエンキ／ネプチューン（海王星）に、二つの顔を見せている。一つの顔は、海王星の外側の時、もう一つの顔は海王星の前（内側）にいる時のものだ。冥王星が１９３０年に発見されて以来ずっと、天文学者たちはこの惑星は昔、たぶん海王星の衛星ではなかったかと推測している。

しかし、天地創造の史詩では、この惑星は土星の衛星だったと述べられている。そして、天文学者たちは今でも冥王星の奇妙な傾いた軌道の理由を説明することができない。しかし、アヌンナキによってその秘密を伝授されたシュメールの宇宙進化論には、その答があるのだ。惑星ニビルが原因なのだ。

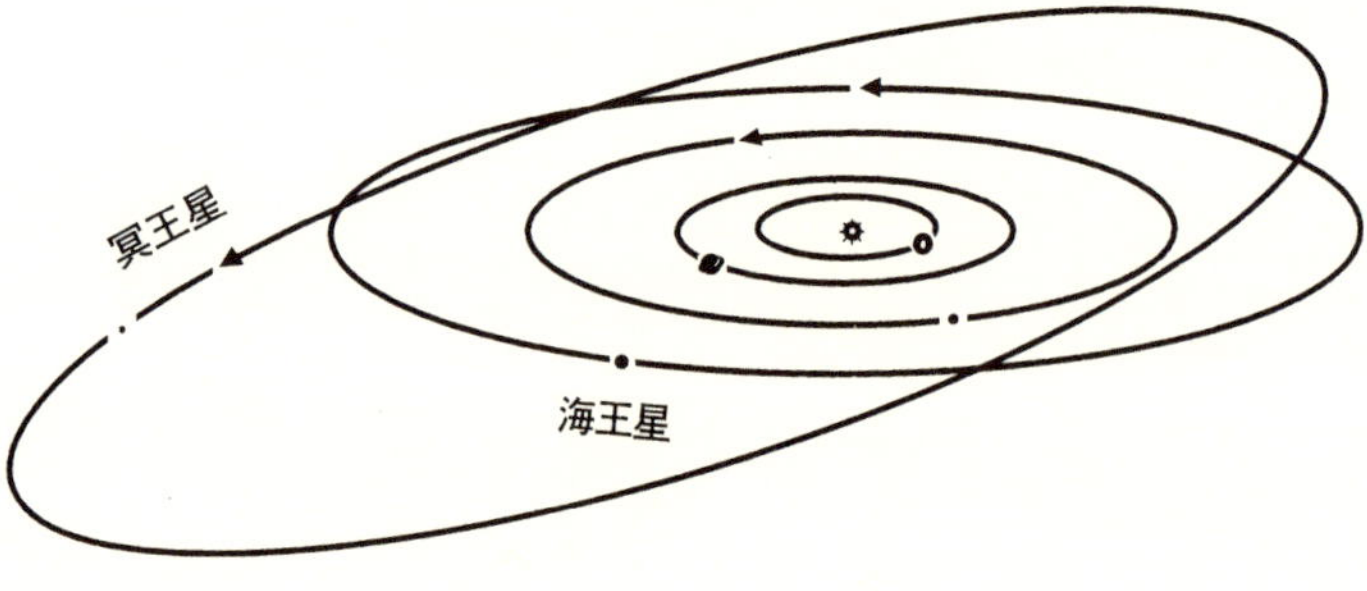

第12章
実録！　神の顕現とモーゼの十戒
――エジプト脱出から人類史上最大規模の神との出会いの時へ

神々が、地球上で見られる出来事を観察して、人類と連絡を取ろうと決めたと想像してみよう。

地球外生物たちは、ハイテクの通信技術により、各国の首脳にメッセージを送る。そして、戦争や圧制をやめて、人類を束縛から解放し、人間の自由を大切にしようと語りかけるのだ。しかし、このメッセージは、たわむれの一種だと、取られてしまう。国家首脳や学者たちは、UFOはあり得ない話だと思っているし、もし、宇宙のどこかに知的生物がいるとしても、そこは地球から何光年も遠くに離れすぎていると思っているからだ。そこで、地球外生物たちは、人類にわからせようとして、「奇跡」を起こしてみせる。そのための手段は、未だかつてないほどの力を見せつけるもので、たとえば、地球の自転を止めて、昼の地帯では太陽が沈まず、夜の地帯では太陽が昇らないような、奇跡を見せつけるところまでエスカレートしていく。かくして、地球の人間たちの注意を喚起するため、地球外生物たちは、自分たちの姿を現す時が来たと感じる。

巨大な皿の形のスペースクラフトが地球の空に現れ、輝く光のビームの上に浮いている。そして、その目的地は、地球の最も力をもった首都である。肝《きも》をつぶした群衆の目の前に宇宙船は着陸する。静かに扉が開き、輝く光が流れだし、巨大なロボットが降り立ち、前進してピタリと止まる。人々は未知の人間の形をした巨像の出現に驚いて、恐怖のためにひざまずく。と、この地球外生物は、一言、「わたしは平和をもたらす」と述べる。

実際のところ、このような筋書きを、今さら、心に描く必要はなかったかもしれない。というのは、この筋書きの要点は、1951年製作の映画『地球が静止する日』で、あの印象的なマイケル・レニイ扮するETが、首都ワシントンに降り立ち、英語で語りかけ、人々を安心させた場面とそっくりだからだ。しかし、現実に、こうした筋書きは、絵空事のSF映画ではなく、現実に起こったことなのである。現代ではなく古代に、米国ではなく古代近東で起きたのだ。そして、スペースクラフトが現れて、地球は、ある時、まさに静止したのである。

それは、まさしく人類の記憶に残る、史上最大の神との出会いであった。60万人以上の群衆が目撃した最大規模の、神の顕現であった。

神が現れたのは、シナイ半島の「神エロヒムの山」シナイ山であった。ここで、波乱と奇跡に満ちたエジプトからの脱出におけるハイライトシーン、イスラエルの子らへの聖なる戒律（十戒）の授与が行われたのだ。

このエジプト脱出に関わる事件の大筋を振り返っていくことは、神の顕現の過程をたどる上での一里塚である。

アブラハムは、聖書の中では、シュメール語で「アブラム」と呼ばれている。アブラハムは、彼の父テラ（神託を授ける神官）とともに、シュメールのウルからユーフラテス上流のハランへの旅をした。我々の推定では、それは紀元前２０９６年に当たる。あの偉大な王ウルナンムが突然の死を遂げ、人々が彼の死を「エンリルが彼の運命を変えた」ためと称する年である。その頃、シュメールは、邪悪な西部の都市に侵略されていた。アブラム／アブラハムは、彼の家族・従僕・羊の群れを連れて南に進み、シナイ半島の乾燥地帯のネゲブに移動するように、主神ヤハウエに命じられた。この移動は、ヘブライ人の族長が75歳の時、すなわちウルナンムの王位継承者シュルギが死んだ紀元前２０４８年から行われた。それはまた、北メソポタミアのヒッタイトの地にマルドゥクが到着して、神々を支配統括する準備を始めた年でもあった。

日照り続きによる飢えと闘いながら、アブラムはエジプトに向かって移動を続けた。エジプトで、アブラムたちは、北第10王朝最後のファラオに受け容れられた。そのファラオは数年後（紀元前２０４０年）に、南のテーベの王子たちと聖職者たちによって王位を奪われた。

それよりも2年ほど前、我々の計算では紀元前２０４２年に、アブラハムは彼のネゲブにある前哨基地に戻った。この時、彼は騎兵隊（たぶん、駿足《しゅんそく》のラクダの騎兵たち）を率いていた。彼は「東方の王たち」の一団が地中海沿岸を襲い、シナイ半島の宇宙空港にまでなだれ込もうとするのを防ぐために、戻ってきたのだ。

アブラハムの使命は、もともと、宇宙空港の滑走路を防護することにあり、この東部地方の戦いで、カナンの諸王たちの味方をすることではなかった。しかし、シナイ半島から、それていった一団がソドムを侵略し、アブラムの甥のロトを捕虜にするという事態になると、彼は直ちに騎兵隊を率いて、ダマスカスまで進攻した。そして、自分の甥を助けて、戦利品を持ち帰った。アブラムが帰還すると、シャレム（後のエルサレム）の人たちから、勝利者として、祝福をうけた。

その時交わされた挨拶には、次のような、永遠の敬意が込められていた。

シャレムの王、メルキゼデクは、パンと葡萄酒を持ってきた
いと高き神の祭司である彼は、アブラムを祝福して言った
「願わくは、天地の主なる、いと高き神が
アブラムを祝福されるように
願わくは、あなたの敵をあなたの手に渡された
いと高き神が崇められるように」

そして、カナン人の王は祝典を捧げ、アブラムにすべての戦利品を捧げ、捕虜をも手渡した。しかし、アブラムはこれを辞退し、何一つうけず、次のように誓った。

「天地の主なる、いと高き神、主に手を上げて私は誓います
私は糸一本でも、くつひも一本でもあなたのものは何も受けません」

「こうした出来事の後」——つまり、アブラムが宇宙空港を護る使命を成し遂げた後——主の言葉が、幻のうちに、アブラムに伝えられた（創世記第15章1節）。「アブラムよ、恐れてはならない」と主は言った。「わたしは、あなたの盾である。あなたの受ける褒美はとても大きいであろう」。だが、アブラムは、自分には跡継ぎもいないので、どんな褒美も何の価値もないと答えた。

そこで、「ヤハウエは言われた」。アブラムが天の星のように、多くの子供や子孫をもつことを保証し、その彼らが、アブラムが今たっている土地を相続するであろうと……。ここで、もし、神自身の語りかけで、神の身元が明かされなかったならば、子供のいないアブラムは、この契約がどんなものであろうと、忘れ去ってしまっただろう。この点については、聖書の中の解説でも、アブラムへ語りかけ、姿を現したのは、神ヤハウエだったと述べられている。こうして、初めて神は自分の名前を告げて、その身元を明らかにしたのだ。

「わたしは、この地をあなたに与えて、それを継がさせようと、あなたをカルデラのウルから、ここへ導き出した主です」

そしてアブラムは言った。

「主なる神よ、私がこれを継ぐのを、どうして知ることができますか」

すると直ちに、ヤハウエはアブラムを納得させた。その日、ヤハウエはアブラムと契約を結んで言われた。「わたしは、この地をあなたの子孫に与える。エジプトの川から、大河ユーフラテスまで」

ヤハウエ（「至高にして天と地の主」）と、祝福された族長との「契約の締結」は、後にも先にも、聖書の中でも見いだせない、魔術的な儀式の中で取り交わされた。族長は、3歳の雌牛と、雌山羊と、牡羊と、山鳩と、家鳩とを裂き、裂いたものを、互いに向かい合わせて置くように教えられた。そして、日が沈む頃、アブラムは深い眠りに襲われ、恐ろしい大きな暗闇が、彼を包み込んだ。この預言――すなわち、ヤハウエ自身が、その義務を負うと明言した神意は、こうして宣告された。それは、400年にもおよぶ異国での、奴隷としての日々を過ごした後、彼の子孫が、約束の土地を相続するだろうという内容だった。やがて、ヤハウエがこの神託を宣告するや否や、燃えさかるたいまつが、切り裂いた生け贄の間を通り過ぎた。「その日、ヤハウエはアブラムと契約を結んだ」と、聖書に述べられている（約15世紀の後、アッシリアの王、エサルハドンが、こう書いている。「私は、シャマシュとアダドの神の裁断を求め、うやうやしく、ひれ伏す」。そして、「アッシリアとバビロンとニネベについての、将来像を得るために、私はひざまずき、私の両側に、生け贄の動物を置いた。神託は完全に受け入れられ、神は私に好意的な答を下さった」。しかし、この時は、神からの火は、生け贄の動物の間を通り抜けなかった）。

86歳の時、アブラムは彼の妻サライ（彼女は、まだシュメール風の名前で呼ばれていた）ではなく、侍女のハガルが生んだ息子を得た。それは、神と人との極めて重要な出来事が起きた夜――すなわちヤハウエが「アブラムの前に姿を現し」彼のために新しい時代を整えた、あの夜――から13年の後であった。新しい時代とは、シュメール風の名前アブラムとサライが、セム人風の名前アブラハムとサラに変わり、永遠の契約のしるしとして、すべての男性が割礼した時を言う。我々の推定では、紀元前2040年（シュメールとエジプトの年表の合致による）にアブラハムが、ソドムとゴモラの大変動と、それに続くヤハウエと二人の天使の訪問を目撃している。シナイ半島の中心にあるマルドゥクの宇宙空港施設の機能を奪った、原子爆弾による「抹殺」という劇的な展開に比べれば、ソドムとゴモラの破壊は、ほんの序幕にすぎなかった。偶発的な原子爆弾の爆発による大虐殺は、死の原子雲を東方へ向け、シュメール人を死に至らしめ、偉大な文明に痛ましい最後をもたらした。今や、わずかに、アブラム／アブラハムとその子孫のみが、この古代の伝統を守り続けていた。彼らは、「神ヤハウエの名において」神聖なこの新しい時代との結びつきを、大切にしていた。

そして、原爆の災害から逃れるために、ネゲブ（シナイに境を接した不毛の地）を出ていくように命じられ、フィリスティア（ペリシテ）人の地区の、地中海の沿岸に避難場所を見つけることができた。数年後、ヤハウエの預言通り、彼の妻で、異母妹のサラからイサクが生まれた。

その37年後に、サラが死んだ。そして、年老いた族長アブラハムは、相続のことを心配していた。彼はイサクが結婚する前に死んでしまうことを恐れて、召使いの長に「天の神であり、地の神であるヤハウエの名において、決してイサクを土着のカナン人と結婚させない」と誓わせた。

彼は、実際に、ユーフラテスの上流のハランにいる親類の娘を、イサクの嫁にもらい受けるため、この召使いの長を派遣したのだった。40歳の時、イサクは「輸入妻」リベカと結婚し、20年後に双子のエサウとヤコブを生んだ。それは、我々の推定では、紀元前１９６３年のことになる。

その後、息子たちが成長した頃、「アブラハムの時にあった、初めの飢饉に続いて、またまた、大きな飢饉が、その国を襲った」。イサクは、彼の父が、農業が雨に依存しないで、毎年のナイル川の氾濫による用水を利用しているエジプトに行こうとしていたのを思い出した。しかし、そうするには、彼はシナイを横切らなければならず、原爆の爆発から何十年もたったその頃でも、かなり、危険であった。その時、「主は、彼の前に現れて言われた」。そして、エジプトに行かないように諭された。そこで、彼は水を汲める井戸が掘れる場所を求めて、カナンに移動した。そして、エサウが土地の娘と結婚し、ヤコブがハランに行きレアとラケルと結婚するまでの長い歳月、その地に留まった。

やがて、ヤコブは12人の息子を授かった。6人はレア、4人は内妻、そして、二人がラケルから生まれた。その二人が、ヨセフと最も若いベンジャミンだった（ベンジャミンが生まれた時ラケルは死んだ）。子供たちの中で、ヨセフがヤコブの一番のお気に入りだった。そのため、兄たちはヨセフに嫉妬し、彼をエジプトに行くキャラバンに売り飛ばしてしまった。かくして、アブラハムの子孫が、外国に移り住むという神の預言が、現実のものとなり始めた。

一連の夢占い（預言）に成功したヨセフは、エジプトの国司の位に就き、土地が実り多い7年の間に、その後の7年の飢饉に備える使命を課された（我々の見解では、ヨセフの独創力は、自然の沈下を利用し、人工の湖を造り、ナイルの水位が高い年に水を満たしておき、乾いた時期に貯めた水を使い、土地をうるおしたと思われる）。この湖は、今もなお、エルファユムと呼ばれるエジプトの最も肥沃な地域をうるおしている。そして、湖とナイルをつなぐ運河は、今でも、「ヨセフの水路」と呼ばれている。

飢饉が耐えられないほどになったので、食料を得るために、ヤコブは息子たち（ベンジャミン以外の）をエジプトに送った。この息子たちは、エジプト国司と何回か会っているうちに、彼こそが自分たちの弟のヨセフだとわかった。ヨセフは、この飢饉はあと5年は続くと語り、家に帰って、彼らの父ヤコブや残った兄弟、そしてヤコブの家族全員をエジプトに連れてきたほうがよい、と言った。この年は、我々の推定では紀元前1833年で、第12王朝のアメネムハト3世が統治していた頃だと思われる（王家の墓で発見された絵が、男・女・子供たちの一団が、家畜と一緒にエジプトに到着した状況を示している——図100。この移民たちは、一緒に発見された碑文とその描写の様子から、アジア人だと思われる。ヨセフがカナンにいた時に織ったような、多くの色を使った縦縞のローブが、墓の壁に鮮やかに描き出されている。このアジア人たちの絵は、必ずしもヤコブのキャラバンを描いたものではないかもしれないが、まさにヤコブの一隊の様子がしのばれる図柄である）。

ともかく、ヤコブがエジプトにいたことは、はっきり証明されている。A・マロンの『エジプトのヘブライ人』によれば、多くのスカラベ（彫刻された宝石）に、Ya'a-qobと刻まれているという。また図101のように、王の記念碑に刻まれる長方形の飾りの中にも、Yy—A—Q—Bと、hrという接尾語の両方が、たびたび記録されているという。それは、「満足したヤコブ」とか、「平和なヤコブ」の意味である。こうして、神の預言の通り、400年後に奴隷にされてしまったイスラエルの子らがエジプトに住み始めた頃、ヤコブは130歳だった。ヤコブの死とその葬儀、そして、ヨセフの死とそのミイラ化、の話で、創世記は終わっている。

出エジプト記は、数世紀後に、この物語を「ヨセフを知らない新しい王が、エジプトを治め始めた時」という出だしで取り上げている。混沌とした第2中間期と呼ばれるこの時代には、内乱が頻発し、間断なく遷都《せんと》が行われた。紀元前1650年に新王朝が、17王朝として始まった。そして紀元前1570年には、18王朝がエジプト南部のテーベに遷都して、それまでの、カルナクやルクソルにあった巨大な記念碑、寺院、彫像、そして、山陰の「王者の谷」にあった、壮大な王の墓などを捨て去ることになった。

［図100］ エジプトの王家の墓から発見されたアジア人の一団は、ヤコブの家族が移動している様子をほうふつとさせる。

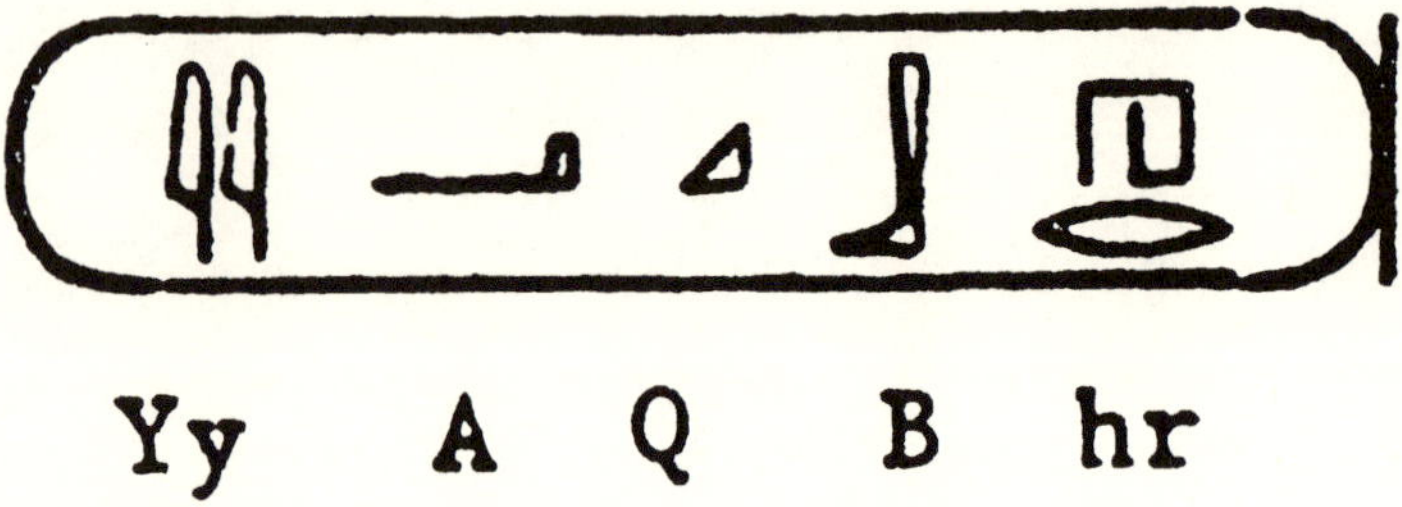

［図101］ 王の記念碑に刻まれる長方形の飾りに〝満足したヤコブ〟〝平和なヤコブ〟の意味の接尾語（Yy-A-Q-B）（hr）がよく見受けられる。

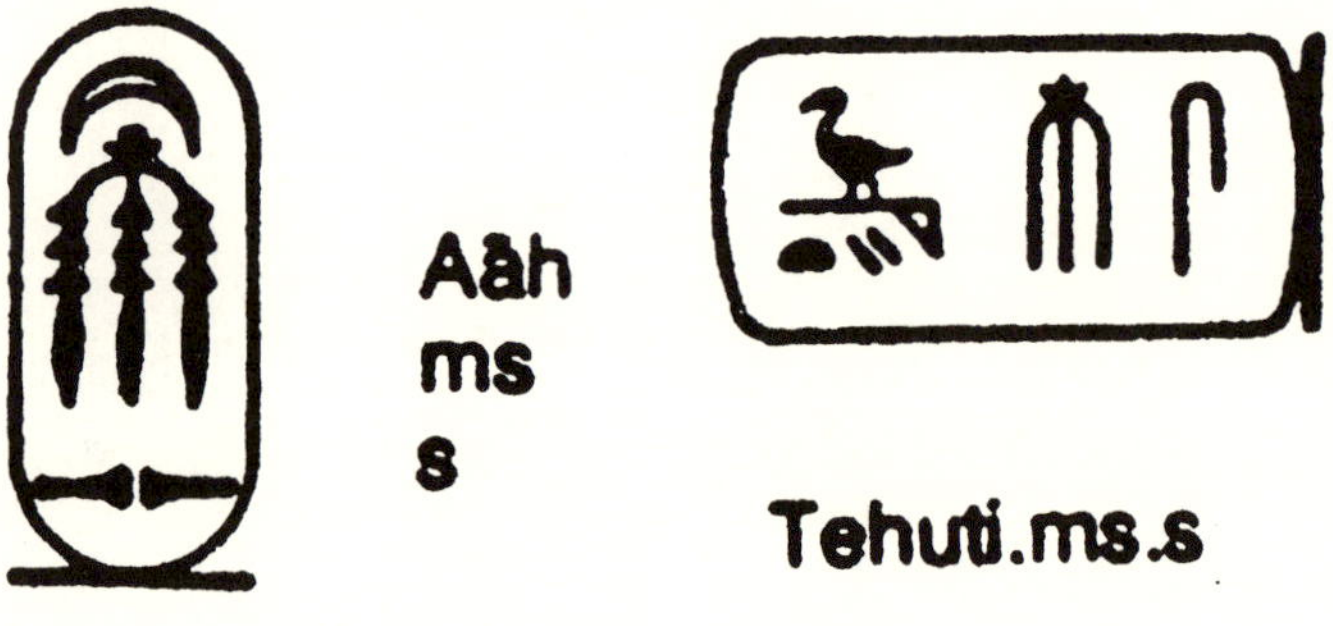

a

［図102］ 新王朝の王たちは自らを半神半人だと主張した。アフムスス＝〝神アフから発する〟（a）、テフチ・ムス・ス＝〝トト神の血筋を引いた〟（b）。

この新王朝の多くの王たちは、自らを「神ラーの後を継ぐ」、ラムスス（英語ではラムセス）と呼んで、自分たちは半神半人であると主張した。たとえば、第17王朝の創始者は彼自身をアフムスス（アフモーゼ）と呼ばせた（図102a）。これは「神アフから発する」という意味で、アフとは月の意味である。この新しい王朝ができたのは、我々の推定では、ヨセフのことも忘れられた300年ぐらい後のことだと思われる。従って、アフモーゼの王位継承者で、「トト神の血筋を引いた」テフチ・ムス・ス（トトメス1世、図102b）は、モーゼの物語や出エジプト記の頃の統治者だと思われる。

この王はエジプトを統一した力を駆って、はるか遠くまで北進し、アブラハムの一族が住み、隆盛を極めていた上部ユーフラテスまで軍を進めた。彼は紀元前1525年から1512年まで統治した。彼こそが「神々と人間の戦い」を仕掛けた張本人である。そして、この王は、イスラエルの子らが、ユーフラテスに住んでいる自分たちの一族に加担することを恐れた。そこで、彼は、そうさせないように、イスラエルの民に過酷な労働を課した。そのうえ、新しく生まれたイスラエルの男性を、皆、その時に殺してしまうように命令した。

こうした状況の中で、あるヘブライのレビ人と、その妻の間に、男の子が生まれた。殺されるのを恐れて、この母親は、パピルスで作った、防水を施した箱の中に自分の子供を入れて、ナイル川に流した。

そして奇しくも、川の流れが箱を、ファラオの娘が水浴びをしているところまで運んでいってしまった。彼女は、結局、この子を養子にしてしまい、モーゼと名づけた。聖書は、王女が彼をそう名づけたのは、「水の中から王女が引き出した子」だからと説明している。しかし、我々は確かに、この名前は、彼女の王朝で普通に使われていたムスス〝Mss〟(モーゼ、メス)から来ていたものと、信じている。聖書は、これが、エジプトの神につける敬称であるため、こうした解釈を避けたと思われる(年代記によれば、モーゼの誕生は、紀元前1513年で、その頃、エジプトの宮廷では、手の込んだ陰謀や権力闘争が渦巻いていた。このことは、聖書の記述とも一致している)。

ところで、トトメス1世と彼の腹違いの妹だった妻との間に生まれていた、この水浴びをしていた娘だけが、「ファラオの娘」という敬称を使うことを許されていた。彼女は、ハトシェプストという名前だった。トトメス1世が、紀元前1512年に死んだ時、男性の後継者は、ハーレムの女が生んだ息子しかいなかった。この息子がトトメス2世になるためには、腹違いの妹ハトシェプストと結婚し、自分自身と子供たちへの相続の正統性を主張する必要があった。しかし、皮肉なことに、この夫婦には、娘たちしか生まれず、一人息子は第2夫人が生んだものだった。トトメス2世の治世は、わずか9年の短い間だった。彼が死んだ時、トトメス3世となるべき王子は未だ少年で、ファラオになるには、あまりにも若すぎた。ハトシェプストは摂政に指名され、数年後に彼女自身が女王の冠をつけることになった。こうして、女性のファラオが誕生した(彼女の彫像には偽のひげが付いている)。このような状況では、王の息子と女王の養子が、お互いに妬《ねた》み合い、敵意を深めていったのも想像に難くない。

ついに、紀元前1482年にハトシェプストが死んだ(あるいは殺された?)。そして、第2夫人の息子が、トトメス3世の王座についた。彼は、他国への侵略とイスラエル人への圧制に余念がなかった(ある学者は、彼を古代エジプトのナポレオンと呼んでいる)。このような経過のうちに歳月はたち、モーゼは成長して大人になっていた。ある日、彼は同胞のもとを訪ね、その苦難を目の当たりにした。見るに耐えかねた彼は、エジプト人の残忍な奴隷頭を殺した。これが、トトメス3世にモーゼを殺そうとする口実を与えてしまった。「そこでモーゼは、この横暴なファラオから逃れて、シナイ半島のミディアンに行った。そこで、彼はミディアンの祭司の娘と結婚した」

「再び長い歳月が過ぎ去り、このエジプトのファラオは死んだ。そして、奴隷にされて、その苦役の辛さに呻《うめ》いていたイスラエルの子らの声が神に届いた。神は彼らの呻き声を聞いた。そして、神はアブラハム、イサク、ヤコブとの契約を思い出された。神はイスラエルの人々を顧みられた。そして、すべてを悟られた」

神が、「夜の幻影の中に現れて」ヤコブに語りかけてから、じつに400年もの時が流れていた。そして今、神は、ヤコブの子孫であるイスラエルの民が奴隷の苦役の辛さに泣き叫んでいる様子を、つぶさに見られたのだ。この神がヤハウエであったことは、次のような言葉のやり取りによっても、はっきりしている。「主（神）は、4世紀もの長い間、いったいどこにおられたのでしょうか？」という言葉がその問いかけである。聖書はこのことについては、何も触れていない。

しかし、ともあれ、時は、神が大いなる行動を起こすのに、絶好の機会だった。聖書の記述が明らかにしているように、この新しい事態の進展は、「長々と統治していたファラオの死」が引き金になっている。エジプトの記録でも、モーゼを殺すように命じたトトメス3世が、紀元前1450年に死に、後を継いだアメンホテプ2世は、問題の多いエジプトを統合するには、あまりにも弱い統治者であった。そして、モーゼへの死刑執行書は時効となった。

まさに、こうした時に、ヤハウエが「燃える茂み」の中から現れ、モーゼに語りかける事件が起きた。この時、主ヤハウエは、イスラエルの民をエジプトでの奴隷としての束縛から解放し、「約束の地」に戻すと伝えた。そして、イスラエルの民をファラオから救い出して、エジプトから脱出するのを助けるために、モーゼが神の全権大使として選ばれたことを伝えたのだった。

出エジプト記の第3章に記されているように、モーゼが羊の群れを、義理の父のところへ牧して行く途中、「その群れを荒野の奥に導いて、神の山ホレブに来た」。その時、そこにあった「棘《とげ》の柴」が、燃え盛っているのが目に入った。しかし、「茂み」そのものは、いっこうに燃え尽きる気配はなかった。モーゼは近づいて、この信じがたい光景を確かめようとしたのだった。

聖書の記述では「神の山」は旅人によく知られていた道しるべだったとされている。しかし、この出来事の異常さは、モーゼが羊の群れを、そんな遠くの道しるべまで連れていったことでもなく、また、そこに、「茂み」があったことでもない。異常な様子とは、茂みが燃えても、なくならなかったことだった!

それは、続いて起きる一連の驚くべき魔術か奇跡の、ほんの、始まりでしかなかった。神は、モーゼとイスラエルの民やファラオに、これから起きることが神の意思によって定められたものであることを示すために、こうした奇跡を起こさざるを得なかったのだ。この目的のためにヤハウエは三つの奇跡を起こしてモーゼを力づけた。彼の杖は蛇になり、また、杖に戻った。彼の手は重い皮膚病に侵されるが、すぐ回復した。そして、彼はナイルの水を地に注いだが、そこは、いつまでも、乾いたままだった。「あなたの命を求めていた人々は皆死んだ」とヤハウエは、モーゼに言われた。「もう恐れるな。新しいファラオに会い、わたしが授けた魔術を見せなさい。そして、イスラエルの民に砂漠で祝福を受けさせるために、彼らを自由にしなければならないと告げなさい」。そして、ヤハウエは、モーゼの兄であるアロンを助手に指名して、彼を同行させた。

最初の会見では、ファラオは彼らの要求に応じなかった。「私がイスラエル人を解放しなければならぬという、そのヤハウエとはいったい何者だ」とこのファラオは言った。「私はヤハウエなど知らないし、イスラエル人は行ってはならない定めなのだ」。この横暴なファラオは、イスラエルの民を解放するどころか、逆に、彼らの煉瓦焼きのノルマを2倍にも3倍にも増やした。杖を使った魔術ではファラオを驚かせることができないとわかると、主ヤハウエは、モーゼに命じて、次々に「天罰」を加え始めた。「天罰」とは、ヘブライ語に直訳すると、「打撃を与える」ことである。この天罰は、徐々に厳しくなり、ついには、このファラオも浮き足立ち、変心して、彼らの要求を飲むようになる。全部で10回を数える天罰は、まずナイル川の水を1週間もの間、血のように赤くすることから始まった。続いて、川や湖を蛙の群れでいっぱいにし、人々に虱《しらみ》をたからせ、家畜を疫病にかからせ、雹《ひょう》と地獄の火で大地を荒らし、イナゴの大群を発生させた。さらに、3日間も暗黒の日が続くという奇跡を起こした。しかし、こうしたすべての天罰を加えても、イスラエル人の自由が得られないとわかった時、ヤハウエによって、最後の決定的な打撃が加えられた。「ヤハウエがエジプトの地を通り過ぎると」エジプトの各地で、人も家畜も、すべての初子《ういご》が、死に始めた。しかし、血でしるしを付けた、イスラエルの民の家は、「過ぎ越し」て、何の被害も起こらなかった。この最後の天罰が始まった日の夜、ついにファラオはイスラエルの民のエジプトからの脱出を許した。それゆえに、ユダヤの人々はこの日を祝って、「過越しの休日」とした。それは、我々の計算では、紀元前1433年のニサン（新年）の月の14日、モーゼが80歳の時だった。

こうして、エジプトからの大脱出は開始されたが、未だ、執念深いファラオとの戦いは終わっていなかった。イスラエル人たちが、砂漠の縁の湖がエジプトの砦の障壁を形成している場所に差しかかった時、ファラオは逃亡者たちを罠にかけて、最強の戦車隊を送り、彼らを捕えようとした。「この時、イスラエル人たちの前を行く神の使者」が雲の柱となり、イスラエル人たちの宿営地と、エジプト軍の野営地の間を分断してしまった。そして、夜もすがら、「主は強い東風を退かせ、水は分かれ、陸地とされた。イスラエルの人々は海の中の乾いた地を行った」

気が遠くなるほど驚いたエジプト軍は、早朝、分かれた水の間を通って、イスラエルの人たちを追おうとしたが、水の壁はすぐに崩れてエジプト軍を飲み込んでしまった。

画期的な映画『十戒』の中でセシル・B・デミル監督が、鮮やかに、そして、美しく再現したこの奇跡的な事件の後、イスラエルの子らは、昼は黒い雲の柱の標識に、夜は日の柱の標識に導かれ、苦難の中にも砂漠を自由に向かって進み、ついに、自由の身になったのだ。水と食糧の不足も奇跡によって避けられ、予期せぬアマレク人の敵との戦いの時にも貯えは残っていた。とうとう、「三カ月目に」シナイの荒地に到着し、山の前に宿営した。彼らは、目指していた目的の地「主の山」に着いたのだ。そして、偉大なる神の顕現が、まさに始まろうとしていた。

こうして、人類が忘れることができない、他に類を見ないほど大規模な「神との遭遇」の準備がなされ、その舞台がしつらえられた。そして、この神の顕現に立ち会う、選ばれた人たちにも、後で述べるような、払うべき代償が用意されていたのだ。それは、「モーゼが、神のもとに登る」ことから始まった。「主は山から彼を呼んだ」。そこでモーゼは、神が現れるために必要な条件と、その結果起きる重大な出来事について、神から直接伝えられた。そのうえでモーゼは、神が伝えた言葉をそのまま、イスラエルの子らに繰り返すように、命令された。

もし、あなたたちが、神の言葉を聴き
わが神との誓約を、守るならば
すべての国々にも増して
あなたたちは価値ある国になるだろう
すべての地球は神のものであるため
あなたたちは、わが聖職者の王国に
そして聖なる国家になるだろう

かつて、モーゼが同じこの山で、神の大使としての資格を与えられた時、主ヤハウエは、すでにイスラエルの子らを彼の選民とし、自分自身が彼らの神になる意思を固めていた。そして今、主は神の顕現の条件を詳しく伝えたのだ。選民たちとの契約には、戒律、掟、規律を守ることが定められていた。これが、イスラエルの民が価値ある人類として、神に聖別されるために行われる「神の顕現」に対して、支払うべき対価だったのだ。

「そしてモーゼは人々の中の長老を召喚し、主の命令を伝えた。すべての人々は一斉に〝主が語られたことを我々は守ります〟と叫び答えた。モーゼは人々の言葉を主に捧げた」

人々が神の思し召しを受け入れたと聞いて、「主はモーゼに言った。見よ！　わたしは厚い雲の中よりあなたの前に現れ、人々に、わたしがあなたに話すことが聴けるようにしよう。そうすれば、彼らはあなたと同じように信じるであろう」。そして、神はモーゼに命じた。人々の身を浄めさせ、それから3日たってから彼らに伝えなさい。「3日目にヤハウエはシナイ山に降り立ち、あなたたちの前に姿を見せるであろう」と。

また、ヤハウエは、モーゼに、降臨の時、人々があまり近くに来るのは危険であると、示唆《しさ》した。「あなたたちは山のまわりに座りなさい」と、モーゼが人々に距離を取ることを指示するように命じた。また、山に登ったり、山の近くのものに触らないように注意するように命じた。そして、「触った者は、必ず、死ぬだろう」と警告した。

こうしたすべての指示は守られ、「3日目の朝」、約束された主ヤハウエの神の山への降臨が始まった。その様子は、まさに火の玉の降下であり、激しい騒音を伴っていた。「雷鳴が轟き、稲妻がひらめき、山の上は濃い雲に包まれ、非常に大きなShofar（ラッパ）の音が響いた。すべての人々は恐れおののいた」

こうして、主ヤハウエの降臨が始まると、「モーゼは、人々を宿営地からエロヒムの山に導き、前もって山全体のまわりにしるしをつけておいた境界線のところに待機させた」。

そしてシナイの山はすべて煙に巻かれ

ヤハウエは、火と共に降臨した
煙は炉のそれのように立ち上り
山全体が振動した
ラッパの音は益々強くなり
モーゼが語ると、神は大きな声で答えた

この書物の中で、山から響いてきた音の源として説明されている、Shofarという言葉は、通常、角笛を連想させる「ラッパ」と訳されている。しかし、それは実際には、山の麓に立っているイスラエル人の群衆に、主の声とモーゼとの会話を聴かせるための、音を「増幅するしかけ」だったと、私は信じている。

このようにして、ヤハウエは、60万人にもおよぶ、大群衆注視の中で、「シナイ山の頂きに降りられた。そして、ヤハウエがモーゼを山の頂きに召されたので、モーゼは登っていった」山上の厚い雲の中から、「神が、次のようなすべての言葉を語られた」のは、この時だった。

これが、あの有名な「十戒」である。その中には、ヘブライ人の信仰の基本、社会正義と人間道徳の指針、人と神の間の契約、の要点が簡潔に述べられていた。

最初の三つの戒律で、一神教であることを定め、主がイスラエルの唯一の神であることを宣言し、偶像を作り、崇拝することを禁じた。

1　わたしは、あなたの神、主であって、あなたをエジプトの地、奴隷の家から導き出した者である。
2　あなたは、わたしの他に、なにものをも神としてはならない。あなたは、自分のために刻んだ像を造ってはならない。上は天にあるもの、下は地にあるもの、また地の下の水の中にあるもの、それらのどんな形をも造ってはならない。それにひれ伏してはならない。それに仕えてはならない。……
3　あなたは、あなたの神、主の名をみだりに唱えてはならない。

次にくるのは、イスラエルの民の高潔な生活を意図し、日常生活での、高い基準への服従のための戒律である。週の中の1日を聖別し、安息日として、黙想と休息のために棒げる。これはすべての人々と、その家畜までに、等しく適用される。

4　安息日を覚えて、これを聖とせよ。6日の間働いて、あなたのすべてのわざをせよ。7日目は、あなたの神、主の安息日であるから、なんの仕事もしてはならない。あなたの息子、娘、しもべ、はしため、家畜、またあなたの門のうちにいる他国の人もそうしなければならない。

5番目の戒律では、人が生活する単位として、家長や女家長に率いられる、家族の概念が確認されている。

5　あなたの父や母を敬いなさい。そうすれば、あなたの神、主が授けた土地で、過ごせる、あなたの日々が長くなるだろう。

さらに続いて、道徳と社会の法典に則った、5項目の「禁止事項」が挙げられている。初めの五つは人と神の間の取り決め事項だったが、ここでは人と人の間のことが取り上げられている。

6　あなたは殺してはならない。
7　あなたは姦淫してはならない。
8　あなたは盗んではならない。
9　あなたは隣人について偽証してはならない。
10　あなたは隣人の家をむさぼってはならない。隣人の妻、しもべ、はしため、牛、ろば、またすべての隣人のものをむさぼってはならない。

紀元前18世紀頃のバビロニアの王ハンムラビが、神シャマシュから、法典を受け取っている様子を刻んだ石碑（現在、ルーブル美術館に所蔵）が残されている。この「ハンムラビ法典」から、多くの法律書が作られてきた。しかし、この法典も単に犯罪とその罰則を羅列《られつ》したものにすぎなかった。また、ハンムラビより数千年も前に、シュメールの王たちはすでに社会正義のための法律を制定していた。しかし、その内容は、やもめのロバを奪ってはならないとか、日々の労賃の支払いを遅らせてはならないといったものだった。こう考えてみると、「十戒」のように、明確に、すべての人々、すべての人類が導かれる道の基本を定めたものは、まさに、空前にして絶後のものだった！　といえよう。
山頂からの雷鳴のように唸る神の声を聞くのは、恐ろしい経験であったに違いない。事実、聖書には、「民は皆、雷と、稲妻と、ラッパの音と、山の煙っているのを、見聞きした。民は恐れおののき、遠く離れて立った。彼らはモーゼに言った。〝あなたが私たちに語って下さい。私たちはそれを聞いて、従います。神が、直接、私たちに語られぬようにして下さい。そうでなければ、私たちは死ぬでしょう〟」と書かれている。こうして、彼らは神の言葉をじかに聞くのではなく、モーゼに神の声の伝達者となってくれるように、頼んだ。この時、神がモーゼを呼んだので、「民は遠く離れて立っていたが、モーゼは神のおられる濃い雲に近づいていった」。

主はモーゼに言われた
山に登り、わたしの所にきて、そこにいなさい
彼らに教えるために
わたしが律法と戒めとを書き記した石の板を
あなたに授けるであろう

これは十戒の石板についての最初の記述である（出エジプト記第24章）。そして、この石の板が、主自身により刻まれた証《あか》しになっている。第31章で、再びこれについての説明があるが、この時は、石の板は2枚で、「神が指をもって書かれた石の板」と述べられている。さらに第32章

では、板はその両面に文字があった。すなわち、この面にも、かの面にも、文字があった。それは神が作られ、その文字は神の文字であって、板に彫ったものであると、記されている（これは申命記でも繰り返し述べられている）。

この神の文字板には、十戒の文章とともに、細目にわたる法令が記録されていた。その内容は、人々の日々の行いを律するものから、イスラエルの隣人たちの神々を礼拝したり、その名を唱えたりすることを厳しく禁じるものにまで、わたっていた。神はそれをモーゼに、契約の板として、細かい仕様通りに作らせる「契約の櫃」に永遠に保存させるつもりだったのだ。

契約の授与は、いつまでも語り継がれるべき、意義深い出来事だった。そしてイスラエルの民の記憶に、しっかりと留められるべきものだった。それゆえに、高い身分の立ち会い人たちが必要だった。神はモーゼに、聖板を受け取るために、彼の兄のアロンと、アロンの二人の聖職者の息子たち、それに70人の部族の長老たちを伴って、登ってくるように命じた。彼らは頂上まで登っていくことは許されなかった（モーゼだけは許されたが）。しかし、彼らは「イスラエルの神を見る」には十分なところまで登っていった。それでも、彼らが見ることができたのは、神の足の下の、ちょっとした空間だけだった。その足の下には「サファイアの敷石のごときものがあり、澄み渡った大空のような色をしていた」という。それほど近づくと、普通は、生命を落としてしまうのだが、この時は、彼らは神に招待されたのであり、「主はイスラエルの長老たちに対し、力を振るわれなかった」という。彼らは打ち倒されることもなく、生き延びることができた。そして神との出会いを祝福し、モーゼが頂きに登り聖板を受け取るのを、目の当たりにすることができた。

こうしてモーゼは山に登ったが
雲は山を覆っていた
主の栄光がシナイ山の上に留まり
雲は6日のあいだ山を覆っていたが
7日目に主は雲の中からモーゼを呼ばれた

モーゼは雲の中にはいって
山に登った
そしてモーゼは
40日40夜、山にいた

二つの聖板が刻まれた後も、モーゼが長い間、山上に留まっていたのは、彼が「契約の櫃」や、ミシュカン（Mishkan、館）の構造についての詳しい指示を受けるためだった。それは、主がイスラエルの子らに、神の臨在を知らせるために作ろうとしていたものだった。口頭で伝えられた、構造上の細部の説明に加えて、主はモーゼに、館の構造模型と収納する家具のすべての見本を示した。その家具の中には、金を象眼《ぞうがん》した木の箱で作られた、二枚の聖板を入れる契約の櫃も含まれていた。そして、その櫃の上には、二つの金の天使童子も据え付けられることになっていた。次の神の言葉にもあるように、この二つの天使童子は、ドゥヴィル（Dvir）——つまり、スピーカーの機能をもったものだった。主は「わたしがあなたがたとの聖約を守る際、二人の天使の間から話しかける」と言われている。

山頂での神との出会いでは、神に近づくことができ、契約の櫃を司る、唯一の祭司（モーゼ以外の）として、モーゼの兄アロンと4人のアロンの息子が指名されていた。さらに、彼らの祭服についても、イスラエルの12の部族の名前を表す、12の宝石を飾った胸当ての着け方に至るまでの、極めて詳細な指示が与えられた。たとえば、何かの判断をする際には、胸当てには「ウリムとトゥミム」を付けるが、正確に、祭司の心臓の上の定められた場所に付けられなければならなかった（訳者注：ウリムとトゥミムとは、ユダヤ教の高僧が胸当てに付けている、実体不明の面のこと）。ウリムとトゥミムという言葉の正確な意味は、学者たちにも解明できなかったが、聖書の他の部分を参照すると、主に対しての質問の回答を、是か否で受け取るために、神託の部屋の中で使われていたらしい。質問者の問いは、祭司により「ウリムをもって、神の前に判断を求めなければならない」と聖書に記されている。サウル王が、フィリスティア（ペリシテ）人との戦いを起こすかどうかで、主の指図を求めた時、「主は、夢によっても、ウリムによっても、預言者によっても、彼に答えられなかった」と述べられている（サムエル記上第28章6節）。

モーゼが神のもとから、ようやく宿営地に戻った時、彼の長い不在は、悪い知らせと受け取られていた。彼が数週間も現れなかったのは、彼が神を見たことで殺されてしまったのではないかと思われていた。「火の中で生きた神が語る声を聞いても、死なない人間などいるわけがないではないか」と考えられていた。そこで、民は、モーゼが山から降りてくるのが遅いのを見て、アロンのもとに集まって彼に言った。「さあ、私たちを導いてくれる神を、私たちのために造ってください。私たちをエジプトから連れ出した、あのモーゼはどうなったかわからないからです」。

そこで、アロンは、金で鋳造した子牛の彫刻の前に祭壇を築き、神を求め祈った。

ヤハウエの警告を受けて、「モーゼは山を下って、十戒の2枚の聖板を持って、戻った」。モーゼが宿営地に近づき、金の子牛を見た時、彼は激怒した。「手に持っていた聖板を投げうち、これを山の麓で砕いた。また人々が造った子牛を火で焼き、こなごなに砕き、これを水の上にまきちらした」。また、忌むべき行いを扇動した者たちを探しだし、彼らを断頭台に送った。そしてモーゼは、ヤハウエにイスラエルの子らを見捨てないよう懇願した。「もしも罪が許されないならば私だけを罰してください」。彼は言った。「もしかなわなければ、私だけの名前を、主が書き記された生命の〝ふみ〟から消し去ってください」。しかし、これに対して、神は完全に怒りを和らげたわけではなくさらなる天罰を選択された。「すべて、わたしに罪を犯した者は、これをわたしの〝ふみ〟から消し去るであろう」と出エジプト記にも述べられている。

「民はこの悪い知らせを聞いて、憂い悔やんだ」。モーゼ自身も、落胆し絶望して、彼の幕屋《まくや》を野営地の外に、人々の宿営から離れて張った。「モーゼが出て幕屋に行く時には民はみな立ち上がり、モーゼが幕屋に入るまで、おのおのその天幕の入り口に立って、彼を見送った」。大切な使命を果たすのに失敗したとの想いが、彼とすべての民の心を、深く包んでいた。

しかし、やがて奇跡が起こった。主の思いやりが示されたのだ。

モーゼが幕屋に入ると
雲の柱が下って

幕屋の入り口に立った
そして主はモーゼと語られた
民はみな幕屋の入り口に
雲の柱が立つのを見ると
おのおの自分の天幕の入り口に
出てきてひれ伏した
人がその友と語るように
主はモーゼと顔を合わせて
語られた

主ヤハウエが「燃える茂み」の中から、モーゼに語りかけた時、「モーゼは神を見るのを恐れて、自分の顔を覆っていた」。モーゼに従って山に登った長老や族長たちは、主の足掛け台がやっと見えるあたりの、山の途中に留まり、なおも自分たちが神に撃たれるのではないかと、心配していた。40年ものさすらいの後、イスラエルの民がカナンに入ろうとした時にも、モーゼは「エジプトからの脱出」とそれに続く「偉大なる神の顕現」を回想している。その中で、「主ヤハウエがホレブで語られた日、あなた方は火の外に遠く離れていて、神の姿を見ることはなかった」という点を強調している。

そこであなた方は近づいて、山の麓に立ったが
山は火で焼けて
その炎は中天に達し
暗黒の雲と濃い霧に包まれていた

その時、主は火の中からあなた方に語られたが
あなた方は主の声を聞いたけれども
なんの姿も見なかった
（申命記第4章11―12節）

明らかに、主との出会いを「した」か、「しなかった」かが大切な決め手と考えられていた。しかし、今やヤハウエも和らぎ、神はモーゼに「顔を合わせて」――とはいうものの、依然として雲の柱の中から――語りかけられた。そこでモーゼはこの機を捕えて、自分が神から選ばれた指導者であることを思い出して、勇気をふるって、神に願った。「どうか、お顔をお見せください！」と。

すると、謎めいたように主は答えられた。「あなたは、わたしの顔を見ることはできない。誰もわたしの顔を見て生きてはいられない」

モーゼは再び懇願した。「では神の〝栄光〟を私にお見せください」

主は言われた。「見よ！　わたしの近くに、ある場所がある。そこに行き岩の上に立ちなさい。そして、わたしの〝栄光〟が通り過ぎる時、わたしは、あなたを岩の裂け目に入れよう。そうして、わたしが通り過ぎるまで、わたしの手で、あなたを覆い、あなたには、わたしの後ろ姿が見えるようにしよう。しかし、わたしの顔を見ることはない」

ところで、ヘブライ語の英訳で「Glory、栄光」とされているこの単語は、本来、「Weighty, heavy、重い」を言外に意味するKBDから生じたカボド（Kabod）というヘブライの言葉である。従って、逐語的には、カボドは、「重いもの、重み」を意味する。「重い・もの」とは完全に物理的な、実体のあるものに対する表現である。つまり、主ヤハウエに対して使われている「Glory、栄光」という言葉は、抽象的な意味ではなく、具体的な「もの」を、表しているのだ。このことは、イスラエルの民のことを最初に扱った、聖書の記述にも、はっきり示されている。神が、奇跡によって、マナ（神から与えられた食物）を日々の糧として彼らに与えた時、イスラエルの人々は、かたまった雲に包まれた「ヤハウエのカボドを見た」と述べられている。出エジプト記第24章16節には、主がモーゼを山に呼び出す7日目までの「6日間の間、ヤハウエのカボドが雲に包まれて、シナイ山の上に留まっていた」と記されている。加えて、17節には、臨席できなかった人たちのために、「ヤハウエのカボドが、山の頂きにその姿を見せていたが、それは燃えさかる火のように、イスラエルの人々の目に、はっきり映った」と述べられている。

主の「現れ」を示すカボドという言葉は、現存するモーゼの五書――創世記、出エジプト記、レビ記、民数記、申命記――のすべてに使われている。そのすべての場合、「ヤハウエのカボド」と表現されている。それは、人々が見ることができた、何か具体的なものだったと思われる。しかし、いつもそれは雲に巻かれて、暗い霧の中にあったのだ。

この言葉は、預言者エゼキエルが、「神の戦車」について述べる時にも、繰り返し使われている（戦車の足台のことが、イスラエルの長老たちがシナイ山に半分登ったところで見たという、神の足掛け台と全く同じように説明されている）。エゼキエルは戦車はキラキラ輝くものに巻かれ、「ヤハウエのカボドの形」をしていたと報告している。彼は、カブル川のほとりにある、流刑者たちの住まいに、初めて預言者の使節として出かけた時に、とある谷間で神から話しかけられたが、そこには、「ヤハウエのカボドが置かれていた。それは前に見たことがあるカボドと同じものだった」と言っている。また、エゼキエルが空高く運ばれて、「神の幻」のうちにエルサレムを見た時、彼は再び「イスラエルの神のカボドを見た。それは、私が以前あの谷間で見たものと同じだった」と述べている。そして、予定の訪問が終わると、「ヤハウエのカボド」は天使ケルビムの上に降りた。ケルビムは翼をあげて「地からのぼり」そのカボドを空高く運んでいった。

エゼキエルは、きらきらと輝くものを覆っている雲を透して光るこのカボドについて書いている。その光は、一種の放射線のようにも思われた。この詳細な情景から、モーゼと、主ヤハウエとそのカボドとの、対面の場面も洞察することができる。その対面は、主の怒りが少し和らいで、モーゼに、彼が壊した2枚の石板と同じものを造るために、再びシナイ山上に来て、十戒と他の定めを受け取るように、伝えたことから始まった。けれども、今回は、主の言葉をモーゼが書き取ることになった。こうして、モーゼが、40日と40夜、山に留まっている間中、「主ヤハウエは、彼のそばに立ち――遠くからではなく、増幅器も使わないで――彼のそばに留まり」語ったのだった。

モーゼは新しい石版を手にしてシナイ山から下ったが
その山を下ったとき
モーゼは、さきに主と語ったゆえに
顔の皮が光を放っているのを
知らなかった

アロンとイスラエルの人々が
モーゼを見ると彼の顔の皮が光っていたので
彼らは恐れてこれに近づかなかった

そこで、モーゼは彼らと語る時、顔の覆いを自分の顔に当てた。しかしモーゼはヤハウエの前に行って、ヤハウエと語る時は、顔の覆いをはずしていた。そして出てくると神から命じられたことをイスラエルの人々に告げた。イスラエルの人々がモーゼの顔を見ると、彼の顔の皮は、さらに強い光を放っていた。モーゼは山に登って主と語るまでの間は、再び顔に覆いを着けたのだった。

こうした状況は、モーゼが「カボド、栄光」の極めて近くにいて、何らかの放射線にさらされて、その結果、顔に傷を負ったことを裏書きしている。どんな種類の元素の放射線であったかはわからないが、我々は、地球にやってきたアヌンナキが、種々な目的のために、放射線を使うことができたし、また使ったことを知っている。たとえば、イナンナの「地下の世界への下降」の話にも記されているように、彼女はパルス放射によって生き返ったのだ（たぶん、メソポタミアの粘土板に刻まれていた絵のように、患者をマスクで保護して、放射線治療を行ったものと思われる——図１０３）。また我々は、ギルガメシュが、シナイ半島の立入禁止地帯に侵入しようとした際、監視兵たちの放射線攻撃の的になったという話も述べた（図46参照）。「物語」の中で、ニップールの司令部から「神の平板」を動かした時に起きた、あの「静けさが広がり、聖なる輝きは失せた」出来事も同様に知っている。

動くことができる物理的な物体が、山の上に自分で留まり、暗い霧の雲に包まれて、光り輝くものを放射しながら、浮上し、離陸する——これが、カボドについての、聖書の記述なのだ。それは、まぎれもなく、文字通り「重い物体」で、主ヤハウエがそれに乗って移動したのだ。これこそ、まさに今日、我々が、未知と疑惑から名づけた「ＵＦＯ」つまり未確認飛行物体そのものについての記述ではないか！

このような観点から、このヘブライ語のルーツである、アッカド語とシュメール語をたどることは、事実を解明する上で、有益なことだと思われる。アッカド語のKabbuttuは「重い」を意味する形容詞だが、似た発音のKabdu（ヘブライ語のKabodと似ている）は「翼体」を意味する名詞である。翼体とは、たぶん、翼を付けたり、収めたりできるもののことだろう。そして、シュメール語のKI.BAD.DUは「はるか彼方の上空に昇ること」を意味している。たとえば、王座はHUSH（赤くなる）という形容詞で表されるが、この同じ言葉は名詞では、「空高く昇るもの」を意味するといった具合である。
ところで、この「Kabod、カボド」が、ニヌルタの、翼の付いた、「神の黒い鳥」に似ていたのか？　テル・ガスルの壁画に描かれている、翼のない（あるいは翼をたたんだ）丸い球根のような乗り物だったのか？（図72参照）。それとも、ギルガメシュが、レバノンの飛行場から昇っていくのを見たという、ロケットのような物体だったのか？　それは、いずれも推測するしかない。あるいはまた、それはアメリカのスペースシャトルに似ていたのかもしれない（図104a）。さらにまた、数年前トルコの古代タスパ地方で発見された小さな像と、それがよく似ているのも不思議なことである。粘土で作られた、この小さな像は、エンジンの排気装置まで付いた現代のスペースシャトルと、単座機の操縦席を組み合わせたような形をしている（図104b）。この操縦席の、一部破損したパイロットの像は、その形から、中米で発見された、ひげを生やした神がロケットのような物体と一緒に描かれている浮き彫りの図柄（図104c、d）を思い起こさせる。このスペースシャトルの像を保存しているイスタンブールの博物館は、真偽が確定していないという表向きの理由で、未だに展示していない。もし、これが本物であれば、単に、古代の「UFO」の存在が明らかになるだけではなく、古代の近東と中米のつながりも、明らかになるだろう。

さて、モーゼが死に、ヨシュアがイスラエルの民を指揮するように主ヤハウエに選ばれてから、彼らはヨルダン川の東岸をさかのぼり、エリコの近くで川を渡った。彼らはその旅の間、至るところで神の奇跡に助けられてきた。その中でも、学者や科学者たちが最も信じがたいと思っている奇跡は、ギブオンの野での戦いである。聖書のヨシュア記第10章によれば、「太陽も月も、一日中、静止してしまった」というのだから。

日は留まり、月は動かなかった
民がその敵を撃ち破るまで……
ヤシャルの書に記されているように
日が天の中空に留まって
急いで没しようとは、しなかったこと
それは、おおよそ一日の間だった

いったい何ものが、地球の回転を止めて、普通、日は東から昇り、月は西に沈むのを、一日の大部分（24時間のほとんど）の間、止めてしまうことができたのだろうか？ 聖書を信じる人たちには、神がもう一度、神の選民の面倒を見ただけのこととして、受け取られるだろう。しかし、もう一方には、こうしたすべての物語を、単なる作り話や架空の神話にすぎないとして、片付けてしまう人たちもいるのだ。こうした2種類の人たちの中間に、エジプトに降りかかった10の災害や、葦の海の水が（地中海のセラ／サントリーニ島の火山爆発と時を同じくして）分割された例を挙げて、自然の現象や災害に、その原因を求める人たちがいる。また、異常に長い日蝕や月蝕が原因だったと考える人々もいるが、聖書では、太陽が隠れたのではなく、太陽は見え、日中が長くなり、日の光はあったと記述されている。また、その長い日は「大きな石」が空から落ち

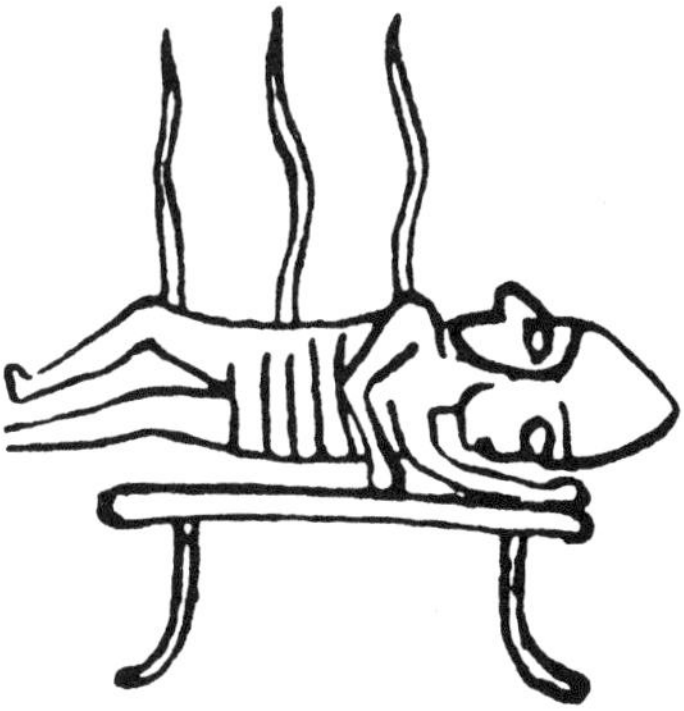

[図103] 古代メソポタミアの粘土板に刻まれていた、ベッドに横たわり放射線治療をうける患者の絵図。

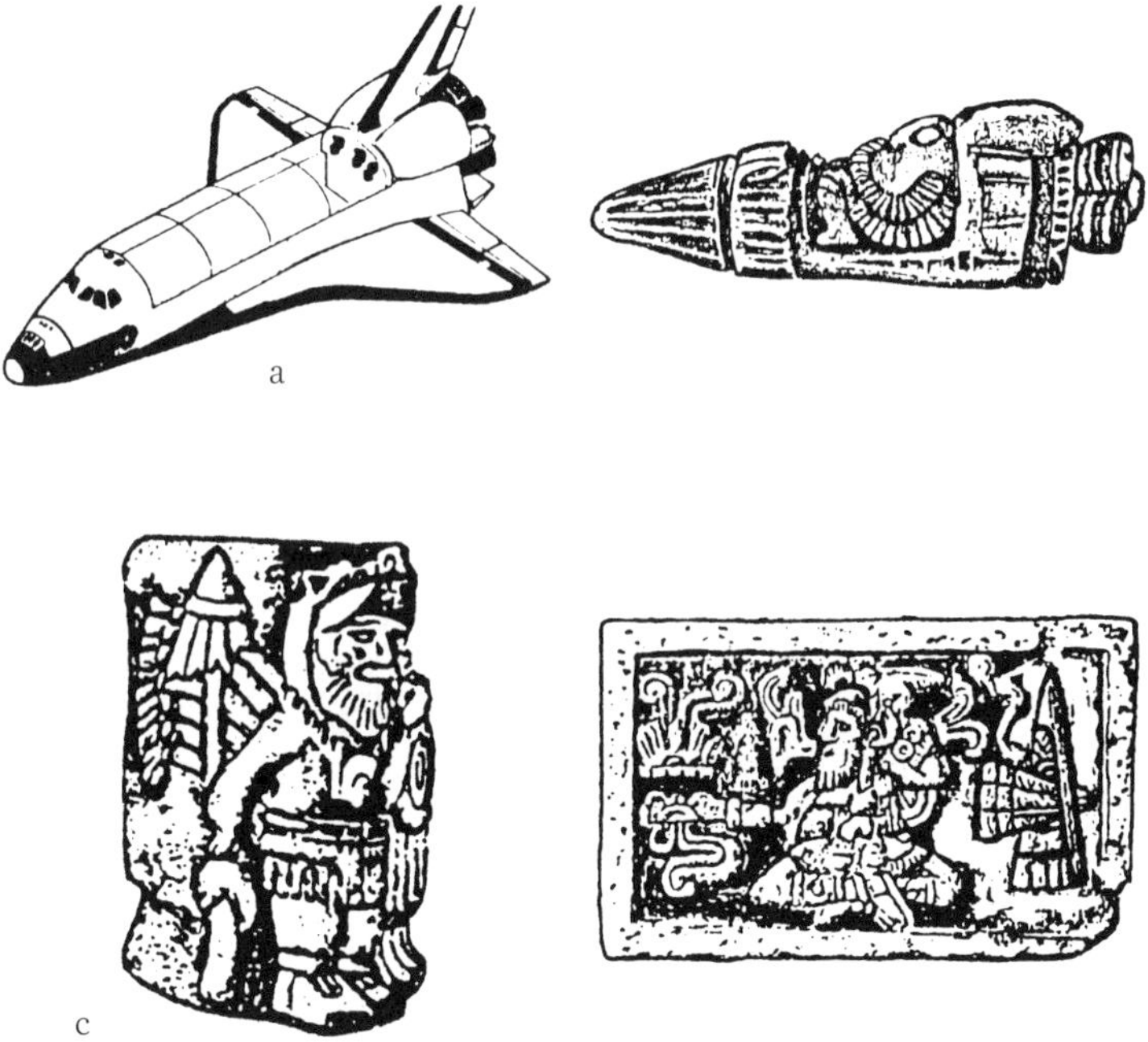

[図104] トルコの古代タスパ地方で発見された小像（b）はスペースシャトル（a）によく似ている。また中米の浮き彫りの図柄（c）（d）は、古代の〝ＵＦＯ〟の存在を感じさせる。

てきたことにより始まったので、ある人たちは、大きな彗星の接近が理由ではないかと推測している（イマヌエル・ベリコフスキーは、その著書『衝突する宇宙』の中で、このような彗星が太陽の軌道に捕えられ、金星になったと推測している）。

シュメールと古代バビロニアの両方の古文書にも、天空で見られた大衝突のことが記されている。そして、それは天の悪魔に対する呪いのために起きたのだと、述べられている。「魔法の書」といわれているもの（シャルル・フォッシー『魔法の本』、モーリス・ジャストロー『バビロニアとアッシリアの宗教』、エリック・エベリング『生と死』など）には、「七つの悪魔」のことが述べられている。それによれば、「この悪魔たちは、広い天空の、地球からはわからない未知の天界で生まれ、シンとシャマシュ――月と太陽――を攻撃し、イシュタル（金星）とアダド（水星）を攪乱《かくらん》した」と伝えられている。1994年までは、七つの彗星が同時に我々の空域、太陽系を襲ったのは、あまりにも遠い過去の出来事であり、「魔法の書」で述べられている内容は、メソポタミアの天文学者たちが、実際に目撃したものではないと思われていた。つまり、全く架空の、幻想的な、お伽話だと思われていたのだ。しかし、1994年7月に、シューメーカー・レビー第9彗星が20数個に分裂し、次々と木星に衝突し、地球からも、はっきり観測できたので、メソポタミアの古文書に記されていたことは、本当に起きたことだったと、推測されるようになった。

とすれば、大きな彗星が七つに分裂し、太陽系に大破壊をもたらし、地球に激突して、自転を止めたのだろうか？　それとも、アルフレッド・ジェレミアスが復元して唱えた『重要な星の神話の本』に書かれているように、七つの天体の異常な整列が、強大な引力を引き起こし、太陽と月に影響を与え、地球から見た時、日と月が止まったように見えたのではないだろうか？　実際には、一時的に止まったのは、地球の自転だったかもしれない。

こうした原因の説明がどうであれ、この出来事は、他の世界の働きかけによるものだとの確証がある。それは、中米と南米の両方の地域に、日が沈んでから昇るまで、20時間にもおよぶ、「長い夜」があったという、多くの記憶を寄せ集めた「伝説」があることだ。我々の調査では、（このシリーズの『マヤ、アステカ、インカ黄金の惑星間搬送』でも述べたが）この「長い夜」は、アメリカ大陸で、おおよそ紀元前１４００年に起こり、これと同じ時に、カナンでは、ほぼ同じ時間だけ、太陽が沈まない「長い日」が続いたことが、わかっている。一つの自然現象が、同時に二つの、まるで正反対の出来事を引き起こしたのだ。すなわち、原因は何であれ、太陽はカナンでは沈まず、地球の反対側のアメリカ大陸では、逆に太陽は昇らなかったわけである。

中米と南米で記憶されていたこの事実は、地球の静止した日の物語は、映画の筋書きではなく、本当に起きた古き聖書の話だったことを示している。そして我々は、「偉大なる神の顕現」も、ＳＦやお伽話の筋書きではなく、実際に起きた、忘れられぬ出来事だったことに思い至るのである。

コラム

割礼は、宇宙の神々が刻むように指示した「星々のしるし」

主ヤハウエがアブラハムと契約を結んだ時、ユダヤの族長と彼の配下の男性は、割礼することを求められた。「あなたがたは、割礼を受けなければならない。それが、わたしとあなたがたとの間の、契約のしるしとなるであろう。あなたがたのうちの男子は、みな代々……生まれて八日目に、割礼を受けなければならない。……こうして、わたしの契約は、あなたがたの身にあって、永遠の契約となるであろう」（創世記第17章11―14節）。これを行わなかった者は、違反者として、イスラエルの民から追放されるのだ。

割礼は、アブラハムの子孫を、他の者と区別する、独特な「肉体のしるし」として、意図され用いられた。ある研究者は、この割礼は、古代の絵画によって立証されているように、エジプトの王族の間で、慣例になっていたと信じている。しかし、それは、宗教的な割礼ではなく、成人の儀式であったと思われる。

前例があろうとなかろうと、ヘブライの男性に要求されたムル（Mul、割礼と訳す）には、どんな意味があるのだろうか？ 誰も本当にはわかっていない。また説明もされていない。この問題の源を求めて、言語学者たちは、アッカドやセムの言語の中に、類似したものはないかと、探したが発見できなかった。

我々は、この謎に対する答は、アブラハムの時代のシュメール語の中にあると考えた。その意味を探したところ、驚くべきことに、Mulには、シュメール語で、「天体」、つまり恒星または惑星、という隠された意味があったのだ。

従って、主がアブラハムに指示して、彼自身と他のすべての男性にMulさせた時、神は彼に「星々のしるし」をその肉体に刻み、天体とのつながりのシンボルとすると語られたのであろう。

第13章
見えざる神の預言者たち
――古きシュメールに戻れ！　主ヤハウエの言葉を受け継ぐ神の子たちの活躍

「偉大なる神の顕現」は、未だかつてない独特のものだった。60万人の前で行われたという規模、数カ月も続いたという長さ、神と選民の間の契約によって戒律と法令が決まったという成果。そのどれをとっても、前代未聞であった。しかし、この「偉大なる神の顕現」が、特にユニークであった理由は、「見えざる神」という神格を啓示したことである。「わたしの顔を見た者は生きてはいられない」と神は宣言し、「Kabod、栄光」の留まるところに近づきすぎるのは、危険でもあった。

にもかかわらず、神は信奉され、礼拝された。「神との遭遇者」は、いったいどのようにして主を求め、見いだし、礼拝したのだろうか？

その正解は「幕屋、タバナクル」である。シナイの荒野での、「契約のテント」、可搬式のミシュカン（Mishkan、直訳すると「住居」）のことである。この幕屋の中で神と遭うことができたのだ。

エジプトから脱出した2年目の最初の月の最初の日に、このタバナクルは完成した。それは、モーゼが書き取った、主の言葉をもとに、極めて詳細かつ正確な仕様によって作られた。その中には、至聖所のある「契約のテント」も含まれており、外と重い幕で隔てられて、2枚の神の石板を収めた「聖なる櫃」が置かれていた。櫃の上には、二つの黄金のケルビム（天使童子）が翼を触れ合っていた。その翼が触れ合うところに、主がモーゼと話すためのドゥヴィル（Dvir）、つまり「スピーカー」があった。

そして、モーゼが指定された日までに、主ヤハウエから命じられたすべての仕事を成し遂げると、厚い雲のかたまりが降りてきて、その「契約のテント」を包み込んだ。この「主の雲」について、出エジプト記の最終節には、次のように述べられている。「すなわち、イスラエルの家のすべての者に見えるように昼は幕屋の上に主の雲があり、夜はその雲の中に火があった。この現象は、彼らの旅の間じゅう起きていた」。この神の雲が幕屋の上に掛かっていない時だけ彼らは移動し、雲がかかっている時は、再び雲が上がっていくまで、そこに留まって宿営して、休息をとっていた。

そのような休息の時に、主はモーゼを呼び、「契約のテント」の中から、いろいろな指示を与えた。その指示の内容は、祭司に加えられたアロンの家の会見の幕屋について、祭司の式服について、聖別の仕方について、主に捧げる神聖な儀式について、極めて細部にわたったものだった。

こういう時でさえも、主が山上に降りられたばかりで、しかも特別に清められたタバナクル（幕屋）の限られた場所の中だというのに、主の言葉が聞けるのは、幕にさえぎられた霧のような暗闇の厚い雲の向こうからだった。しかも、ケルビムの翼の間からだった。これぞまさしく、見えざる神の言葉だった。しかも、こういう人目につかないように、覆われた囲いの中においてさえ、たとえ高い位の祭司でも、特別に調合された香料を燃やして、不透明なもやを作ってからでなければ、「聖なる櫃」を隔てている幕のそばにも近づくことは許されなかった。従って、アロンの二人の息子たちが、間違えて違う香料を燃やした時、「主より発せられたと思われる」一条の光線が、彼らを殺してしまったのだ。

さらにモーゼが、いろいろな規則や規制の長いリストを守るよう指示を受けたのも、やはり、「主の雲」が上がってしまう前の、旅の休息の間だった。この長いリストには、「神へのまつりごとをなす者（祭司）の国」の民とされたすべての人々が、主に捧げ物をし、敬意を払うための作法が記されていた。また、家族同士や、人と人の正しい在り方、そして普通の市民と奴隷や異国人の間は平等であることも指示されていた。さらにまた、ふさわしい食物や、ふさわしくない食物、種々な病気の治療法なども示されていた。そのうえ、リストの至る所で、繰り返し、子供を火あぶりにして生け贄にしたり、入れ墨をしたり、ひげを生やしたり、頭をそったり、といった、邪神の礼拝に結びつく「異国の習慣」を厳しく禁止している。一般に「魔法使いや預言者を頼ること」は禁止され、偶像や彫像を作り、石の柱をたてたり、石像を拝むことは、特に厳しく禁止されていた。

「これにより、イスラエルの子らは、他の者より区別され、神に聖別された、聖なる国の民となろう」と、神はモーゼに告げられた。

一連の聖書の各章——サムエル記、士師記、列王記、預言書——からわかるように、最後の禁令（偶像禁止令）が、いちばん遵守しにくかったようだ。当時人々は、ある時は実際に神々を見て、そしてある時には、神々の彫像を見て、礼拝していた。しかし、今や神は、自分の顔を見て生き残る者はいないと断言したのだ。こうして、イスラエルの民は、無数の戒律を厳格に守り、神のかわりの彫像を見ることも許されないまま、ひたすら、唯一の「見えざる神」を礼拝することとなった。

　これが、それまでの習慣からの決別であることは、神自身にもよくわかっていた。「あなた方の住んでいたエジプトの国の習慣を見習ってはならない。また、わたしがあなた方を導き入れるカナンの国の習慣を見習ってはいけない。また彼らの定めによって行動してはならない」と神は命じた。この時、神は、自分が何を語っているかを、承知の上で話されたのだ。

　イスラエルの子らが脱出してきたエジプトは、古代の記述や、考古学上の豊富な証拠から、エジプトの神々の彫刻や肖像に満ち満ちていたことが、わかっている。神々の神殿の族長であるプタハ（エンキと同一人物）も、彼の息子のラー（マルドゥク）も、その子孫たちも、ファラオたちが出現する前のエジプトを統治し、礼拝されていた神々だが、時々、王たちの前に、いろいろな「神の顕現」の形をとり、姿を現していた。そして他の多くの場合には、彼らの肖像が、神の代役を務めていた（図１０５）。しかし、だんだん、神が現れる機会が遠のいてくればくるほど、王とその国民たちは、祭司や魔法使い、預言者や占い師を通して、神の意思に接し、その意味を知ろうとするようになった。このような具合だったので、モーゼは、ヘブライの神の力を信じようとしないファラオの心を動かすために、ファラオの宮廷魔術師をはるかに凌《しの》ぐ魔法を見せる必要があったのだ。

　ところで、エンリルの時代では、「見えざる神」の概念は、全く奇異なものだった。隠れてい

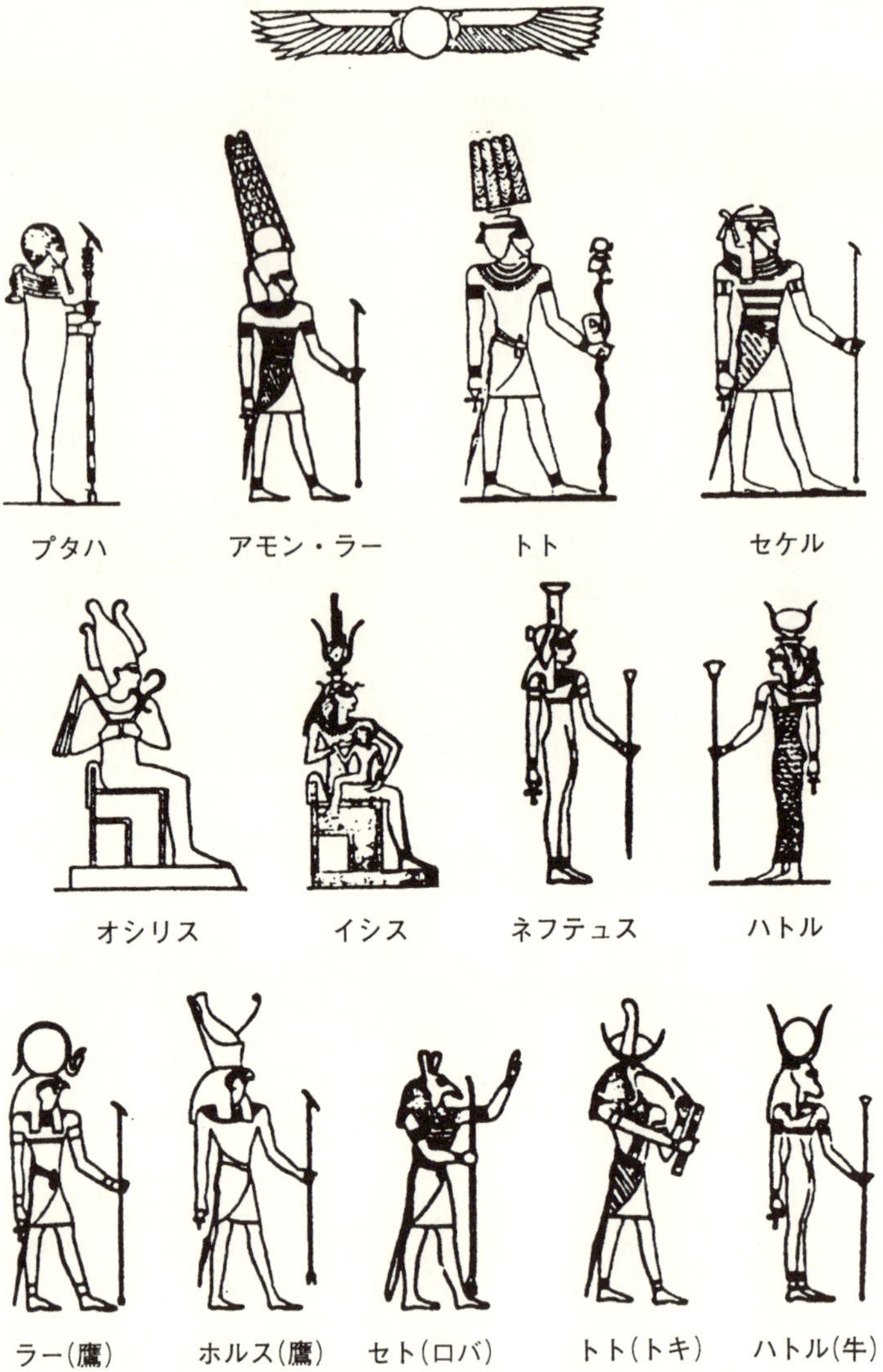

[図105] 天空の円盤（上図）とエジプトの神々。エジプトでは神々の彫刻や肖像が満ちあふれ、神々の不在の時にはその肖像が神のかわりを務めていた。下図は神々の属性を表す。

［図106］ シュメールの偉大なる神々は、数多くの彫像や円筒印章に残されている。

たり、選ばれた者だけが遭える神は存在したが、「見えざる神」はあり得なかった。事実、シュメールの偉大なる神々は、アヌを例外として、様々な彫像や円筒印章に彫られていたし、いろいろな方法で、姿を現していたのだ（図106）。このように、神々が生きている人間の目で、はっきり見られていたことは、メソポタミアやアナトリアで発見された、無数の円筒印章に描かれた絵が証明している。そして、地中海の島からは、学者たちが「聖職推薦の図」と呼んでいる絵が発見されている。それには、しばしば祭司の衣に身を包んだ王たちが、神や女神に案内され、「偉大なる神」に拝謁している姿が描かれている。また、似ている絵が、メソポタミアのアブハッバと呼ばれる遺跡から発見されているが、ここでは、王兼祭司が、神シャマシュに拝謁している（図107）。この情景は、我々が前の章で読んだ、モーゼの法典授与の場面を思い出させる。また、よく考えてみると、神が人間の配偶者を娶《めと》ったり、神との遭遇の際、あるいは神に捧げられた結婚で、相手の神や女神が見えなかったはずはないと、推測せざるを得ないのだ（イスラエル人を驚かせているのは、ヘブライの聖書の中では、どこにも神の配偶者について触れられていないことである。その不自然さのために、数々の警告にもかかわらず、イスラエルの民が、カナンの地の神殿の重要な女神であるアシェラを礼拝するという、横道にそれたことをしてしまったのだと、聖書研究家は信じている）。

シュメールの神アヌンナキが臨在していた神殿でも、神の言葉は、神託祭司によって、人々に伝えられていた。実際、アブラハムの父テラの名は、神託祭司のティルを連想させるし、その一族はイブリ（ヘブライ）と呼ばれていた。この家系のルーツは、ニップール（エンリルの礼拝センター）にあったに違いない。ニップールはシュメール語では、ニ・イブルであり、美しい居住

［図107］メソポタミアのアブハッバ遺跡からは、神シャマシュに王兼祭司が拝謁する様子を描いた、「モーゼの法典授与」に似た絵が発見されている。

地を意味している。ところで、シュメールにかわって、バビロニア（神殿の主は、マルドゥク）やアッシリア（神殿の主は、アッシュール）が隆盛に向かった頃、寺や宮殿は、「未知の運命」を占う占い師どもであふれていた。その種類も、神託祭司、予言祭司、占星術師、夢占い師、預言者、魔法使い、運命判断師、と多岐にわたっていた。彼らは、動物の内臓や、水の上の油の広がり方、それと天体の動きによって、神の意思が推察できると主張していた。

このような状況の中で、イスラエルの民だけは、それに惑わされないように求められていた。すなわち、「あなた方は、占いをしてはならない。魔法を行ってはならない」という、レビ記第19章26節がその命令であり、「あなた方は、口寄せや占い師のもとにおもむいてはならない」というのが、その警告であった。「プロフェッショナル」を自任する、他の古代の国の祭司たちとは全く対照的に、寺院で仕えるように選ばれたイスラエルの祭司やレビ人の助手たちは、「主の御前にたつ」条件として、次のような厳しい指示をうけていた。「あなた方のうちに、占いをする者、魔法使い、呪文を唱える者、口寄せ、かんなぎ、死人に問うことをする者があってはならない。主は、すべてこのようなことをする者を、憎まれるからである。そして、これらの憎むべきことのゆえに、あなたの神、主は、その者たちをあなたの前から追い払われるのである」（申命記第18章10—12節）。

紀元前15世紀の出エジプト記の頃までは、確かに、「他の神々」を礼拝する習慣が、宗教上、一般的だったが、イスラエルの民の宗教と礼拝においては、神によって、これは厳しく禁じられていた。ところで、イスラエルの子らが、約束の地に達した時、どのようにして神の言葉を受け、神の意思を知ることができたのだろうか？

その答は、神自身によって与えられている。
まず第一に、そのために天使がいる。天使は神の使者であり、神の意思や指示を伝え、神の代理として行動する。「見よ！　わたしは、使者をあなたの前に遣わし、あなたの道中を守らせ、わたしが、あらかじめ準備した所に、導かせるであろう」。神はモーゼを通じ、イスラエルの民に言った。「あなたは、その使者のまえに慎み、その言葉に聞き従い、彼に背いてはならない。わたしのシェム（宇宙船、Shem）が、彼のうちにあるために、彼はあなた方のことを許さないであろう」（出エジプト記第23章20—21節）。もし、神の言葉を傾聴するならば、この神の天使が、彼らを安全に、約束の地に導くのだ。

この天使の他にも、違う通信のチャンネルがあると、ヤハウエは言っている。そのことは、モーゼの兄のアロンと妹のミリアムが、モーゼだけが契約のテントに呼ばれ主と語るのをねたんで引き起こした事件によって、はっきりした。それは、民数記第12章に記されている。

そしてミリアムとアロンは言った
「主は、モーゼによってのみ語られるのか？
われわれによっても、語られるのではないのか？」
主はこれを聞かれた

そこで主は突然
モーゼとアロン、および、ミリアムにむかって

「あなた方3人、会見の幕屋に出てきなさい」
と言われたので
彼ら3人は、出てきた

主は雲の柱のうちにあって降り
幕屋の入り口に立って
アロンとミリアムを呼ばれた
彼ら二人が進み出ると……

このように、彼らの注意を喚起し、彼らを幕屋の前の「雲の柱」にできるだけ近寄らせてから、主は言われた。

あなた方は、今、わたしの言葉を聞きなさい
あなた方のうちに、もし、預言者がいるならば
わたしは、幻影の中で、自らを知らせ
また、夢の中で、それを語るであろう

しかし、わたしのしもべモーゼとは、そうではない
彼は、わたしの家のすべてに、忠信なる者である

彼とわたしは、自分の口で、話し合い
すべてを明らかに話して、謎を使わない
彼はまた、主の形を見るのである
なぜ、あなた方は、わたしのしもべモーゼを恐れず非難するのか

主は、彼らに向かい、怒りを発して去られた
雲が幕屋の上を離れ、去った時
なんと、見よ！
ミリアムは、重い皮膚病となり、その体は、雪のように白くなった

神ヤハウエは、ここで、はっきりと述べている。「神の預言者」を通じて、幻影と夢によって、イスラエルの人々と交信するであろうと。

通常、「預言者」という概念は、預言能力があり将来を預言する者を指す（この場合、神の助けと示唆により）。しかし、辞書にははっきりと、次のように定義されている。「預言者」は、「神事について、神のために語る人」または、ただ、「ある目的、グループ、あるいは政府のスポークスマンである」と……。預言の内容は、実際にあることや、予測されることであるが、その本来の意味合いは、スポークスマン、つまり、代弁者であるということだ。実際、ヘブライ語のナビは、スポークスマンという意味である。従って、「ヤハウエのナビ」は、通常、「主の預言

者」と訳され、正確には、「神の代弁者」のことである。また、民数記第11章で説明されているように、「神の魂を授けられた人」であり、ナビとしての権限を授与された男（または女）で、神の代弁をする人物のことである。

「預言者」という言葉が、最初に聖書に取り上げられたのは、創世記の第12章である。すなわち、フィリスティア（ペリシテ）の王、アビメレクが、サラを、アブラハムの妻とは知らずに、自分のハーレムに入れようとした罪を、神が裁いた時のことである。神は、夜の夢の中で、アビメレクの前に現れて、彼に警告した。アビメレクが無実の罪だと抗弁すると、神は、「サラに手を触れず、彼女の夫のもとに帰し、アブラハムに、あなたの罪の許しを請いなさい」と彼に告げた。神は、アブラハムのことを「この男は、わたしの〝預言者〟だから」と説明し、「彼はあなたのために祈るだろう」と伝えた。

次に「預言者」という言葉が使われたのは、出エジプト記第6章で、ここでは本来の基本的な意味に用いられている。それは、ファラオに神意を伝えるように、モーゼが命じられた時、「私は、言葉に詰まりがちで、口下手なので、ファラオが聞き入れてくれないだろう」と、モーゼが訴えた時のことである。神は彼に言われた。「見よ！　わたしは、あなたをファラオの前に差し向けるが、あなたの兄アロンを、あなたのナビ（代弁者）として同行させるだろう」と。この言葉が使われているもう一つの例は、イスラエルの子らが、紅海の水が奇跡的に割れて渡ることができた後で、モーゼとアロンの妹のミリアムが主をほめたたえて、イスラエルの娘たちを率いて、歌い、踊った時のことである。この時、聖書は、彼女を「預言者ミリアム」あるいは「代弁者ミリアム」と呼んでいる。さらに他の例としては、60万人もの群衆の統治に、部族の長老たちを参加させる必要が起きた時のことである。

モーゼは、民の長老たち70人を集めて
幕屋の周囲に立たせた
主は雲のうちにあって降り
モーゼと語られ
モーゼの上にある霊を
70人の長老たちにも分け与えられた
その霊が彼等の上に留まった時
彼らは預言した（ナビ、代弁者になった）
しかし、その後は重ねて預言しなかった

この物語によれば、長老たちの中の二人は、神霊の助けを借りて、宿営地でナビ（代弁者）として、活躍を続けていた。彼らは、それによって罰を受けるものと思われていたが、モーゼは違う考え方をしていた。「私は、主が人々に、主の霊を授けて下さるのならば、すべての人々がナビになってもらいたい」とモーゼは、彼の忠実な配下であるヨシュアに語っている。

神の代弁者としての「ナビ」については、申命記に述べられているような解説が必要だと思われる。「魔術師や占い者に耳を傾ける」他のもろもろの民とは異なり、イスラエルの民には、同胞の中から選ばれたナビを授け、「わたしの言葉を、そのナビの口に授けよう。彼は、わたしが命じることを、ことごとく彼らに告げるであろう」と神なる主は言われた。神なる主が命じないのに、神の言葉を語ろうとする者に対して、主は、そのような偽の預言者は確実に殺されると、警告している。しかし、人々はどのようにして、本物の預言と偽の預言を区別することができるのだろうか？　これについて、主はモーゼを通して、次のように説明している。「もし、あなたがたの中から、占い者や夢占い師が出て、奇跡や不思議なことを行って……」それが、あなたに、「異なった神や、知らない神をすすめ、礼拝させるものならば、そのような預言者の言葉に、耳を貸してはならない」。またこの他にも、預言者の真偽を確かめる方法があり、申命記第18章に述べられている。「もし預言者が、主の名によって語っても、その言葉が成就せず、また、そのことが起こらない時は、それは主が語られた言葉ではなく、その預言者がほしいままに語ったのである」

結局、本物と偽物の預言者を区別するのは、なまやさしいことではなかった。そして、次のような悲痛な出来事が起こってしまった。

そもそも、「イスラエルには、主と顔を合わせられるモーゼのような預言者は、他にいなかった」と、申命記の最後に述べられている。ところが、エジプトの束縛下にあった者たちを率いてきたモーゼは、約束の地に入らずして死ぬ運命にあったのだ。モーゼの死の直前、主は彼をエリコに面した、ヨルダン川東岸のネボ山に登らせ、そこから、神の「約束の地」を見せたのである。皮肉にも、また意味深長でもあるのだが、この最後の幕切れに選ばれたネボ山の名は、後に、バビロンの碑文に「代弁者である神」と記されているマルドゥクの子、ナブからきている。歴史的な記録では、このナブは、自分の父マルドゥクが追放されている間も、地中海に境を接する国々を巡り歩き、ちょうどアブラハムの時代に、マルドゥクが最高支配権を握れるように準備を進め、人々をマルドゥク崇拝に改宗させたといわれている。彼こそ、「真の代弁者」の見本だったのだ。

主ヤハウエの預言者たちの使命と目的は、士師の時代（ヨシュアからサムエルまでの執政者たちの時代）を通して、様々な形で、達成されてきた。その成果はサムエル記と列王記に記録されている。そして、高い次元の、道徳的で宗教的な教えと、人間に対する預言の先見性が確立されたことは、それ以降の預言書でさらに述べられている。ヤハウエの代弁者による、導き、怒り、慰め、教え、叱り、そして、元気づけの数々の言葉と象徴的な言葉が伝えられた。時の経過と多くの出来事を経て、地球とその住民に対する神の理想と役割が、徐々に形成されていった。

「主ヤハウエのしもべであるモーゼが死んだ後、ヤハウエは、モーゼの従者、ヌンの子ヨシュアに言われた。〝わたしの、しもべ、モーゼは死んだ。それゆえ、今、あなたとすべての長とは、共に立って、このヨルダン川を渡り、わたしがイスラエルの人々に与える地に行きなさい。……わたしは、モーゼと共にいたように、あなたと共にいよう。わたしは、あなたを見放すことも、見捨てることもしない。……ただ、強く、また雄々しく、わたしの、しもべ、モーゼが、あなたに命じた律法をことごとく守り、これを離れて、右へも左へも曲がってはならない〟」。このような言葉で、ヨシュア記は始まっている。その内容は、繰り返し、一方では、神との契約を守ることを、もう一方では、神の命令に対する絶対的な忠誠を要求しているものだった。そしてすぐにヨシュアは、「契約」は、「忠誠」にかかっていることを知った。そして、「忠誠」には、多くの難しい問題が含まれていることも認識した。

モーゼの時代の、奇跡の力を使った神の助けには、二つのポイントがあったことを、新しい指導者は、教えられた。つまり、見えないけれども、主はどこにでもおられることと、神は全能であるということの、二つの点である。神の遍在と全知全能である。ヨルダン川の東岸を旅するイスラエルの民の最初の障害は、どうやって西岸に渡るかであった。時は、雨季の直後であり、川の水位は高くあふれそうであった。ヨシュアは、「主が奇跡をなし給う」と民に語り、安心させて、彼らを清め、渡河の準備をさせた。ヨシュアは、主に教えられた通り、祭司たちに契約の櫃を担わせて、川に入っていった。すると、何と！　祭司たちの足が水に触れるや否や、ヨルダン川の水は、北から凍って壁のように固まった。イスラエルの民は、川の乾いた底の上を渡ることができた。そして、祭司たちが、聖なる櫃を担って渡り切ると同時に、水は崩れ、川は再び水で満たされた。

「これにより、あなた方は、生ける神があなた方のそばにおられることがわかっただろう」と、ヨシュアは告げたのであった。見えざる神は、確かに存在し、神は力にあふれ、神は奇跡を行う、と。奇跡は、これに留まらなかった。まずは、ヨルダンの渡河に続き、主ヤハウエの天使が現れ、エリコの城壁を崩壊させる方法を教え、ヨシュアの槍はアイの城塞を奇跡的に撃破した。次には、太陽が静止して20時間以上も沈まなかった。その日、カナンの王たちの連合軍を、アヤロン谷の戦いで、奇跡的に討ち滅ぼしたのだった。

「主がイスラエルの周囲の敵をことごとく除いて、イスラエルに安息を賜ってのち、久しくたち、ヨシュアも、しだいに年を取って老いた」と、ヨシュア記の第23章は始まっている。そして、彼の指揮によってカナンを征服し、そこに移住したことが記録されている。それは一つの終わりであり、また次の始まりであった。というのは、聖書が述べるように、一人ヨシュアだけでなく、主の奇跡やエジプトからの大脱出を経験した長老たちも、皆この世を去らんとしており、主の存在と実在を、再び確認する必要があったからだ。

そこで、ヨシュアは部族の指導者たちを集め、彼らの前で、祖先の時代から今に至るヘブライの歴史を復習した。彼は語った。ユーフラテス川の対岸に祖先たちが住んでいたこと、テラと彼の息子たち――アブラハムとナホル――は、「みな他の神々に仕えていた」ことも話した。さらに、アブラハムの移住、彼の子孫の物語、エジプトでの奴隷生活、モーゼに率いられた大脱出、ヨシュアの指揮によるヨルダン川の渡河、そして、カナンへの入植に至るまで、手短に回想された。「今、私も、同時代の人々も、この世を去って行く」と、ヨシュアは言った。「あなた方は、自由に選びなさい。主ヤハウエのもとに留まるのか、他の神々を崇めるのか」

それゆえ、いま、あなた方は、主を恐れ
誠と、真心と、真実とをもって、主に仕え
あなた方の先祖が川の向こう、およびエジプトで
仕えた他の神々を除き去って、主に仕えなさい
もし、あなた方が、主に仕えることをこころよしとしないならば
あなた方の先祖が、川の向こうで仕えた神々でも
または、今、あなた方の住む地の西方の神々でも

あなた方の仕える者を、きょう、選びなさい
ただし、わたしとわたしの家とは、共に、主に仕えます

この重大な、二者択一の選択に直面して、「民は答えて言った。〝主を捨てて、他の神々に仕えるなど、我々は、決していたしません。……我々も主に仕えます。主は我々の神だからです！〟」。「そこで、ヨシュアは民に言った。〝あなたがたは、主を選んで、主に仕えると言った。あなた方、自らが、その証人である〟。彼らは言った。〝我々は証人です〟。こうして、ヨシュアは、その日、民と契約を結び、これらの言葉を神の律法の書に記し、大きな石を取って、その所で、主の聖所にある樫の木の下にそれを立て、契約の証しとした」

こうした警告や契約の証しにもかかわらず、多神教を崇拝する人々が圧倒的に多い中、孤立していたイスラエルの人々が、一神教の信仰を守ることは難しかった。ユダヤ人の神学者、聖書学者のイエゼケル・カウフマンは、その著書『イスラエルの宗教』で、次のように指摘している。「イスラエルの民が直面した基本的な問題点は、偶像や、木像や、石像、金銀の像を崇めることを聖書が徹底的に禁止していながら、異国人が、〝他の神〟を崇めることを認めていることだ」。また、彼は次のようにも述べている。「イスラエルの宗教と異教信仰は、歴史的につながっている。両方とも人類の宗教の発展時期に登場した。イスラエルの宗教は、このような歴史的背景の中で興った。何もなかった〝真空〟状態の中で興ったということはできないのだ」

ヤハウエの信仰（一神教）の難点は、神自身の家系がわからず、神がどこから来たか、その由来もわからないことである。「川の向こう」で、アブラハムの両親や祖先によって礼拝されてい

た神は、「他の神々」であった。ヨシュアの記録によれば、最初に礼拝されていた神々の中には、アヌの息子であるエンリルとエンキが含まれていた。姉妹のニンフルサグもいた。そして、アヌ自身にも、ちゃんと両親がいた。彼らは皆、配偶者や子供をもっていた。つまり、ニヌルタ、ナンナ、アダド、マルドゥクのことである。また、そこには、第3世代のシャマシュ、イシュタル、ナブもいた。こうした神々は、他の世界（天体）のニビルというところから、地球にやってきていた。そこが、彼らの発祥の地、つまり、彼らの故郷であった。

エジプトの「他の神々」に対して、ヤハウエは、イスラエルの子らがエジプト人に苦しめられた時、神の力を示したのだが、他の神々はエジプト国内だけでなく、エジプトの力のおよぶところでは、どこでも、崇められ、礼拝され続けていた。エジプトの神々はプタハに率いられ、偉大なるラーは、彼の息子で、彼らの住居である「何百光年もの遠い天体」と地球の間を、宇宙船で旅をしていた。トト、セト、オシリス、ホルス、イシス、ネフテュスは皆、兄弟それぞれが、腹違いの姉妹たちと結婚して、一つの血筋でつながっていた。イスラエルの人々は、シナイ山でモーゼが死んだのではないかと惧《おそ》れ、アロンに、導いてくれる神を造ってくれるように頼んだ。アロンは、金の子牛——雄牛の偶像、神の牡牛を意味する——を造った。それから、神罰がイスラエルの民を苦しめた時、モーゼも、銅の蛇——エンキとプタハの象徴——を神罰を止めるために造ったことがあった。エジプトの神々がイスラエル人の心の中に残っていたとしても不思議はない。

そしてまた、イスラエルの民が住んでいた土地の「西方の人たち」は、多くの異神たちに仕えていた。たとえば、西アジアのカナンの神々の神殿には、引退した年配の神、エル（神々、エロヒムの単数形）をはじめとして、彼の妻のアシェラ、現役の神バアル（主神を意味する）、彼らの息子、彼のお気に入りの女性のアナとシェペシュ、およびアシュトレス、それに彼に反目しているモトとヤムがいた。この神々の活躍の舞台、戦いの舞台は、エジプトとの国境からメソポタミアの国境にまでおよんでいた。この広い範囲の、どの国の人々も、場所によって神の名は変わることはあっても、この神々を崇拝していた。今やイスラエルの子らは、こうした人々の、真っ直中に住んでいたのだ……。

主ヤハウエのはっきりした血統やその出所がわからないという「基本的な問題点」に加えて、彫刻による神の表現すら許されない、「見えざる神」であることの問題点は、イスラエルの民を、さらに困難な状態に追い込んでいた。

こういう状況下で、「イスラエルの人々は、主の前に悪を行い、バアルに仕えた。主ヤハウエを捨てて、かつてエジプトの地から彼らを導き出した先祖たちの神、つまり他の神々、すなわち、周囲の国民の神々に従い、それにひざまずいて、主ヤハウエの怒りを引き起こした。彼らは、主を捨てて、バアルとアシュトレスに仕えた」（士師記第2章11―13節）。こういう由々しき状況の中で、指導者たち――選ばれた士師たち――は立ち上がり、イスラエルの民を、彼らの真の信仰に連れ戻し、主の激しい怒りを解こうとしたのだった。

そうした、士師の一人に、デボラという女性がいた。聖書では、彼女は、単にネビア（Nebi'ah）という一人の女性預言者として、紹介されている。彼女は、主ヤハウエの導きにより、イスラエルの民の北方の敵を打ち破る、優秀な指揮官と、すばらしい戦略を選ぶことができた。聖書には、彼女による戦いの勝利の歌が記録されている。学者たちは、この詩をユニークな古代文学の傑作と考えている。デイビッド・ベン＝グリオン（近代イスラエルの最初の首相）は、その著書『ユダヤ人とその国土』の中で、「この宗教国家の目覚めは、偉大なる〝見えざる神〟を称えた、デボラの歌により感動的かつ印象的に表現されている」と書いている。実際には、この勝利の聖歌には、はるかにそれ以上のものが歌われている。その詩は、主ヤハウエの、天の神としての役割にも言及している。そして、戦いに勝つことができたのは、主ヤハウエの出現により、「地は震い、天はしたたり、山は揺れ動き」、そして、「惑星たちをその軌道から、敵との戦いへと駆り立てた」からであると、歌っているのだ。

このような、主ヤハウエの天の神としての姿は、これから我々にもわかってくるように、聖書に登場する偉大なる預言者たちの言葉を、いっそう意味深いものにしてくれるのだ。

年代順に従えば、預言者とその資格保持者たちの話が、再び聖書のサムエル記に登場する。サムエルは、長じて、国民の預言者と祭司と士師を兼ねることになった。今まで私は、主ヤハウエの大使と呼ばれる預言者たちについて述べてきたが、サムエル記上第3章19―21節はサムエルについて、こう言っている。「少年サムエルは育っていった。主が彼と共に居られて、サムエルの言葉を一つも地に落ちないようにされたので、ダンからベルシバまでのすべての人々は、サムエルが主の預言者と定められたことを知った。主は、続いてシロの町に現れた。すなわち、主は、シロで、主の言葉によって、サムエルの前に自らを現された」

サムエルの任期は、カナン沿岸の平野地帯に五つの根拠地をもつ、イスラエルの強敵、フィリスティア（ペリシテ）人の興隆の時期と、たまたま一致していた。両者の争いは、「一触即発」の状態にあったが、はやくもサムソンの時代に、激しい戦争が始まった。そして、フィリスティア人が「契約の櫃」を奪い、半神半人の神ダゴンの寺院の中に持ち込むという事件が起こった（何と！　この時、ダゴンの像が「契約の櫃」の前に崩れた、と聖書は述べている）。そこで、イスラエルの12の部族の長は、サムエルの前に集まり、「すべての同じ血統の国」を統治するしくみをつくり、そのための王を選んでくれるように頼んだ。こうして、キシュの息子サウルが、油を塗って聖別され、イスラエルの子らの最初の王となった。困難なことの多かったサウルの統治後、この君主政治の国は、エッサイの子、ダビデによって引き継がれた。ダビデは、巨人のゴリアテを倒してから、頭角を現していた。「主の精霊は、この時から彼の上にあった」と、聖書は、伝えている。

サウルもダビデも、自分たちの行動を指示してくれる預言を求めて、主ヤハウエに伺いをたてていた。サムエルの死後、サウルは、主の預言を求めたが、「夢でも、幻でも、預言者を通じてさえも」主の答を受けることはできなかった（彼は、やっと霊媒を通じて、サムエルの幽霊と話すことができたといわれている）。ダビデについては、サムエル記上第30章7節で読むことができる。ダビデは、高僧の祭司服と預言の胸当てを着けて、「主に伺いを」たてた。しかし、その後、彼は「主の言葉」を、初めはガデ、次はナタンという預言者を通じてのみ聞くことができたという。聖書は、最初の者を、「ダビデの預言者（ナビ、Nabih）である、ガデ」と呼び、彼を通じて、「主の言葉」は王に知らされたと述べている（サムエル記下第24章11節）。ナタンとは、主が彼を通して、「ダビデではなく、その息子がエルサレムに神殿を建てることになるだろう」と、ダビデ本人に伝えた、あの預言者のことである（サムエル記下第7章2―17節）。「ナタンは、幻で見たままをダビデに語った」

　ところで、預言者の任務とは、この謎に包まれた、初期の預言者ナタンが行ったように、神の意思を伝える伝言機能だけではなく、道徳律と社会主義を教え、それを擁護することであった。これを裏書きする事件として、こんなことがあった。ダビデ王がある時、美しいバテシバが裸になって、彼女の家の屋上で水浴びをしているのを見てしまった。たまらなくなったダビデ王は、配下の将軍に命じて、バテシバの夫を最も危険な戦場に送り、バテシバが未亡人になってから、彼女を、自分の妻にしようと企んだ。そこで、預言者ナタンは、王のもとに来て、「ある金持ちが、たくさんの羊をもっているにもかかわらず、わざわざ、貧乏人の一匹しかいない羊を欲しがった」という寓話を語った。すると、ダビデ王は、「そんな男は、死刑に処すべきだ！」と、大きな声で叫んだ。ここで、預言者は言った。「その男とは、あなたのことです！」と。

　ダビデ王は自分の罪を認め、償いのために、多くの時間を、敬虔《けいけん》な黙想と孤独な祈りに費やした。こうしたダビデ王の、神と人に対する深い反省の情は、数多くの「ダビデの詩編」に表現されている。その中に、主ヤハウエの、天の神としての姿を歌った、デボラの言葉が記されている。「それは、ダビデが主に捧げた歌の言葉として残されている」（サムエル記下第22章及び詩編第18章）。それは、次のように、始まっている……。

主はわが岩、わが城
私を救う者……

苦難のうちに、私は主を呼び

わが神に呼びかけた
主は、その宮から、私の声を聞かれて
私の叫びは、その耳にとどいた
その時、地は震いうごき
天の基《もとい》はゆるぎ震えた。……

彼は天を低くして降りられ
厚い霧が彼の足の下にあった
彼はケルブに乗って飛び
風の翼に乗って現れた。……

主は天から雷を轟かせ
いと高き者は声を出された……
彼は高き所から手を伸べて、私を捕らえ、……
私を強い敵から救われた

「ダビデがイスラエルを治めた期間は、40年であった。すなわち、ヘブロンで7年、エルサレムで33年、世を治めた」。そして、歴代誌上の結びの言葉に、こう述べられている。「彼は、高齢に達し、年も富も誉れも満ち足りて死んだ」と。「そして、ダビデ王の、初めから終わりまでの、すべての言葉は、先見者サムエルの書、預言者ナタンの書、及び先見者カドの書に記されている」。ナタンの書とカドの書は、聖書の他の2書、主の戦いの書とヨシュアの書と同じように、失われてしまった。ダビデが、全150編の殆んど半分（正確には73編）を作ったと見なされている。聖書の詩編は、現存している。そのすべては、主ヤハウエの本質と正体に対する、洞察力に富んだものである。

ダビデが、「イスラエルの全土」を統治したことの重要性は、紀元前の2世紀から1世紀へと、歴史の歯車が変わった時、言い換えれば、ソロモンがエルサレムで王位に就いた時に、はっきりとわかった。なぜならば、ソロモンが死んで間もなく、王国は、南のユダと北のイスラエルに、真っ二つに割れてしまったからである。エルサレムとその神殿から切り離された北の王国は、外国の習慣や宗教の影響にさらされることになった。紀元前880年の、イスラエルの6代目の王による新しい首都の創設は、ユダからの決別と、エルサレムの主の神殿からの別離の両方を意味していた。そして、この6代目の王は、この新しい都市を、ショムロン（サマリア）と名づけた。それは、「小さなシュメール」という意味だった。こうして、彼らは、姿の見える神々への信仰に傾いていった。

この動乱の間中、主ヤハウエの言葉は、「神の子」によって受け継がれ、相競う王たちに伝えられていた。この神の子たちは、時にはナビ（預言者）と呼ばれ、時にはホゼ（幻を見られる人）あるいは、ロエ（先見者）と、呼ばれていた。そのある者は神の言葉を「直接」中継したし、ある者は天使を経由していた。また、ある者は「真の預言者」であることを示すために、王の喜ぶことしか預言しない「まやかしの預言者」には真似できないような、奇跡を起こしたりしていた。しかし、彼らは皆、異教崇拝と闘い、「主ヤハウエの目から見て、正しいことをする」者が王位に就けるようにする努力を重ねていた。

こうした状況の中、一人の聖職者が現れた。彼が在任中に残した、数々の業績の記録は、当時としては傑出したものであり、その後もずっと、多くの世代から、忘れることのできない「救世主」として期待されてきた。この預言者の名前はエリヤだった（Eliyahu、ヘブライ語で、「主は我が神」という意味である）。彼は、イスラエル王アハブ（紀元前870年頃）に、預言をするために呼び出された。その頃、アハブは、フェニキア人の妻、悪名高きイザベルの宗教的影響に、完全に屈していた。このアハブ王は、神バアルを信仰し始め、サマリアにバアルのための神殿を建て、アシェラのために祭壇を用意していた。彼について、聖書は次のように記述している（列王記上第16章31―33節）。「アハブは、彼より先にいたイスラエルのすべての王にもまさって、イスラエルの神、主を、怒らせることを行った」と。

そこで、主はエリヤを召して、代弁者とされ、主の権威と信頼性を、奇跡を通して示された。最初に記録されている奇跡は、エリヤが、貧乏な未亡人の家に滞在した時のことだった。その未亡人が、エリヤに、食べ物を使い果たしてしまったと訴えたので、彼は、少々の小麦粉と油があれば、毎日、十分食べていかれると保証した。そして、本当に、彼らがそれを毎日食べても、奇跡的に、食料は減らなかった。

また、彼女の家に滞在している間に、未亡人の息子が重い病気に罹《かか》り、「息が絶えた」。主ヤハウエに、少年の命を助けてくださいと訴えながら、エリヤは少年を抱きかかえて上の部屋に連れていき、寝台の上に寝かせて、少年の上に、3度、彼自身の体をかぶせ、主に叫んだ。「この子供の魂をもとに戻してください。よみがえらせてください！」と。……そして、その子供は生き返ったのだ。この未亡人は、エリヤに言った。「今、私は、あなたが神の人であることと、あなたの口から出る主の言葉が、真実であることを知りました」と（列王記上第17章17―24節）。

時は過ぎていき、イザベルは、ただ一人450人以上の「バアルの預言者たち」を彼女の宮殿に集めたが、その中でエリヤだけが、ただ一人「主ヤハウエの預言者」の立場を守っていた。エリヤから最後の見せ場を作るように促されて、王は、民衆とバアルの預言者たちをカルメルの山に集めた。二頭の去勢された牛が、生け贄として、二つの祭壇の上に用意されたが、その祭壇には、どうしても、火をつけられなかった。祭壇の両側からは、火が天より下り、祭壇の焚木に火をつけるように、と彼らの神に祈り、叫ぶ声が沸き起こった。だが、1日たっても、バアルに供えられた祭壇には、何も起こらなかった。しかし、エリヤが祈る番になり、神の助けを求めると、「主ヤハウエの火が下って、生け贄を焼きつくした」。そして、火は、祭壇そのものまでを呑み込んだ！「民は皆これを見て、ひれ伏して言った。〝主ヤハウエが本当の神である〟と」。エリヤは、彼らにバアルの預言者を一人残さず、殺すように命じた。

このことがイザベルに伝わると、彼女はエリヤを殺すように命令した。しかし、エリヤは、西のほうのシナイの荒野に逃れた。飢えと渇きと疲労で彼は倒れ、死を覚悟した。その時、奇跡的にも、主の天使が、彼に食物と水を与え、「神の山」シナイ山の洞穴への道を教えた。そこで主ヤハウエは、エリヤに、静寂の中から語りかけ、北へ戻りアラム（古代シリア）の首都ダマスカスで、イスラエルを統治する新しい王を聖別して選ぶように、指示した。そして「サバテの子、エリシャに油を注いで清め、あなたにかわる代弁者としなさい」と、伝えた。

これは、未来のことを、単に、暗示するという以上のものだった。主ヤハウエの預言者が、国家の事件に関わり合い、王の没落を預言し、自ら王位継承者を聖別したのである。しかも、イスラエルやユダヤではなく、外国の首都で！

この他にも数回、エリヤの預言活動が、「主の天使」の指示のもとに行われたという。そして、いつもこういう方法で、主の言葉が、彼に伝えられていたと思われる。聖書には、その伝え方は、詳しく述べられていないが、彼が、火のように輝く乗り物に乗って、天に昇っていった時にも、彼は、「主の天使の指示」をうけたと思われる。この出来事は、昔、エンメデュランキ、アダパ、エノクの時に起きたものと同じだが、その詳細は、列王記下第2章に記述されている。この物語からわかるように、エリヤの昇天は、突然、あるいは予期されずに起こったのではなく、むしろ、予め計画され、準備されたもので、この事件が起きる場所と時間も、エリヤには前もって知らされていた。

「主が、つむじ風をもってエリヤを天に昇らせようとした時、エリヤは、エリシャと共にギルガルを出て行った」。ギルガルは、ヨシュアがあの奇跡的なヨルダン川の渡河を記念して、石碑群をたてたところである。エリヤは、大切な弟子をここに残して、彼の仕事を継がせたかったが、エリシャはきかなかった。ベテルに着くと、彼らの弟子たち（預言者の子たち）が集まって、再びエリシャに言った。「主が、今日、あなたの師事する主人を、あなたから取られるのを、知っていますか」。エリシャは、「はい、知っています。でも、あなたがたは黙っていてください」と答えた。

エリヤは、ついてくるエリシャから逃れようとして、エリコに向かうことにして、エリシャにはベテルに留まるように求めたが、エリシャはついていくと主張した。エリヤは、一人だけで、河を渡らなければならないのだと明かしたが、それでもエリシャはついていくと言い続けた。彼らの弟子たちが、遠くにたって見ていると、「エリヤは外套を取り、それを巻いて水を打つと、水が左右に分かれたので、二人は土の上を渡ることができた」。

彼らが川を渡っていった時、イスラエルの民は、彼らが渡っていったカナンとは反対の岸に集まっていた。二人は歩きながら、互いに、話をしていた。

火の車と火の馬が現れて
二人を隔てた
そしてエリヤは、つむじ風に乗って
天に上った

エリシャはこれを見て
「わが父よ！　わが父よ！
イスラエルの戦車よ！　その騎兵よ！」
と叫んだが
再び彼を見なかった

聖書に記された詳細な道筋をたどると、エリヤが、火のようなつむじ風に乗って空に昇った場所は、テル・ガスルのそばだったと思われる。この場所から、3本脚のUFOのような、球根型の乗り物の絵が発見されている（図72参照）。

エリシャが、探しても無駄だといったにもかかわらず、指導者をなくした弟子たちは、3日間、自分たちの師を探した。エリヤが昇天した時に落とした外套を持っていたエリシャは、死者をよみがえらせたり、群衆のために、少しの食料を増やし続けたりするような、奇跡を行えるようになっていた。エリシャの令名《れいめい》は、止まるところを知らず、外国の高僧たちも、彼の奇跡的な治療の力に頼るほどになっていた。そして、こうした魔法のような治療が施された後で、アラム（古代シリア）の指導者も、「全く、この地球上には、イスラエルの神以外に、神はいない」と言って、彼を認めたのだった。

このエリシャもまた、前のエリヤと同じように、神意による王位継承に関わることになった。エリヤが死んだ頃、イスラエルの王（ヨアシュ、紀元前800年頃）は、すでにアハブの5代目の継承者になっていた。そしてエリシャは、エリヤの後を継いで、戦いと平和についての、神の代弁者になっていた。列王記下第3章には、モアブの王メシャが、アハブの死後、イスラエルの支配に対する反乱を起こしたことが物語られている。この時、エリシャが、主ヤハウエの命により、モアブと戦うか否かを、イスラエルの王に助言したのだった。この国境戦争の真相は、驚くべき考古学上の発見によって明らかにされた。メシャ王が、戦争について記した一本の石柱が発見されたのだ。その石柱（図108a）は、現在パリのルーブル美術館に所蔵されているが、それには、当時ヘブライ人たちが、使っていたのと同じ、古代のセム語が刻まれている。そして、その中の18行目に、まさに、イスラエルとユダの文字で、「ヘブライの神、ＹＨＷＨ」と書かれ

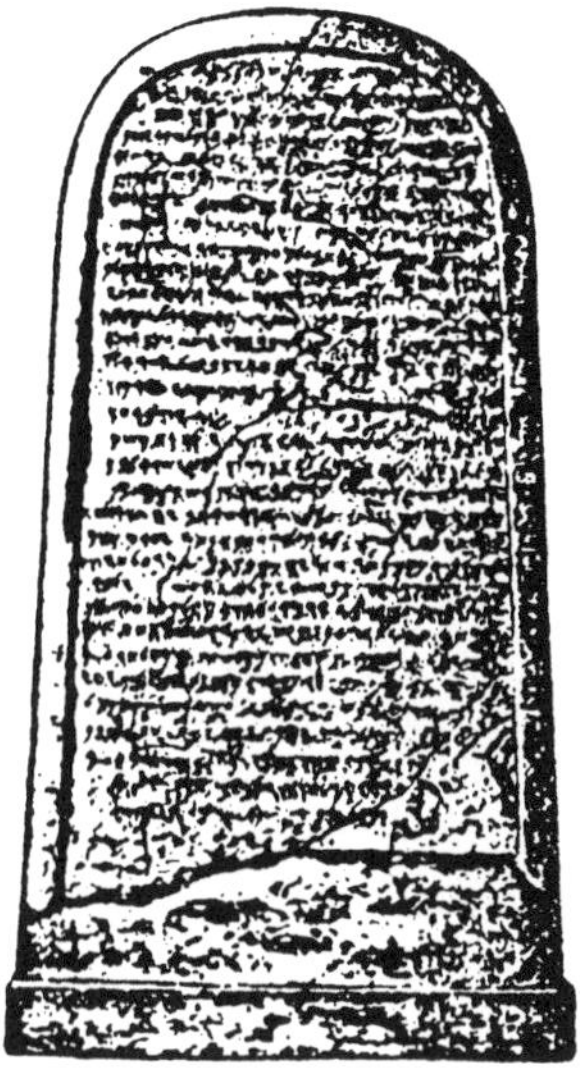

a

b

(図108) メシャ王の反乱について記した石柱には、ユダヤの文字で〝ヘブライの神、YHWH〟と書かれていた。

ているのが、見つかったのだ！（図108b）

士師と初期の王たちの間、イスラエルの入植とカナン征服の時代は、一つの中間的な時期だった。シュメールが倒れた後、紀元前2000年頃に興隆し、東部地中海を戦いの場にしていた巨大な帝国、エジプト、バビロニア、ヒッタイトの国々は、衰退し、滅びていった。彼らの首都は荒廃し、放棄された。古来の宗教儀式も途絶え、神殿は修理もされずに荒れ放題だった。

この時代のバビロニアとアッシリアについて、H・W・F・サッグスは、『偉大なるバビロン』の中で、こう述べている。「紀元前990年頃の秩序は、非常に混乱していて、その頃の年代記によれば、〝9年間もずっと、マルドゥクは外出せず、ナブも来なかった〟という。つまり、バビロンのマルドゥクが、首都を出て、アキツと呼ばれる神殿に行き、首都に戻るとボルシッパのナブが訪ねてくるという、恒例の新年の祝いの儀式さえ、行われなかった」

このような状況のおかげで、ヘブライの諸王国だけでなく、その隣国のエドム、モアブ、アラム、フェニキア、フィリスティア（ペリシテ）も立ち上がることができた。こうした国々の辺境での戦いと侵略は、過去の時代の強大な帝国同士の大戦争や、すぐその後で起きた世界大戦に比べれば、ごく小さな、地域戦にすぎなかったといえよう。

紀元前879年に、アッシリアの新しい都、カルフ（聖書ではカラ）が、盛大に幕開けした。これが、歴史的に見れば、新アッシリア時代の幕開けだった。彼らは、「アッシュールの大神」と、その他の、アッシリアの神殿の神々の名において、領土拡大や支配のための戦争、大虐殺など、比類なき残虐行為を繰り返した。拡大するアッシリアの支配力は、やがて、かつての栄光の都市の面影を残すバビロンを包囲するまでになった。アッシリア人は、征服されたマルドゥクの臣下に対する、一つのジェスチュアとして、せいぜい副知事の従者ぐらいにしかなれない者たちを、バビロンの王に指名した。しかし、紀元前721年に、その地の、生まれながらの指導者であるメロダック・バラダン2世が、バビロンの新年の祝いを復活し、「マルドゥクの手をとり」、王権の独立を主張した。この行動は、全面的な反乱に発展し、30年にも及ぶ、断続的な戦いが始まった。結局、紀元前689年に、アッシリア人たちは、バビロンを再び自分たちの管理下においた。そして、マルドゥク自身を捕われの神として、アッシリアの首都に移してしまうという極端なことまで行った。

しかし、シュメールとアッカドで続いていた抵抗運動と、アッシリアの遠隔地での紛争が、結果的にバビロンの復活を招いた。紀元前626年に、ナボポラサールという指導者が、新バビロニア王朝の発足と独立を宣言した。これが、新バビロニア時代の始まりだった。そして今や、バビロンは、アッシリアの真似をして、遠近の地を「神ナブとマルドゥク」の名において征服していた。そして、古い碑文によれば、21年もアッシリアに捕われていた「天と地の統治者にして、神々の主なる、マルドゥク」の強い助けにより、巧みにアッシリアを滅亡に追い込んでいった。

やがて、国境争いの戦争は、世界大戦（古代での規模の）へと発展し、一つの国の神が、他国の神を陥れるようになったので、聖書に登場する預言者たちも、その活躍の場を世界的規模に広げることになった。誰でも、彼らの預言を聞くと、まず彼らの遠い国々についての地理と政治の知識に驚かされ、感動を覚える。そして、彼らが、国同士の陰謀や国際的な争いの動機を把握していることにも驚かされる。さらに、互いに同盟を結んだり、破ったりという、危険なチェスゲームに興じているイスラエルとユダの王たちの「詰め手」の正否を預言する、彼らの先見性にも驚かされるのだ。

聖書の各書に言葉や戒告が載っているような重要な大預言者たちにとって、人類やその国の神々までを巻き込んだ国際的な大騒動は、バラバラな争いではなく、一つの偉大な「神の計画」だった。つまり、すべては主ヤハウエが計画され進められたことで、これによって、個人や国同士の不公正な違反や罪が終わるのだと思っていたのだ。思い起こせば、ノアの洪水の前に、神は、「人間に対する不満」を表明し、人間を大洪水によって、地球上から一掃しようとした。そして、今度も、「神の不満」が、再び大きくなっていた。そして、神は、その救済策として、イスラエルやユダを含むすべての国を滅ぼし、エルサレムを含むすべての寺院を破壊しようとしたのだ。そして、絶え間なく行われている不正を隠すために生け贄を捧げるような、馬鹿げた信仰をやめさせようと考えたのだ。つまり、大悲劇によって地球を浄化してしまい、「すべての国々への光」となる、「新しいエルサレム」を創ろうと考えたのだ。

J・A・ハーシェルが、その著書『預言者たち』の中で指摘しているように、それは、まさに「神の怒り」の時代だった。その時代の、15人の「預言者たち」は、紀元前750年頃、アモス（ユダヤ）とホセア（サマリア）が預言し始めてから、紀元前430年頃のマラキに至るまで、3世紀にもわたって活躍している。その中には、紀元前7、8世紀にヘブライの二つの王国の没落を予知した「2大預言者」イザヤとエレミヤもいる。またバビロニアの追放者の中にいた、偉大なる預言者エゼキエルは、紀元前587年のネブカドネザル王によるエルサレムの破壊を目の当たりにして、「新しいエルサレム」の再建を預言している。

それぞれ別の立場で、大預言者たちは、手厳しく、空虚な信仰や不正で塗り固められた儀式を批判している。「わたしは、あなた方の祭りを憎み、かつ卑しめる。わたしはまた、あなた方の聖会を喜ばない」と、主ヤハウエはアモスを通じて語り、「公道を水のように、正義を尽きない川のように、流れさせせよ」とも言われている（アモス書第5章21―24節）。「あなた方の捧げる多くの犠牲は、わたしになんの益があるのか？」と主の分身であるイザヤは語る。「あなた方は、もはや、むなしい供え物を携えて来てはならない。……あなた方が手をさしのべるとき、わたしは目を覆って、あなた方を見ない。たとえ多くの祈りを捧げても、わたしは聞かない」。さらに重ねて、「公平を求め、虐げられし者を救い、みなしごを正しく守り、寡婦の訴えを弁護せよ」と主は言われた（イザヤ書第1章17節、エレミヤ書第22章3節）。それは、十戒の基本、古きシュメールの正義と公平にかなう基本に戻れという呼びかけであった。

国家レベルでは、預言者たちは、この時代の「偉大なる力」の攻撃や支配に対して抵抗するために、近隣諸国の王たちと同盟を結んだり解散したりするのは、無益なことであり、それが滅亡への道につながると予測していた。その理由は、預言者たちは、これら近隣の国々も、やがて来る大変動によって、滅びていくことを知っていたからである。「見よ！　主ヤハウエの暴風がくる。神の憤りがつむじ風に乗って、悪人の頭をうつ」と、エレミヤは預言した（エレミヤ書第23章19節）。そして、イスラエルにもユダヤにも、またその近くの「無割礼の国々」――古代フェニキアのシドンとティルス、アンモンとモアブとエドム、フィリスティア（ペリシテ）、そして砂漠の国、アラビア――にも同じことが起きると断言した。

2冊の王の書（列王記の上と下）は、イスラエルとユダヤの王たちの統治を、主ヤハウエの教えに対して、「正しいことをした」か、「教えを逸脱した」かで、厳しく区別している。そして、主の預言者たちは、ごまかしの同盟が、教えを逸脱した主な原因だったと考えている。さらに、もっと前の時代では、異国の人々が「他の神々」を信仰することを容認していたが、主の預言者たちは、それを忌まわしい行為だと思うようになった。なぜなら、その頃「他の神々」の地域には、人間が木や金属や石で作った偶像があるだけで、主ヤハウエのような生きた神はいなかったからだった。そして、主の預言者たちは、バアルとアシュトレス、ダガンとバアル・ゼブブ、ケモシュとモレク、などの異神を礼拝する人たちは邪道に堕《お》ちた罪人だと考えていた。

しかし、いずれにせよ、「偽の預言者たち」も、世にはびこっていた。これに対して、主の「真の預言者たち」は、絶えざる闘いを挑んでいた。偽の預言者たちは、いつわりの神々の名前を唱えることを責められただけではなく、主の真の言葉を伝えているふりをすることを、特に責められていた。偽の預言者たちは、人々の誤った行いを指摘したり、王の前途の危険を知らせるかわりに、ひたすら、王や人々が喜ぶことだけを語っていた。「彼らは、平和！　平和！」と、いつも唱えているが、そこには、平和などない」と、エレミヤは、偽の預言者たちを批判している。これに対して、真の預言者たちは、容赦なく、必要とあらば、警告や戒告を与えていた。

ところで、国際的な視野にたつ世界の檜舞台《ひのきぶたい》でも、神の預言者たちは、地政学についての神秘的なまでの理解力を示し、また、極めて広範囲にわたる、驚くべき、洞察力と予知能力を披露したのであった。彼らは、古代の帝国、つまり、エラムの再建を知っていたし、はるか東の新興国、メディア（後のペルシャ）の存在も知っていた。さらに、シニムの国と呼ばれていた、はるか遠くの中国のことまで頭に入っていた。そのうえ、小アジアにあった初期の都市国家のギリシャが、地中海のクレタ島やキプロス島を占領していることも認識していた。また、エジプトの国境に接しているアフリカの、新旧勢力の状況についても、十分心得ていた。そして、まさに、「こうした、地上のすべての住民と、世界中の居住者は、邪道に走ったことにより、主によって、裁かれるであろう」と、預言者たちは、思っていた。

この頃、歴史のドラマの表舞台には、長い間、強大な力を誇示していた、エジプト、アッシリア、バビロニアが登場していた。その中で、エジプトとその神々は、あまり尊敬されていなかった。もともと、ヘブライの王国とエジプトは、近い関係にあり、時には親密な関係でさえあった（ソロモンは、ファラオの娘と結婚し、馬と戦車を贈られたりした）のだが、それにもかかわらず、エジプトは裏切ったりするので、信頼できないところがあると考えられていた。エジプト王のシェションク——聖書ではシシャク（列王記上第11章と14章）——は、エルサレムの神殿を略奪したし、ネコ2世は、メソポタミアの軍勢を迎え撃つ途上で、迎えに出てきたユダヤの王ヨシユアを殺したりした（列王記下第23章）。イザヤとエレミヤの二人は、こうしたエジプトの神々のことを歯に衣《きぬ》着せず詳しく語り、そのうえで二人のファラオの死を預言している。

イザヤは、エジプトについての預言（イザヤ書第19章）の中で、主ヤハウエが、空中を飛んできて、エジプトとエジプト人たちを、裁き罰するだろうと託宣した。

主は、遠い雲に乗って
エジプトに来られる
エジプトのもろもろの偶像は

御前に震えおののき
エジプトの人の心は
彼らのうちに溶け去る

預言者イザヤは、このように、正確にエジプトの内紛と内戦を予見した上で、「エジプトのファラオは、慌てふためいて、自分の占い師や魔法使いたちを集めて主ヤハウエの意図を知るための無駄な悪あがきをするだろう」と、予測している。イザヤが告げた、神の意図は次のようなものであった。「その日、エジプトの国の中に、主ヤハウエをまつる一つの祭壇があり、その国境に、主をまつる一つの柱がある。これはエジプトの国で、万軍の主に、しるしとなり、証しとなる。……主は、ご自分をエジプト人に示される」。エレミヤは、さらにもっと、エジプトの神々に絞り込んで、主ヤハウエが定められたことについて述べている(エレミヤ書第43章)。その内容は、「エジプトの神々の宮殿に火をつけて、これを焼き、……ヘリオポリスの偶像を壊し、エジプトの神々をまつる寺院は、火で焼いて破壊する」というものだった。また、預言者ヨエルは、こう説明している(ヨエル書第4章19節)。「エジプトは、荒れ地となる。彼らはその国で、ユダの人々を虐《しいた》げ、罪無き者の血を流したからである」と。

アッシリア帝国の勃興と、彼らの隣国に対する、比類ない残忍な襲撃の様子は、聖書の預言者たちに、よく知られていた。そして、時には、アッシリアの宮廷内の陰謀についての、驚くほど詳しい状況も、よく知られていた。アッシリア帝国の侵略は、最初、北と北東に進路を取っていたが、シャルマネセル3世(紀元前858年—824年)の時に、アジアの国々に目標を定めた。

このシャルマネセル王のオベリスク（記念塔）の一つに、ダマスカスでの略奪と、その王ハザエルの処刑の様子や、ハザエルの隣国のイスラエルの王エヒュからの貢ぎ物を受領した時の模様が記録されている。そして、この碑文には、一枚の絵がついていたが、それには、神アッシュールの翼の付いた円盤の紋章の下で、エヒュ王が、シャルマネセル王にひざまずいている情景が描かれている（図109）。

1世紀の後、ガデの子メナヘムがイスラエルの王だった時、「アッシリアの王プルが、国に攻めてきたので、メナヘムは、銀1000キカルをプルに与えた。これは、逆に、プルの助けを得て自分の王座を守ろうとするためだった」。このことを記した、列王記下第15章19節は、政治的な王権絡みの面では、メソポタミアとイスラエルは、極めて近い親密な関係にあったことを暴露している。ところで、再び地中海の国々を侵略したアッシリアの王の名は、ティグラトピレセル3世（紀元前745年―727年）だが、聖書は彼をプルと呼んでいる。なぜなら、この王はバビロンの王でもあったと推定され、そこでは、プルという名を使っていたからだ。現在、大英博物館に保存されている、「バビロンの王のリストB」と呼ばれる石碑の発見が、これを立証している。それから数年後、ユダヤの王アハズが、同じような戦略を用いた。主の宮と、王の家の倉にあった金と銀を取り、これを貢ぎ物として、アッシリアの王に贈ったのだ。

しかし、このような従属的な態度は、アッシリアの王たちの貪欲の火に油を注ぐだけのことだった。味を占めたティグラトピレセル3世は、再び戻ってきて、イスラエルの一部分を押さえ、そこの住民たちを追放してしまったのだ。紀元前722年には、彼の後継者のシャルマネセル5世が、残りのイスラエルの領土を侵略した。そして、住民たちをアッシリア帝国に連れていった。

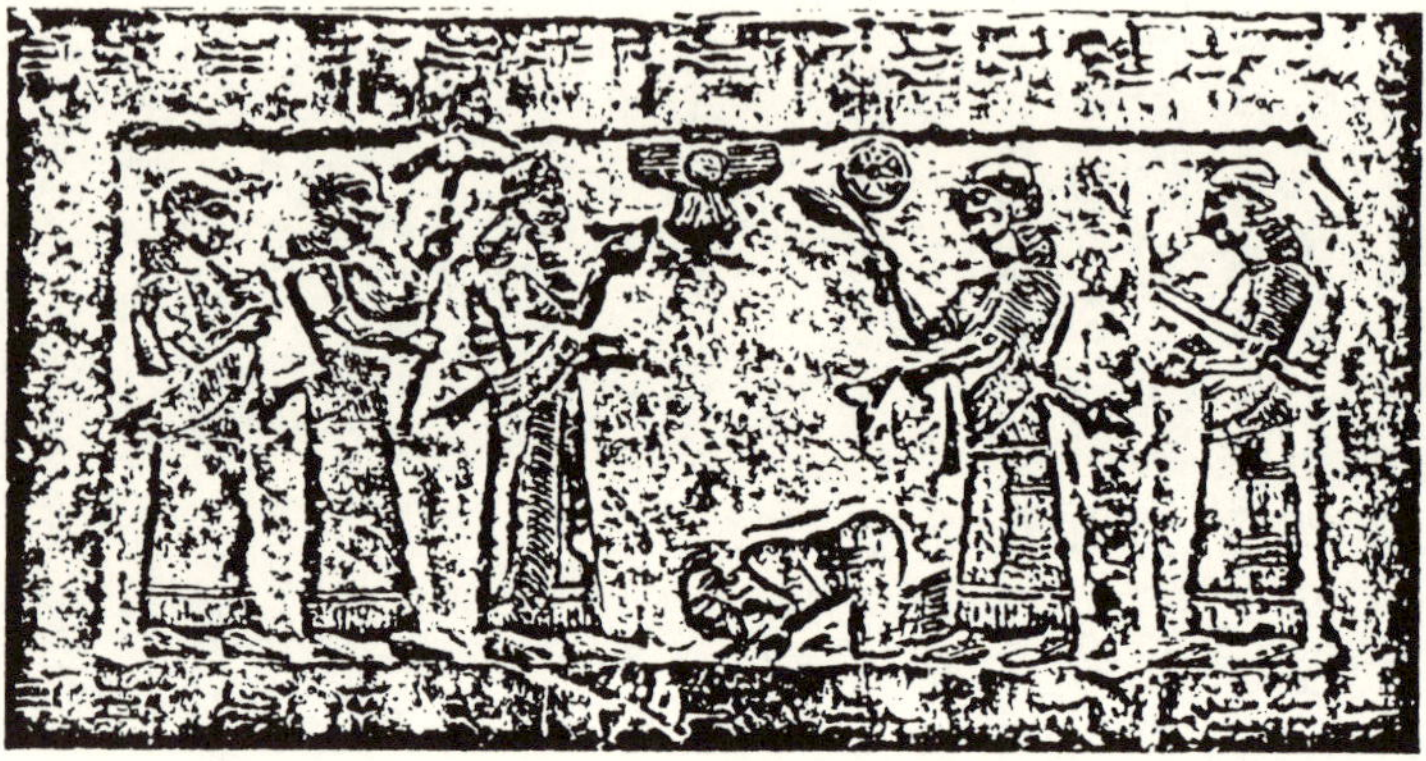

(図109) アッシリア帝国のシャルマネセル王にイスラエルの王エヒュがひざまずく姿を描いたオベリスク。

「失われたイスラエルの10部族」とその子孫たちの行く末は、今でも謎のままである。

この「ユダヤ人のバビロン捕囚」は、預言者たちによれば、イスラエルの民が犯した罪のために、主ヤハウエ自身が意図したものだという。つまり、「彼らは、神なる主の言葉に従わず、主のしもべ、モーゼが命じられた〝十戒〟を犯した」からだという。たとえば、預言者ホセアは、こうした出来事は、イスラエルの民が異神を崇める邪教に迷ったことへの戒めであると見通していた。そして、ホセアは次のように述べている。「主は、この地に住む者と争われる。この地には、真実もなく、公平さもない。神を知ることもないからである」。また、イザヤの預言は、さらにはっきりとアッシリアが、主の罰を与えるための「道具」になることを明らかにしている。「アッシリアの王と軍隊をあなたに臨ませる」と、主の代弁者は言ったのだ。

しかし、イザヤの言ったことは、「アッシリアの預言書」の中で、「わが怒りの杖」（イザヤ書第10章5節）と表現されている、神の怒りの、ほんの序の口にすぎなかった。主の怒りはまた、すべての国々を前代未聞の残忍さで破壊し尽くしてしまったアッシリアの行きすぎた傲慢《ごうまん》な態度にも向けられた。主ヤハウエの本当の意図は、ただ、罰を与え、懲らしめるだけであり、悔い改めれば、救いの手を差し伸べるという余地を、常に残していた。それなのに、アッシリアの王たちは、ただやみくもに、与えられた「道具」の「まさかり」を目一杯、振り回してしまったのだ。イザヤは、こう告げている。「アッシリアが、その使命を終えた時、彼らの罪を清算する日が来るであろう」と。

アッシリアは、それが神の手にあり、神の意思を表すための道具だったことを理解できなかったばかりか、ヤハウエは主であり、生ける神であり、異教の神とは違うことも理解できなかった。

アッシリア人たちは、イスラエルの民を追放し、その後に、他の国から追放された人たちを入植させ、それぞれに、自分自身の神の信仰を続けさせるという失敗を重ねた。こうして作られた多くの偶像の名簿には、バビロンのマルドゥク、クタ人のネルガル、パルム人のアダドなどの名が載っていた。しかしながら、サマリアへの新来者たちは、野生の数多くのライオンが、地付きの神ヤハウエの怒りのしるしだと考え、すっかり圧倒されて、怯えてしまった。これに対するアッシリア人の解決策は、追放したヤハウエの祭司の一人をサマリアに呼び戻し、新来者たちに地付きの神の掟を教えることだった。そこで、イスラエル人の祭司が、ヤハウエの掟を教えたが、それは、彼らの多神教の信仰の中に、もう一人ヤハウエを追加したにすぎなかった。

ところで、ヤハウエが、他の神とは違った特別の存在であり、アッシリアはヤハウエの意思を立証する被験者にすぎなかったことを示すのに、絶好な出来事が起きた。センナケリブ（紀元前704年―681年）が、ユダヤを侵略し、ラブシャケ将軍と大軍勢を、エルサレム占領のために送り込んだ。ところが、街を取り囲んだラブシャケは、アッシリアの王が、主ヤハウエの望みを遂行するだけであることを相手に示唆して、降伏させようとした。「主ヤハウエの許しなしに、私が、ここを滅ぼすためにのぼってくることなどあるだろうか？　主が、私に、この地に攻めのぼって、これを滅ぼせと、言われたのだ」と彼は説明したのだ。

この「神の御心でエルサレムが滅ぶ」という論法は、それまで預言者イザヤが、エルサレムの民に説いていた話と同じだったので、アッシリア人がこれほどつけあがっていなければ、エルサレムは降伏していたかもしれない。ところが、アッシリア人は、「お前らの神であるヤハウエが、心を変え、最後にお前たちを守るなどとはお笑いだ」と言ったわけである。ここにきて、イザヤは、アッシリアが征服した多くの国々のことを挙げて、「その国の神々は彼らを救ったか？」と、雄弁に問いただした。

アッシリア人による、主ヤハウエと邪神たちとの比較は、神に対する冒瀆であり、ヒゼキヤ王は、衣を裂き、荒布をまとって喪に服した。王は、神殿に入り、祭司たちに加わり、イザヤに主の救いを得るように求めた。「今日は悩みと懲らしめと、はずかしめの日です」。アッシリアの王の使いが、「生きている神」を罵《ののし》った日であり、「神ではなく、人の手で作った木や石のものにすぎない」他の邪神たちとヤハウエを同列に扱った、とヒゼキヤ王は言ったのだ。

そこで、預言者イザヤは、ヒゼキヤ王に、アッシリアのセンナケリブ王の傲慢さに対する、「主の怒りの言葉」を伝えた。「センナケリブは、ケルビム（天使童子）の上の王座に就いている、イスラエルの神を罵り、叫ぶようなことまでした」。さらにイザヤは、エルサレムは救われるが、センナケリブは、罰せられるだろうと、明言した。

その言葉の通りに、「その夜も過ぎようとしていた時、主の使者が出て、アッシリアの陣営の18万5000人の敵を打ち殺した。……センナケリブは、ニネベに逃げ帰った。そして、ニスロクの神殿で礼拝していた時、彼の息子たち、アダルメレクとシャレゼルが、剣で彼を殺して、ともにアララトの地へ逃げていった。そこで、彼の別の子エサルハドンが、かわって王となった」（センナケリブの死と、エサルハドンの相続の様子は、アッシリアの年代記に詳しく述べられている）。

この、預言者イザヤが言った、エルサレムに対する刑の執行延期は、あくまで一時的なものであった。神の「地球浄化計画」は、なくなったわけではなかった。しかし、当面は、先にアッシリアに対する罰を続行する必要があっただけだった。その神罰の兆しは、紀元前626年に始まった。そして、バビロンが、ネブカドネザル2世（紀元前605年—562年）のもとで、ようやく、彼ら自身の帝国を築いた時に、神罰の鞭が振り下ろされたのだ。

ユダヤの民と王たちの、でたらめな生き方——社会的不公平、偽善的な生け贄、偶像崇拝——に対し、預言者たちが予め警告したように、当然の罰が下った。主の怒りは、「巨大な恐ろしい国の北からの攻撃」という形で、もたらされた。バビロニアの王、ネブカドネザルの統治の初年に、エレミヤは、ユダヤの国、ユダヤの住民、そして、近隣の国々に、罰が下ると預言している。

それゆえ、万軍の主はこう仰せられる
あなた方が、わたしの言葉に聞き従わないゆえ
わたしは、北の方のすべての種族と
わたしの、しもべである、バビロンの王
ネブカドネザルを呼び寄せて
この地とその民と、その周の国々を攻め滅ぼさせ……

バビロンは、主の手の中の道具であったばかりでなく、選ばれた王ネブカドネザルは、「わたしのしもべ」と呼ばれていた！

ユダ王国の終わりと、エルサレムの陥落は、我々が歴史で知っているように、紀元前587年に現実のものとなった。そして、この天罰の預言が宣告された時、次のような出来事も予告され

ていた。

この地は、みな滅ぼされて、荒れ地となる
そして、その国々は70年の間
バビロンの王に仕える

主は言われる
70年の終わった後に
わたしはバビロンの王と
その民と、カルデアびとの地を
その罪のために罰し
永遠の荒れ地とする

バビロンが、まさに日の出の勢いの時に、将来の苦い終末を予見して、預言者イザヤは、次のように語っている。「国々の誉れであり、カルデアびとの誇りである、麗しいバビロンは、神に滅ぼされた、あのソドムとゴモラのようになる」

バビロニアは、預言通り、東から来た新勢力、アケメネス朝ペルシャのキルス王の猛攻の前に、紀元前539年に陥落した。バビロニア人の記録によると、バビロニアの陥落は、最後のバビロニアの王、ナブナイドと神マルドゥクの仲違いが原因だった。キルス王の年代記に従えば、王が都市とその聖域を手に入れ、神殿の中に入った時、神マルドゥクは、彼の手を王のほうに伸ばし、キルス王は、「神マルドゥクが伸べた手をつかんだ」ということになっている。

しかし、彼がこのことで、至上の神の祝福を受けたと思っているならば、それは大きな間違いだと預言者たちは言っている。なぜなら、実際のところ、王は、「唯一無二の主ヤハウエ」の壮大な計画の中の、単なる、仕出しの役回りでしかないのだから。そして、キルス王を「わたしが選んだ羊飼い」、「聖別者」と呼んで、主ヤハウエは、神の預言者イザヤを通して、キルス王に、次のように告げている(イザヤ書第45章)。

あなた方が、たとえ、わたしを知らなくても
わたしは、あなた方の名を呼ぶことができる
わたしは、主であり、あなた方を呼ぶ
イスラエルの神である

わたしは、お前に、王たちを位より退け、国を治めることができるようにする。また、わたしは、お前のために、銅の戸を押し開け、鉄の梁を引き下ろし、お前に、隠された宝を与えよう。なぜなら、お前は、イスラエルの子らを故郷に帰すために、わたしが選んだ者なのだから。……わたしの、しもべであるヤコブと、わたしの選んだイスラエルのために、わたしは、お前の名を呼ぶ。お前がわたしを知らなくても、わたしがお前を選んだのだから。……主ヤハウエは、このように言われた。

キルス王が、勅令を発し、ユダヤの捕囚の故郷への帰還と、エルサレムの神殿の再建を許したのは、彼がバビロニア全土を治め始めた最初の年だった。かくして、預言の輪は完結し、主の言葉は、真となった。

しかし、人々の目には、主ヤハウエは、依然として、「見えざる神」であった。

コラム

聖書の偶像崇拝と星の礼拝の具体的禁止事項とは

聖書の、偶像禁止の対象には、コカビム（Kokhabim）も、含まれていた。コカビムとは、見える「星々」のことで、記念碑のシンボルとして、また、神殿の台座に刻まれる紋章として使われていた。その中には、太陽系の12の惑星や、黄道の12の星座も含まれていた。全般的な禁止事項の中でも、「天の女王」（金星としてのイシュタル）や、太陽と月、そして、マザロス（運命占い）と呼ばれていた黄道上の十二宮の星座に対する礼拝は、特に、厳しく禁止されていた。マザロス（Mazaloth）とは、こうした天体を意味する、アッカド語からきた言葉である。

このような偶像的紋章の廃棄を伝えている、列王記下第23章の、ある行には、その対象として、太陽や月と、残りの「天体群」に加えて、「神」（バアル）の名が、特に挙げられている。また、伝道の書（第12章2節）では、太陽と月の間に現れる天体が「栄光の星」と呼ばれている。我々は、こういう表現は我々太陽系の「12番目の惑星」ニビルを指していると、考えている。

これらの12の天体は、すべて、いろいろなシンボルで表されており、メソポタミアでは、それらが、エサルハドン王の石碑に刻まれて、礼拝されていた。その記念碑の一つが、今、大英博物館に保存されている。この記念碑（図73参照）に、太陽は「放射する星」の形で、月は「三日月」形で、ニビルは「翼の付いた円盤」のシンボルで描かれている。そして、外側から内側に数えて7番目の惑星の地球は、「七つの点の符号」で描かれている。

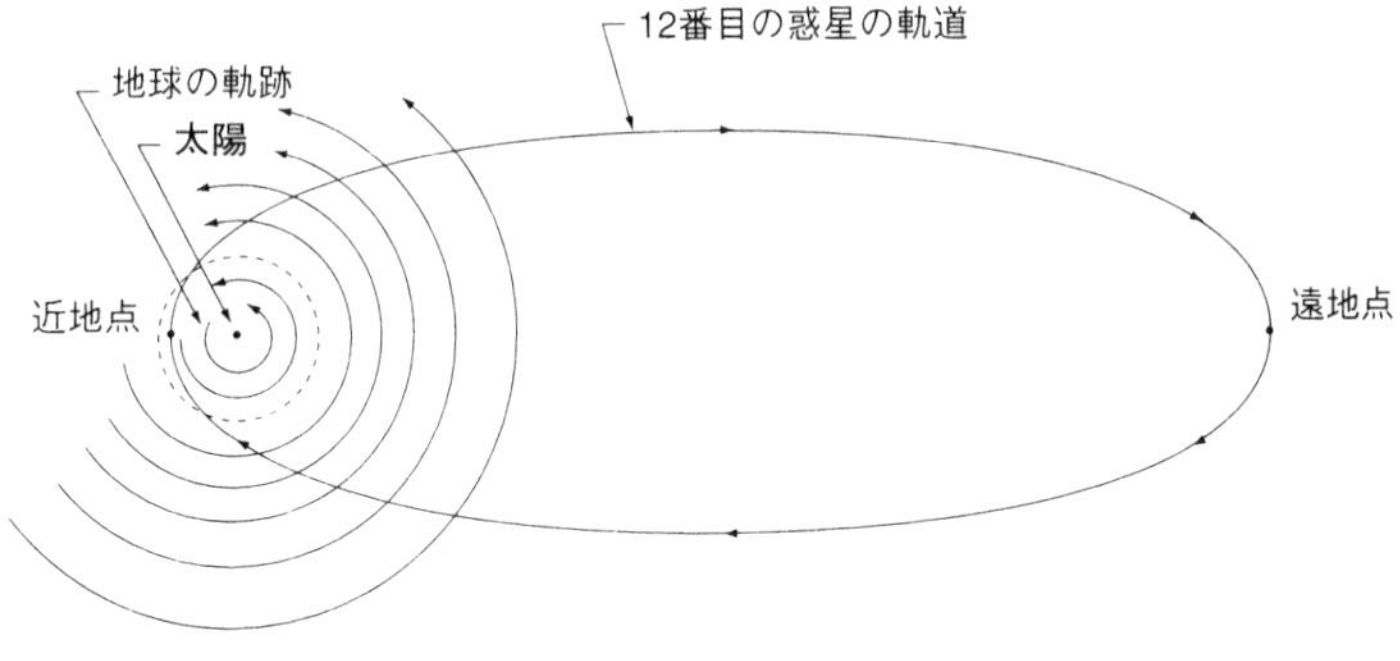

太陽系と「第12惑星」の位置と軌道。3600年周期で地球に近づいたり、遠ざかったりしている。

終章

神の正体と壮大なる宇宙の計画
――ヤハウエとは何者か？　宇宙創造の神が定めた永遠のサイクル

さて、ヤハウエとは何者なのか？

他の神々の仲間だったのか？　地球外生物、ＥＴだったのか？

この意味深長な疑問は、それほど、的外れなものではない。聖書に裏付けられた、宗教的信念に基づく神ヤハウエは、地上の人でないことは明らかだ。それならば、彼は、地球外の、つまり「地球外生物の」神に違いない。この本の主題である、人類と「神々との遭遇」の物語の観点からすると、聖書の記述と、古代の人々のアヌンナキとの遭遇体験との間の多くの類似点に驚かされる。ヤハウエは、地球外から来た神々の仲間であると考えざるを得ないのだ。

こうした疑問に対する、納得できる答を探してみよう。

そもそも、聖書の創世記における天地創造の物語は、メソポタミアの原典、「エヌマ・エリシュ」が、その源になっていることは、論をまたない。聖書のエデンが、シュメールのエディンであることも、明白である。聖書の大洪水やノアの箱船の物語は、アッカドのアトラハシスの話や、

「ギルガメシュの叙事詩」の初期のシュメールの洪水の話に基づいていることも確かである。聖書のアダム創成の場面で使われている、複数形の「われわれ」という表現は、アヌンナキの指導者たちを指しており、「彼ら」のたび重なる討議の末、遺伝子工学を利用して、ホモ・サピエンスが創られたと、シュメールとアッカドの古文書は示唆している。

そのメソポタミア版の古文書には、〝原始的労働者〟として機能する人間を創るために、高度の遺伝子工学の技術を駆使したのは、アヌンナキの主任技術者のエンキだったと、述べられている。聖書の「われわれの形に、われわれをかたどって、アダムを造ろう」という一節も、このエンキの言葉からの引用だといわれている。エンキの別名、ヌ・ディィム・ムドは、「形づくる人」の意味で、エジプト人も、エンキをプタハ（「開発者」、「物を形づくる人」）と呼んでいた。そして、彼が、陶工のように、粘土から人間を創っている姿を描いている。ところで、預言者たちは、主ヤハウエのことも、繰り返し、「アダムを形づくる人」（「創造者」ではなく！）と呼んでいる。そして、聖書の記述も、たびたび主ヤハウエを、この粘土から人間を形づくる人に、なぞらえている。

高名な生物学者としてのエンキの紋章は、絡み合っている蛇である。これは、DNAの二重らせん構造を表しており、エンキが、「アダム」を創るために、遺伝子操作を行った本人である可能性を示している。その後（エデンの園のアダムとイブの物語のように）、再び遺伝子操作を行い、子供がつくれるように改造したという。エンキのシュメールでの別名ブズルには、二つの意味がある。その一つは「秘密を明かす神」、もう一つは「鉱山の神」という意味である。鉱山学の知識は、地球の秘密、その深部の秘密だと考えられていた。

エデンの園のアダムとイブの物語では、2回目の巧妙な遺伝子操作が行われ、彼らが、「知恵」（聖書では、性的子孫づくりのことをぼかしてこう呼ぶ）を得るための引き金になったのは、蛇だった。ヘブライ語で、蛇はナハシュと言う。そして、面白いことに、この同じ言葉が、預言者、つまり「秘密を明かす人」も意味している。そして、それは、まさしく、エンキの別名の一つの意味と同じである。そのうえ、この言葉は、ヘブライ語の鉱物の銅を表すネボシェットと同じ語源から派生している。また、モーゼが、「出エジプト」の際に疫病を止めるために作って掲げていた、ナハシュ・ネホシェットとは、銅の蛇のことだった。この蛇のしるしは、まさしくエンキの紋章である。人々がネフシュタン（蛇―銅―秘密の解決―の三つの意味をかけた言葉遊び）と呼んでいたこの銅の蛇は、エルサレムのヤハウエの神殿に、ほぼ7世紀にわたり、ヒゼキア王の時代まで奉示されていたと、聖書の列王記下第18章4節に記されている。

この話と関連して、ヤハウエが、モーゼが持っていた牧羊用の先の曲がった杖に魔法の力を与え、それを使って最初に行われた奇跡が、それを蛇に変えたことだったエピソードが思い起こされる。

このように考えると、もしや、ヤハウエは、エンキと同一人物ではなかったか？　とも思われてくる。

生物学と鉱物学の組み合わせに加えて、秘密を解明する能力が、エンキの知識と科学および鉱物の神としての地位のシンボルになっている。エンキは、現に南東アフリカで鉱業を興している。ところで、こうしたすべての点が、ヤハウエにも共通しているのだ。「これは、主が知恵を与え、知識と悟りとは、主の御口から、伝えられる」と聖書の箴言に述べられている（第2章6節）。

そして、ヤハウエが、ソロモンに知恵を授けた状況は、エンキが、賢人アダパに知恵を与えた状況に、よく似ている。「銀はわたしのもの、金もわたしのものであると、万軍の主は言われる」（ハガイ書第2章8節）。「あなたに、暗い所にある財宝と、密かな所に隠した宝物を与える」と、ヤハウエは、ペルシャ王キルスに約束している（イザヤ書第45章3節）。

また、メソポタミアの古文書と聖書の記述が、最も一致しているのが、大洪水の物語である。メソポタミアの原典では、エンキが、彼の忠実な信奉者のジウスドラ／ウトナピシュティムのところに出向き、大災害が来ると警告し、この男に仕様図と寸法図を与え、防水の箱船を作るように指示し、動物の「種」を残すように命じている。一方、聖書では、全く同じことが、ヤハウエによって行われたと記述されている。

ヤハウエとエンキが、同一人物（同一神）ではないかという仮説は、エンキの領土について調べてみると、十分あり得ることのように思われる。地球が、エンリルとエンキの間で分けられた時（メソポタミアの古文書によれば）、エンキは、アフリカ全土の統治権を与えられた。この領土は金鉱地帯で、アプスと呼ばれる地域を含み、そこには、エンキの「大いなる神殿」（シュメールのエリドゥの礼拝センターに加えて）があった。このアプス（シュメール語のアブズに由来する）は、私の考えでは、通常、「地の果て」と訳されている聖書のアプセイ・エレツのことで、大陸の端にある南アフリカを指していると思われる。一方、聖書では、この遠隔の地、アプセイ・エレツは、「主が地の果てまで、裁き」（サムエル記上第2章10節）と述べられており、イスラエルが再興された時、主が統治するところとされている（ミカ書第5章3節）。ヤハウエは、このように、アプスを統治する役割の点でも、エンキと同じようなことをしていたと思われる。

このように、エンキとヤハウエの関係を調べていくうちに、思い出されるのが、聖書の箴言（第30章4節）の、ヤハウエの、類いまれなる偉大さを称えた、美辞麗句を連ねた、問いかけの詩の一節である。複数の神の名を聞いているこの記述が、一神教主義の聖書の中にあることに驚きを感じるとともに、二人の神々の間の相似点が、強く感じられる。

天に昇ったり、下ったりしたのは、誰か？
風を拳の中に集めたのは、誰か？
水を着物に包んだのは、誰か？
アプセイ・エレツの地を開いたのは、誰か？
その者の名は、何か？
その者の子の名は、何か？
あなたが、それを知っていれば？

メソポタミアの出典によれば、エンキがアフリカ大陸を息子たちに分けた時、このアプスを、彼の息子、ネルガルに与えたという。こうした、多神教的な解釈（アプスの統治者と彼の息子の、複数の神の名の登場）は、たぶん、シュメールの原本から引用する際、聖書の編者が、うっかり消し忘れてしまったのだと思われる。「われわれ」という複数形の使い方の間違いが、他にも多く見られる。たとえば、「アダムをわれわれで造ろう」とか、バベルの塔の物語に出てくる「われわれが降りてみよう」といった表現である（訳者注：われわれは、神々の意味となり、多神教的である）。箴言の、こうした解釈（第30章4節）では、明らかに「ヤハウエ」は、エンキの身代わりのようにも思われる。

ヤハウエとは、エンキが、ヘブライ風の祭礼服を着て聖書に登場した姿だったのか？……そんなに単純ならば、話は簡単なのだが……。

ここで、エデンの園のアダムとイブの物語について、もっと詳しく調べてみよう。そもそも、アダムとイブが、子供をつくるセックスの知識を取得するきっかけになったのは、「ナハシュ」――エンキの生物学の秘密の知識、蛇――のおかげだったが、蛇は、ヤハウエではなく、ヤハウエの敵対者に当たる（蛇とヤハウエの関係は、エンキとエンリルの敵対関係に当たる）。シュメールの古文書には、（アプスの金鉱で働かせるために）新しく形づくらせた「原始的な労働者たち」を、「エンリル」がエンキに命じて、農業と牧畜をさせるために、メソポタミアのエディンに移住させたことになっている。一方、聖書には、「アダムを連れて行って、エデンの園に置き、これを耕させ、これを守らせた」のは、ヤハウエだったと記されている（創世記第2章15節）。そして、エデンの園の主として、アダムとイブに語り、二人の罪を責め、遂に、彼らを追放したのも、蛇（エンキ）ではなく、ヤハウエだった。このように、総合的に考えると、聖書の上では、ヤハウエはエンキではなく、むしろ、エンリルの役回りに近いようだ。

実際、あの大洪水の物語の中では、ヤハウエとエンキは、同一人物のようにも見受けられたが、今度は突然、その配役がかわって、ヤハウエが、エンキではなく、彼のライバルのエンリルの役を演じることになったのだ。メソポタミアの原典によれば、人類の増加を好まず、大洪水を利用して人類の抹殺を図るため、やってくる大災害のことを人間どもに知らせないように、アヌンナキたちに誓わせたのは、エンリルである。これに対し、聖書によれば、人間に対し不満の声をあげたのは、ヤハウエであり、彼が、地上から人類を拭い去ろうとしたのであった（創世記第6章）。シュメールに伝わる、大洪水の物語の結末では、ジウスドラ／ウトナピシュティム（聖書のノア）が、生け贄をアララト山の上で捧げ、エンリルは、肉の焼ける匂いを楽しみ、人間の存在を受け入れ、エンキを許し、ジウスドラと彼の妻を祝福したのであった。一方、聖書の創世記では、ノアが、祭壇を作り、動物の生け贄を捧げた時、その「芳しい香りを嗅いだ」のは、ヤハウエであった。

それでは、結局、ヤハウエはエンリルだったのか？

このことを、明らかにする、最もよい根拠がある。同格の二人の兄弟のどちらが、第一の序列にあったかである。最初の序列を占めていたのは、エンリルだった。地球に最初に来たのは、エンキだったが、地球全体の司令官は、エンリルだった。この間の状況は、聖書の詩編第97章9節に述べられている。それは、「主よ、あなたは全地球の上にいまして、いと高く、諸々のエロヒムの神々にもまさって、大いに崇められます」という内容である。エンリルのこの地位への昇格は、「アトラハシスの叙事詩」の序説に、次のようにうたわれている。それは、金山のアヌンナキたちの反乱の前のことだった。

彼らの父、アヌは、統治者で
彼らの司令官、それは、英雄、エンリルだった
彼らの戦士、それは、ニヌルタ

彼らの供給者、それは、マルドゥク

神々は一緒に握手し
籤を引いて、分け前を定めた
それから、アヌは、天に昇った
地球のすべては、エンリルに従い
海に囲まれた、ある地域だけが
王子のエンキに与えられた
アヌが、天に戻った後で
エンキは、アプスへ旅立った

エンキは、メソポタミアの原典には、エア――「海を家にする」――という名前でも登場している。ギリシャ神話に出てくるオリュンポスの主神ゼウスの弟、海神ポセイドンの元祖は、エンキだったのだ。

ニビルの統治者アヌが、地球を訪れて、再びニビルに戻った後、エンリルは、大アヌンナキの議会の議長に指名された。その会議では、時に応じて様々な決定がなされた。たとえば、アダムを創ることとか、地球を四つの地域に分けること、アヌンナキと人間の間の緩衝帯、連絡手段としての王制をつくることなどが決められた。また、核兵器を使うまでに至った、アヌンナキ同士の危機の解決策も、この会議で検討された。「運命を握るアヌンナキたちは、会議を開いては、意見を戦わせていた」と、古文書にも述べられている。典型的な討議の模様の一部が、次のように伝えられている。エンキは、エンリルに賞賛の言葉を贈る、「ああ、偉大な兄弟よ、人類の運命を握る天の雄牛よ」と。討論が過熱して怒鳴り合いになる時を除いて、議事手続きは整然と進められ、エンリルは、会議のメンバーが一言は意見を言うように気を遣っていた。

ところで、一神教であるはずの聖書に、ヤハウエも同じように、下位の神格の神々――普通ブネイ・エリム（神々の息子たち）と呼ばれる――の集まりの議長をしていたかのような表現が、所々に見られる。聖書のヨブ記は、悪魔のすすめの結果、正義の男が、神への信仰を試されて苦しむ話で始まっているが、その中にも「ある日、神々の息子たちが来て、主の前に立った」という一節がある。詩編第82章1節にも、「主は、神々の集まりの中に立たれる。主は神々の中で、裁きを行われる」と述べられている。さらに詩編第29章1節には、「神々の息子たちよ、主に帰せよ。栄光と力を主に帰せよ」という表現や、「荘厳にして聖なる主にこうべを垂れよ」という記述がある。神々の息子たちでさえも、主ヤハウエにお辞儀をするように要求されている。このような聖書の記述に対して、シュメールの古文書にも、似たようなエンリルの権威を窺わせる記述がある。それは、「アヌンナキたちも、エンリルの前では、かしこまっていた。イギギ（神の番兵たち）も、すすんで頭を下げた。彼らは起立してエンリルの指令を待っていた」という内容である。

そして、こうしたエンリルの威光を称えるにも似た、ヤハウエを称えた歌が登場する。それは、奇跡的に葦の海（紅海）を渡ることができた後で歌われた「ミリアムの歌」である。「主よ、多くの神々のうちで、あなたのような方が居られるだろうか？　一体誰が、あなたのように聖なる力に満ち、称えるべき威光に満ちているだろうか？　誰があなたのように奇跡を行えるだろうか？」（出エジプト記第15章11節）

個人的な性格の面では、人類を創ったエンキは、神々に対しても、人間に対しても、そんなに厳格ではなく、むしろ忍耐強いほうだった。一方、エンリルは、厳格で「法と秩序」が絶対というタイプで、妥協せず、罰が当然の場合は、ためらわず、すぐに処罰した。しかし、厳格なはずのエンリルも、一回だけ性的乱交の罪を犯して、一時、追放を宣告されている（エンリルは、若い神の看護師を暴行してしまい、追放されたが、そのニンリルを女王として娶ったので、この罪は許された）。エンキのほうは、性的乱交のそしりをうけないように、巧く立ち回っていた。エンリルは、アヌンナキ／ネフィリムと「人間の娘」の国際結婚（異星人間の結婚）には、反対の立場をとっていた。そして、人間の悪徳が、はびこってきて、堪えがたいものになると、エンリルは、大洪水を利用して、人類を滅ぼそうとした。エンリルの厳しさは、アヌンナキの他の神々に対しても同じだった。その厳格さは、自分の子供たちに対しても変わらなかった。その例として、息子のナンナル（月の神シン）が、シナイからの死の灰で、彼の都市ウルが、壊滅の危機に瀕しているのを嘆いていた時にも、エンリルは、冷たくこう言い放ったのだった。「確かにウルの王位は、お前に与えられている。しかし、いつまでも統治することは許されない」と。

エンリルの性格には、冷たさと同時に、人に報いるという別の面もあった。人々が自分たちのなすべきことをし、率直で、神を崇敬している場合、困ったことが起きて、エンリルが必要だと判断した時には、その人々の幸福と、その国の繁栄を徹底的に保証した。シュメール人たちは、彼を敬愛して、「父なるエンリル」または、「何でも持つ指導者」と呼んでいた。こうした情け深い面をもったエンリルへの賛歌は、エンリルなくしては、「都市は興らず、居住地もなく、牧舎も建たず、羊小屋もできず」そして、「王も、僧侶もいなかった」とうたっている。この最後の一節は、王たちの人選もエンリルが決済し、ニップールの礼拝センターからの代々の僧侶の家系もエンリルが定めたという事実を思い起こさせる。

このようなエンリルの性格の二面性、つまり、違反に対しては厳罰を、功績に対しては恩恵をという面は、聖書に描かれているヤハウエの性格によく似ている。主ヤハウエは、祝福することも、呪うこともできると、聖書の申命記にはっきり述べられている（第11章26節）。主ヤハウエの戒律に従えば、人々とその子孫たちは祝福され、収穫は豊かに、家畜は増え、敵は滅ぼされ、どんな商売でも成功する。しかし、主ヤハウエとその戒律を無視すれば、彼らの家や土地は呪われ、災害に苦しみ、損害を受け、失われ、飢饉に見舞われるだろう（申命記第28章）。「主ヤハウエは、いつくしみの深い神であるから」と申命記第4章31節には、記されているが、続く章には、「ヤハウエは、ねたみ深い神である」とも述べられている（第5章9節）……。

誰を祭司にするか決めるのは、ヤハウエだったし、王国の規則を決めるのも、ヤハウエだった。そして、出エジプトの数世紀後、サウルとダビデが選ばれた時から、王もまた、ヤハウエが選ぶことになった。このように、すべての面でヤハウエとエンリルは、お互いに似ているのだ。

さて、ここで、7と50という数字の重要性を吟味してみよう。これらの数は、生理学上の特徴からきたものでもないし、また、二つの数を組み合わせても、自然現象に一致するものでもない（7×50は、350であり、太陽暦の1年の365・25日ではない）。週の7日は、4を掛ければ、大体、陰暦の1カ月（28・5日）になるけれども、4はどこからくるのか？　しかし、聖書には、七つ数えることが頻繁に登場する。7日目を清めて、神に捧げる安息日にする習わしは、神の活動が始まった頃よりずっと続いていた。カインの罪の呪いは、7回、7世代にわたって続くとされていた。エリコの城壁を打ち崩すには、7回包囲する必要があるといわれた。多くの聖職者の儀式は、7回繰り返すか、7日間続けることが定められていた。もっと続いている戒律の中では、新年の祝いは、最初の月ニサンから数えて、7カ月目のティシュレイに行われるように計画されていたし、主要な休日は7日間続けるように定められていた。ところで、50という数は、「契約の櫃」や「聖なる幕屋、タバナクル」を作るのに必要な基本仕様の数値だった。また、エゼキエルが、幻に見たという未来の神殿の、重要な要素になる数でもあった。さらにまた、聖職者の儀式で、暦日を数えるのに用いられていた。かつて、アブラハムは、50人の正義の者がそこにいれば、ソドムを破壊するのを見合わせてほしいと、神に願ったものだった。特に重要なものとしては、社会的、経済的にも意味のある、ヨベルの年（安息の年）がある。この年には、奴隷は解放され、所有財産は元の売り手に戻されることに定められていた。この年は50年ごとに来るように決められていた。「その50年目を聖別して、国中のすべての住民に自由をふれ示さなければならない」とは、レビ記第25章に記されている掟だった。

7と50の数字は両方とも、メソポタミア時代のエンリルに関連がある。エンリルは、「7の神」と呼ばれていた。なぜなら、彼は地球にいるアヌンナキたちの最高位の指導者だった、つまり、7番目の惑星（地球）の最高司令官だったからである。そして、アヌンナキの数字で表す階級では、アヌが、最大の60の位にあり、エンリルは（ニビルの王位継承者なので）、50の数のランクをもっていた（エンキの数字ランクは、40だった）。意味深長なのは、紀元前2000年頃、マルドゥクが、地球の最高権力を引き継いだ時、マルドゥクが、50の名前を与えられたことだ。たぶん、それは、ランク50の地位を表していたと思われる。

ところで、ヤハウエとエンリルが似ている点は他にもある。エンリルは、円筒印章にその姿を描かれているように思われるが（確かではない。エンリルの息子ニヌルタだったかもしれない）、本来は見えざる神であり、自分の階段式神殿の、奥まった部屋の中にいるか、あるいは、シュメールからはるか遠くの地にいるかだった。「恩恵に満ちたエンリルに捧げる賛歌」の中にも、こうした内情がわかる、次のような言葉ある。

彼が、畏敬に満ちて、運命を定める時
神々ですら、彼を見ない
ただ彼の気高い使者のヌスクだけに
彼の心の中の命令や言葉を知らせる

これに対して、ヤハウエも「誰もわたしを見て、生き続けることはできない」とモーゼに話している。その言葉の調子は、まるでエンリルが言っているかのようだ。ヤハウエの言葉や命令も、天使たちや、預言者たちを通して、伝えられていたのだ。

ここに述べた、ヤハウエとエンリルが、同一人物だとする様々な理由が、読者の心に新鮮に刻まれているうちに、急いで、二人の異なった面を示す反証を挙げてみよう。

ヤハウエの聖書での呼び名のうち、いちばん力強く感じるものは、エル・シャッダイである。語源は明確ではないが、神秘的なオーラを発しているように思われ、中世ではカバラ神秘主義思想の慣用的な用語になっていた。初期ギリシャやローマのヘブライ語聖書の翻訳者は、シャッダイを「全能の」と訳し、後にジェームス王版の聖書で、大族長物語に出てくるエル・シャッダイを「全能の神」と訳させる下地をつくった。たとえば、「主はアブラムの前に現れて言われた。わたしは全能の神である。あなたはわたしの前に歩み、全き者になれ」（創世記第17章1節）。そして、エゼキエル書、詩編などの聖書の他の章にも、何回かこの名が登場している。

近年のアッカド語の研究の進歩から、このヘブライ語のシャッダイとは、アッカド語の山を意味するシャッドゥと関係があることがわかった。従って、エル・シャッダイは、「山の神」も意味することになる。ところで、列王記上第20章に記されている、ある事件が、この言葉の意味を正しく理解するのに役立ちそうである。それは、シリア人がイスラエル（サマリア）を攻め滅ぼそうとして、一度失敗し、損害を回復してから、1年後に再び攻撃をしかけた事件である。今度こそ勝とうと、シリア王の将軍たちが、計略を考えて、イスラエル人を彼らの山の要塞から、おびき出すように進言した。「彼らの神は〝山の神〟です」と、将軍たちは言った。「ですから、前回、彼らが勝ったのです。しかし、彼らと平野で戦えば、我々のほうがずっと強いでしょう」

ところで、エンリルのほうは、ヤハウエのように、「山の神」と呼ばれたり、もてはやされたりしたはずはないのだ。なぜなら、メソポタミアには山はなく、（今でも）広い平野だけしかないのだから。エンリルの領土の中で、「山の土地」と呼ばれるものは、小アジアから北へ広がるタウロス山脈（「雄牛」）から始まる場所だけだった。しかも、そこは、エンリル自身ではなく、末の息子のアダドの領地だった。そのアダドの、シュメール語の名前はイシュ・クルで、「山の男」を意味した。シュメール語のイシュとは、アッカド語では、シャッドゥと訳される。そこで、聖書のエル・シャッダイは、イル・シャッドゥから派生した言葉であることがわかる。

学者たちが言うには、エンリルでなく、このアダドが、ヒッタイトでは、テシュブ（図80参照）と呼ばれ、嵐の神を意味し、いつも稲妻と雷鳴と大風を伴う雨の神として描写されている。そして、聖書では、ヤハウエにもアダドと似たような特徴があったように記されている。「主が声を出されると」とエレミヤ書第10章13節は始まり、「天に多くの水のざわめきがあり、また地の果てから霧を立ち昇らせられる。主は雨のために、稲光を起こし、その蔵から風を取り出される」と続く。そして、詩編（第135章7節）、ヨブ記や預言者たちの言葉からも、ヤハウエは、雨を降らせたり、止めたりできたことが窺える。それは、出エジプトの時、主がイスラエルの子らに初めて示した、あの力のことである。

こうした、種々の点から考えると、いかにも、ヤハウエとエンリル自身が、似ているという見方は、難しくなってきたようにも思われる。ヤハウエは、アダドの鏡に写った姿のようにも思われる。しかし、聖書にはハダド（アダドのヘブライ語）が、イスラエル以外の他の国の「異神たち」の一人として存在していたと述べられている。また、ベン・ハダド（アダドの息子たち）と呼ばれる数々の王や王子たちが、（古代シリアのダマスカスや、その他の近隣の国々の首都に）いたことも、聖書に記述されている。東部シリアの首都、パルミラ（聖書では、タドモール）では、アダドの別名はバアル・シャミン「天の主」であったが、預言者たちからは、ヤハウエの目から見たら忌み嫌うべき、近隣の国のバアル神の一人として、扱われていた。従って、ヤハウエが、アダドと同一人物ということは、やはりあり得ない。

さて、ヤハウエとエンリルの間の同一性についても、ヤハウエのもう一つの大きな特徴を考える時、さらに疑わしいものになってくる。それは、ヤハウエは、偉大な戦士だったという事実である。「主は勇士のように出て行き、戦士のように走り回り、ときの声をあげて呼ばわり、その敵に向かって全能を現される」と、イザヤ書は述べている（第42章13節）。そして、「戦士は主」と題する歌をうたうミリアムの声にも、ヤハウエの姿はこだまする（出エジプト記第15章）。引き続き聖書は、ヤハウエのことを、「万軍の主」と呼び、「万軍の主たるヤハウエ、軍を指揮する戦士」と、イザヤ書（第13章4節）も明言している。そして、民数記第21章14節では、神の戦争を記録した「主ヤハウエの戦いの書」についても言及している。

一方、メソポタミアの記録には、エンリルの戦士としての痕跡は全くない。すぐれた戦士としては、むしろ、ズウと戦い、これを破り、ピラミッド戦争でエンキ軍と交戦し、マルドゥクを大ピラミッドに幽閉したエンリルの息子、ニヌルタが挙げられるだろう。ニヌルタの数々の呼び名の中には、「戦士」や「英雄」というものも見られる。彼に対する賛歌は、「ニヌルタ！　エンリルの長男！　神力の保持者！……その手に輝く神の武器を持つ英雄！」と称えている。彼の戦士としての偉大さは、シュメール語の題名で、「ルガル・エ・ウド・メラム・ビ」、学者たちのいう「ニヌルタの偉大さと英雄的行為」の叙事詩にも記述されている。もしや、この叙事詩は、聖書で語られている、あの謎のような、幻の「戦いの書」のことではないだろうか？

言い換えれば、**主ヤハウエは、ニヌルタではないのか？**

エンリルの正統な後継者の長男として、ニヌルタもまた、50の数の位をもち、父エンリルにも劣らない権限をもっていた。ニヌルタは、50年ごとのヨベルの年を制定したり、聖書に述べられている、他の50に関係した事柄を定めている。彼ニヌルタは、戦闘にも、人道的な任務にも使う、あの有名な「神の黒い鳥」をもっていた。それは、ヤハウエがもっていた飛行装置、カボドではなかったのか？　ニヌルタは、東部メソポタミアに広がるザグロス山系のエラムの国で活躍し、「シャシャン市（エルムの首都）の君主」として崇められていた。ニヌルタは、ある時は、ザグロス山系の大水路工事を行った。またある時は、溝を掘らせて、山の雨水の水路を変えて、シナイ半島の山岳部を、自分の母ニンフルサグのために、耕作できるようにした。彼もまた、たぶん、「山の神」だったのだろう。この雨水をシナイ半島に流す水路が使えたのは、冬の満水時だけだったが、この灌漑システムは、あの大きな「枯れ谷」を思い出させる（この枯れ谷の流れは、冬は満水になり、夏は渇水になる）。この「枯れ谷」は、今でもまだ、エル・アリシュと呼ばれている。そして、ウラシュの枯れ谷は、「農民」（ニヌルタの俗称）が、造ったものといわれていた。ニヌルタが、このように、シナイ半島から母親の領土までの水路工事を行ったという事実は、また、ヤハウエとの同一性の証明になるような気もしてくる。

ニヌルタが、聖書の神ヤハウエと似ている点を明らかにする、もう一つの興味ある事実がある。それは、ある時、エラムを侵略した、アッシリア王のアシュルバニパルの碑文に、残されていた記録だ。その中でこの王は、ニヌルタについて、次のように記している。「聖なる秘密の場所にましまます神秘の神よ、そこでは誰一人、神の姿を仰ぎ見られぬ」。ニヌルタよ、貴方もまた、「見えざる神」だったのか！

しかし、実際のところ、ニヌルタは、古代シュメールの時代には隠れた神ではなかったし、彼の肖像は、すでにご覧のように、決して少ないほうではなかった。そして、ヤハウエとニヌルタの同一性について検討している間に、我々は、偶然にも、ある大事件の中で、「ニヌルタは、ヤハウエではない」と明言できる古文書に出合ってしまったのだ。

聖書の記述の中で、ヤハウエの性格が露見した最も決定的な事件の一つは、いつまでも忘れることができない、あの「ソドムとゴモラの大破壊」だった。この聖書の事件は（私が『地球年代記《アース・クロニクルズ》』シリーズ『神と人類の古代核戦争』の中で、詳しくその内容を書いたように）、メソポタミアの古文書にも繰り返し記述されているので、この事件に関わった神々の比較が可能になった。

聖書の記述では、ソドム（アブラムの甥とその家族が住んでいた）とゴモラは、「塩の海」の南の、緑に覆われた平野にある、罪多き都市であった。ヤハウエは、二人の天使たちを伴って「降臨」し、ヘブロンの近くの幕営地に、アブラムと彼の妻サライを訪ねた。ヤハウエは、この二人の年老いた夫婦が、息子を得るだろうと預言した後、天使たちに、ソドムに行って、この都市の「罪悪」の度合いを調べさせた。そして、ヤハウエは、もし、この都市の罪悪が立証されたら、滅ぼす必要があると、アブラムに打ち明けた。そこで、アブラムは、ヤハウエに「50人の正義の人たちがいたら、ソドムを残してください」と懇願した（結局、この人数は、10人までに引き下げることに成功したが）、ヤハウエは、この願いを聞いてから、出発していった。天使たちは、この都市の罪を確かめてから、アブラムの甥のロトに、家族を連れて逃げるように警告した。ロトは、山にたどり着くまでの時間をくださいと頼み、天使たちは、その願いを聞き入れ、破壊するのを延ばした。しかし、遂に、二つの都市の破壊は始まり、「主は硫黄と火を、主のまします天から、ソドムとゴモラの上に降らせ、これらの街とすべての緑野を、その街々のすべての住民と、その地に生えているものをことごとく滅ぼされた。……アブラハム（アブラム）は、朝早く起き、自分がヤハウエの前に立っていた場所に行って、ソドムとゴモラの方向と、低地の緑地を眺めると、その地の煙が、かまどの煙のように立ち上っていた」（創世記第19章24―28節）

一方、メソポタミアの年代記によれば、同じような事件が、エンキの息子マルドゥクが、地球の支配権を手に入れようとした戦いのクライマックスに起きていた。追放生活を送っていたマルドゥクは、息子のナブに、西アジアの人々をマルドゥクの臣下に転向させる役割を与えた。いくつかの小競り合いの後、強力なナブの軍隊は、メソポタミアを征服し、マルドゥクをバビロンに帰還させることができた。そこで、マルドゥクは、バビロンを「神々の通路」にする意向を宣言した。これに驚いたアヌンナキたちの「枢密院」は、早速、緊急会議をエンリルの議長のもとで開いた。ニヌルタ（エンリルの息子）とネルガル（エンキの息子だが、一族と仲たがいしていた）は、マルドゥクを制止するための過激な行動を起こすように、盛んに提議した。エンキは、これに猛反対したが、イシュタルは、こうした討議が行われている間にも、マルドゥクが、次から次に都市を奪っていると指摘した。そこで、「保安官たち」が、ナブを捕えるために派遣されたが、ナブは逃れて、臣下とともに「罪多き都市」の一つに身を隠した。こうしてついに、ニヌルタとネルガルが、秘密の隠し場所から、恐ろしい核兵器を持ち出して、使用することを認められた。その核兵器で、シナイの宇宙空港を（マルドゥクの手に落ちないように）破壊するとともに、ナブが隠れている地域一帯も殲滅することになった。

激しい非難も含めて、議論は白熱したが、とうとう紀元前2024年に、核兵器が使用された！　この詳細は、学者たちが、「エラの叙事詩」と呼んでいる古文書に記録されている。

その記録の中では、ネルガルは、エラ（吠える人）、ニヌルタは、イシュム（焦がす人）と呼ばれている。ひとたび彼らに攻撃命令が発せられると、「恐るべき、比類なき、七つの原子爆弾」を携えて、彼らは「至高なる山」の近くの宇宙空港へ向かった。宇宙空港の破壊は、ニヌルタ／イシュムによって行われた。「彼は手を挙げ、山は叩き潰され、〝至高なる山〟の緑地も抹殺され、森には木の幹さえ残らなかった」という。

今度は、罪深き都市を破壊する番だった。この任務は、ネルガル／エラによって遂行された。シナイや紅海をメソポタミアとつなぐ「王のハイウエイ」を通り、その場所に着いた。

イシュムに負けじと
エラは、王の道を急ぎ
彼は、その都市を壊滅し
荒れ果てし都を後にした

原爆を使ったために、砂の城壁に口が開いて、今でも一部分が舌の形（エル・リッサンと呼ばれる）で残っている。そして、「塩の海」の水が、南のほうへとあふれて、低地を水浸しにした。古文書には、ネルガル／エラは、「海を掘り、完全に分割した」と記録されている。そして、原爆は、「塩の海」を現在の「死海」に変えてしまった。「彼は、海の中で生きていたものを滅ぼした」。かつて、青々と茂っていた平野の「生き物を、火で焼き殺し、穀物も焼いて灰にしてしまった」。

ところで、大洪水の物語の場合は、神々の役割が明確だった。ソドムとゴモラ、そして、シナイ半島にまたがる平野の、他の都市の大災害についても、神々の役割は明快である。従って、聖書とシュメールの古文書の記述を比較することによって、誰がヤハウエで、誰がそうでないかが、はっきりとわかるのだ。メソポタミアの古文書から、罪深き都市を破壊したのは、ネルガルで、ニヌルタではなかったことがはっきりしている。一方、聖書では、これらの都市を破壊したのは、状況を調べた二人の天使たちではなく、ヤハウエ自身が、天から鉄槌《てっつい》を下したと述べられている。つまり、ヤハウエは、ニヌルタではあり得ないことになる。

創世記の第10章を参照すると、ニムロドが、メソポタミアの王朝を創設したとなっているが、以前、我々が検討した際には、王朝創設者は人間の王ではなく、神だった。そして、ニヌルタが、最初の王朝を創設する任務を与えられている。もし、そうなら、聖書の記述では、ニムロドは、「主ヤハウエの前に、力ある狩猟者であった」とあるので、ニヌルタ／ニムロド（この二人は同一人物）が、ヤハウエだという可能性も消去せざるを得ない。

しかし、ネルガルもまた、ヤハウエではない！

彼は、追放されたイスラエルの民にかわって、アッシリアに移住させられた、クタ人だといわれている。彼の名は、「他の神々のリスト」に載っていて、新来の入植者に崇拝され、ネルガル自身の偶像も作られている。ネルガルが、ヤハウエであると同時に、ヤハウエと対立する神であることは不可能だ。

もし、エンリルも、彼の二人の息子、アダドもニヌルタも、ヤハウエとの「同一性証明」の最後の決勝戦進出の資格がないとすれば、エンリルの三男、ナンナル／シン（「月の神」）はどうだろう？

ナンナルの本殿（礼拝センターと、学者たちは呼ぶ）は、シュメールのウルにあった。ウルは、テラと彼の家族たちが住んでいた都市である。テラは、祭司として活動していたウルから、ユーフラテス上流のハランに移り住んだ。ハランは（小規模だが）ウルによく似た町で、ナンナルの礼拝センターも置かれていた。テラの突然の移転の理由は、ナンナルの礼拝に影響を与えた、何らかの宗教上と王制上の変化にあったと思われる。そうとすれば、テラに、荷物をまとめて立ち去るように指示していた神は、ナンナルだったのか？

ナンナルは、ウルがその首都だった頃、シュメールに平和と繁栄をもたらした。ナンナルは、ウルの巨大な段階式神殿（その遺跡は、今も、畏敬の念を抱かせるほどのものである）の中で、彼の愛する妻ニン・ガル（「偉大な淑女」）とともに、崇敬されていた。新月の夜には、この神のカップルに対する人々の感謝の念を表した賛歌がうたわれ、月のない暗い夜は、「神秘にして偉大なる神、ナンナルの預言」の時と考えられていた。そして、この時、ナンナルは、「夜の間の夢の神、ザカル」を差し向けて、命令を伝えるとともに、罪も許してくれると思われていた。ナンナルは、その賛歌の中で、「天と地の運命を定め、生きているものすべての指導者であり、正義と真実をもたらす者」とうたわれている。

これは、ヤハウエの聖歌の作者が主を称える言葉に似ているとはいえないだろうか……。

ナンナルの、アッカド語／セム語の名前はシンという。聖書の中で、シナイ半島の一部が「シンの荒野」と呼ばれているが、それは、間違いなく、彼の功績を称えてのことだと思われる。その意味では、もともと、半島自体の名称が彼の名前に関係したものになっている。そういえば、ヤハウエが、最初にモーゼの前に現れたのも、「神々の山」がある、地球上のこの限られた地域だった。そして、この「神々の山」の上で、あの記念すべき「偉大なる神の顕現」も行われたのだった。さらに、我々が本当のシナイ山があったと信じている場所の近くの、シナイ中央平原の主要居住地は、今でもまだ、アラビヤ語でナクルと呼ばれている。それは、女神ニンガルの、ニカルと発音されるセム語の呼び名にちなんだものだった。

以上のことすべては、**「ヤハウエ＝ナンナル／シン」という公式の正しさを示しているのか？**

数十年前に発見されたカナン人の膨大な文献（学者たちは神話と呼んでいる）は、彼らの神殿の内情にも触れている。それによると、彼らは、一人の、ある神を、バ・アル（神という意味の言葉を、そのまま個人名に使っている）と呼んで、その神が事を処理していたが、実際には、自分の父のエル（ここでも、神を意味する総称的な用語が、個人名に使われている）から完全には独立していなかったらしい。これらの文献では、エルは引退した神として表現されており、彼の妻アシェラと、人里離れた静かな場所に住んでいた。そこは、「二つの流れの合うところ」と呼ばれ、私は、『地球年代記《アース・クロニクルズ》』シリーズの『宇宙船基地はこうして地球に作られた』において、そこがシナイ半島の南の先端であることをつきとめた。そこでは、紅海から張り出してきた二つの湾が一緒になっていた。こうした事実やいろいろな考察から、カナンのエルという人物は、ナンナル／シンの引退した姿であるという結論が導き出される。その理由として、我々が明らかにした事実、すなわち、ナンナル／シンの「礼拝センター」のあったところが、古代近東の、そして現在の十字路ともいうべき、重要拠点のエリコの街だったからである。そして、エリコは、聖書のセム語ではエリホといって、「月の神の都」を意味する。そして、南部の部族の間では、アラビア語の「エル」は、アラーと呼ばれている。そして、アラーとは、三日月で象徴されるイスラムの神のことなのだ。

カナン人の文献は、引退した神エル、すなわち、ナンナル／シンは、実際は、引退を余儀なくされたのだと述べている。核爆発の放射能の雲が、東方に吹き流され、シュメールとその首都ウルにまで達し、自分の愛した都から離れるのを拒否したナンナル／シンは、死の灰に苦しめられ、半身不随の状態だったという。

一方、ヤハウエの印象、特に出エジプト記やカナンの幕営地の時代、すなわちウルの滅亡以降（以前でなく）の印象からは、ナンナル／シンのように、苦しみ疲れた神といった様子は、全く見受けられない。聖書は、活発な神の姿を紹介している。主ヤハウエはねばり強く、完璧に命令し、エジプトの神々に挑戦し、神罰を与え、使者を派遣し、天空を駆け巡り、そして、どこにでも存在し、奇跡を行い、魔法の治療を施し、万物を創造する！　これにひきかえ、ナンナル／シンについては、こんな活発な様子は、全く記述されていない。

人々のナンナルに対する尊敬と惧れは、天体の伴侶である「月」とのつながりから、生じたものである。そして、この天体との関係が、ナンナルはヤハウエだとする見方をくつがえす、決定的な反証になる。聖書のいう神の順位から考えると、太陽と月に、光り輝くように命じたのは、ヤハウエだった。詩編第１４８章３節には、「日よ月よ、主をほめたたえよ」と述べられている。そして、地球上では、エリコの城壁がヤハウエのラッパ手の前で崩壊している。この出来事は、ヤハウエの、月の神シンに対する支配力を象徴していた。

さて、ここに、カナンの神バ・アルの問題があった。この神への信仰は、ヤハウエの信者側からすると、目の上の「たんこぶ」だった。このカナンで発見された文献によると、バアル（バ・アル）は、エルの息子であり、レバノンの山中にある彼の神殿は、今でもバアルベク（「バアルの谷」）として知られている。そこは、不死の生命を求めるギルガメシュが訪れた、最初の目的地でもあった。聖書の中では、この神殿は、ベイト・シェメシュ（「シャマシュの宮殿」）と呼ばれている。そして知っての通り、シャマシュは、ナンナル／シンの息子である。このカナンの文献（「神話」）は、多くのスペースをさいて、バアルと彼の姉妹アナトの間の、無分別な行為について述べている。聖書は、ベイト・シェメシュのこの場所を、ベイト・アナトと呼んでいる。セム語のアナトは、アヌニトゥ（「アヌの愛人」）から訳された名前だが、それは、ウツ／シャマシュの双子の姉妹、つまり、あの有名なイナンナ／イシュタルのことなのだ！

こうした多くの事実は、カナン人たちの「トリオ」、エルとバアルとアナトとは、メソポタミアの3人組、ナンナル／シン、ウツ／シャマシュ、イナンナ／イシュタル（月、太陽、金星を象徴する神々）であることを示している。そして、この3人組の神々のうち、誰もヤハウエであろうはずはなかったのだ！　なぜならば、聖書は、このような天体やその象徴への崇拝に対する警告の言葉で満ち満ちているからである。

もし、エンリルや彼の息子たち（あるいは孫たち）にヤハウエである完全な資格がないならば、探求の方向を変え、多少なりとも、必要条件が合いそうな、エンキの息子たちについて考えてみよう。

シナイ山での滞在中に、モーゼに与えられた指示は、医学の本質に深く触れたものだった。レビ記の中の五つの章と民数記の多くの章が、医学上の処置や診断および手当てについての記述に使われている。「主よ、私を治して下さい。そうすれば、私は癒えます」と、エレミヤは、泣き叫んだ（第17章14節）。「わが魂よ、主を称えよ……、主は、私のすべての病を癒し……」と、詩編は歌っている（第103章1―3節）。また、ヒゼキヤ王は、信心の結果、ヤハウエの力によって、不治の病を癒されただけでなく、15年も多く生きることができた（列王記下第19―20章）。ヤハウエは、単に病を癒し、命を延ばすことができたばかりでなく、（天使たちと預言者たちを通じて）死者を生き返らすこともできた。そのいい例が、エゼキエルが、幻影の中に見た出来事である。エゼキエルは、ばらばらになった乾いた骨から、ヤハウエの意思によって、死者が生き返った有様を、まざまざと見たのだ。

一方、このような生物医学的な知識は、エンキがもっていて、その能力を彼の二人の息子たち、マルドゥクとトトに引き継いだ（マルドゥクは、エジプトでは、ラーと呼ばれていた。また、トトは、エジプト人からは、テフティと呼ばれ、シュメール人からは、ニンギシッダ、「生命の木」と呼ばれていた）。マルドゥクについては、多数のバビロニアの古文書が、彼の治療能力のことを紹介している。しかし、彼自身が、父親のエンキに不平を言ったように、マルドゥクは治療の知識はもっていたが、死者を生き返らせることはできなかった。これに対し、トトは、死者をよみがえらせる知識をもっていて、神オシリスと、その姉妹妻のイシスの間の息子ホルスを蘇生させる時に、その術を使ったという。このことを述べた象形文字の古文書によれば、この時ホルスは、毒サソリに刺されて死んだのだが、彼の母親が「魔術の神」トトに助けを求めた。トトは、天から宇宙船で降りてきて、この少年を癒し、生き返らせたという。

ところで、今度は、ヤハウエの話になるが、シナイの荒野の「聖なる幕屋」（タバナクル）や後のエルサレム神殿の建設の時、ヤハウエは、類いまれなる知識を披露したという。それは、建築法、聖なる方位測定法、細部の装飾法、部材の使用法、組み立て法など、広範囲にわたるものだった。この時、ヤハウエは、自分が設計した建築物の縮小模型を関係者に見せて、いろいろな指示を与えたという。これに対して、マルドゥクには、このような、すべてにわたる知識をもっていたという裏付けはない。しかし、トト／ニンギシッダは、こうした広い知識をもっていたようだ。エジプトで、彼はピラミッドを建設する秘法の保持者として尊敬されていた。ニンギシッダは、ラガシュに招かれ、ニヌルタの神殿をたてるために、指導し、設計し、材料を選別する助けをしている。

もう一つのヤハウエとトトの重要な接点は、暦である。エジプトの最初の暦は、トトが作ったものだ。トトはまた、ラー／マルドゥクによってエジプトから追放された時、（我々の見解では）中央アメリカに渡った。その地で、トトは、「翼のある蛇」（ケツアルコアトル、中米産の尾の長い鳥）と呼ばれていた。そして彼は、ここでもアステカとマヤの暦を考案している。これに対して、聖書の、出エジプト記、レビ記、民数記は、ヤハウエが新年を「7番目の月」に移しただけでなく、週と安息日や一連の休日を制定したと述べている。

空飛ぶ船に乗って降りてきて、死者をよみがえらせた医師、建築の神、偉大な天文学者、そして、暦の考案者！　トトとヤハウエのあまりにも多い共通点には、圧倒されるばかりである。

そうならば、トトはヤハウエだったのか？

トトは、シュメールでは知られていたが、「偉大なる」神々の一人だとは思われていなかった。従って、彼は、エルサレムの二人の祭司、アブラハムとメルキゼデクが神に出会った時使った「至高なる、最高位の神」という敬称には、全くふさわしくなかった。そのうえ、彼は「エジプトの神」であり（彼がヤハウエだとする論議の対象からはずされていないとしても）トトは、ヤハウエが審判を下すような相手の一人にすぎなかった。ところで、古代エジプトでは、この神、トトの名前を知らないファラオはいなかったけれども、ヤハウエのことは、あまり知られていなかったようだ。実際、モーゼとアロンがファラオの前で「イスラエルの神、ヤハウエは、こう言われている、〝わたしの民を戻らせて、わたしに荒野で仕えさせなさい〟」と伝えた時、ファラオは、それに答えて、「私に従えと命令するヤハウエとは、いったい何者だ？　私はヤハウエなど知らないし、イスラエルの民も行かせはしない」と言っている。

ここで、もしヤハウエがトトだったら、ファラオは、こんな答え方はしなかったであろうし、モーゼとアロンの使命も、「なぜですか？　ヤハウエは、トトの別名ですよ……」と言うだけで、簡単に達成されたろう。このように、もし、トトがヤハウエだったら、モーゼの主張は、エジプトの宮殿で、何の面倒もなく理解されたはずだ。

さて、トトが、ヤハウエでない！　とすれば、消去法で残された、**もう一人の候補者、マルドゥクについてはどうだろうか？**

マルドゥクは、「至高なる神」の地位を確立していた。知っての通り、彼はエンキの長男だった。そして、彼は、自分の父エンキが、不公平にも、地球の最高支配権を奪われたものの、その支配権の正統な後継者は、エンリルの息子のニヌルタではなく、マルドゥク自身だと信じていた。マルドゥクの特質は、ヤハウエのそれに、よく似ている。マルドゥクもまた、ヤハウエのようにシェム（宇宙船）を所有していた。新バビロニアの王ネブカドネザル2世が、バビロンの神殿の聖域を再建した時にも、その中に、天と地の間の「至高なる旅行者」マルドゥクの「空の馬車」のために、特に堅牢な格納庫を建設した。

　最後に、マルドゥクが地球の最高指揮権を獲得した時、彼は、他の神々を除《の》け者にはしなかった。逆に、他の神々の全員をバビロンの聖なる神殿の構内の別々のパビリオンに招いて、そこに住まわせた。ただし、それには、一つの条件があった。ちょうど、50の位をもつエンリルも、そうせざるを得なかったように、他の神々も、自分たちの特別の力と機能をマルドゥクに引き渡さねばならなかった。バビロニアの古文書の判読できる部分には、左記のように、他の神々の任務で、マルドゥクに移譲されたものが列挙されている。

ニヌルタ＝耕作をマルドゥクへ
ネルガル＝攻撃をマルドゥクへ
ザババ＝戦闘をマルドゥクへ
エンリル＝統治権と評議権をマルドゥクへ
ナブ＝数と計算をマルドゥクへ
シン＝夜の照明をマルドゥクへ
シャマシュ＝司法をマルドゥクへ

アダド＝雨をマルドゥクへ

こうした体制の基盤は、預言書や詩編の言う「一神教」ではなく、学者たちの言う「単一神教」である。それは、支配権が、複数の神から選ばれた一人の神から、次の一人の神に引き継がれていく形の宗教である。そういう体制にはあったのだが、マルドゥクは、長くは、その支配権を守ることはできなかった。バビロニア人たちの国神としての、マルドゥクの体制が確立した直後に、「すべての神々の支配者」アッシュールの国を興したライバルのアッシリア人たちによって、統合されてしまったのだ。

我々が、トトの場合に、他の主なエジプトの神と同一ではないと判断するに至った論議から離れて（そして、マルドゥクは、結局、エジプトの偉大なる神ラーだったが）、聖書自体は、当初から、特に、ヤハウエとマルドゥクの同一性を強く否定している。バビロンのことを述べている章の中でも、ヤハウエは、バビロニアの神々に対して、より偉大で、より強く、至高の立場にあったと、述べられているだけでなく、バビロニアの神々を名指しながら、彼らの滅亡をはっきりと預言しているのだ。イザヤ書（第46章1節）や、エレミヤ書（第50章2節）も、マルドゥク（バビロニアの別名は、ベル）と、彼の息子ナブは、没落し、「審判の日」にヤハウエの前で破滅すると預言している。

これらの預言の言葉は、この二人のバビロニアの神々を、ヤハウエの競争相手であり、敵であるとしている。マルドゥクも（そしてナブも）ヤハウエではあり得ないのだ！

アッシュールについては、神のリストと他の資料から、彼は、アッシリア人が、「何でも見え

る者」と名づけていたエンリルの復活した姿ではないかと思われる。従って、このアッシュール
も、明らかにヤハウエでない。
古代近東の神殿の中で、「ヤハウエ」に一致する神を探して、私たちは多くの似ている点を発見した。しかし、他方では、あまりにも多くの、決定的に違っている面や、相反する実態に出くわした。こうなればもう、ヤハウエがアブラハムに語った、次の言葉を参考にして、探索を続ける他はない。その言葉は、「汝の目を天に向けよ」……である。

バビロニアの王ハンムラビは、このようにマルドゥクの地球での支配権の合法性を述べている。

気高きアヌ
アヌンナキの主よ
そして、エンリルよ
天と地の神は
国の運命を決める
彼らは、エンキの長男、マルドゥクを選び
エンリルのすべての人類に関わる任務を
マルドゥクに与え、神の番兵の中の大いなる神とする

ここで、はっきりわかるのは、地球上の最高支配者のマルドゥクさえも、「アヌンナキの主な

る神」は、アヌだと認めている点である。そうなると、アブラハムとメルキゼデクが出会った「至高の神」とは、アヌのことなのだろうか？

楔型文字のアヌ（シュメール語ではアン）の記号は星である。それは、「神、神聖」、「天国」のような複数の意味をもち、この神の名前でもある。メソポタミアの古文書からわかるように、「アヌは、天界に住んでいた」。これに対して、聖書の多くの節には、ヤハウエも天界に住んでいた神であるとの記述がある。アブラハムも、カナンに行くように命じたのは「天の神、ヤハウエ」だったと、述べている（創世記第24章7節）。「私はヘブライ人です。そして、私が崇拝しているのは、天の神ヤハウエです」と預言者ヨナは言った（ヨナ書第1章9節）。「天の神、ヤハウエが、ユダのエルサレムに、主のための神殿を建てるように私に命じられた」と、キルスは、エルサレムの神殿の再建を布告した時に述べている（エズラ記第1章2節）。ソロモンが、エルサレムに（最初の）神殿をたて終わった時、彼は、天から聞いてくれるようにヤハウエに祈りを捧げ、神殿を祝福して、主の住居にしてくれるように願い、その許しを得た。しかし、「天の神、ヤハウエ」が地上に降りて、この神殿に住むのは極めて難しいことだった。その理由として、「天も、いと高き天も、あなたを容れることはできません」と、列王記上に述べられている（第8章27節）。そして、詩編には、「主は、天からアダムの子らを見下ろして」という表現が、随所に見られる（第14章2節）。「主は、聖なる高き所から見下ろして、天から地を見られた」（第102章20節）。そして、「主ヤハウエは、天に王座を置かれた」（第103章19節）と述べられている。

一方、アヌは、数回、地球を訪れてはいたが、惑星ニビルに住んでいた。神としての住居は天にあったし、アヌも「見えざる神」だった。数え切れないほどの神々の姿が、円筒印章や、彫像、小像、彫刻、壁画から、お守りの上にまで描かれているが、アヌの姿は一度も描かれていない！

この点、ヤハウエもまた、「天」に住んでいる、見えざる、描かれざるの神だったので、必然的に、次のような疑問が湧いてくる。ヤハウエの住まいはどこなのか？　ヤハウエとアヌの間に多くの共通点があることから、もしかして、ヤハウエもまた、ニビルの上に住んでいたのではないか？　こうした点と、ヤハウエが見えない点についての疑問をもったのは、我々が初めてではない。ほぼ2000年も前に、一人の異教徒が、ユダヤの学者、ラビのガムリエルを皮肉っぽく、質問攻めにしていたのである。そしてまた、それに対する答が、何とも驚くべきものだった！

この、やりとりの記録が、S・M・レーマンの『聖書注釈の世界』の中で、次のように紹介されている。


「ガムリエル先生が、異教徒に、『この広い世界と七つの海の、いったいどこに神の住家があると正確に言えるのか？』と、問い詰められた時の、答は、単純だった。『それには、お答えできません』というものだった。他の者が、冷やかしながら言い返した。『賢者と呼ばれる貴方が、毎日、神に祈っているのに、神がどこにいるかさえ知らないのですか？』。先生は、微笑しながら言った。『昔からの言い伝えでも、天と地の間を旅行するのに、3500年もかかるというのに、貴方は、その中の、ほんの小さな点を指し示せと言うのですか？それでは、貴方に伺いますが、貴方が何時でも一緒にいて、それなしでは、一刻も生きていられないものが、何処にあるか、はっきり、教えてくださいますか？』。異教徒は、興味をそそられ、『それは何ですか？』と、熱心に尋ねた。学者の先生は答えた。『それは、神が、貴方の中にお授けになった魂です。それが、何処にあるのか、はっきり、答えられますか？』。これで、異教徒は、反対に懲らしめられて、仕方なしに、ただ、知りませんと、頭を振るばかりだった。さて、今度は、先生が、彼らを茶化して、楽しむ番である。『貴方が、自分自身の魂が、何処にあるのかさえ知らないのだったら、貴方は、全世界を栄光で満たしている神がおられるところを、どうして、はっきりと知ることができるのですか？』」

さて、ここで、注意深く、ラビのガムリエル先生の答を考えてみよう。先生は、ユダヤの伝説を例に挙げ、「神がおられるところは、３５００年もの旅を必要とする遠いところだ」と答えている。

ニビルが、太陽のまわりを一周するのにかかる、３６００年に、何と近い数字だろうか！

アヌのニビルの住居について記述し、特定しているような古文書はないが、アダパの物語や種々な古文書の引用文、そしてアッシリアの絵画などから、その大体の様子を間接的に知ることはできる。アヌの住居は、王宮のように両側に塔を配した宮殿だった。二人の神々（たとえば、ニンギシッダとドゥムジ）が、その門を守っていた。そして、アヌは、この宮殿の中の王座についていた。エンリルやエンキがニビルに戻った時や、アヌ自身が地球を訪れた場合、守護の神々は、天の紋章を掲げて、王座の両側を固めていた。

古代エジプトのピラミッド文書には、ファラオが、死後の天の住居を求めて、「大空への乗り物」に身をゆだねて旅立つ時、王には次のように知らされると、述べられている。「天の二重の門は、あなたのために開かれ、空の二重の門も、あなたのために開かれている」と。そして、四人の儀杖兵役の神々が、王の「不滅の星」への到着を告げると、伝えられる。
一方、聖書でも、ヤハウエは王座につき、天使たちを両側に立たせていると記述されている。エゼキエルは、主の姿が琥珀《こはく》色の金銀の合金のようにきらめき、「空飛ぶ乗り物」の中の王座に着いているのを見たと述べているが、聖書の詩編は、「ヤハウエの王座は、天にあった」と主張している（第11章4節）。そして、多くの預言者たちも、ヤハウエが天界の王座に着いている姿を見たと述べている。エリヤと同時代の預言者ミカヤは、神の預言を求めに来たユダヤの王に、こう語っている（列王記上第22章19節）。

わたしは、主がその王座に座り
天の万軍が、そのかたわらに
左右に立っているのを見た

預言者イザヤは、「ウジヤ王が死んだ年に」彼が見たという、ある幻影について述べている（イザヤ書第6章）。その情景の中で、彼は、主が、その王座に座り、天使たちを従えているのを見たという。

私は、主が、高くあげられた王座に座り
その衣のすそが、神殿の広間に広がっているのを見た

その上に、セラピス（牛神）が立ち
おのおの、六つの翼をもっていた
その翼の二つで、顔を覆い
二つで、足を覆い
二つで、飛び回っていた
そして、お互いに呼び交わして、こう言った
聖なるかな、聖なるかな、聖なるかな、万軍の主よ！

聖書は、ヤハウエの王座について、さらに言及している。その中で、実際に王座のある場所は、オラム（Olam）というところだと明記されている。「あなたの王座は、とこしえにあり、あなたはオラムから来られた」と、詩編（第93章2節）にも記されている。「わが主よ、あなたは、オラムで王座に就かれ、代々、絶えることがない」と哀歌（第5章19節）に述べられている。

ところで、この手の句節の、こういう訳し方は、今まではなかったものだ。従来は、たとえば、ジェームス王版では、詩編から引用された句節を次のように訳していた。「あなたの王座は、古よりあり、あなたは、〝永遠に〟おられます」と。そして、哀歌の書の言葉は、「わが主よ、あなたは、『とこしえに』統べ、あなたの御位は、代々に絶えることがない」と、訳されている。現代の翻訳でも、同様に、オラム（Olam）を、「いつまでも続く」とか「永遠に」（新アメリカ版聖書）としたり、「永遠」や「永劫」（新イギリス版聖書）と表現しており、このオラムという言葉を、形容詞扱いにするか、名詞扱いにするか、迷っているような状態である。しかしながら、

ユダヤ出版協会の最新訳では、オラムをはっきりと名詞と見なし、「永遠」という抽象名詞を正式なものとして採用し、一件落着を見た。

ヘブライの聖書は、その用語の定義に厳しいが、「いつまでも続く永遠」の状態を表す用語にも、何種類かの言葉がある。その一つは、ネッツァー（Netzah）で、「主よ、いつまでなのですか。とこしえに（ネッツァー）、お隠れになるのですか？」のように使われている（詩編第89章47節）。その二つ目は、より的確に「永劫」を意味するアド（Ad）で、通常、「永遠の」と訳されるが、「わたしは、彼の家系を、永遠の（アド）ものにする」というように使われる（第89章30節）。そして、三つ目の用語については、新たに例を挙げるまでもない。オラム（Olam）である。このオラムという言葉は、しばしば、形容詞のアドと一緒に使われて、永続する状態を示すが、「オラム」自体は、形容詞ではなく名詞である。そして、本来、「見えなくなる、神秘的に隠された」を意味する語源から派生した言葉である。多くの聖書の言葉に表れる「オラム」は、抽象的概念ではなく、物理的な現実の場所を示しているように思われる。「あなたは、オラムより来る」と詩編に述べられている。つまり、神は、隠された場所（オラム）から来るという意味で、それで、神は見えなかったのだ。

確かにオラムは、物理的に存在していた場所に違いない。申命記（第33章15節）と預言者ハバククの書（第3章6節）には、「オラムの丘」のことが述べられている。また、イザヤ書（第33章14節）は、「オラムの熱源」について語り、エレミヤ書（第6章16節）は「オラムの沿道」について紹介し、さらに「オラムの小道」のことにも触れ（第18章15節）、そして、ヤハウエを「オラムの王」と呼んでいる。詩編も、ヤハウエを、同じように呼んでいる。詩編は、アヌの宮殿の門（シュメールの古文書にある）と、天の門（古代エジプトの古文書にある）を回想した記述の中で、なんと、「オラムの門」についても述べているのだ。この「オラムの門」は、主ヤハウエが、彼の天の船、カボドに乗って帰ってきた時に、その門を開いて、歓迎する習わしになっていたという（詩編第24章7―10節）。

頭をあげよ、オラムの門よ開け
カボドの王が入れるように！
そのカボドの王は誰か？
強く雄々しく、勇壮な戦士、ヤハウエである

頭をあげよ、オラムの門よ開け
カボドの王が入るだろう
そのカボドの王とは誰か？
万軍の主ヤハウエ、彼こそカボドの王である

「主は、永遠のオラムの神である」と、イザヤ書（第40章28節）は明言している。そして、創世記（第21章33節）にも、「オラムの神、ヤハウエの名を呼んで」というアブラハムの言葉が紹介されている。ここまでくると、ヤハウエが、「天のしるし」の割礼で象徴される「契約」を、アブラハムとその子孫たちと取り交わした時に、その契約のことを「オラムの契約」と呼んでいた

のも、不思議ではないのだ。

そして、わたしの契約は、あなた方の身に刻まれて
永遠の、オラムの契約となるであろう

学者たちやラビたちによる聖書解釈の大論争の時も、現代へブライ語においても、「オラム」には「世界」という意味もあることがわかる。実際に、ラビのガムリエル先生が、神の居所についての質問に答えた時も、その内容は、ラビの通説である「神の居所は、地球から七つの天空で隔てられている」との考えに基づいたものだった。そして、それぞれの天空に異なった世界があり、一つの世界から別の世界へ行くには500年もの旅が必要だとされていた。従って、七つの世界全部を通って、地球と呼ばれる世界から神の居所のある世界に達するには、3500年の旅をしなければならない。この数字は、すでに指摘したように、惑星ニビルの周期と思われる、3600（地球）年に、極めて近い。そして、地球は、宇宙から到着する者にとって、七つ目の天体にあたる。逆に、ニビルは、地球の上にいる者にとっては、ニビルが遠地点にあって見えない時、六つの天体の彼方にあるのだ。

そして、ひとたび、ニビルが、遠くへ去って「見えなくなる」と（これが「オラム」の、もとの意味だが）、当然、それが、ニビルの1年に当たることになる。人間の時間にしては、恐るべき長さである。聖書の預言者も、多くの字句を費やして、「オラムの年」が、途方もなく長い時間の単位であると説明している。一つの惑星が定期的に現れたり消えたりすることから生まれる、

周期性の明確な概念があったことは、「オラムからオラムへ」という表現が、繰り返し使われていたことからも推察できる。それは、はっきりした時間の物差し（極端に長い時間だが）として使われていた。エレミヤ書（第7章7節と第25章5節）には、「わたしが与えたこの地に、オラムからオラムの間、住まわせる」という主の言葉が引用されている。そして、オラムとニビルの関係を明らかにする動かぬ証拠が、創世記第6章4節の記述の中にある。それには、ニビルから地球にきたネフィリムたち（若いアヌンナキたち）は、「シェム（宇宙船）の人々」であり、「オラムから来た人々」だと、はっきり、記されている。ところで、メソポタミアの神話や天文学に詳しかった、聖書の編者たち、預言者たちや聖歌の作者たちからすれば、聖書に、この重要な惑星ニビルについての知識の「かけら」さえ見られないのは奇妙なことだと言わざるを得ない。しかし、**我々に言わせれば、そんなことはないのだ！　聖書は、とっくに、ニビルのことをよく知っていて、それを、「見えなくなる惑星」、オラム！　と呼んでいたのだ。**

そうなると、アヌがヤハウエだったのか？……ところが、必ずしも、そうではないのだ……。

聖書は、ヤハウエが、アヌと同じように、自分の住んでいる天界を統治していたと述べているが、ヤハウエは、同時に、地球とその上のすべてのものの直接の「王」と見なされていたに対し、アヌは、地球の直接の統治をエンリルにゆだねていた。アヌは、確かに地球を訪れたが、現存の古文書は、その際の儀式や視察の様子しか述べていない。そして、ヤハウエが、国や個人の些細なことにまで関与していたのと同じような様子は、アヌについては、全く見いだせない。そのうえ、聖書は、ヤハウエの他にも、もう一人の神の存在を認め、その「異国の神」をアンと呼んでいる。アンに対する人々の崇拝については、列王記の下第17章31節に述べられている。

アンは、アッシリア人がサマリアに連れてきた異国民の神であり、この人々は、彼をアン・メレク（アヌ王）と呼んでいた。そして、アヌを称えた個人名アナニと、彼の神殿の名称アナトットは、ともに、聖書のリストに記載されている。さらに、アヌにまつわる次のような様々な面については、ヤハウエが、それに似ていたという痕跡が、聖書には全く見られない。たとえば、アヌには、家族（親や妻子）がいた。アヌには、多くの妾がいた。アヌは、孫娘イナンナの尻を追いかけた（特に、イナンナの礼拝名、「天の王妃」金星は、ヤハウエの目からは、忌むべきものとされていた）。

　このように、アヌとヤハウエの間には、共通点もあるものの、あまりにも多くの基本的な相違点があるため、この二人が同一人物だったとは考えられない。

　そればかりでなく、アヌはニビルの王にすぎなかったが、聖書の考え方では、ヤハウエは、オラムの「王や神」以上の存在だったのだ。ヤハウエは、かつて、エル・オラム、すなわち、オラムの神（創世記第21章33節）や、エル・エロヒム、すなわち、エロヒムの神（ヨシュア記第22章22節、詩編第50章1節、詩編第１３６章2節）と呼ばれ、特に崇められていた。

　聖書の、エロヒムの神――アヌンナキの神々――の上に、さらに一人の、偉大なる神が存在していたということは、一見信じがたいが、よくよく考えてみると、極めて論理的である。

『地球年代記《アース・クロニクルズ》』シリーズの最初の本、『地球人類を誕生させた遺伝子超実験』で、惑星ニビルの物語と、そこから、地球にやってきたアヌンナキ（聖書のネフィリム）が、どのようにして人類を「創成」したかを述べたが、その最後の結論として、私は、次のような疑問を投げた。

そして、もし、このネフィリムが、地球上の人類を創成した神々だとすれば、第12惑星で、そのネフィリム自身を創ったのは、自然の進化だけだったのか？

アヌンナキの神々は、最新の技術で、我々よりも、はるか昔に宇宙を旅行することができ、太陽系誕生の宇宙論的解明も果たし、我々が始めたように、宇宙の真理を探求し理解していた。こうしたアヌンナキたちは、自分たちの起源を探り、我々が「宗教」と呼ぶもの、すなわち、アヌンナキたち自身の信仰、つまり創造の神に対する尊敬の念を深めたに違いない。

誰が、ネフィリム、つまりアヌンナキたちを、彼らの惑星上で創ったのか？　聖書自体が、この質問に答えている。ヤハウエは、単に「偉大な神」ではなく、「すべてのエロヒムの神々の偉大な王」だと聖書は述べているのだ（詩編第95章3節）。ヤハウエは、神々が来る前にニビルにいた。「エロヒムよりも前に、オラムの上に彼は座していた」と、詩編第61章8節でも説明されている。ちょうどアヌンナキが、アダムより前に地球にいたように、ヤハウエも、ニビル／オラムに、そのアヌンナキより前にいたのだ。当然、創造者は、創造された者より先にいたはずだ。

すでに説明したように、アヌンナキの神々が不死だと思われたのは、単にその寿命が極端に長かったからだった。ニビルの1年は地球の3600年に等しい。そして、実際には、アヌンナキたちは、普通に生まれ、年をとり、死んでいくのだった。オラムに当てはまる時間の尺度（オラムの日とオラムの年）については、預言者や聖歌の作詞家たちにもよく知られていた。さらに驚くことには、いろいろなエロヒムの神々たち（シュメールのディン・ギル、アッカドのイルなど）は、実際は不死でないことまで知られていたことだ。そして、詩編第82章は、ヤハウエがエロヒムの神々を裁き、彼ら（エロヒム！）も死を免れないことを言い聞かせている様子を伝えている。「主は、神の集まりの中に立たれる。主は、神々の中で裁きを行われる」。そして、主は、彼らに、次のように語っている。

わたしは言う、あなた方は神だと
あなた方は、皆、いと高き者の息子たちだ
しかし、あなた方は、人のように死に
もろもろの王子のように、亡くなるのだ

ところで、主ヤハウエが、天と地を創造しただけでなく、エロヒム、アヌンナキの神々を創造したことを感じさせる記述は、代々の聖書学者たちを悩ませてきた謎である。ここで問題になるのは、天地の本当の始まりを扱っている聖書の最初の節が、なぜ、アルファベットの最初の文字でなく、二番目の文字から始まっているのか？　という点である。宇宙の始まりを、正しく初めから紹介することの重要性とその意味合いは、聖書の編者たちにも、十分のわかっていたに違いない。しかし、これが、編者たちが、私たち子孫に伝えようとした方法だったのだ。

B̲reshit bara Elohim
et Ha'Shamaim v'et Ha'Aretz

これは、普通、「初めに、エロヒムの神は、天と地を創造された」と訳されている。ヘブライ語の文字は数値も表すので、最初の文字のアレフ（Aleph、ギリシャ語のアルファの語源）は、数としての値は「1番目」で、「初め」の意味をもつ。それでは、なぜ、創世記は、その値が「2番目」の文字のベス（B、下線に注意）から始まっているのか？

その理由はわからないが、聖書の最初の書の初めの節を、アレフ（A）から始めてみると、驚くような結果になる。そうすると、この文章は、最初にAをつけて、次のようになるからだ。

Ab-reshit bara Elohim,
et Ha'Shamaim v'et Ha'Aretz

創始の神は、エロヒムの神を創り
天と地を創造された

最初の文字（A）から始めるという、ほんの僅かの違いによって、全能の、常に在る、万物の創造主が、太古の「混沌」から現れる。それは、Ab-Reshit「創造の神」のことである。現代の最新の科学的考察では、宇宙の始まりは、ビッグ・バン理論によって説明されているが、未だに「何がビッグ・バンを起こしたか」は、説明されていない。もし、創世記が、当然そうあるべきところから始まっていれば、聖書が、我々に、その答を与えていただろう。創造の神がそこにいて、すべてを創ったのだと！

科学と宗教、そして、物理学と形而上学が、同時に、ユダヤの一神教の信条に従う唯一の回答にたどり着いたのだ。「わたしが主である。わたしの他に主はいない！」という言葉である。この信条の一言が、預言者たちと我々の目を、神々の世界から、宇宙を包む創造の神の世界に向けさせたのだ。

ところで、聖書の編者たちが、トーラ（律法）の書を正典だと認めながら、どうして、その初めのアレフで始まる節を省いてしまったのか？　その理由は推測するしかない。トーラ（聖書の初めの5書）は、バビロン捕囚の間に編纂された。従って、その節を省いた理由は、バビロニア人たちの怒りを避けるためだったかもしれない（なぜならば、ヤハウエがアヌンナキの神々を創ったとなると、その中には、バビロニア人たちが崇拝するマルドゥクも含まれるからである）。しかし、一カ所だけ、聖書の初めの言葉がアルファベットの最初の文字で始まっていたと思われる状況証拠がある。そのはっきりしている箇所は、ヨハネの黙示録（新約聖書の、聖ヨハネの黙示録）で述べられている言葉の中にある。その中で、創造の神は、次のように語っている。

わたしは、アルファーであり、オメガーである
最初の者であり、最後の者である
初めであり、終わりである

三カ所（第1章8節、第21章6節、第22章13節）で繰り返されている、この言葉は、アルファベットの最初の文字（ギリシャ文字のアルファ）を、「最初の」創造主の神に当てはめ、そして

（ギリシャ語の）アルファベットの最後の文字のオメガを、すべての終わりであり、すべての初めでもあった「最後の」創造主の神に当てはめている。
ヨハネの黙示録の言葉は、ヘブライの聖典から引用されている。イザヤ書の似たような節（第41章4節、第44章6節）が、その原典に違いない。そう考えると、創世記の出だしの部分のいきさつもはっきりする。イザヤ書の節の中で、主ヤハウエは、主なる神の絶対性と唯一性を宣言している。

主なるわたしは、初めであったし
また、終わりと共にあるだろう！

わたしは、初めであり
わたしは、終わりである
わたしの他に、神はいない！

わたしは、神であり
わたしが、初めであり
わたしが、終わりでもある

ところで、聖書の創造の神の正体を知る手がかりになるのが、「神よ、あなたはどなたですか？」と聞かれて、神自身が答えた言葉である。燃える茂みの中からモーゼに話しかけた時、主ヤハウエは、自分を紹介して、「あなたの父の神、アブラハムの神、イサクの神、ヤコブの神である」とだけ言った。そして、主ヤハウエから使命を与えられた後、モーゼは尋ねた。彼がイスラエルの民の所に戻り、「あなたの先祖たちの神が、私をあなたの所へ遣わしたのだといった時、彼らが〝その神の名前は何と言われるのですか？〟と私に尋ねたら、私は、彼らに、何と答えたらよいものやら」と……。

神はモーゼに言われた
Ehyeh — Asher — Ehyeh —
(わたしは、有って有る者)
また言われた
イスラエルの人々にこう言いなさい
「Ehyeh（わたしは、有る）という方が
私を、あなた方の所へ遣わされました」と
そして、神は、さらにモーゼに言われた
イスラエルの人々にこう言いなさい
「あなた方の先祖の神、アブラハムの神
イサクの神、ヤコブの神である主が
私を、あなた方の所へ遣わされました」と

これは、永遠のオラムにいるわたしの名
これは、代々のわたしの名である
（出エジプト記第3章13—15節）

この中の、Ehyeh — Asher — Ehyeh（わたしは、有って有る者）という表現は、長らく、神学者や聖書学者や言語学者の議論の的となってきた。ジェームス王版では、「わたしは、わたしである……わたしは、わたしを、あなたに遣わした」と訳されている。他のもっと現代的な訳では、「わたしは、わたしであるところの、わたしだ……わたしは、あなたに、遣わされた」となっている。ごく最近のユダヤ出版協会は、ヘブライ語をそのまま残して、「このヘブライ語の意味は、不詳」と脚注をつけている。

この、神との出会いの間に神が答えた言葉の意味を理解する鍵は、そこに使われている文法上の時制である。Ehyeh — Asher — Ehyeh という表現は、現在形ではなく、未来形である。それは、「わたしが、誰であろうと、わたしは、わたしであるだろう」という意味である。そして、初めて人間に明かされた神の名は（神との会話でモーゼに伝えられた、聖なるヤハウエの4字音文字のYHWHは、アブラハムにも啓示されていなかったといわれるが）、本来の「有る」の三つの時制を同時に表している。つまり、神だった、神である、神であるだろう、の三つである。これこそ、「永遠に存在するヤハウエ」という聖書の考えにぴったり合う答であり、名前でもある。まさに、ヤハウエは、存在した、存在する、そして、存在し続ける、という意味なのだ。

よく使われる、この永遠に続く聖書の神を表す言葉は、「わが主は、オラムからオラムへ」である。この言葉は、普通、「わが主は、永遠である」と訳されており、確かにその意味を伝えてはいるが、さほど正確な意味とはいえない。文字通りに解釈すれば、この表現は、「ヤハウエの臨在と統治は、一つのオラムから、次のオラムへ続く」という意味になる。言い換えれば、主ヤハウエは、ニビルのような、単なる一つのオラムの「王や君主」ではなく、他の多くのオラムの、つまり、他の多くの世界の「主」だったのだ！

そして、聖書は、ヤハウエの住居や領土や「王国」のことを説明するのに、オラムの複数形の単語である「オラミン」を12回以上も使って、その領土、住居、王国が、他の多くの世界にもわたっていることを示している。まさに、ヤハウエの支配力は、「一国の王」の概念を超えて、「すべての国々の審判の神」の概念に広がっているのだ。その支配力は、地球を超え、ニビルを超え、「天の天」に達するという（申命記第10章14節、列王記上第8章27節、歴代誌下第2章5節と第6章18節）。そして、この「天の天界」には、太陽系だけでなく、はるかに遠い星々が含まれているという（申命記第4章19節）。

これこそ、まさに、宇宙の旅行者の姿だ。

他のものすべて——天の惑星の「神々」、太陽系を変え、地球を改造した、ニビル、アヌンナキの神々、人類、国家、王たち——こうしたものすべては、永遠に続く神と宇宙の計画を成し遂げるための、創造の神の「創造物」であり、創造の神の「道具」なのだ。ある意味では、我々も、創造の神の使者たちなのだ。そして、やがて、人類が宇宙に旅立ち、どこか他の世界でアヌンナキの神々と同じようなことをする時が来ても、それは、ただ、創造の神が定めた未来を形づくるにすぎないのだ。そして、この大いなる宇宙創造の神のイメージは、聖歌の祈りの言葉「美しきオラム」に集約されている。それは、ユダヤ教会の祭礼で、休息日の礼拝で、そして、日々の祈禱で、気高くも朗唱される。

宇宙の神は、すべてをおさめられた
すべてのものが、創造されるまえに
神のみ心により、万物が造られた時
「至高の主」の御名が唱えられた

時が来れば、万物は、滅びるだろう
主だけが、気高く、おさめるだろう
主はあった、ある、主はあり続ける
主は栄光に満ち、永遠にあり続ける

比べるべきもののない、唯一の主よ
誰も、分かつことのない唯一の主よ
そうして、初めもなく、終わりもない
宇宙の主権は、創造の神だけのもの

ゼカリア・シッチン　Zecharia Sitchin
1922年、パレスチナ生まれのユダヤ人。言語学者、考古学者。ロンドン大学で、現代・古典ヘブライ語をはじめ、数多くのセム語系・ヨーロッパ語系の諸言語を習得し、旧約聖書及び近東の歴史・考古学を専攻。
長年にわたりイスラエルを代表するジャーナリスト兼編集者として活躍。現在はニューヨークに住み執筆活動に専念。シュメール語文献を解読できる学者は全世界200人足らずという中で、最も有力な学者としてその名を挙げられている。
メソポタミアの粘土板（タブレット）等に刻まれた古文書をもとに地球と人類の有史以前からの出来事を扱った『地球年代記(The Earth Chronicles)』シリーズは、11カ国後に翻訳され、世界的ベストセラーとなっている（ヒカルランドより『地球人類を誕生させた遺伝子超実験』『宇宙船基地はこうして地球に作られた』『マヤ、アステカ、インカ黄金の惑星間搬送』『彼らはなぜ時間の始まりを設定したのか』、学研より『謎の惑星「ニビル」と火星超文明』『神と人類の古代核戦争』を刊行)。2010年10月死去。

竹内 慧　たけうち けい
東京生まれ。青山学院大学、カナダのマクギール大学大学院卒。現在は翻訳を中心に幅広く活躍中。ニューヨーク在住。

この作品は2011年２月、徳間書店・５次元文庫より刊行された『12番惑星ニビルからやって来た宇宙人』の新装版です。

シュメールの宇宙から飛来した神々⑤ DIVINE ENCOUNTERS

神々アヌンナキと文明の共同創造の謎

第一刷 2018年9月30日

著者 ゼカリア・シッチン

訳者 竹内 慧

発行人 石井健資

発行所 株式会社ヒカルランド
〒162-0821 東京都新宿区津久戸町3-11 TH1ビル6F
電話 03-6265-0852 ファックス 03-6265-0853
http://www.hikaruland.co.jp info@hikaruland.co.jp

振替 00180-8-496587

本文・カバー・製本 中央精版印刷株式会社

DTP 株式会社キャップス

編集担当 溝口立太

ISBN978-4-86471-555-3

も効果的とは言えません。また、珪素には他の栄養素の吸収を助け、必要とする各組織に運ぶ役割もあります。そこで開発元では、珪素と一緒に配合するものは何がよいか、その配合率はどれくらいがよいかを追求し、珪素の特長を最大限に引き出す配合を実現。また、健康被害が懸念される添加物は一切使用しない、珪素の原料も安全性をクリアしたものを使うなど、消費者のことを考えた開発を志しています。

手軽に使える液体タイプ、必須栄養素をバランスよく摂れる錠剤タイプ、さらに珪素を使ったお肌に優しいクリームまで、用途にあわせて選べます。

◎ドクタードルフィン先生一押しはコレ！　便利な水溶性珪素「レクステラ」

天然の水晶から抽出された濃縮溶液でドクタードルフィン先生も一番のオススメです。水晶を飲むの？　安全なの？　と思われる方もご安心を。「レクステラ」は水に完全に溶解した状態（アモルファス化）の珪素ですから、体内に石が蓄積するようなことはありません。この水溶性の珪素は、釘を入れても錆びず、油に注ぐと混ざるなど、目に見える実験で珪素の特長がよくわかります。そして、何より使い勝手がよく、あらゆる方法で珪素を摂ることができるのが嬉しい！　いろいろ試しながら珪素のチカラをご体感いただけます。

レクステラ（水溶性珪素）

■ 500mℓ　21,600円（税込）
■ 50mℓ（お試し用）　4,320円（税込）

●使用目安：1日あたり4～12mℓ

飲みものに
・コーヒー、ジュース、お酒などに10～20滴添加。アルカリ性に近くなり身体にやさしくなります。お酒に入れれば、翌朝スッキリ！

食べものに
・ラーメン、味噌汁、ご飯ものなどにワンプッシュ。

料理に
・ボールに1リットルあたり20～30滴入れてつけると洗浄効果が。
・調理の際に入れれば素材の味が引き立ち美味しく変化。
・お米を研ぐときに、20～30滴入れて洗ったり、炊飯時にもワンプッシュ。
・ペットの飲み水や、えさにも5～10滴。（ペットの体重により、調節してください）